ESTRUTURAS METÁLICAS
Cálculos, Detalhes, Exercícios e Projetos

Nota Importante

Este livro é um indicador do conhecimento acadêmico, porém, deve-se seguir as normas técnicas recomendadas pela Associação Brasileira de Normas Técnicas - ABNT, bem como as bases científicas e o conhecimento tecnológico no estado da arte.

O Autor

Antonio Carlos da Fonseca Bragança Pinheiro

ESTRUTURAS METÁLICAS
Cálculos, Detalhes, Exercícios e Projetos

Norma NB-14 (NBR-8800)

Projeto e Execução
de Estruturas de Aço em Edifícios

(Método dos Estados Limites)

2ª edição revista e ampliada

Estruturas metálicas
© 2005 Antonio Carlos da F. Bragança Pinheiro
2ª edição – 2005
10ª reimpressão – 2019
Editora Edgard Blücher Ltda.

Blucher

Rua Pedroso Alvarenga, 1245, 4º andar
04531-934 – São Paulo – SP – Brasil
Tel.: 55 11 3078-5366
contato@blucher.com.br
www.blucher.com.br

É proibida a reprodução total ou parcial por quaisquer
meios sem autorização escrita da editora.

Todos os direitos reservados pela Editora Edgard Blücher Ltda.

FICHA CATALOGRÁFICA

Pinheiro, Antonio Carlos da Fonseca Bragança
  Estruturas metálicas: cálculos, detalhes, exercícios
e projetos / Antonio Carlos da Fonseca Bragança
Pinheiro – São Paulo: Blucher, 2005.

  NORMA NB-14 (NBR-8800), projeto e execução ...

  Bibliografia.
  ISBN 978-85-212-0369-8

  1. Aço – Estruturas 2. Construções em ferro e aço
3. Engenharia estrutural I. Título.

05-0905   CDD-624.182

Índices para catálogo sistemático:
1. Estruturas metálicas: Tecnologia: Engenharia estrutural
624.182

PREFÁCIO

Neste início do século 21, o homem tem experimentado uma mudança nas comunicações, particularmente no aumento da velocidade de processamento das informações. A nova ordem mundial tem provocado mudanças geopolíticas, organizacionais e tecnológicas, que impõem novas estruturas sociais.

Especificamente na área tecnológica da construção civil, a utilização de elementos metálicos tem proporcionado rapidez e soluções para sistemas estruturais em geral.

No caso do Brasil, é possível observar na paisagem urbana o destaque existente das estruturas em aço. O aço, aliado a outros elementos da construção civil, permite ampliar a plasticidade arquitetônica em várias situações de projeto.

Este livro mostra de forma didática os preceitos do cálculo estrutural em aço, indicados na norma técnica brasileira NBR-8800. Ele apresenta conceitos teóricos, exemplos práticos e projetos detalhados.

Assim, este livro é um referencial de consulta profissional para engenheiros calculistas e projetistas de estruturas metálicas, visando auxilia-los no desenvolvimento de seus projetos estruturais.

O Autor

CONTEÚDO

Notações e Unidades..XI

Capítulo 1 — Introdução

1.1 — Vantagens e desvantagens do aço estrutural....................1
1.2 — Produtos siderúrgicos..2
1.3 — Produtos metalúrgicos...2
1.4 — Designação dos perfis 3
1.5 — Entidades normativas para o projeto e cálculo
de estruturas metálicas...4
1.6 — Aplicação das estruturas metálicas 5

Capítulo 2 — Ações estruturais

2.1 — Diagrama Tensão x Deformação de aços dúcteis 6
2.2 — Propriedades mecânicas do aço estrutural 7
2.3 — Propriedade dos aços estruturais.......................................10

Capítulo 3 — Características geométricas das seções transversais

3.1 — Cálculo de áreas de figuras planas (A) 11
3.2 — Centro de gravidade de áreas planas (CG)......................12
3.3 — Momento de inércia de áreas planas (I) 14
3.4 — Produto de inércia de área plana (Ixy) 17
3.5 — Raio de giração de uma área plana (r) 26
3.6 — Momento resistente elástico (w) 28
3.7 — Módulo de resistência plástico (z) 28
3.8 — Exemplo de cálculo de características geométricas
de perfil tê soldado 29

Capítulo 4 — Métodos dos estados limites

4.1 — Carregamentos 31
4.2 — Coeficientes de majoração dos esforços atuantes 31

Capítulo 5 — Barras tracionadas

5.1 — Dimensionamento de barras à tração................................35
5.2 — Determinação de áreas da seção transversal
para cálculo 36
5.3 — Disposições construtivas...37
5.4 — Índice de esbeltez limite..38
5.5 — Barras compostas tracionadas 38
5.6 — Exemplos de cálculo do esforço normal de tração
suportado por peças..40

Capítulo 6 — Ligações parafusadas

6.1 — Tipos de parafusos 44
6.2 — Dimensionamento de ligações parafusadas 44
6.3 — Exercícios sobre ligações parafusadas 48
    Caso 1 - Parafusos A307 54
    Caso 2 - Parafusos A325-f 54
    Caso 3 - Máxima reação de apoio para cada tipo
        de parafuso 55

Capítulo 7 — Barras comprimidas

7.1 — Carga crítica de flambagem (Pcr) 56
7.2 — Dimensionamento de barras comprimidas 57
7.3 — Dimensionamento de barras compostas comprimidas 58
7.4 — Barras sujeitas a flambagem por flexo-torção 63
7.5 — Exercícios sobre barras comprimidas 71

Capítulo 8 — Barras flexionadas

8.1 — Classificação da flexão em barras 78
8.2 — Casos de flambagem em vigas 78
8.3 — Classificação das vigas 79
8.4 — Pré-dimensionamento de vigas à flexão 81
8.5 — Dimensionamento de vigas à flexão 81
8.6 — Exercícios de flexão de vigas 94

Capítulo 9 — Ligações soldadas

9.1 — Tecnologia de execução 101
9.2 — Tipos de solda 101
9.3 — Principais processos de soldagem 103
9.4 — Anomalias do processo de soldagem 104
9.5 — Designação de eletrodos 106
9.6 — Simbologia de solda 106
9.7 — Dimensionamento de ligações soldadas 107
9.8 — Soldas de entalhe 111
9.9 — Solda de tampão 112
9.10 — Exemplos de aplicação da simbologia de solda 113
9.11 — Exercícios sobre ligações soldadas 119

Capítulo 10 — Projeto de mezanino e escada de acesso em aço

10.1 — Dados preliminares do projeto 129
10.2 — Dimensionamento da escada de acesso 131
10.3 — Cálculo das vigas do mezanino 139
10.4 — Dimensionamento das colunas 144
10.5 — Verificação da estabilidade do corrimão 146
10.6 — Ligações 149

Capítulo 11 — Projeto de um galpão com estrutura em aço

11.1 — Dados preliminares do projeto.....................................155
11.2 — Cálculo da ação do vento...155
11.3 — Dimensionamento do fechamento lateral e terças...........164
11.4 — Cálculo da tesoura...169
11.5 — Cálculo das colunas...195
11.6 — Contraventamento do galpão.......................................204
11.7 — Dimensionamento das calhas..213

Capítulo 12 — Projeto de uma cobertura em Shed

12.1 — Dados do projeto...215
12.2 — Carregamentos 216
12.3 — Dimensionamento das terças e correntes......................220
12.4 — Cálculo da viga trave 224
12.5 — Cálculo da viga mestra...234
12.6 — Contraventamento das vigas mestras............................251
12.7 — Dimensionamento dos apoios das vigas mestras
sobre os consoles dos pilares de concreto 255
12.8 — Dimensionamento das calhas..258

Anexos

Anexo A — Exemplo de dimensionamento de terças...................260
Anexo B — Contraventamento das vigas mestras em Shed..........263
Anexo C — Detalhamento de nós em estruturas treliçadas..........266
Anexo D — Telha de aço 269
Anexo E — Perfis laminados..269
Anexo F — Perfis soldados..275
Anexo G — Cálculo de contraflecha de treliças..........................286

Apêndices

Apêndice A — Características geométricas das seções planas
transversais 290
Apêndice B — Tabela de determinações de flechas em vigas 293
Apêndice C — Dimensionamento de calhas e condutores
de águas pluviais 295
Apêndice D — Múltiplos e submúltiplos decimais......................301

NOTAÇÕES E UNIDADES

As notações adotadas na Norma NB-14 (NBR-8800), estão de acordo com o sistema padronizado de notação da ISO (ISO Standad 3898). As unidades usadas estão de acordo com o Sistema Internacional de Unidades, baseado no sistema métrico decimal, contando sete unidades básicas.

Notações

Ao nos referirmos a estruturas de aço e seus componentes, as notações a serem usadas são as seguintes:

a) letras romanas maiúsculas

A Área da seção transversal

A_c Área da mesa comprimida

A_{cs} Área da seção do conector em vigas mistas

A_e Área líquida efetiva

A_{ef} Área efetiva

A_f Área da mesa

A_g Área bruta

A_n Área líquida

A_p Área da seção bruta do parafuso

A_{st} Área da seção transversal do enrijecedor

A_t Área da mesa tracionada

A_w Área efetiva de cisalhamento; área da seção efetiva da solda

C_b, C_m Coeficientes utilizados no dimensionamento à flexão simples ou composta

C_{mx}, C_{my} Coeficientes C_m relativos aos eixos x e y

C_p, C_s Parâmetros utilizados no cálculo de empoçamento de água em coberturas

C_{pg} Parâmetro utilizado no cálculo de vigas esbeltas

C_t Coeficiente de redução usado no cálculo da área líquida efetiva

C_w Constante de empenamento da seção transversal $[L]^6$

D Diâmetro externo de elementos tubulares de seção circular

E Módulo de elasticidade do aço, E = 205.000 MPa

E_c Módulo de elasticidade do concreto

G Módulo de elasticidade transversal do aço, $G = 0{,}385E$; carga permanente nominal

H Parâmetro utilizado na flambagem por flexo-torção

I Momento de inércia

I_T Momento de inércia à torção

I_x, I_y Momentos de inércia em relação aos eixos x e y, respectivamente

K Parâmetro utilizado no cálculo do comprimento de flambagem

K_x, K_y Parâmetros utilizados no cálculo do comprimento de flambagem segundo os eixos x e y, respectivamente

K_z Parâmetro utilizado no cálculo do comprimento de flambagem por torção

L Comprimento em geral; vão

L_b Comprimento do trecho sem contenção lateral

L_p, L_{pd} Valor limite do comprimento de um trecho sem contenção lateral, correspondente ao momento de plastificação, sem e com redistribuição posterior de momentos, respectivamente

L_r Valor do comprimento de um trecho sem contenção lateral, correspondente ao momento M_r

M Momento fletor

M_{cr} Momento crítico

M_d Momento fletor de cálculo

M_{dx}, M_{dy} Momentos fletores de cálculo segundo os eixos x e y, respectivamente

M_n Resistência nominal ao momento fletor

M_{pl} Momento de plastificação

M_r Momento fletor correspondente ao início de escoamento, incluindo ou não o efeito de tensões residuais

M_1, M_2 Menor e maior momento fletor na extremidade do trecho não contraventado da viga, respectivamente

M_y Momento correspondente ao início de escoamento

N Força normal em geral

N_d Força normal de cálculo

N_e Carga de flambagem elástica

N_{ex}, N_{ey} Cargas de flambagem elásticas, segundo os eixos x e y, respectivamente

N_n Resistência nominal à força normal

N_y Força normal de escoamento da seção $= A_g \times f_y$

XII

Q Carga variável; coeficiente de redução que considera a flambagem local

Q_a Relação entre a área efetiva e a área bruta da seção da barra

Q_s Fator de redução usado no cálculo de elementos esbeltos comprimidos não enrijecidos

R Resistência em geral

R_n Resistência nominal

S_d Solicitação de cálculo

V Força cortante

V_d Força cortante de dimensionamento

V_n Resistência nominal à força cortante

V_{pl} Força cortante correspondente à plastificação da alma por cisalhamento

W Módulo de resistência elástica

W_{ef} Módulo de resistência efetivo elástico

W_{cr} Módulo de resistência elástica da seção homogeneizada em vigas mistas

W_x, W_y Módulos de resistência elásticas em relação aos eixos x e y, respectivamente

Z Módulo de resistência plástica

Z_x, Z_y Módulos de resistência plásticos referentes aos eixos x e y, respectivamente

b) letras romanas minúsculas

a Distância em geral; distância entre enrijecedores transversais; altura da região comprimida em lajes de vigas mistas

b Largura em geral

b_{ef} Largura efetiva

b_f Largura da mesa

d Diâmetro em geral; diâmetro nominal de um parafuso; diâmetro nominal de um conector, altura de seção

d_h Diâmetro do furo em olhais e em barras ligadas por pinos

d_p Diâmetro do pino

f Tensão em geral

f_{ck} Resistência característica do concreto à compressão

f_{dn}, f_{dv} Tensão normal e tensão de cisalhamento, respectivamente, correspondentes a solicitações de cálculo

f_{ex}, f_{ey}, f_{ez} Tensões críticas de flambagem elástica segundo os eixos x, y e z, respectivamente

f_p Tensão de proporcionalidade

f_r Tensão residual, a ser considerada igual a 115 MPa

f_u Limite de resistência à tração do aço, valor nominal especificado

f_y Limite de escoamento do aço, valor nominal especificado

f_w Resistência nominal à ruptura por tração do eletrodo

f_1, f_2 Tensões utilizadas no cálculo do momento crítico M_{cr} em perfis I e H

g Gabarito de furação; aceleração da gravidade

h Altura em geral; distância entre as faces internas das mesas de perfis I e H

h_c, h_t Distâncias dos centros de gravidade da mesa comprimida e da mesa tracionada, respectivamente, ao centro de gravidade da seção

k Coeficiente de flambagem

k_{pg} Parâmetro utilizado no dimensionamento de vigas esbeltas

ℓ Comprimento

q_n Resistência nominal de um conector de cisalhamento

r Raio de giração; raio

r_x, r_y Raios de giração em relação aos eixos x e y, respectivamente

r_T Raio de giração da seção formada pela mesa comprimida mais um terço da região comprimida da alma, calculado em relação ao eixo situado no plano médio da alma

s Espaçamento longitudinal de quaisquer dois furos consecutivos

t Espessura em geral

t_c Espessura da laje de concreto

t_f Espessura da mesa

t_w Espessura da alma

x_0, y_0 Coordenadas do centro de cisalhamento

c) letras gregas maiúsculas

  Deslocamento horizontal no topo de um pilar, incremento; flecha

L Deformação unitária

σ Faixa de variação de tensões normais

τ Faixa de variação de tensões de cisalhamento

Σ Somatório

d) letras gregas minúsculas

α Coeficiente; ângulo

β Coeficiente

ε Deformação específica

γ Coeficiente de ponderação das ações

γ_a Peso específico do aço

γ_c Peso específico do concreto

λ Parâmetro de esbeltez

$\bar{\lambda}$ Parâmetro de esbeltez para barras comprimidas

λ_p Parâmetro de esbeltez correspondentes à plastificação

λ_r Parâmetro de esbeltez correspondentes ao início do escoamento, com ou sem tensão residual

μ Coeficiente de atrito

ν_a Coeficiente de Poisson para o aço estrutural, no domínio elástico, tomado igual a 0,3

σ Tensão normal

τ Tensão de cisalhamento

ϕ Coeficiente de resistência, em geral

ϕ_b Coeficiente de resistência ao momento fletor

ϕ_c Coeficiente de resistência na compressão

ϕ_t Coeficiente de resistência na tração

ϕ_v Coeficiente de resistência à força cortante

ρ Coeficiente de redução para flambagem

e) índices gerais

a   Aço

b   Flexão

c   Concreto; compressão

d   De cálculo

e   Elástico

f   Mesa

g   Bruta; viga

i   Número de ordem

n   Líquida; normal; nominal

p   Parafuso; plastificação

r   Residual

y   Escoamento

w   Alma de perfis; solda

f) índices compostos

cr   Crítico

cs   Conector de cisalhamento

dx, *dy*   De cálculo, segundo os eixos x e y, respectivamente

ef   Efetivo

ex, *ey*   Flambagem elástica, segundo os eixos x e y, respectivamente

máx   Máximo

mín   Mínimo

pl   Plástico; plastificação

red   Reduzido; redução

st   Enrijecedor

tr   Transformada

INTRODUÇÃO

Capítulo 1

As estruturas metálicas, têm indicadores de sua utilização em escala industrial a partir de 1750. No Brasil o início de sua fabricação foi no ano de 1812, sendo que o grande avanço na fabricação de perfis em larga escala ocorreu com a implantação das grandes siderúrgicas. Como exemplo, tem-se a Companhia Siderúrgica Nacional — CSN, que começou a operar em 1946.

1.1 — Vantagens e desvantagens do aço estrutural

Como vantagens, é possível citar:

1. Fabricação das estruturas com precisão milimétrica, possibilitando um alto controle de qualidade do produto acabado;
2. Garantia das dimensões e propriedades dos materiais;
3. Material resistente a vibração e a choques;
4. Possibilidade de execução de obras mais rápidas e limpas;
5. Em caso de necessidade, possibilita a desmontagem das estruturas e sua posterior montagem em outro local;
6. Alta resistência estrutural, possibilitando a execução de estruturas leves para vencer grandes vãos;
7. Possibilidade de reaproveitamento dos materiais em estoque, ou mesmo, sobras de obra.

Como desvantagens, é possível citar:

1. Limitação de execução em fábrica, em função do transporte até o local de sua montagem final;
2. Necessidade de tratamento superficial das peças contra oxidação, devido ao contato com o ar atmosférico;
3. Necessidade de mão-de-obra e equipamentos especializados para sua fabricação e montagem;
4. Limitação de fornecimento de perfis estruturais.

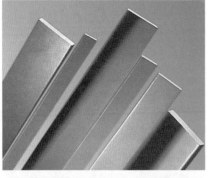
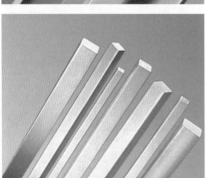

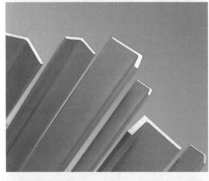
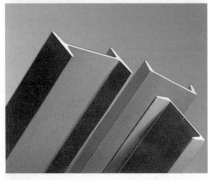

1.2 — Produtos siderúrgicos

Os produtos siderúrgicos podem ser classificados genericamente em:

• perfis;   • barras;   • chapas.

As indústrias siderúrgicas produzem inúmeros produtos; dentre eles, tem-se:

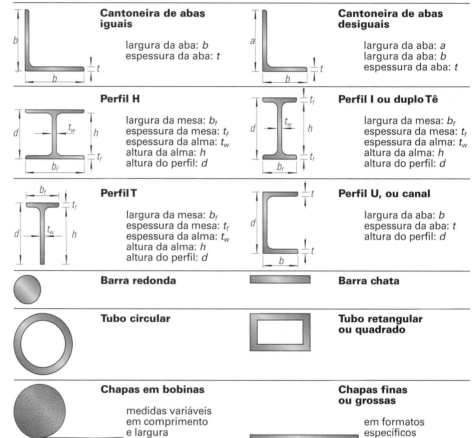

Cantoneira de abas iguais — largura da aba: b; espessura da aba: t	**Cantoneira de abas desiguais** — largura da aba: a; largura da aba: b; espessura da aba: t
Perfil H — largura da mesa: b_f; espessura da mesa: t_f; espessura da alma: t_w; altura da alma: h; altura do perfil: d	**Perfil I ou duplo Tê** — largura da mesa: b_f; espessura da mesa: t_f; espessura da alma: t_w; altura da alma: h; altura do perfil: d
Perfil T — largura da mesa: b_f; espessura da mesa: t_f; espessura da alma: t_w; altura da alma: h; altura do perfil: d	**Perfil U, ou canal** — largura da aba: b; espessura da aba: t; altura do perfil: d
Barra redonda	**Barra chata**
Tubo circular	**Tubo retangular ou quadrado**
Chapas em bobinas — medidas variáveis em comprimento e largura	**Chapas finas ou grossas** — em formatos específicos

1.3 — Produtos metalúrgicos

As empresas metalúrgicas, produzem os perfis compostos por chapas dobradas ou compostos por chapas soldadas. Como exemplo, tem-se:

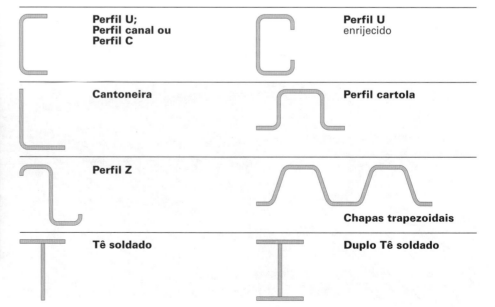

Perfil U; Perfil canal ou Perfil C	**Perfil U** enrijecido
Cantoneira	**Perfil cartola**
Perfil Z	**Chapas trapezoidais**
Tê soldado	**Duplo Tê soldado**

1.4 — Designação dos perfis

1.4.1 – Perfis laminados ou perfis conformados a quente

No Brasil, os perfis laminados são designados como:

Código literal, altura (mm), **peso** (kg/m)

Exemplos de códigos literais:

L - cantoneira de abas iguais ou desiguais
I - perfil de seção transversal parecida com **I**
H - perfil de seção transversal parecida com **H**
U - perfil de seção transversal parecida com **U**
T - perfil de seção transversal parecida com **T**

Exemplos de designação de perfis:

I 100 — perfil **I**, abas inclinadas com altura de 100 mm
IP 500 — perfil **I**, abas paralelas com altura de 500 mm
HPP 500 — perfil **H**, abas paralelas, série pesada, com altura de 500 mm
HPM 400 — perfil **H**, abas paralelas, série média, com altura de 400 mm
HPL 100 — perfil **H**, abas paralelas, série leve, com altura de 100 mm
U 100 — perfil **U**, abas inclinadas com altura de 100 mm
L 50 × 3 — perfil **L**, abas iguais a 50 mm e espessura 3 mm
L 50 × 30 × 3 — perfil **L**, abas desiguais (50 e 30 mm) e espessura 3 mm

Nos Estados Unidos, os perfis laminados são designados como:

Tipo (letra latina), **altura nominal, peso corrido** (lb/pé)

Exemplos de letras latinas:
S (*Standard*): perfil **I** de abas inclinadas
W (*Wide Flange Shape*): perfil **I** de abas largas paralelas
HP Perfil **H** de abas paralelas
C (*Channel*): perfil canal, **U** ou **C**
PL (*Plate*): chapa

Exemplos de perfis:
S 12 × 31,8 — perfil **I**, altura de 12", peso 31,8 lb/pé
W 40 × 328 — perfil **W**, altura de 40", peso 328 lb/pé
HP 12 × 53 — perfil **HP**, altura de 12", peso 53 lb/pé
C 12 × 20,7 — perfil canal, altura de 12", peso 20,7 lb/pé
PL 8 × ¾ — chapa de largura 8", espessura ¾"

1.4.2 – Perfis de chapa dobrada ou perfis conformados a frio

São designados como: **Tipo, altura, aba, dobra, espessura** - podendo ser acrescentada a designação "chapa dobrada" para diferenciar dos perfis laminados (Fig. 1.1).

1.4.3 – Perfis soldados

Os tipos já padronizados podem ter designação dos fabricantes, por exemplo (Fig. 1.2):

CS - perfil coluna soldada ($d/b_f \cong 1$)
VS - perfil viga soldada ($d/b_f \cong 2$)
CVS - perfil coluna-viga soldada ($d/b_f \cong 1,5$)
PS - perfil soldado

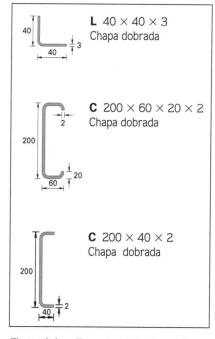

Figura 1.1 — Exemplos de perfis em chapas dobradas

Figura 1.2 — Exemplo de perfil soldado

1.5 — Entidades normativas para o projeto e cálculo de estruturas metálicas

Entidades normativas são associações representativas de classe, ou organismos oficiais, que determinam os procedimentos a serem seguidos para a execução de uma determinada atividade. No caso de projetos e obras em estruturas metálicas, tem-se normalizadas as características mecânicas e químicas dos materiais, a metodologia para o cálculo estrutural e o detalhamento em nível de projeto executivo.

As unidades a serem adotadas no Brasil são as do SI (Sistema Internacional). Nos desenhos as medidas lineares são todas em milímetros, não havendo necessidade de explicitar este fato.

A seguir, são apresentadas as siglas das principais entidades normativas para atividades que envolvam estruturas metálicas.

Brasil:
>**ABNT** Associação Brasileira de Normas Técnicas

Estados Unidos:
>**AISC** American Institute of Steel Construction
>**ANSI** American National Standards Institute
>**AWS** American Welding Society
>**AASHTO** American Association of State and Highway Transportation Officials
>**API** American Petroleum Institute
>**ASTM** American Society for Testing and Materials
>**AISE** Association of Iron and Steel Engineers
>**AISI** American Iron and Steel Institute
>**ASCE** American Society of Civil Engineers
>**AREA** American Railway Engineering
>**ABS** American Bureau Shipping
>**ASA** American Standards Association
>**SAE** Society of Automotive Engineers
>**SSPC** Steel Structures Painting Council
>**USBPR** United States Bureau of Public Roads Uniform Building Code

Alemanha:
>**DIN** Deutsch Industrie Normen

França:
>**AFNOR** Association Française de Normalisation

No Brasil é utilizada a norma técnica **NB14** (**NBR 8800**), de 14 de abril de 1986, Projeto e execução de estruturas de aço de edifícios (método dos estados limites) — ABNT – Associação Brasileira de Normas Técnicas.

Como normas técnicas complementares utilizadas para o dimensionamento estrutural, tem-se:

NBR 8681/84 ou **NB 862**	Ações e segurança nas estruturas
NBR 6120/80 ou **NB 5/78**	Cargas para o cálculo de estruturas de edifícios
NBR6123/88	Forças devido ao vento em edificações
NB 599	Forças devidas ao vento em edificações
NBR 14 323/99	Dimensionamento de Estruturas de Aço de Edifícios em Situação de Incêndio — Procedimentos
NBR 14 432/00	Exigências de Resistência ao Fogo de Elementos Contrutivos de Edificações
NBR 5884/99	Perfil I Estrutural de Aço Soldado por Arco Elétrico

1.6 — Aplicação das estruturas metálicas

Dentre as inúmeras aplicações das estruturas metálicas, pode-se citar:

a) telhados
b) edifícios industriais e comerciais
c) residências
d) hangares
e) pontes e viadutos
f) pontes rolantes e equipamentos de transporte
g) reservatórios
h) torres
i) guindastes
j) postes
l) passarelas
m) indústria naval
n) escadas
o) mezaninos

Capítulo 2 — AÇOS ESTRUTURAIS

Os aços estruturais são fabricados conforme as características mecânicas e/ou químicas desejáveis no produto final. A escolha do tipo de aço a ser utilizado em uma estrutura, será determinante no dimensionamento dos elementos que a compõem.

2.1 — Diagrama tensão x deformação de aços dúcteis

Quando um corpo de prova é solicitado ao esforço normal de tração, no caso de aços dúcteis (aços que possuem patamar de escoamento) é possível obter valores importantes para a determinação das propriedades mecânicas dos aços estruturais. (Fig. 2.1).

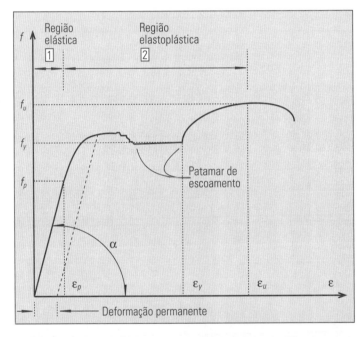

Figura 2.1 — Diagrama tensão × deformação de aços dúcteis

Onde:

f - Tensão no material $\left(f = \dfrac{N}{A}\right)$ onde: $\begin{cases} N \text{ — força normal} \\ A \text{ — área da seção transversal} \end{cases}$

f_u - Tensão última
f_y - Tensão de escoamento
f_p - Tensão de proporcionalidade

ε - Deformação específica $\left(\varepsilon = \dfrac{\Delta L}{L}\right)$ onde: $\begin{cases} \Delta L \text{ — deformação unitária} \\ L \text{ — comprimento do corpo de prova} \end{cases}$

ε_u - Deformação específica quando ocorre a última tensão
ε_y - Deformação específica limite quando ocorre a tensão de escoamento
ε_p - Deformação específica quando ocorre a tensão de proporcionalidade
α - Ângulo de inclinação da reta da região elástica

Capítulo 2 — Aços Estruturais

2.2 — Propriedades mecânicas do aço estrutural
(NB-14 - item 4.6.10)

● Módulo de Elasticidade (E)

$$E = \text{tg}\alpha = 205 \text{ GPa} \rightarrow \alpha = 89{,}9999999997°$$

● Coeficiente de Poisson (ν_a)

$$\nu_a = 0{,}3 \rightarrow v = \frac{\varepsilon_y}{\varepsilon_x} = -\frac{\varepsilon_z}{\varepsilon_x}$$

● Coeficiente de Dilatação Térmica (β)

$$\beta = 12 \times 10^{-6} \ °C^{-1}$$

● Peso Específico (γ_a)

$$\gamma_a = 77 \text{ kN/m}^3$$

● Módulo de Elasticidade Transversal (G)

$$G = 0{,}385 \ E$$

2.2.1 — Tipos de aços estruturais

As designações dos aços estruturais, bem como suas características mecânicas, estão listadas no Anexo A da NB-14. Como exemplo de alguns tipos de aço, tem-se:

ASTM

Aço A36 — aço de uso genérico para perfis laminados, soldados ou dobrados. Sua resistência é: $f_y = 36$ ksi $\cong 250$ MPa; $f_u \cong 58$ ksi $\cong 400$ MPa.
Obs.: ksi = kilo-libra/polegada^2.

ABNT

EB-583 — Aços para perfis laminados para uso estrutural. Tem-se as classes:

MR - 250: $f_y = 250$ MPa; $f_u = 400$ MPa.
AR - 290: $f_y = 290$ MPa; $f_u = 415$ MPa.
AR - 345: $f_y = 345$ MPa; $f_u = 450$ MPa.

2.2.2 — Espessuras mínimas dos elementos estruturais

A espessura mínima para peças estruturais, sem necessidade de proteção contra a corrosão: 3 mm (NB-14 - Item 8.4.3.5).

A espessura mínima para peças estruturais, com necessidade de proteção contra a corrosão (exceto calços e chapas de enchimento): 5 mm (NB-14 - Item 8.4.3.4).

2.2.3 — Classificação de aços para perfis de elementos estruturais
série ASTM

AÇOS-CARBONO

A36 - É usado em perfis, chapas e barras, para construção de edifícios, pontes e estruturas pesadas.

$f_y = 250$ MPa; $f_u = 400$ a 550 MPa

A570 - Empregado principalmente para perfis de chapa dobrada, devido à sua maleabilidade.

Grau 33: $f_y = 230$ MPa; $f_u = 360$ MPa
Grau 40: $f_y = 280$ MPa; $f_u = 380$ MPa
Grau 45: $f_y = 310$ MPa; $f_u = 410$ MPa

A500 - Material empregado na fabricação de tubos retangulares ou redondos, com ou sem costura.

$$\text{tubo redondo Grau A: } f_y = 232 \text{ MPa}; \quad f_u = 320 \text{ MPa}$$
$$\text{tubo redondo Grau B: } f_y = 296 \text{ MPa}; \quad f_u = 408 \text{ MPa}$$
$$\text{tubo quadrado ou retangular Grau A: } f_y = 274 \text{ MPa}; \quad f_u = 320 \text{ MPa}$$
$$\text{tubo quadrado ou retangular Grau B: } f_y = 323 \text{ MPa}; \quad f_u = 408 \text{ MPa}$$

A501 - Empregado na fabricação de tubos pesados, material com a mesma resistência do aço A36.

$$\text{tubo redondo, quadrado ou retangular: } f_y = 250 \text{ MPa}; \quad f_u = 408 \text{ MPa}$$

AÇOS DE ALTA RESISTÊNCIA MECÂNICA

A441 - Qualquer estrutura que necessite de um alto grau de resistência, usará este material, que é apresentado em vários graus e grupos.

Perfis:

$$\text{Grupos 1 e 2: } f_y = 345 \text{ MPa}; \quad f_u = 485 \text{ MPa}$$
$$\text{Grupo 3: } \quad f_y = 315 \text{ MPa}; \quad f_u = 460 \text{ MPa}$$

Para chapas e barras:

$$t \leq 19: f_y = 345 \text{ MPa}; \quad f_u = 485 \text{ MPa}$$
$$19 < t \leq 38: f_y = 315 \text{ MPa}; \quad f_u = 460 \text{ MPa}$$
$$38 < t \leq 100: f_y = 290 \text{ MPa}; \quad f_u = 435 \text{ MPa}$$
$$100 < t \leq 200: f_y = 275 \text{ MPa}; \quad f_u = 415 \text{ MPa}$$

A572 - Mesmas características do A441.

Perfis:

$$\text{Grau 42: } f_y = 290 \text{ MPa}; \quad f_u = 415 \text{ MPa}$$
$$\text{Grau 50: } f_y = 345 \text{ MPa}; \quad f_u = 450 \text{ MPa}$$

Chapas e barras:

$$\text{Grau 42 } (t \leq 150) \; f_y = 290 \text{ MPa}; \quad f_u = 415 \text{ MPa}$$
$$\text{Grau 50 } (t \leq 50) \; f_y = 345 \text{ MPa}; \quad f_u = 450 \text{ MPa}$$

AÇOS DE ALTA RESISTÊNCIA MECÂNICA E À CORROSÃO ATMOSFÉRICA

A242 - Aços de baixa liga e alta resistência mecânica; possuem o dobro da resistência à corrosão do aço-carbono, característica que permite seu uso exposto a intempéries.

Perfis:

$$\text{Grupos 1 e 2: } f_y = 345 \text{ MPa}; \quad f_u = 480 \text{ MPa}$$
$$\text{Grupo 3: } \quad f_y = 315 \text{ MPa}; \quad f_u = 460 \text{ MPa}$$

Chapas e barras:

$$t \leq 19: f_y = 345 \text{ MPa}; \quad f_u = 480 \text{ MPa}$$
$$19 < t \leq 38: f_y = 315 \text{ MPa}; \quad f_u = 460 \text{ MPa}$$
$$38 < t \leq 100: f_y = 290 \text{ MPa}; \quad f_u = 435 \text{ MPa}$$

A588 - Empregado em pontes e viadutos, este material caracteriza-se pelo seu baixo peso, e pela resistência à corrosão, que chega a 400% da do aço-carbono.

Perfis:

$$f_y = 345 \text{ MPa}; \quad f_u = 485 \text{ MPa}$$

Chapas e barras:

$$t \leq 100: f_y = 3,45 \text{ MPa}; \qquad f_u = 485 \text{ MPa}$$
$$100 < t \leq 127: f_y = 315 \text{ MPa}; \qquad f_u = 460 \text{ MPa}$$
$$127 < t \leq 200: f_y = 290 \text{ MPa}; \qquad f_u = 435 \text{ MPa}$$

2.2.4 — Classificação de aços para perfis de elementos estruturais série ABNT

NBR 6648 - (EB 255) Chapas espessas para uso em estruturas em aço-carbono.

CG-24: $f_y = 235$ MPa; $\qquad f_u = 380$ MPa
CG-26: $f_y = 255$ MPa; $\qquad f_u = 410$ MPa

NBR 6649 - (EB 276-I/II) Chapas finas laminadas a frio, para uso em estruturas.

CF-24: $f_y = 240$ MPa; $\qquad f_u = 370$ MPa
CF-26: $f_y = 260$ MPa; $\qquad f_u = 410$ MPa

NBR 6650 - (EB 276-I/II) Chapas finas laminadas a quente, para uso em estruturas.

CF-24: $f_y = 240$ MPa; $\qquad f_u = 370$ MPa
CF-26: $f_y = 260$ MPa; $\qquad f_u = 410$ MPa
CF-28: $f_y = 280$ MPa; $\qquad f_u = 440$ MPa
CF-30: $f_y = 300$ MPa; $\qquad f_u = 490$ MPa

NBR 7007 - (EB 583) Aço para perfis laminados.

MR-250: $\qquad f_y = 250$ MPa; $\qquad f_u = 400$ MPa
AR-290: $\qquad f_y = 290$ MPa; $\qquad f_u = 415$ MPa
AR- 345: $\qquad f_y = 345$ MPa; $\qquad f_u = 450$ MPa
AR-COR-345A: $f_y = 345$ MPa; $\qquad f_u = 485$ MPa
AR-COR-345B: $f_y = 345$ MPa; $\qquad f_u = 485$ MPa

NBR 5920/NBR 5921 - (EB 901/902)
Chapas de aço de pouca espessura, baixa liga, alta resistência à corrosão atmosférica.

Laminadas a frio:
$f_y = 310$ MPa; $\qquad f_u = 450$ MPa

Bobinas laminadas a quente:
$f_y = 310$ MPa; $\qquad f_u = 450$ MPa

Laminadas a quente:
$f_y = 340$ MPa; $\qquad f_u = 480$ MPa

NBR 8261 - (EB 639)
Tubos de aço-carbono, seção circular, quadrada ou retangular, em aço-carbono.

tubo redondo B: $f_y = 290$ MPa; $\quad f_u = 400$ MPa
tubo redondo C: $f_y = 317$ MPa; $\quad f_u = 427$ MPa
tubo quadrado ou retangular B: $f_y = 317$ MPa; $\quad f_u = 400$ MPa
tubo quadrado ou retangular C: $f_y = 345$ MPa; $\quad f_u = 427$ MPa

NBR 5000 - (EB 326) Chapas espessas de alta resistência mecânica e baixa liga.

G-30: $f_y = 300$ MPa; $\qquad f_u = 415$ MPa
G-35: $f_y = 345$ MPa; $\qquad f_u = 450$ MPa

NBR 5004 - (EB 325)
Chapas de pouca espessura, de alta resistência mecânica e baixa liga.

F-32/Q-32: $f_y = 310$ MPa; $\qquad f_u = 410$ MPa
F-35/Q-35: $f_y = 340$ MPa; $\qquad f_u = 450$ MPa

NBR 5008 - **(EB 564)** Chapas espessas, resistentes à corrosão atmosférica, alta resistência mecânica e baixa liga.

$$t \leq 19: f_y = 345 \text{ MPa}; \qquad f_u = 480 \text{ MPa}$$
$$19 < t \leq 40: f_y = 315 \text{ MPa}; \qquad f_u = 460 \text{ MPa}$$
$$40 < t \leq 100: f_y = 290 \text{ MPa}; \qquad f_u = 435 \text{ MPa}$$

2.3 — Propriedades dos aços estruturais

As propriedades dos aços estruturais são:

Ductibilidade: é a capacidade do material de se deformar sob a ação de cargas.

Fragilidade: é o oposto da ductibilidade. Os aços podem ter características de elementos frágeis em baixas temperaturas ambientes.

Resiliência: é a capacidade do material de absorver energia mecânica em regime elástico.

Tenacidade: é a capacidade do material de absorver energia mecânica com deformações elásticas e plásticas.

Dureza: resistência ao risco ou abrasão.

Fadiga: resistência a carregamentos repetitivos.

CARACTERÍSTICAS GEOMÉTRICAS DAS SEÇÕES TRANSVERSAIS

Capítulo 3

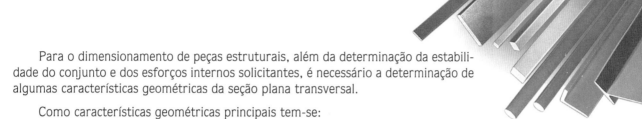

Para o dimensionamento de peças estruturais, além da determinação da estabilidade do conjunto e dos esforços internos solicitantes, é necessário a determinação de algumas características geométricas da seção plana transversal.

Como características geométricas principais tem-se:

- área;
- centro de gravidade;
- momentos de inércia;
- produto de inércia;
- raio de giração;
- momento resistente elástico;
- momento resistente plástico.

3.1 — Cálculo de áreas de figuras planas (A)

O cálculo para a determinação de uma área plana (A) (Fig. 3.1) é definido como:

$$A = \int_A dA \qquad (3.1)$$

Figura 3.1

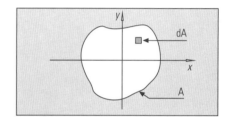

No caso de um retângulo (Fig. 3.2) sua área pode ser representada com (3.1) por:

$$A = \int_A dA = \int_0^h b\,dy = by \Big|_0^h = bh \qquad (3.2)$$

onde o elemento de área é $dA = b\,d_y$

Figura 3.2

Para facilitar o cálculo de áreas deve-se, sempre que possível, desmembrar a figura plana em figuras geométricas cujas áreas são conhecidas. Exemplos:

3.1.1 – Cálculo de área de um perfil I soldado (Fig. 3.3)

$A = A_I + A_{II} + A_{III}$
$A = (18 \times 150) + (300 \times 4) + (12 \times 100)$
$A = 2.700 + 1.200 + 1.200 = 5.100 \text{ mm}^2$

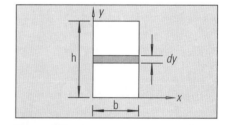

Figura 3.3

3.1.2 – Cálculo de área de um perfil em chapa dobrada (Fig. 3.4)

$A = A_I + A_{II} + A_{III}$

$A_I = [a - (R+t)]t = [100 - (10+5)]5 = 425 \text{ mm}^2$

$A_{II} = \left[\begin{array}{c}\text{comprimento}\\ \text{do setor de círculo}\end{array}\right] t = \left[\dfrac{2\pi}{4}\left(R + \dfrac{t}{2}\right)\right] t = 1{,}57\left(R + \dfrac{t}{2}\right) t =$

$= 1{,}57 \times \left(10 + \dfrac{5}{2}\right) \times 5 = 98{,}13 \text{ mm}^2$

$A_{III} = [b - (R+t)]\,t = [80 - (10+5)] \times 5 = 325 \text{ mm}^2$

$\therefore A = 425 + 98{,}13 + 325 = 848{,}13 \text{ mm}^2$

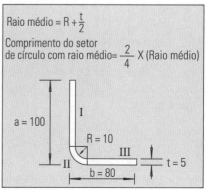

Figura 3.4

3.2 — Centro de gravidade de áreas planas (CG)

O centro de gravidade de áreas planas é obtido pela aplicação direta do momento estático de áreas.

Os momentos estáticos em relação aos eixos x e y (Fig. 3.5) são:

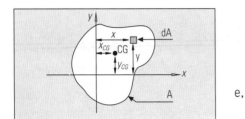
Figura 3.5

$$Ms_x = \int_A y \, dA \tag{3.3}$$

e,

$$Ms_y = \int_A x \, dA \tag{3.4}$$

também é possível definir os momentos estáticos como:

$$Ms_x = y_{CG} A \tag{3.5}$$

e,

$$Ms_y = x_{CG} A \tag{3.6}$$

igualando (3.3) com (3.5):

$$\int_A y \, dA = y_{CG} A \Rightarrow y_{CG} = \frac{\int_A y \, dA}{A} \tag{3.7}$$

e igualando (3.4) com (3.6):

$$\int_A x \, dA = x_{CG} A \Rightarrow x_{CG} = \frac{\int_A x \, dA}{A} \tag{3.8}$$

Os itens 3.2.1, 3.2.2 e 3.2.3, apresentam exemplos de cálculos de centros de gravidade de áreas planas.

3.2.1 – Cálculo do centro de gravidade de um retângulo

Com a Fig. 3.6 e com (3.3):
chamando d$A = b \, dy$

Figura 3.6

$$Ms_x = \int_A y \, dA = \int_0^h y \, bdy = b \frac{y^2}{2}\bigg|_0^h = \frac{bh^2}{2}$$

com (3.2): $\quad A = b\,h$

e com (3.5) tem-se:

$$y_{CG} = \frac{Ms_x}{A} = \frac{\frac{bh^2}{2}}{bh} = \frac{h}{2}$$

com a Fig. 3.7 e com (3.4):
chamando: d$A = h\,dx$

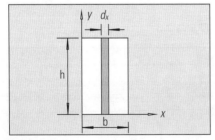
Figura 3.7

$$Ms_y = \int_A x \, dA = \int_0^b x \, hdx = \frac{x^2}{2} h \bigg|_0^b = \frac{b^2 h}{2}$$

com (3.2): $\quad A = b\,h$
e com (3.6) tem-se:

$$x_{CG} = \frac{Ms_y}{A} = \frac{\frac{b^2 h}{2}}{bh} = \frac{b}{2}$$

Capítulo 3 — Características geométricas das seções transversais

3.2.2 – Cálculo do centro de gravidade de uma cantoneira composta por duas chapas soldadas (Fig. 3.8)

Nesse caso pode-se utilizar a Tabela 3.1, que é útil para figuras compostas:

Tabela 3.1 — Cálculos para figuras compostas

Figura	A_i (mm²)	y_{CGi} (mm)	Ms_{xi} (mm³)	x_{CGi} (mm)	Ms_{yi} (mm³)
I	10×(50–10) = 400	$\frac{(50-10)}{2}+10=30$	12.000	$\frac{10}{2}=5$	2.000
II	30 × 10 = 300	$\frac{10}{2}=5$	1.500	$\frac{30}{2}=15$	4.500
total	700	—	13.500	—	6.500

com (3.5): $\quad y_{CG} = \dfrac{\Sigma\, Ms_{x_i}}{\Sigma\, A_i} = \dfrac{13.500}{700} = 19,29$ mm

com (3.6): $\quad x_{CG} = \dfrac{\Sigma\, Ms_{y_i}}{\Sigma\, A_i} = \dfrac{6.500}{700} = 9,29$ mm

A posição do centro de gravidade dessa cantoneira é apresentada na Fig. 3.9.

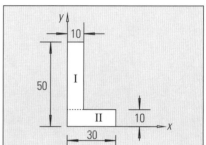

Figura 3.8

3.2.3 – Cálculo do centro de gravidade de duas cantoneiras de chapa dobrada, dispostas lado a lado (Fig. 3.10)

Nesse caso a seção transversal composta será desmembrada em figuras conhecidas (Fig. 3.11).

O setor de anel é a quarta parte do anel (Fig. 3.12):

$$y_{CG} = \frac{1}{A} \int_A y\, dA \quad (3.7)$$

$$R_2 = R_1 + t$$

$$A = \frac{\pi}{4}\left(R_2^2 - R_1^2\right)$$

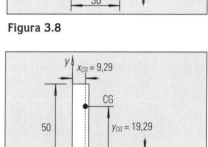

Figura 3.9

Para o setor de circulo, a posição do centro de gravidade é apresentada na Fig. 3.13.

$$y_{CG} = \frac{1}{\frac{\pi}{4}\left(R_2^2 - R_1^2\right)} \times \left[\frac{\pi R_2^2}{4} \times 0{,}5756 \times R_2 - \frac{\pi R_1^2}{4} \times 0{,}5756 \times R_1\right] \quad (3.8)$$

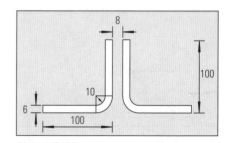

Figura 3.10

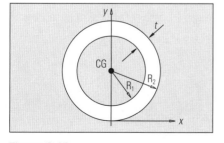

Figura 3.12

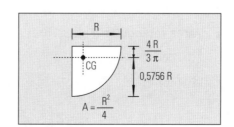

Figura 3.13

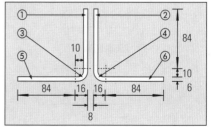

Figura 3.11

Para o exemplo: $R_2 = 10 + 6 = 16$ mm

$$y_{CG} = \frac{1}{\frac{\pi}{4}(16^2 - 10^2)} \times \left[\frac{\pi \times 16^2}{4} \times 0,5756 \times 16 - \frac{\pi \times 10^2}{4} \times 0,5756 \times 10\right] = 11,42 \text{ mm}$$

Os cálculos da Fig. 3.8 são apresentados na Tabela 3.2

Tabela 3.2			
Figura	A_i (mm²)	y_{CGi} (mm)	Ms_{xi} (mm³)
1	84 × 6 = 504	$\frac{84}{2} + 16 = 58$	29.232
2	84 × 6 = 504	58	29.232
3	$\left[\frac{2\pi}{4}\left(R + \frac{t}{2}\right)\right]t = 122,46$	11,42	1.398,49
4	$\left[1,57 \times \left(10 + \frac{6}{2}\right)\right] \times 6 = 122,46$	11,42	1.398,49
5	84 × 6 = 504	$\frac{6}{2} = 3$	1.512
6	84 × 6 = 504	3	1.512
total	2.260,92	——	64.284,98

$$y_{CG} = \frac{\Sigma Ms_{x_i}}{\Sigma A_i} = \frac{64.284,98}{2.260,92}$$

$y_{CG} = 28,43$ mm

3.3 — Momento de inércia de áreas planas (I)

Para esta característica geométrica, serão apresentadas considerações quanto à posição dos eixos de referência.

3.3.1 – Momento de inércia de uma área plana em relação a um eixo situado no seu plano

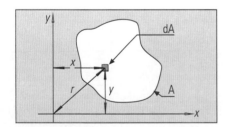

Figura 3.14

O momento de inércia de uma seção qualquer de área A em relação ao eixo x (Fig. 3.14) é definido por:

$$I_x = \int_A y^2 dA \tag{3.9}$$

Para o eixo y é definido por:

$$I_y = \int_A x^2 dA \tag{3.10}$$

No caso de áreas com formas geométricas básicas é possível fazer simplificações:

- **Área retangular** (Fig. 3.15)

  chamando: $dA = b\,dy$

  com (3.9):

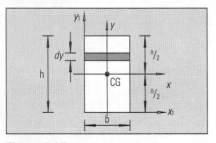

Figura 3.15

$$I_y = 2\int_0^{b/2} x^2 h\, dx = 2\frac{hx^3}{3}\bigg|_0^{b/2} = \frac{hb^3}{12}$$

chamando: $dA = h\,dx$

com (3.10):

$$I_x = 2\int_0^{h/2} y^2 b\,dy = 2\frac{by^2}{3}\bigg|_0^{h/2} = \frac{bh^3}{12}$$

- **Área triangular** (Fig. 3.16)

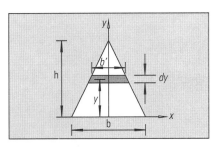

Figura 3.16

$$\left.\begin{array}{r}h-b\\(h-y)-b'\end{array}\right\}b' = b\frac{(h-y)}{h}$$

chamando:

$$dA = b'dy = b\frac{(h-y)}{h}dy \qquad (3.11)$$

com (3.9) e (3.11):

$$I_x = \int_0^h y^2\frac{b}{h}(h-y)dy = \frac{by^3}{3} - \frac{by^4}{h4}\bigg|_0^h = \frac{bh^3}{12}$$

3.3.2 – Momento de inércia polar de uma área plana

É definido como sendo o momento de inércia de uma área plana em relação a um eixo perpendicular ao seu plano (Fig 3.14).

$$I_p = \int_A r^2 dA \qquad (3.12)$$

como (Fig. 3.14): $\qquad r^2 = x^2 + y^2 \qquad (3.13)$

$$I_p = \int_A (x^2 + y^2)dA = \int_A x^2 dA + \int_A y^2 dA = I_y + I_x = I_x + I_y \qquad (3.14)$$

- **Área circular**

No caso de uma área circular, o momento de inércia em relação ao seu centro de gravidade será (Fig. 3.17):

chamando:

$$dA = 2\pi\,r\,dr \qquad (3.15)$$

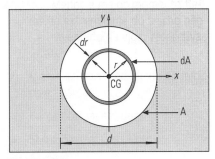

Figura 3.17

$$I_p = \int_A r^2 dA = \int_0^r r^2 2\pi\,rdr = 2\pi\frac{r^4}{4}\bigg|_0^r = \frac{\pi r^4}{2}$$

como: $\qquad r = \dfrac{d}{2} \Rightarrow I_p = \dfrac{\pi d^4}{32}$

Por simetria: $\qquad I_x = I_y$

Portanto: $\qquad I_p = 2\,I_x = 2\,I_y$

$$I_x = \frac{I_p}{2} = \frac{\pi d^4}{64}$$

- **Área na forma de elipse**

Neste caso, o momento de inércia em relação ao eixo x será obtido por comparação entre a elipse e o circulo circunscrito (linha tracejada, Fig. 3.18).

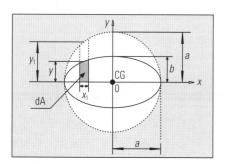

Figura 3.18

A altura y de um elemento de área da elipse pode ser obtida reduzindo a altura y_1 do elemento correspondente ao circulo na relação b/a.

Portanto, o momento de inércia da elipse é:

$$I_x = \frac{\pi (2a)^4}{64} \frac{b^3}{a^3} = \frac{\pi\, ab^3}{4}$$

e

$$I_y = \frac{\pi\, a^3 b}{4}$$

seu momento de inércia polar será:

$$I_p = I_y + I_x = \frac{\pi\, ab^3}{4} + \frac{\pi\, a^3 b}{4} = \frac{\pi}{4} ab\left(b^2 + a^2\right)$$

- **Área retangular**

$$I_p = I_x + I_y = \frac{bh^3}{12} + \frac{b^3 h}{12} = \frac{bh}{12}\left(h^2 + b^2\right)$$

3.3.3 – Translação dos eixos

- **Teorema dos eixos paralelos**

Dada uma área plana qualquer (A) e o momento de inércia em relação a um eixo x que passa pelo seu centro de gravidade (I_x) (Fig. 3.19).

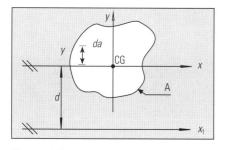

Figura 3.19

O momento de inércia de um eixo paralelo qualquer é definido por:

$$I_{x1} = \int_A (y+d)^2 dA = \int_A y^2 dA + 2\int_A yd\, dA + \int_A d^2 dA$$

$$I_{x1} = \int_A y^2 dA + 2d \underbrace{\int_A y\, dA}_{0} + d^2 \int_A dA$$

A segunda integral é nula pelo fato de o eixo x passar pelo centro de gravidade da área $\int_A y\, dA = 0$.

Portanto:

$$I_{x_1} = I_x + Ad^2 \tag{3.16}$$

Para o caso de uma área retangular, o momento de inércia em relação a um eixo x_1 passando por sua base:

$$I_{x_1} = \frac{bh^3}{12} + bh\left(\frac{h}{2}\right)^2 = \frac{bh^3}{12} + \frac{bh^3}{4} = \frac{bh^3}{3}$$

Capítulo 3 — Características geométricas das seções transversais

Exemplo:

- Calcular os momentos de inércia I_{x_1} e I_{y_1} que passam pelo centro de gravidade da seção composta por dois perfis canal laminados (Fig 3.20).

  Das características geométricas do perfil (Tabela E.3), tem-se (Figs. 3.21 e 3.22):

  $A = 7,78$ cm^2
  $I_x = 68,90$ cm^4
  $I_y = 8,20$ cm^4
  $x = 1,11$ cm

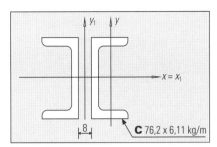

Figura 3.20

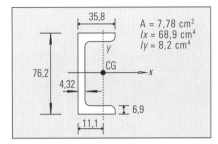

Figura 3.21

Tabela 3.3

Figura	A_i (cm^2)	x_{CGi} (cm)	$d_ix = x_{CGi} - x_{CG}$ (cm)	I_{yi} (cm^4)	$A_i dx_i^2$ (cm^4)	I_{xi} (cm^4)
1	7,78	1,11	−1,51	8,2	17,74	68,9
2	7,78	1,11	1,51	8,2	17,74	68,9
total	15,56	—	—	16,40	35,48	137,80

$I_{x_1} = \Sigma\, I_{x_i} = 137,80$ cm^4

$I_{y_1} = \Sigma\, I_{y_i} + \Sigma\, A_i dx_i^2 = 16,40 + 35,48 = 51,88$ cm^4

3.4 — Produto de inércia de área plana (I_{xy})

É definido como sendo:

$$I_{xy} = \int_A yx\, dA \qquad (3.17)$$

Se a área possuir um eixo de simetria, o produto de inércia é nulo, pois para qualquer elemento de área dA com abscissa e/ou ordenada positiva, sempre existe um outro elemento de área dA, igual e simétrico, com abscissa e/ou ordenada negativa (Fig. 3.23).

No caso geral, é sempre possível determinar dois eixos ortogonais, tais que o produto de inércia seja nulo. Caso os eixos y e x da Fig. 3.24 girarem em torno de 0 em 90° no sentido horário, as novas posições desses eixos serão y_1 e x_1.

As relações entre as antigas coordenadas de um elemento de área (dA) e suas novas coordenadas serão:

$$y_1 = x \qquad (3.18)$$
$$x_1 = -y \qquad (3.19)$$

Portanto, o produto de inércia para as novas coordenadas será:

$$I_{x_1 y_1} = \int_A x_1 y_1 dA = -\int_A yx\, dA = -I_{xy} \qquad (3.20)$$

Então verifica-se que, durante a rotação, o produto de inércia troca de sinal.

O produto de inércia varia de modo contínuo com o ângulo de rotação. Devem existir determinadas direções para as quais o produto de inércia se anula. Os eixos nessas direções são denominados "eixos principais de inércia".

Portanto, se a área plana tem um eixo de simetria e um eixo normal a esse eixo pelo centro de gravidade, eles serão os eixos principais de inércia dessa área plana, pois o produto de inércia em relação a tais eixos será nulo.

Se o produto de inércia de uma área plana é conhecido para os eixos x e y, que passam pelo seu centro de gravidade, o produto de inércia para os eixos paralelos x_1 e y_1 pode ser calculado como na Fig. 3.25.

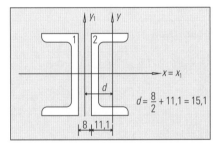

Figura 3.22

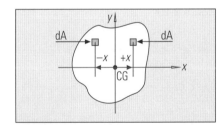

Figura 3.23

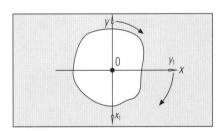

Figura 3.24

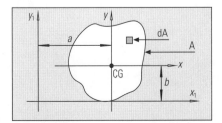

Figura 3.25

As coordenadas do elemento de área (dA) para os novos eixos são:

$$y_1 = y + b \quad (3.21)$$
$$x_1 = x + a \quad (3.22)$$

Então:

$$I_{y_1x_1} = \int_A y_1 x_1 \, dA = \int_A (y+b)(x+a) \, dA = \int_A yx \, dA + \int_A ab \, dA + \underbrace{\int_A ya \, dA}_{0} + \underbrace{\int_A bx \, dA}_{0}$$

Os últimos termos são nulos pelo fato de o eixo passar pelo centro de gravidade.

Portanto:

$$I_{y_1x_1} = I_{yx} + A\,ab \quad (3.23)$$

- **No caso de uma área retangular** (Fig. 3.26)

$$I_{y_1x_1} = \underbrace{I_{yx}}_{0} + A\,ab = (bh)\frac{b}{2}\frac{h}{2} = \frac{b^2 h^2}{4}$$

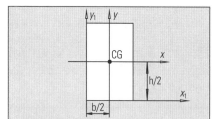

Figura 3.26

- **No caso de uma figura em forma de cantoneira** (Fig. 3.27)

A área é dividida em dois retângulos obtendo-se :

$$I_{yx} = \frac{a^2 h^2}{4} + \frac{h^2 (a-h)^2}{4}$$

em virtude de simetria: $I_{y_1x_1} = 0$

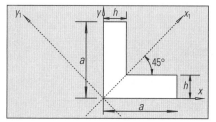

Figura 3.27

3.4.1 – Mudança de direção dos eixos e determinação dos eixos principais de inércia (Fig. 3.28)

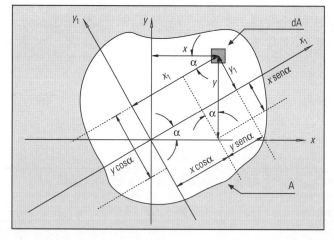

Figura 3.28

Para uma área plana tem-se os momentos de inércia:

$$I_x = \int_A y^2 \, dA \quad (3.9)$$

$$I_y = \int_A x^2 \, dA \quad (3.10)$$

e o produto de inércia:

$$I_{yx} = \int_A yx \, dA \quad (3.17)$$

Capítulo 3 — Características geométricas das seções transversais

As novas coordenadas do elemento de área (dA) serão:

$$x_1 = x \cos \alpha + y \, sen \, \alpha \qquad \text{(3.24)}$$

$$y_1 = y \cos \alpha - x \, sen \, \alpha \qquad \text{(3.25)}$$

Então:

$$I_x = \int_A y_1^2 dA = \int_A (y \cos \alpha - x \, sen \, \alpha)^2 dA = \int_A y^2 \cos^2 \alpha \, dA \; + $$
$$+ \int_A x^2 \, sen^2 \alpha \, dA - \int_A 2 yx \, sen \, \alpha \, \cos \, \alpha \, dA$$

Portanto:

$$I_{x_1} = I_x \cos^2 \alpha + I_y \, sen^2 \, \alpha - I_{yx} \, sen \, 2\alpha \qquad \text{(3.26)}$$

Por analogia:

$$I_{y_1} = I_x \, sen^2 \, \alpha + I_y \cos^2 \alpha + I_{yx} \, sen \, 2\alpha \qquad \text{(3.27)}$$

com (3.26) e (3.27), tem-se então:

$$I_{x_1} + I_{y_1} = I_x + I_y \qquad \text{(3.28)}$$

e

$$I_{x_1} - I_{y_1} = (I_x - I_y) \cos 2\alpha - 2 \, I_{xy} \, sen \, 2\alpha \qquad \text{(3.29)}$$

portanto:

$$I_{y_1 x_1} = \int_A y_1 x_1 dA = \int_A (y \cos \alpha - x \, sen \, \alpha)(x \cos \alpha + y \, sen \, \alpha) dA =$$
$$= \int_A y^2 sen \, \alpha \cos \alpha \, dA - \int_A x^2 sen \, \alpha \cos \alpha \, dA + \int_A xy(\cos^2 \alpha - sen^2 \alpha) dA \quad \text{(3.30)}$$

Do mesmo modo:

$$I_{y_1 x_1} = \left(I_x - I_y \right) \frac{sen \, 2\alpha}{2} + I_{yx} \cos 2\alpha \qquad \text{(3.31)}$$

Os eixos principais de inércia são os dois eixos ortogonais, para os quais o produto de inércia se anula. Portanto, y_1 e x_1 serão os eixos principais de inércia se o segundo membro da equação (3.31) se anular:

$$\left(I_x - I_y \right) \frac{sen \, 2\alpha}{2} + I_{yx} \cos 2\alpha = 0$$

Portanto:

$$tg \, 2\alpha = \frac{2 \, I_{yx}}{I_y - I_x} \qquad \text{(3.32)}$$

Sabendo que:

$$sen \, 2\alpha = \pm \frac{tg \, 2\alpha}{\sqrt{1 + tg^2 2\alpha}} \qquad \text{(3.33)}$$

$$\cos 2\alpha = \pm \frac{1}{\sqrt{1 + tg^2 2\alpha}} \qquad \text{(3.34)}$$

$$\cos^2 \alpha = \frac{1}{2}(1 + \cos 2\alpha) \qquad \text{(3.35)}$$

$$sen^2 \alpha = \frac{1}{2}(1 - \cos 2\alpha) \qquad \text{(3.36)}$$

Estruturas metálicas

com (3.26), (3.32), (3.33), (3.34), (3.35) e (3.36) tem-se [como o ângulo é anti-horário, será adotado o sinal (–) para sen 2α e cos 2α]:

$$I_{x_1} = I_x \cos^2\alpha + I_y \operatorname{sen}^2\alpha - I_{yx} \operatorname{sen} 2\alpha =$$

$$= I_x\left[\frac{1+\cos 2\alpha}{2}\right] + I_y\left[\frac{1-\cos 2\alpha}{2}\right] - I_{yx} \operatorname{sen} 2\alpha =$$

$$= \frac{(I_x + I_y)}{2} + \frac{(I_x - I_y)}{2}\cos 2\alpha - I_{yx} \operatorname{sen} 2\alpha =$$

$$= \frac{(I_x + I_y)}{2} + \frac{(I_x - I_y)}{2}\left[\frac{-1}{1+tg^2 2\alpha}\right] - I_{yx}\left[\frac{-tg\ 2\alpha}{\sqrt{1+tg^2 2\alpha}}\right] =$$

$$= \frac{(I_x + I_y)}{2} + \left[\frac{(I_x - I_y)}{2} + I_{yx}\ tg\ 2\alpha\right]\left[\frac{-1}{\sqrt{1+tg^2 2\alpha}}\right] =$$

$$= \frac{(I_x + I_y)}{2} + \left[\frac{(I_x - I_y)}{2} - I_{yx}\frac{2\ I_{yx}}{(I_y - I_x)}\right]\left[\frac{-1}{\sqrt{1+\left(\dfrac{2\ I_{yx}}{I_y - I_x}\right)^2}}\right] =$$

$$= \frac{(I_x + I_y)}{2} + \left[\frac{(I_x - I_y)(I_y - I_x) - 4\ I_{yx}^2}{2(I_y - I_x)}\right]\left[\frac{-1}{\sqrt{\dfrac{(I_y - I_x)^2 + 4\ I_{yx}^2}{(I_y - I_x)^2}}}\right] =$$

$$= \frac{(I_x + I_y)}{2} + \left[\frac{I_x I_y - I_x^2 - I_y^2 + I_x I_y - 4\ I_{yx}^2}{2(I_y + I_x)}\right]\left[\frac{-(I_y + I_x)}{\sqrt{(I_y + I_x)^2 + 4\ I_{yx}^2}}\right] =$$

$$= \frac{(I_x + I_y)}{2} + \frac{1}{2}\left[-(I_y - I_x)^2 - 4\ I_{yx}^2\right]\left[\frac{-1}{\sqrt{(I_y + I_x)^2 + 4\ I_{yx}^2}}\right] =$$

$$= \frac{(I_x + I_y)}{2} + \frac{1}{2}\sqrt{\frac{\left[(I_y + I_x)^2 + 4\ I_{yx}^2\right]^2}{\left[(I_y + I_x)^2 + 4\ I_{yx}^2\right]^2}} =$$

$$= \frac{(I_x + I_y)}{2} + \frac{1}{2}\sqrt{(I_y + I_x)^2 + 4\ I_{yx}^2}$$

como:

$$(I_y - I_x)^2 = (I_x - I_y)^2$$

tem-se:

$$I_{x_1} = \frac{(I_x + I_y)}{2} + \frac{1}{2}\sqrt{(I_x - I_y)^2 + 4\ I_{yx}^2} \tag{3.37}$$

com (3.27), (3.32), (3.33), (3.34), (3.35) e (3.36) tem-se:

$$I_{y_1} = I_x \operatorname{sen}^2\alpha + I_y \cos^2\alpha + I_{yx} \operatorname{sen} 2\alpha =$$

$$= I_x\left[\frac{1-\cos 2\alpha}{2}\right] + I_y\left[\frac{1+\cos 2\alpha}{2}\right] + I_{yx} \operatorname{sen} 2\alpha =$$

$$= \frac{(I_x + I_y)}{2} + \frac{(I_y - I_x)}{2}\cos 2\alpha + I_{yx} \operatorname{sen} 2\alpha =$$

$$= \frac{(I_x + I_y)}{2} + \frac{(I_y - I_x)}{2}\left[\frac{-1}{\sqrt{1+tg^2 2\alpha}}\right] + I_{yx}\left[\frac{-tg\,2\alpha}{\sqrt{1+tg^2 2\alpha}}\right] =$$

$$= \frac{(I_x + I_y)}{2} + \left[\frac{(I_y - I_x)}{2} + I_{yx}\,tg\,2\alpha\right]\left[\frac{-1}{\sqrt{1+tg^2 2\alpha}}\right] =$$

$$= \frac{(I_x + I_y)}{2} + \left[\frac{(I_y - I_x)}{2} + I_{yx}\frac{2\,I_{yx}}{(I_y - I_x)}\right]\left[\frac{-1}{\sqrt{1+\left(\frac{2\,I_{yx}}{I_y - I_x}\right)^2}}\right] =$$

$$= \frac{(I_x + I_y)}{2} + \left[\frac{(I_y - I_x)^2 + 4I_{yx}^2}{2(I_y - I_x)}\right]\left[\frac{-(I_y - I_x)}{\sqrt{(I_y - I_x)^2 + 4\,I_{yx}^2}}\right] =$$

$$= \frac{(I_x + I_y)}{2} - \frac{1}{2}\left[(I_y - I_x)^2 + 4\,I_{yx}^2\right]\left[\frac{1}{\sqrt{(I_y - I_x)^2\,4\,I_{yx}^2}}\right] =$$

$$= \frac{(I_x + I_y)}{2} - \frac{1}{2}\sqrt{\frac{\left[(I_y - I_x)^2 + 4\,I_{yx}^2\right]}{\left[(I_y - I_x)^2 + 4\,I_{yx}^2\right]}} =$$

$$= \frac{(I_x + I_y)}{2} - \frac{1}{2}\sqrt{(I_y - I_x)^2 + 4I_{yx}^2}$$

como: $\qquad (I_y - I_x)^2 = (I_x - I_y)^2$

$$I_{y_1} = \frac{(I_x + I_y)}{2} - \frac{1}{2}\sqrt{(I_x - I_y)^2 + 4\,I_{yx}^2} \qquad (3.38)$$

Portanto com (3.37) e (3.38):

$$I_{\substack{máx\\mín}} = \frac{(I_x + I_y)}{2} \pm \frac{1}{2}\sqrt{(I_x - I_y)^2 + 4\,I_{yx}^2} \qquad (3.39)$$

É possível visualizar graficamente a expressão (3.32) como sendo (Fig. 3.29 e 3.30):

$$tg\,2\alpha = \frac{2\,I_{yx}}{I_y - I_x} = -\frac{2\,I_{yx}}{I_x - I_y}$$

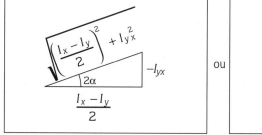

Figura 3.29 **Figura 3.30**

$$\text{sen } 2\alpha = \frac{I_{yx}}{\sqrt{\left(\frac{I_x - I_y}{2}\right)^2 + I_{yx}^2}} \Rightarrow \sqrt{\frac{\left(I_x - I_y\right)^2}{4} + I_{yx}^2} = \frac{I_{yx}}{\text{sen } 2\alpha} \quad (3.40)$$

Portanto:

$$I_{\substack{máx \\ mín}} = \frac{\left(I_x + I_y\right)}{2} \pm \frac{I_{yx}}{\text{sen } 2\alpha} \quad (3.41)$$

Exemplo 1

Calcular o maior momento de inércia de uma cantoneira de abas iguais **L** 2" × ¼", bem como o produto de inércia em relação ao eixo x_1 (Fig. 3.31).

Solução:

Para esse perfil laminado pode-se encontrar em tabelas (Tabela E.1) os valores:

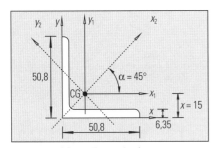

Figura 3.31 — Exemplo 1

$I_{x1} = I_{y1} = 14,60$ cm^4 $r_{min} = \sqrt{\frac{I_{min}}{A}}$
$x = 1,50$ cm
$r_{mín} = 0,99$ cm $I_{mín} = I_{y2} = r_{mín}^2 A = 0,99^2 \times 6,06$
$A = 6,06$ cm^2 $I_{mín} = I_{y2} = 5,94$ cm^4

com (3.39):

$$I_{y_2} = \frac{\left(I_{x_1} + I_{y_1}\right)}{2} - \frac{1}{2}\sqrt{\left(I_{x_1} - I_{y_1}\right)^2 + 4\, I_{y_1 x_1}^2}$$
$$5,94 = \frac{(14,60 + 14,60)}{2} - \frac{1}{2}\sqrt{4\, I_{y_1 x_1}^2}$$
$$5,94 = 14,60 - I_{y_1 x_1} \Rightarrow I_{y_1 x_1} = 8,66 \text{ cm}^4$$

com (3.39):

$$I_{x_2} = \frac{\left(I_{x_1} + I_{y_1}\right)}{2} + \frac{1}{2}\sqrt{\left(I_{x_1} - I_{y_1}\right)^2 + 4\, I_{y_1 x_1}^2}$$
$$I_{x_2} = \frac{(14,60 + 14,60)}{2} + \frac{1}{2} \times \sqrt{4 \times 8,66^2} = 23,26 \text{ cm}^4$$

com (3.31):

$$I_{y_1 x_1} = \left(I_{x_2} - I_{y_2}\right)\frac{\text{sen } 2\alpha}{2} + I_{y_2 x_2} \cos 2\alpha$$
$$I_{y_1 x_1} = (23,26 - 5,94) \times \left(\frac{-\text{sen } 90°}{2}\right) = -8,66 \text{ cm}^4$$

Exemplo 2

Calcular os momentos de inércia máximo e mínimo, para a seção composta por dois perfis laminados conforme a Fig. 3.32. As características geométricas dos perfis laminados encontram-se nas Figs. 3.33 e 3.34 (Tabelas E.1 e E.3).

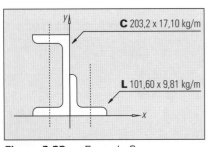

Figura 3.32 — Exemplo 2

Tabela 3.4 — Cálculo do centro de gravidade (Fig. 3.35)

Figura	A_i (cm^2)	y_{CGi} (cm)	Ms_{xi} (cm^3)	x_{CGi} (cm)	Ms_{yi} (cm^3)
1	21,80	10,16	221,49	−1,45	−31,61
2	12,51	2,77	34,65	2,77	34,65
total	34,31	—	256,14	—	3,04

$$y_{CG} = \frac{\Sigma\ Ms_{x_i}}{\Sigma\ A_i} = \frac{256{,}14}{34{,}31} = 7{,}47\ cm$$

$$x_{CG} = \frac{\Sigma\ Ms_{y_i}}{\Sigma\ A_i} = \frac{3{,}04}{34{,}31} = 0{,}09\ cm$$

Tabela 3.5 — Cálculo dos momentos de inércia I_x e I_y

Figura	$dx_i = x_{CGi} - x_{CG}$ (cm)	I_{yi} (cm⁴)	$A_i dx_i^2$ (cm⁴)	$dy_i = y_{CGi} - y_{CG}$ (cm)	I_{xi} (cm⁴)	$A_i dy_i^2$ (cm⁴)
1	−1,54	54,90	51,70	2,69	1.356	157,75
2	2,68	125	89,85	−4,70	125	276,35
total	——	179,90	141,55	——	1.481	434,10

$I_{x_1} = \Sigma\ I_{x_i} + \Sigma\ A_i\ dy_i^2 = 1.481 + 434{,}10 = 1.915{,}10\ cm^4$

$I_{y_1} = \Sigma\ I_{y_i} + \Sigma\ A_i\ dx_i^2 = 179{,}90 + 141{,}55 = 321{,}45\ cm^4$

- Cálculo do produto de inércia I_{yx}

$$I_{y_1x_1} = I_{yx} + A\ ab \qquad (3.23)$$

Como o eixo horizontal do perfil canal é um eixo de simetria, os eixos x_C e y_C são os eixos principais de inércia.

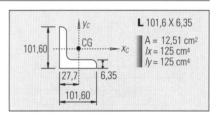

Figura 3.33 — Exemplo 2

Para a cantoneira, os eixos x_C e y_C (Fig. 3.36) não são os eixos principais de inércia, pois não existe simetria na seção.

com (3.31):

$$I_{y_1x_1} = \left(\frac{I_x - I_y}{2}\right) sen\ 2\alpha + I_{xy}\ cos\ 2\alpha$$

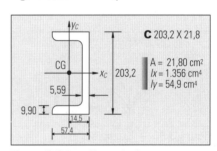

Figura 3.34 — Exemplo 2

Para esse perfil é tabelado: $I_{mín} = I_{y_{1C}} = 50{,}04\ cm^4$

Para os eixos principais de inércia: $I_{y_{1C}x_{1C}} = 0$

com (3.39):

$$I_{y_{1c}} = \frac{(I_{xc} + I_{yc})}{2} - \frac{1}{2}\sqrt{(I_{xc} - I_{yc})^2 + 4\ I_{y_c x_c}^2}$$

$$50{,}04 = \frac{(125 + 125)}{2} - \frac{1}{2}\sqrt{4\ I_{y_c x_c}^2} \Rightarrow I_{y_c x_c} = 74{,}96\ cm^4$$

com (3.39):

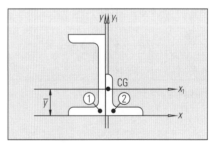

Figura 3.35 — Exemplo 2

$$I_{x_{1c}} = \frac{(I_{xc} + I_{yc})}{2} + \frac{1}{2}\sqrt{(I_{xc} - I_{yc})^2 + 4\ I_{y_c x_c}^2}$$

$$I_{x_{1c}} = \frac{(125 + 125)}{2} + \frac{1}{2}\sqrt{4 \times 74{,}96^2} = 199{,}96\ cm^4$$

com (3.31):

$$I_{y_c x_c} = \left(I_{x_{c1}} - I_{y_{c1}}\right)\frac{sen\ 2\alpha}{2} + I_{x_{c1}y_{c1}}\ cos\ 2\alpha$$

$$I_{y_c x_c} = (199{,}96 - 50{,}04) \times \left(\frac{-sen\ 90°}{2}\right) = -74{,}96\ cm^4$$

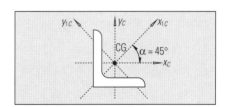

Figura 3.36 — Exemplo 2

Portanto, para a seção composta, com (3.23):

$I_{y_1x_1} = 21{,}80 \times (-1{,}54) \times (2{,}69) - 74{,}96 + 12{,}51 \times (2{,}68) \times (-4{,}70)$

$I_{y_1x_1} = -322{,}84\ cm^4$

Para determinar a posição, utiliza-se (3.32):

$$\tg 2\alpha = \frac{2 I_{y_1 x_1}}{I_{y_1} - I_{x_1}} = \frac{2 \times (-332,84)}{321,45 - 1.915,10} = 0,41$$

$$2\alpha = 22,06° \Rightarrow \alpha = 11,03° = 11° 1' 40,82''$$

Para calcular os valores de $I_{y_1 máx}$ e $I_{x_1 máx}$, utiliza-se (3.39):

$$I_{\substack{máx \\ mín}} = \frac{\left(I_{x_1} + I_{y_1}\right)}{2} \pm \frac{1}{2}\sqrt{\left(I_{x_1} - I_{y_1}\right)^2 + 4 I_{y_1 x_1}^2}$$

$$I_{\substack{máx \\ mín}} = \frac{(1.915,10 + 321,45)}{2} \pm \frac{1}{2}\sqrt{(1.915,10 - 321,45)^2 + 4 \times (-322,24)^2}$$

$$I_{\substack{máx \\ mín}} = 1.118,28 \pm 859,74$$

$$I_{máx} = 1.978,02 \text{ cm}^4$$

$$I_{mín} = 258,54 \text{ cm}^4$$

As posições dos eixos estão representadas na Fig. 3.37.

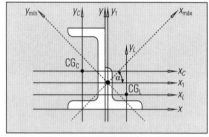

Figura 3.37 — Exemplo 2

Exemplo 3

Para a Fig. 3.38, determinar o ângulo de giro (α) dos eixos x e y, para que sejam os eixos principais de inércia. Determinar os valores dos momentos principais de inércia.

Cálculo da posição do centro de gravidade (Fig. 3.39).

sendo: $dA = d_x d_y$

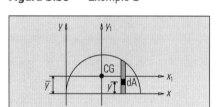

Figura 3.38 — Exemplo 3

$$Ms_x = \int_A y \, dA = \int_{-R}^{R} dx \int_0^y y \, dy$$

mas:

$$R^2 = x^2 + y^2 \Rightarrow y = \sqrt{R^2 - x^2}$$

$$Ms_x = \int_{-R}^{R} dx \int_0^{\sqrt{R^2 - x^2}} y \, dy = \int_{-R}^{R} dx \left[\frac{y^2}{2}\bigg|_0^{\sqrt{R^2-x^2}}\right] = \int_{-R}^{R} dx \left[\frac{R^2 - x^2}{2}\right] =$$

$$= \frac{1}{2}\int_{-R}^{R}\left(R^2 - x^2\right)dx = \frac{1}{2}\left[R^2 x\bigg|_{-R}^{R} - \frac{x^3}{3}\bigg|_{-R}^{R}\right] = \frac{1}{2}\left[2R^3 - 2\frac{R^3}{3}\right]$$

$$Ms_x = \frac{2}{3}R^3$$

$$A = \frac{\pi R^2}{2}$$

$$\bar{y} = \frac{Ms_x}{A} = \frac{\frac{2}{3}R^2}{\frac{\pi}{2}R^2} = \frac{2}{3}R^3 \frac{2}{\pi R^2} = \frac{4}{3\pi}R$$

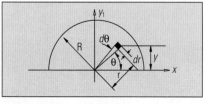

Figura 3.39 — Exemplo 3

Cálculo dos momentos de inércia (Fig. 3.40)

$$\sen \theta = \frac{y}{r} \Rightarrow y = r \sen \theta$$

$$dA = r \, d\theta \, dr$$

Figura 3.40 — Exemplo 3

Capítulo 3 — Características geométricas das seções transversais

$$I_x = \int_A y^2 dA = \int_0^\pi \int_0^R (r\,\mathrm{sen}\,\theta)^2 (r\,d\theta\,dr) =$$

$$= \int_0^\pi \mathrm{sen}^2\theta\,d\theta \int_0^R r^2 r\,dr = \int_0^\pi \mathrm{sen}^2\theta\,d\theta \left[\frac{r^4}{4}\bigg|_0^R\right] =$$

$$= \int_0^\pi \mathrm{sen}^2\theta\,d\theta\,\frac{R^4}{4} = \frac{R^4}{4}\int_0^\pi \mathrm{sen}^2\theta\,d\theta$$

mas:
$$2\mathrm{sen}^2\theta = 1 - \cos 2\theta$$
$$\mathrm{sen}^2\theta = \frac{1-\cos 2\theta}{2}$$

$$I_x = \frac{R^4}{4}\int_0^\pi \frac{1}{2}(1-\cos 2\theta)d\theta = \frac{R^4}{8}\left[\int_0^\pi d\theta - \int_0^\pi \cos 2\theta\,d\theta\right]$$

Chamando:
$$2\theta = u$$
$$2\,d\theta = du$$

$$I_x = \frac{R^4}{8}\left[\int_0^\pi d\theta - \int_0^\pi \cos 2\theta\,\frac{2d\theta}{2}\right] = \frac{R^4}{8}\left[\int_0^\pi d\theta - \int_0^\pi \cos u\,\frac{du}{2}\right] =$$

$$= \frac{R^4}{8}\left[\theta\bigg|_0^\pi - \frac{1}{2}\mathrm{sen}\,u\,\theta\bigg|_0^\pi\right] = \frac{R^4}{8}\left[\pi - \frac{1}{2}\mathrm{sen}\,2\theta\bigg|_0^\pi\right] = \frac{\pi R^4}{8}$$

$$I_{y_1} = \int_A y^2 dA = \int_0^\pi \int_0^R (r\cos\theta)^2(r\,d\theta\,dr) = \int_0^\pi \cos^2\theta\,d\theta \int_0^R r^2 r\,dr =$$

$$= \int_0^\pi \cos^2\theta\,d\theta \left[\frac{r^4}{4}\bigg|_0^R\right] = \int_0^\pi \cos^2\theta\,d\theta\,\frac{R^4}{4} = \frac{R^4}{4}\int_0^\pi \cos^2\theta\,d\theta$$

mas:
$$2\cos^2\theta = 1 + \cos 2\theta$$
$$\cos^2\theta = \frac{1+\cos 2\theta}{2}$$

$$I_{y_1} = \frac{R^4}{4}\int_0^\pi \frac{1}{2}(1+\cos 2\theta)d\theta = \frac{R^4}{8}\left[\int_0^\pi d\theta + \int_0^\pi \cos 2\theta\,d\theta\right]$$

Chamando:
$$2\theta = u$$
$$2d\theta = du$$

$$I_{y_1} = \frac{R^4}{8}\left[\int_0^\pi d\theta + \int_0^\pi \cos 2\theta\,\frac{2\,d\theta}{2}\right] = \frac{R^4}{8}\left[\int_0^\pi d\theta + \int_0^\pi \cos u\,\frac{du}{2}\right] =$$

$$= \frac{R^4}{8}\left[\theta\bigg|_0^\pi + \frac{\mathrm{sen}\,u}{2}\bigg|_0^\pi\right] = \frac{R^4}{8}\left[\theta\bigg|_0^\pi + \frac{\mathrm{sen}\,2\theta}{2}\bigg|_0^\pi\right] = \frac{R^4}{8}[\pi + 0] = \frac{\pi}{8}R^4$$

Portanto:
$$I_x = I_{y_1} = \frac{\pi}{8}R^4$$

$$I_y = I_{y_1} + Ad^2$$
$$I_y = \frac{\pi}{8}R^4 + \frac{\pi R^2}{2}\times R^2 = \frac{\pi}{8}R^4 + \frac{\pi}{2}R^4$$
$$I_y = \frac{5}{8}\pi R^4$$

- **Cálculo dos produtos de inércia**

$$I_{x_1 y_1} = 0$$

$$I_{xy} = I_{x_1 y_1} + A\,ab$$

$$I_{xy} = \frac{\pi R^2}{2} \frac{4}{3\pi} RR = \frac{2}{3} R^4$$

- **Cálculo do ângulo α**

$$\text{tg}\, 2\alpha = \frac{2 I_{xy}}{I_y - I_x}$$

$$\text{tg}\, 2\alpha = \frac{2 \frac{2}{3} R^4}{\frac{5}{8}\pi R^4 - \frac{\pi}{8} R^4} = \frac{\frac{4}{3} R^4}{\frac{4}{8}\pi R^4} = \frac{8}{3\pi} = 0{,}85$$

$$2\alpha = 40{,}33° \Rightarrow \alpha = 20{,}16° = 20°\,9'\,45{,}86''$$

- **Cálculo dos momentos de inércia, máximo e mínimo**

$$I_{\substack{\text{máx}\\ \text{mín}}} = \frac{(I_x + I_y)}{2} \pm \frac{I_{yx}}{\text{sen}\, 2\alpha} \qquad (3.41)$$

$$I_{\substack{\text{máx}\\ \text{mín}}} = \frac{\left(\frac{\pi}{8} R^4 + \frac{5}{8}\pi R^4\right)}{2} \pm \frac{\frac{2}{3} R^4}{\text{sen}\, 40{,}33°}$$

$$I_{\substack{\text{máx}\\ \text{mín}}} = \frac{6}{16}\pi R^4 \pm \frac{2}{3\,\text{sen}\, 40{,}33°} R^4$$

$$I_{\substack{\text{máx}\\ \text{mín}}} = 1{,}18\, R^4 \pm 1{,}03\, R^4$$

$$I_{\text{máx}} = 2{,}21\, R^4$$

$$I_{\text{mín}} = 0{,}15\, R^4$$

3.5 — Raio de giração de uma área plana (r)

Essa característica é definida como:

$$\text{Para o eixo } X \to r_x = \sqrt{\frac{I_x}{A}} \qquad (3.42)$$

$$\text{Para o eixo } Y \to r_y = \sqrt{\frac{I_y}{A}} \qquad (3.43)$$

O raio de giração é proporcional aos momentos de inércia dos eixos correspondentes.

Uma vez determinada a direção dos eixos principais de inércia, determinam-se os momentos de inércia correspondentes por:

$$I_{x_1} + I_{y_1} = I_x + I_y \qquad (3.28)$$

$$I_{x1} - I_{y1} = (I_x - I_y)\cos 2\alpha - 2 I_{yx} \text{sen}\, 2\alpha \qquad (3.29)$$

Os raios de giração correspondentes aos eixos principais de inércia são chamados "raios de giração principais".

Se os eixos y_1 e y_1 são os eixos principais de inércia e r_{x_1} e r_{y_1}, os raios de giração principais, a elipse que tenha para semi-eixos r_{y_1} e r_{x_1}, é chamada de "elipse de inércia" (Fig. 3.41).

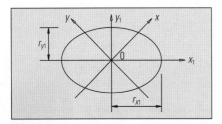

Figura 3.41

Capítulo 3 — Características geométricas das seções transversais

Uma vez traçada a elipse, o raio de giração r_x para um eixo qualquer, pode ser obtido graficamente, traçando uma tangente à elipse paralela a x. A distância do ponto O a essa tangente dá o valor de r_x.

Exemplo

Para a barra composta por cantoneiras opostas pelo vértice, determinar os raios de giração máximo e mínimo (Fig. 3.42).

Solução (Fig 3.43 e 3.44).

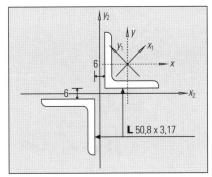

Figura 3.42

Como são cantoneiras de abas iguais e os afastadores também são iguais:

$$I_{x_2} = I_{y_2} = 2[I_x + Ad^2]$$

$$I_{x_2} = I_{y_2} = 2 \times \left[7,91 + 3,10 \times \left(1,4 + \frac{0,6}{2}\right)^2\right] = 33,74 \text{ cm}^4$$

Para uma cantoneira:

$$r_{mín} = \sqrt{\frac{I_{y\,mín}}{A}} \Rightarrow I_{y\,mín} = r_{mín}^2 A$$

$$I_{y_1} = I_{y\,mín} = 1,02^2 \times 3,10 = 3,23 \text{ cm}^4$$

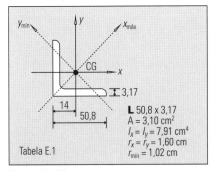

Figura 3.43

com (3.41): $I_{\substack{máx \\ mín}} = \frac{(I_x + I_x)}{2} \pm \frac{I_{yx}}{\text{sen } 2\alpha}$

$$3,23 = 7,91 \pm \frac{I_{yx}}{\text{sen}(-2,45)} \Rightarrow I_{yx} = -4,68 \text{ cm}^4$$

com (3.39): $I_{x_1} = I_{x\,máx} = \frac{(I_x + I_y)}{2} + \frac{1}{2}\sqrt{(I_x - I_y)^2 + 4\,I_{yx}^2}$

$$I_{x_1} = I_{x\,máx} = 7,91 + 4,68 = 12,59 \text{ cm}^4$$

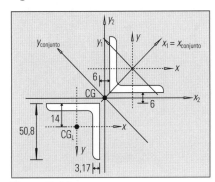

Figura 3.44

Para a seção composta com (3.23):

$$I_{y_2 x_2} = I_{yx} + A\,ab$$

$$I_{y_2 x_2} = 2 \times \left[-4,68 + 3,10 \times \left(1,4 + \frac{0,6}{2}\right) \times \left(1,4 + \frac{0,6}{2}\right)\right]$$

$$I_{y_2 x_2} = 8,56 \text{ cm}^4$$

$$I_{\substack{x_{máx}\text{conjunto} \\ y_{mín}\text{conjunto}}} = \frac{(I_{x2} + I_{y2})}{2} \pm \frac{1}{2}\sqrt{(I_{x_2} - I_{y_2})^2 + 4\,I_{y_2 x_2}^2}$$

$$I_{\substack{x_{máx}\text{conjunto} \\ y_{mín}\text{conjunto}}} = 33,74 \pm 8,56$$

$$I_{x_{máx}\text{conjunto}} = 42,30 \text{ cm}^4$$

$$I_{y_{mín}\text{conjunto}} = 25,18 \text{ cm}^4$$

$$r_{x_{máx}\text{conjunto}} = \sqrt{\frac{I_{x_{máx}}}{A}} = \sqrt{\frac{42,30}{2 \times 3,10}} = 2,61 \text{ cm}$$

$$r_{y_{mín}\text{conjunto}} = \sqrt{\frac{I_{y_{mín}}}{A}} = \sqrt{\frac{25,18}{2 \times 3,10}} = 2,02 \text{ cm}$$

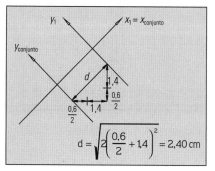

Figura 3.45

ou (Fig. 3.45)

$$I_{y\,conjunto} = 2[I_y + Ad^2] = 2[3,23 + 3,10 \times 2,40^2]$$

$$I_{y\,conjunto} = 42,30 \text{ cm}^4$$

$$I_{x\,conjunto} = 2\,I_{x1} = 2 \times 12,59 = 25,18 \text{ cm}^4$$

$$r_{y\,conjunto} = \sqrt{\frac{I_{y\,conjunto}}{2A}} = \sqrt{\frac{42,30}{2 \times 3,10}} = 2,61 \text{ cm}$$

$$r_{x\,conjunto} = \sqrt{\frac{I_{x\,conjunto}}{2A}} = \sqrt{\frac{25,18}{2 \times 3,10}} = 2,02 \text{ cm}$$

ou: $$I_x + I_y = I_{x1} + I_{y1} \quad (3.28)$$

mas: $$I_{x1} = I_{x\,conjunto}$$

$$I_x + I_y = I_{x\,conjunto} + I_{y1}$$

como: $$r = \sqrt{\frac{I}{A}} \Rightarrow I = r^2 A$$

$$2\,r_x^2 = r_{x\,conjunto}^2 + r_{y_1}^2$$

$$r_{x\,conjunto} = \sqrt{2r_x^2 - r_{y_1}^2} \quad (3.44)$$

3.6 — Momento resistente elástico (w)

$$W_{superior} = \frac{I}{\text{distância do centro de gravidade até a extremidade superior da seção}} \quad (3.45)$$

$$W_{inferior} = \frac{I}{\text{distância do centro de gravidade até a extremidade inferior}} \quad (3.46)$$

Exemplo

Para o perfil I 101,6 × 11,40 kg/m (Tabela E.4,), determinar o módulo resistente elástico (w) em relação aos eixos x e y (Fig. 3.46).

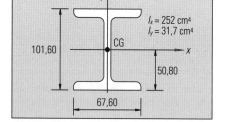

Figura 3.46

Solução:

$$W_{x_{superior}} = W_{x_{inferior}} = \frac{252}{5,08} = 49,61 \text{ cm}^3$$

$$W_{y_{esquerdo}} = W_{y_{direito}} = \frac{31,7}{\frac{6,76}{2}} = 9,38 \text{ cm}^3$$

3.7 — Módulo de resistência plástico (z)

O módulo de resistência plástico é uma característica geométrica importante das seções transversais dos elementos estruturais. Ao se trabalhar com estruturas no regime elástico e no regime plástico, tem-se de levar em consideração que esses regimes pressupõem leis diferentes de distribuição de tensões, a partir das respectivas linhas neutras, isto é, linha neutra elástica (**LNE**) e linha neutra plástica (**LNP**).

Na flexão de elementos estruturais tem-se:

1) As forças de ambos os lados da **LN** deverão ser iguais em módulo;
2) Os planos dos momentos resistente e aplicado deverão ser paralelos.

A **LNP** divide a área da seção transversal em duas áreas iguais, não passando necessariamente pelo **CG** (Centro de Gravidade) da seção.

$$Z = \int y \, dA \qquad (3.47)$$

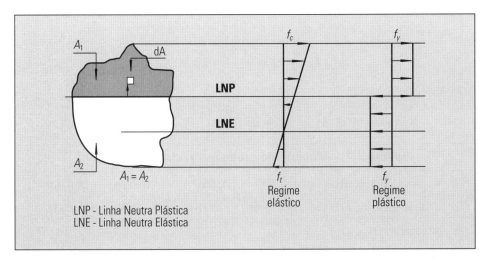

Figura 3.47 — Representação gráfica da flexão dos elementos

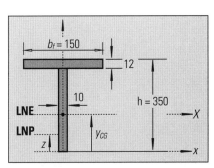

Figura 3.48

3.8 — Exemplo de cálculo de características geométricas de perfil tê soldado (Fig 3.48)

Tabela 3.6 — Cálculos de perfil tê soldado

Elemento	A_i (cm²)	y_{CGi} (cm)	$Ms_{xi} = A_i y_i$ (cm³)	$A_i y_i^2$ (cm⁴)	I_{xi} (cm⁴)
Mesa superior (150 × 12)	18	34,40	619,20	21.300,48	≅ 0
Alma (338 × 10)	33,80	16,90	571,22	9.653,62	3.217,87
Total	51,80	—	1.190,42	30.954,10	3.217,87

Da Tabela 3.6:

$$y_{CG} = \frac{\Sigma Ms_{xi}}{\Sigma A_i} = \frac{1.190,42}{51,80} = 22,98 \text{ cm}$$

$$I_x = \Sigma I_{xi} + \Sigma A_i \left(y_{CGi} - y_{CG}\right)^2 = \Sigma I_{xi} + \Sigma A_i \left(y_{CGi}^2 + y_{CG}^2 - 2 y_{CGi} \, y_{CG}\right) =$$

$$= \Sigma I_{xi} + \Sigma A_i \, y_{CGi}^2 + \Sigma A_i \, y_{CG}^2 - \Sigma A_i \, 2 y_{CGi} \, Y_{CG} =$$

$$= \Sigma I_{xi} + \Sigma A_i \, y_{CGi}^2 + y_{CG}^2 \Sigma A_i - 2 y_{CG} \Sigma A_i \, Y_{CGi} =$$

$$= \Sigma I_{xi} + \Sigma A_i \, y_{CGi}^2 + Y_{CG} \left(Y_{CG} \Sigma A_i - 2\Sigma A_i \, y_{CG}\right)$$

como: $\qquad y_{CG} \Sigma A = \Sigma A_i y_{CGi}$

$$I_x = \Sigma I_{xi} + \Sigma A_i \, y_{CGi} + y_{CG} \left(\Sigma A_i \, y_{CGi} - 2\Sigma A_i \, y_{CGi}\right) = \Sigma I_i + \Sigma A_i y_{CGi}^2 - y_{CG} \Sigma A_i \, y_{CGi}$$

$$I_x = 3.217,87 + 30.954,10 - 22,98 \times 1.190,42$$

$$I_x = 6.816,12 \text{ cm}^4$$

$$r_x = \sqrt{\frac{I_x}{\Sigma A_i}} = \sqrt{\frac{6.816,12}{51,80}} = 11,47 \text{ cm}$$

Estruturas metálicas

$$W_{x_{superior}} = \frac{I_x}{(h - y_{CG})} = \frac{6.816,12}{(35 - 22,98)} = 567,06 \text{ cm}^3$$

$$W_{x_{inferior}} = \frac{I_x}{y_{CG}} = \frac{6.816,12}{22,98} = 296,61 \text{ cm}^3$$

Cálculo do momento resistente plástico — Z_x

A linha neutra plástica LNP divide a seção transversal onde a área superior (A_1) é igual à área inferior (A_2).

Portanto:

$$A_1 = A_2 = A/2 = \frac{51,80}{2} = 25,90 \text{ cm}^2$$

sua posição será:

$$1 \times Z = 25,90$$
$$Z = 25,90 \text{ cm}$$

Tabela 3.7 — Cálculo do momento resistente plástico			
Elemento	A_i (cm²)	d_i (cm)	$A_i d_i$ (cm³)
Mesa superior (150 × 12)	18,00	8,50	153,00
Alma acima da LNP (79 × 10)	7,90	3,95	31,21
Alma abaixo da LNP (259 × 10)	25,90	12,95	335,41
total	51,80	—	519,62

$$Z_x = \Sigma \; A_i d_i \cong 519 \text{ cm}^3.$$

MÉTODOS DOS ESTADOS LIMITES — Capítulo 4

Por estados limites, entende-se a ruptura mecânica do elemento estrutural ou seu deslocamento excessivo, que tornem a estrutura imprestável. No método dos estados limites, tem-se a inclusão dos estados elástico e plástico na formação de mecanismos nas peças estruturais.

Chamando:

S_d - Solicitação de cálculo
R_n - Resistência nominal do material
ϕ - Coeficiente de minoração da resistência do material

Tem-se:

$$S_d \leq \phi\, R_n \quad (4.1)$$

Pode-se trabalhar com as tensões:

$$f\gamma \leq \phi\, f_{cr} \quad (4.2)$$

Onde: γ - coeficiente de ponderação das ações
f - Tensão em geral
f_{cr} - Tensão crítica ou de colapso do material

4.1 — Carregamentos

As cargas que atuam nas estruturas são, também, chamadas de ações. As ações são estipuladas pelas normas apropriadas e são conseqüência das condições estruturais.

As ações podem ser classificadas em:

1) **Permanentes (G)**: Peso próprio da estrutura, de revestimentos, pisos, acabamentos, equipamentos etc.

2) **Variáveis (Q)**: Sobrecargas de ocupação da edificação, mobília, divisórias, vento em coberturas, empuxo de terra, variação de temperatura etc.

3) **Excepcionais (E)**: Explosões, choque de veículos, abalo sísmico etc.

4.2 — Coeficientes de majoração dos esforços atuantes

4.2.1 – Fatoração dos carregamentos (NB 14 - Item 4.8)

No método dos estados limites deve-se fatorar as cargas nominais decorrentes das diversas ações a que a estrutura está sujeita.

Chamando:

S - esforço nominal
γ - coeficiente de ponderação das ações
S_d - solicitação de cálculo

tem-se:

$$S_d = \gamma\, S \quad (4.1)$$

Estruturas metálicas

A combinação nos casos normal e durante a construção (montagem):

$$S_d = \sum \gamma_g G + \gamma_{q1} Q_1 + \sum_{j=2}^{n} \left(\gamma_{qj} \psi_j Q_j \right)$$ (4.2)

A combinação quando houver carga excepcional:

$$S_d = \sum \gamma_g G + E + \sum \left(\gamma_q \psi Q \right)$$ (4.3)

Onde:

G - Ação permanente.
Q - Ação variável.
Q_1 - Ação variável predominante.
E - Ação excepcional.
ψ - Fator de combinação → é um fator estatístico, leva em conta a freqüência da ocorrência simultânea das cargas.
$\psi = 1$ → quando a carga variável Q_j é da mesma natureza que a carga predominante Q_1.
γ_{q_1} - Coeficiente de ponderação da ação variável predominante.
γ_g - Coeficiente de ponderação da ação permanente.

Os valores dos coeficientes de ponderação das ações são apresentados nas Tabelas 4.1a e 4.1b.

Tabela 4.1a — Coeficientes de ponderação para ações permanentes		
Combinações	Grande variabilidade γ_g (A)	Pequena variabilidade γ_g (A/B)
Normais	1,4 (0,9)	1,3 (1,0)
Durante a construção	1,3 (0,9)	1,2 (1,0)
Excepcionais	1,2 (0,9)	1,1 (1,0)

Tabela 4.1b — Coeficientes de ponderação para ações variáveis				
Combinações	Recalques diferenciais γ_q	Variações de temperatura γ_q (C)	Ações do uso γ_q (D)	Demais ações variáveis γ_q
Normais	1,2	1,2	1,5	1,4
Durante a construção	1,2	1,0	1,3	1,2
Excepcionais	0	0	1,1	1,0

A   Os valores entre parênteses, correspondem aos coeficientes para ações permanentes favoráveis à segurança; ações variáveis e excepcionais favoráveis à segurança não entram nas combinações.

B   São consideradas cargas permanentes de pequena variabilidade os pesos próprios de elementos metálicos e pré-fabricados, com controle rigoroso de peso. Excluem-se os revestimentos destes elementos feitos "in loco".

C   A variação de temperatura citada não inclui a gerada por equipamentos (esta deve ser considerada como ação decorrente de uso da edificação).

D   Ações decorrentes do uso da edificação incluem sobrecargas em pisos e em coberturas, cargas de pontes rolantes, cargas de outros equipamentos etc.

Tabela 4.2 — Fatores de combinação	
Ações	ψ
Sobrecargas em pisos de bibliotecas, arquivos, oficinas e garagens; conteúdo de silos e reservatórios.	0,75
Cargas de equipamentos, incluindo pontes rolantes, e sobrecargas em pisos diferentes dos anteriores.	0,65
Pressão dinâmica do vento.	0,60
Variação de temperatura.	0,60

Os coeficientes ψ devem ser tomados iguais a 1 para ações variáveis não citadas nesta tabela e também para as ações variáveis nela citadas, quando forem de mesma natureza da ação variável predominante Q_1; todas as ações variáveis decorrentes do uso de uma edificação (sobrecargas em pisos e em coberturas, cargas de pontes rolantes e outros equipamentos), por exemplo, são consideradas de mesma natureza.

Cargas de mesma natureza — São aquelas decorrentes do uso normal da estrutura, como sobrecargas de pisos e coberturas, pontes rolantes etc.

4.2.2 — Exemplos de combinação de ações

Exemplo 1

No caso de coberturas pode-se ter como cargas atuantes:

* Ação permanente
  Peso próprio (PP) — G

* Ações variáveis
  Sobrecarga (SC) — Q_1
  Vento (V) — Q_2

Coeficientes de ponderação para uso normal (γ):

Peso próprio — Ação permanente — $\gamma_g = 1,3$ ou $1,0$
Pequena variabilidade

Sobrecarga — Ações do uso — $\gamma_{q1} = 1,5$

Vento — Demais ações variáveis — $\gamma_{q2} = 1,4$

Fatores de combinação das ações (ψ):

Sobrecarga — Ações não citadas na Tabela 4.2 — $\psi_1 = 1$
Vento — Pressão dinâmica do vento — $\psi_2 = 0,60$

Combinação de ações:
A) $PP + SC$
B) $PP + Vento$
C) $PP + SC + Vento$

Portanto:

A)   PP + SC:
     $Sd = \gamma_g G + \gamma_{q1} Q_1 = 1,3\, G + 1,5\, Q_1 = 1,3 \times (PP) + 1,5 \times (SC)$

B) PP + Vento:

$$Sd = \gamma_g G + \gamma_{q2}\, Q_2 = \begin{cases} 1{,}3G + 1{,}4Q_2 = 1{,}3 \times (PP) + 1{,}4 \times (V) \\ 1{,}0G + 1{,}4Q_2 = 1{,}0 \times (PP) + 1{,}4 \times (V) \end{cases}$$

C) $PP + SC + Vento$:

C.1) $Sd = \gamma_g G + \gamma_{q1}\, \psi_1\, Q_1 + \gamma_{q2}\psi_2 Q_2 = 1{,}3G + 1{,}5 \times 1 \times Q_1 + 1{,}4 \times 0{,}6 \times Q_2 =$
$$= 1{,}3 \times (PP) + 1{,}5 \times (SC) + 0{,}84 \times (V)$$

ou

C.2) $Sd = \gamma_g G + \gamma_{q1}\psi_1 Q_1 + \gamma_{q2} Q_2 = 1{,}3G + 1{,}5 \times 1{,}0 \times Q_1 + 1{,}4 \times Q_2 =$
$$= 1{,}3 \times (PP) + 1{,}5 \times 1{,}0 \times (SC) + 1{,}4 \times (V)$$

Exemplo 2

No caso de pisos de mezaninos, pode-se ter como cargas atuantes:

- Ação permanente
  Peso próprio (PP) — G

- Cargas variáveis
  Sobrecarga (SC) — Q_1
  Equipamentos (EQ) — Q_2

Coeficientes de ponderação (γ):

Peso próprio — Ação permanente de pequena
variabilidade normal — $\gamma_g = 1{,}3$ ou $1{,}0$

Sobrecarga — Ações do uso, normais — $\gamma_q = 1{,}5$

Fatores de combinação das ações (ψ):

Sobrecarga (arquivos) — $\psi_1 = 0{,}75$
Sobrecarga (equipamentos) — $\psi_2 = 0{,}65$

Combinação das ações:

$PP + SC$:

1) $Sd = \gamma_g G + \gamma_q Q_1 + \gamma_q \psi_2 Q_2 = 1{,}3G + 1{,}5Q_1 + 1{,}5 \times 0{,}65 \times Q_2 =$
$$= 1{,}3 \times (PP) + 1{,}5 \times (SC) + 1{,}5 \times 0{,}65 \times (EQ)$$

ou

2) $Sd = \gamma_g G + \gamma_q \psi_1 Q_1 + \gamma_q Q_2 = 1{,}3G + 1{,}5 \times 0{,}75 \times Q_1 + 1{,}5 \times Q_2 =$
$$= 1{,}3 \times (PP) + 1{,}5 \times 0{,}75 \times (SC) + 1{,}5 \times (EQ)$$

BARRAS TRACIONADAS

Capítulo 5

5.1 — Dimensionamento de barras à tração

Uma barra de aço sujeita ao esforço normal de tração terá — em seu dimensionamento pelo método dos estados limites — duas regiões distintas (Fig. 5.1):

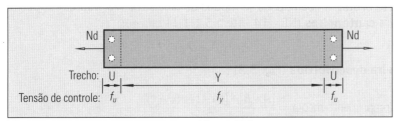

Figura 5.1

Trecho Y — Região da barra onde não é permitido o escoamento generalizado, por inutilizar a peça devido à ocorrência de alongamento excessivo.

Trecho U — Região da barra onde não há uniformidade de tensões, notadamente junto aos furos. Por ser uma região restrita, permite-se o escoamento localizado, mas não poderá haver ruptura última da peça.

Chamando: N_d - Esforço normal de cálculo
N_n - Resistência nominal à força normal
ϕ - Coeficiente de resistência
A_g - Área bruta
A_e - Área líquida efetiva

O dimensionamento da barra tracionada será (NB-14 - Item 5.2.3):

a) Na seção de área bruta (Fig. 5.1) (trecho Y)

$$N_n = A_g\, f_y; \quad \phi = 0{,}9 \qquad (5.1)$$

b) Na seção de área líquida efetiva (Fig. 5.1) (trecho U)

$$N_n = A_e\, f_u; \quad \phi = 0{,}75 \qquad (5.2)$$

A resistência da peça é o menor valor obtido nos itens (a) e (b). Caso o menor valor obtido seja em (a), a peça será dimensionada tendo como fator limitante o escoamento excessivo no trecho Y; caso seja em (b) a peça será dimensionada tendo como fator limitante a ruptura no trecho U.

Tem-se como condição básica:

$$N_d \leq \phi\, N_n \qquad (5.3)$$

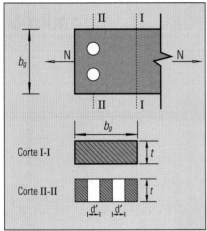

Figura 5.2

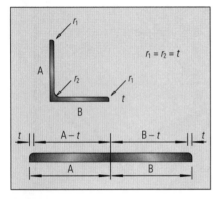

Figura 5.3

5.2 — Determinação de áreas da seção transversal para cálculo

• **Seção Reta** — É a seção transversal da peça, isto é, a seção perpendicular ao eixo longitudinal da barra, também, denominada seção normal. Essa seção pode, ou não, conter os furos. (Fig. 5.2)

Seção I- seção sem furos
Seção II- seção com furos
b_g - largura bruta
t - espessura da peça

Área Bruta (Ag):

$$A_g = b_g\, t \qquad (5.4)$$

A área bruta, também, pode ser obtida de tabelas de fabricantes dos perfis metálicos. Para **cantoneiras** (NB - 14 - Item 5.1.1.1) tem-se:

$$A_g = (A + B - t)\, t \qquad (5.5)$$

Cantoneira desenvolvida (Fig. 5.3):

$$\text{Comprimento médio} = \frac{[A+B]+[(A-t)+(B-t)]}{2} =$$
$$= \frac{[A+B]+[(A+B)-2t]}{2} = \frac{2(A+B)-2t}{2} = (A+B-t)$$

Área Líquida (An):

Para o cálculo da área líquida de uma seção transversal é necessário determinar o diâmetro dos furos.

Sendo: d - diâmetro do parafuso
  d' - diâmetro do furo para efeito de cálculo da área líquida. O furo pode ser padrão (que será o objeto deste livro), alargado ou alongado.

Portanto, para o **furo padrão**:

$$d' = (d + 1{,}5) + 2{,}0 = d + 3{,}5 \text{ mm} \qquad (5.6)$$

onde: 1,5 mm - folga máxima entre furo padrão e parafuso (NB-14 - Tabela 16)
  2,0 mm - danificação do furo devido ao puncionamento (NB-14 - Item 5.1.1.2)

Portanto:

$$A_{furos} = \text{área do furo na seção transversal} = d'\,t \qquad (5.7a)$$

$$A_n = A_g - \Sigma A_{furos} \qquad (5.7b)$$

ou $\quad b_n = b_g - \Sigma d' \rightarrow A_n = b_n\, t \qquad (5.8)$

onde: b_n — largura líquida nominal

No caso de peças soldadas, como não há furos $\rightarrow \quad A_n = A_g \qquad (5.9)$

• **Seção Ziguezague** — Quando há furos em diagonal, a linha de ruptura pode não ocorrer numa seção reta normal ao eixo da peça (I). A linha de ruptura pode ser em **ziguezague** (II e III). É necessário verificar todas as possibilidades (NB-14 - Item 5.1.1.2).

Quando a ruptura se dá em ziguezague, tem-se um aumento da resistência, que é expresso como um aumento de área líquida (Fig. 5.4):

$$\sum \frac{s^2}{4g} t \qquad (5.10)$$

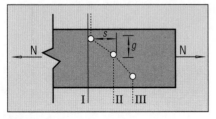

Figura 5.4

Onde: *s* - espaçamento longitudinal entre dois furos consecutivos
g - espaçamento transversal entre dois furos consecutivos
t - espessura da peça

Obs.: No caso de cantoneiras, deve-se desenvolver o perfil para determinar as seções ziguezague entre as duas abas das cantoneiras (Fig. 5.5).

Portanto: $$A_n = A_g - \Sigma A_{furos} + \Sigma \frac{s^2}{4g} t \qquad (5.11)$$

ou $$b_n = b_g - \Sigma d' + \Sigma \frac{s^2}{4g} \rightarrow A_n = b_n\, t \qquad (5.12)$$

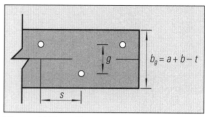

Figura 5.5 — Cantoneira desdobrada.

- **Seção Crítica** — É a seção de menor área líquida A_n entre as seções I, II e III.

- **Área Líquida Efetiva (A_e)** — (NB-14 - Item 5.1.1.3)

Quando a distribuição de tensões não é uniforme, deve-se adotar um coeficiente de redução C_t.

$$A_e = C_t A_n \qquad (5.13)$$

Valores de C_t

$C_t = 1,0$ – Quando a transmissão de esforços é feita por todos os elementos da peça.

$C_t = 0,9$ – Para perfis **I** e **H** onde $b_f \geq \frac{2}{3}d$ e perfis **T** cortados desses perfis, com ligações nas mesas, tendo, no caso de ligações parafusadas, o número de parafusos ≥ 3 por linha de furação na direção da solicitação.

Onde b_f é a largura da mesa e d a altura do perfil.

$C_t = 0,85$ – Para perfis **I** e **H** em que $b_f < \frac{2}{3}d$, perfis **T** cortados desses perfis e todos os demais perfis, incluindo barras compostas, tendo, no caso de ligações parafusadas, o número de parafusos ≥ 3 por linha de furação na direção da solicitação.

$C_t = 0,75$ – Todos os casos quando houver apenas 2 parafusos por linha de furação na direção da solicitação.

Os valores de C_t são aplicáveis às ligações soldadas, dispensando-se a condição de número mínimo de parafusos na direção da força.

5.3 — Disposições construtivas

A localização de parafusos nas peças deve ter em conta:

1 - Uma distribuição mais uniforme das tensões, evitando-se concentração de tensões, escoamento e/ou rupturas prematuras;

2 - Facilitar ou possibilitar o manejo de chaves fixas, torquímetros etc.

3 - Evitar que as arruelas, porcas ou cabeças de parafusos apóiem-se em regiões curvas de perfis laminados ou dobrados;

4 - Evitar a interferência de parafusos.

5.3.1 – Distâncias mínimas

Segundo a NB14/86, tem-se os seguintes espaçamentos (Itens 7.3.6, 7.3.7 e 7.3.8).

- **Centro a centro de furos**: 2,7 d sendo o ideal 3 d
  d - diâmetro nominal do parafuso

- **Centro de furo à borda** (Tabela 5.1) (NB-14 - Tabela 18):

Tabela 5.1 — Distâncias centro de furo à borda		
d	Borda cortada com serra ou tesoura (mm)	Borda laminada ou cortada a maçarico (mm)
$1/2$"	22	19
$5/8$"	29	22
$3/4$"	32	26
$7/8$"	38	29
1"	44	32
$1\,1/8$"	50	38
$1\,1/4$"	57	41
$>1\,1/4$"	1,75d	1,25d

5.3.2 – Distância máxima às bordas: 12 t ou 150 mm

Pela DIN (Fig. 5.6): A = 2d e B = 1,5d

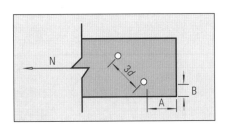

Figura 5.6

5.4 — Índice de esbeltez limite (NB-14 - Item 5.2.6)

O índice de esbeltez (λ = L/r) de barras tracionadas, excetuando-se tirantes de barras redondas pré-tensionadas, não pode, em princípio, exceder os seguintes valores limites:

a) 240 para barras principais;
b) 300 para barras secundárias

5.5 — Barras compostas tracionadas (NB-14 - Item 5.2.4)

Para barras compostas tracionadas, o espaçamento longitudinal entre parafusos e soldas intermitentes tem as seguintes limitações:

- Ligando uma chapa a um perfil laminado ou duas chapas em contato (Fig. 5.7):
  $\leq$ 24 t   (t - espessura da chapa mais delgada)
  $\leq$ 300 mm

- Ligando dois ou mais perfis em contato (Fig. 5.8):
  $\leq$ 600 mm

- Perfis ou chapas separadas por uma distância igual à espessura das chapas espaçadoras (Fig. 5.9):
  $\lambda_{máx}$ = L /r $\leq$ 240 (para qualquer perfil ou chapa)

- Chapas intermitentes (Fig. 5.10):
  Devem ter comprimento $\geq$ 2/3 da distância entre linhas de parafusos ou soldas que as ligam aos componentes principais das barras.

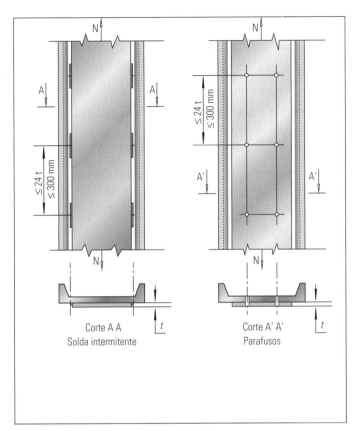

Figura 5.7

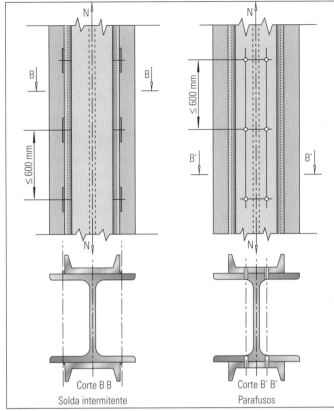

Figura 5.8

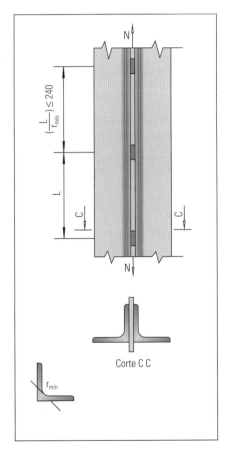

Figura 5.9

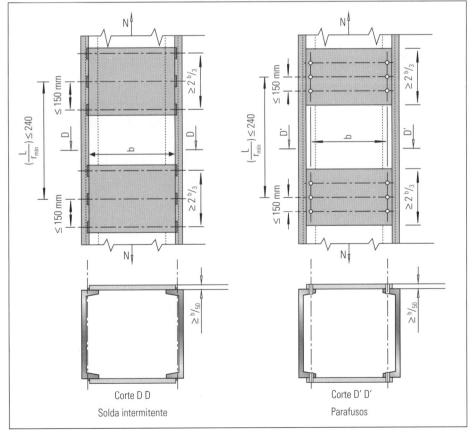

Figura 5.10

A espessura das chapas ≥ 1/50 da distância entre essas linhas (≥ $^b/_{50}$).

O espaçamento longitudinal entre parafusos ou soldas intermitentes ≤ 150 mm

L /r ≤ 240.

5.6 — Exemplos de cálculo do esforço normal da tração suportado por peças

Exemplo 1

Uma barra chata, sob esforço normal de tração, possui uma emenda com dois cobrejuntas. Pede-se (Fig. 5.11):

A) Determinar o maior esforço de cálculo suportado (Nd) pela peça.
B) Determinar a maior carga nominal suportada pela peça (N).

Dados:

Furos padrão; γ = 1,4
Chapas de aço MR-250 — f_y = 250 MPa; f_u = 400 MPa

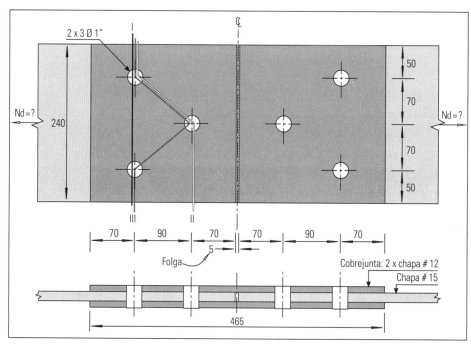

Figura 5.11 — Exemplo 1

Solução:

Será feita a verificação dos esforços apenas na peça que está sendo ligada, pois a espessura da peça =15 mm < 2 × 12 = 24 mm (espessura dos cobrejuntas).

1) **Cálculo da área bruta (Ag)**

   Largura bruta (b_g)   = 24,00 cm
   Espessura (t)   = 1,50 cm
   Área bruta → $A_g = b_g\, t = 24 \times 1,50 = 36,00$ cm²

2) **Cálculo das áreas líquidas nas seções I, II e III**
   • Seção I (seção reta)

   Largura bruta (b_g)   = 24,00 cm
   Furos (2 furos) d' = −2 × (2,54 + 0,35) = − 5,78 cm
   Largura líquida   ⌊ø1" b_n = 18,22 cm
   Área líquida → $A_n = b_n\, t = 18,22 \times 1,50 =$ 27,33 cm²   (Seção I)

Capítulo 5 — Barras tracionadas

- Seção II (seção ziguezague)

  Largura bruta (b_g) = 24,00 cm
  Furos (2 furos) $d' = -2 \times (2,54 + 0,35)$ = $-5,78$ cm

  Acréscimo de ziguezague = $\Sigma \dfrac{s^2}{4g} = \dfrac{9^2}{4 \times 7}$ = 2,89 cm
  Largura líquida b_n = 21,11 cm

  Área líquida $A_n = b_n\, t = 21,11 \times 1,50 =$ 31,67 cm² (Seção II)

- Seção III (seção ziguezague)

  Largura bruta (b_g) = 24,00 cm
  Furos (3 furos) $d' = -3 \times (2,54 + 0,35)$ = $-8,67$ cm

  Acréscimo de ziguezague = $2\Sigma \dfrac{s^2}{4g} = 2\dfrac{9^2}{4 \times 7}$ = 5,79 cm
  Largura líquida b_n = 21,12 cm

  Área líquida $A_n = b_n\, t = 21,12 \times 1,50$ = 31,68 cm² (Seção III)

- Seção crítica

  É a seção que corresponde ao menor valor de A_n. Portanto a seção crítica é a seção I, $(A_n = 27,33$ cm²).

3) Resistência da peça à tração

- Na seção bruta

  $N_n = A_g\, f_y; \quad \phi = 0,9$
  Resistência da peça = $\quad \phi\, N_n = 0,9 \times (36,00 \times 10^{-4}) \times (250 \times 10^6)$
  $\phi\, N_n = 810.000$ N

- Na seção com furos
  $N_n = A_e\, f_u; \quad \phi = 0,75$
  $A_e = A_n\, C_t; \quad C_t = 1,0$

  Resistência da peça = $\quad \phi\, N_n = 0,75 \times (27,33 \times 10^{-4}) \times 1,0 \times (400 \times 10^6)$
  $\phi\, N_n = 819.900$ N

- Resistência da peça
  Será o menor valor obtido entre os da seção bruta e a com furos. Portanto:
  $$\phi\, N_n = 810.000 \text{ N}$$

4) Maior esforço de cálculo suportado pela peça (Nd)

Portanto, neste caso tem-se: $N_d \le \phi\, N_n$
$$N_d = 810.000 \text{ N}$$

5) Maior carga nominal suportada pela peça (N)

Coeficiente das ações — $\gamma = 1,4$

$$N_d = \gamma\, N$$
$$N = \frac{N_d}{\gamma} = \frac{810.000}{1,4} \cong 578.571 \text{ N}$$

Exemplo 2

Uma cantoneira, sob esforço normal de tração, possui emenda em cobrejunta com outra cantoneira. Pede-se (Fig. 5.12):

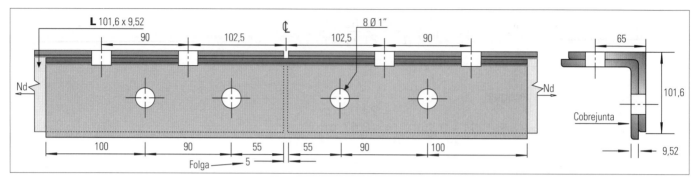

Figura 5.12 — Exemplo 2

A) Determinar o maior esforço de cálculo suportado pela cantoneira (Nd).
B) Determinar a maior carga nominal suportada pela cantoneira (N).

Dados:

Aço MR-250: $f_y = 250$ MPa; $f_u = 400$ MPa
Furos padrão: $\gamma = 1,4$

Solução:

a) Cantoneira desenvolvida (Fig. 5.13)

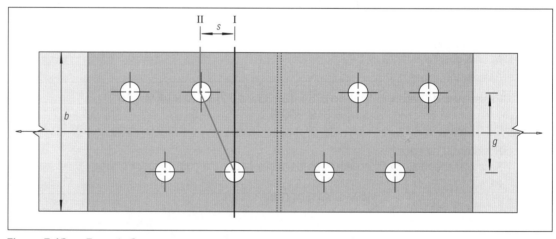

Figura 5.13 — Exemplo 2

$b = 2 \times$ largura das abas $-$ espessura
$b = 2 \times 101,6 - 9,52 = 193,68$ mm
$g = 2 \times$ gabarito de furação $-$ espessura
$g = 2 \times 65 - 9,52 = 120,48$ mm

b) Cálculo de área bruta (A_g).

$A_g = 18,45$ cm^2 – extraída da tabela de perfis (Tabela E.1)

c) Cálculo das áreas líquidas nas seções **I** e **II**

- Seção **I** (seção reta)

Largura bruta ($b_g = b$)	$= 19,37$ cm
Furos (1 furo) $d' = -(2,54 + 0,35)$	$= -2,89$ cm
Largura líquida	$b_n = 16,48$ cm

Área líquida → $A_n = b_n\, t = 16,48 \times 0,95 =$ $15,66$ cm^2 (Seção I)

- Seção **II** (seção ziguezague)

Largura bruta ($b_g = b$)	$= 19,37$ cm
Furos (2 furos) $d' = -2 \times (2,54 + 0,35)$	$= -5,78$ cm

Acréscimo de ziguezague $= \Sigma\, \dfrac{s^2}{4g} = \dfrac{4,5^2}{4 \times 12,04}$ $= 0,42$ cm

Largura líquida $b_n = 14,01$ cm

Área líquida → $A_n = b_n\, t = 14,01 \times 0,95$ $= 13,31$ cm^2 (Seção II)

- Seção crítica

  É a seção que corresponde ao menor valor de A_n. Portanto, a seção crítica é a seção **II**, ($A_n = 13,31$ cm^2).

d) Resistência da peça à tração

- Na seção bruta

  $N_n = A_g\, f_y$; $\phi = 0,9$

  Resistência da peça $=$ $\phi\, N_n = 0,9 \times (18,45 \times 10^{-4}) \times (250 \times 10^6)$

  $\phi\, N_n = 415.125$ N

- Na seção com furos

  $N_n = A_e\, f_u$; $\phi = 0,75$

  $A_e = A_n\, C_t$; $C_t = 1,0$ — todos os elementos transmitem esforços

  Resistência da peça $=$ $\phi\, N_n = 0,75 \times (13,31 \times 10^{-4}) \times 1,0 \times (400 \times 10^6)$

  $\phi\, N_n = 399.300$ N

- Resistência da peça

  Será o menor valor obtido entre os da seção bruta e com furos. Portanto:

  $\phi\, N_n = 399.300$ N

e) Maior esforço de cálculo suportado pela peça (Nd)

Neste caso tem-se: Nd $\leq \phi\, N_n$

Nd $= 399.300$ N

f) Maior carga nominal suportada pela peça (N)

Coeficiente das ações — $\gamma = 1,4$

$$Nd = \gamma\, N$$

$$N = \frac{Nd}{\gamma} = \frac{399.300}{1,4} \cong 285.214\,\text{N}$$

Capítulo 6 — LIGAÇÕES PARAFUSADAS

Para as obras de estruturas metálicas pode-se ter parafusos comuns e parafusos de alta resistência.

6.1 — Tipos de parafusos

• Parafusos Comuns

Fabricados em aço-carbono, designados como ASTM A307, ou apenas como A307, são usados para pequenas treliças, plataformas simples, passadiços, terças, vigas de tapamento, estruturas leves etc. Possuem um baixo custo, porém também têm baixa resistência.

• Parafusos de Alta Resistência

Por atrito:

A325-F e A490-F (F - **F**riction)

Neste tipo de parafuso (F) tem-se uma protensão no parafuso, que é medida pelo torque dado na porca. A protensão, faz com que as chapas a serem ligadas tenham uma grande resistência ao deslizamento relativo (Fig. 6.1).

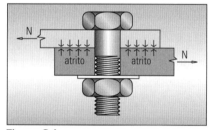
Figura 6.1

Por contato:

A325-N e A490-N (N - **N**ormal)

Neste tipo de parafuso (N) a rosca do parafuso está no plano de corte, isto é, a rosca está no plano de cisalhamento do parafuso. Como a área da seção transversal do parafuso na região da rosca é menor que a área do corpo, sua resistência será menor que a do parafuso tipo (X) (Fig. 6.2).

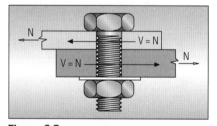
Figura 6.2

A325-X e A490-X (X - e**X**cluded)

Neste tipo de parafuso (X) a rosca do parafuso está fora do plano de cisalhamento do corpo do parafuso (Fig. 6.3).

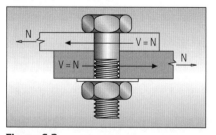
Figura 6.3

6.2 — Dimensionamento de ligações parafusadas

Para o dimensionamento de ligações parafusadas, é necessário determinar a menor resistência entre a peça (na região com, e sem, furos) e:

A) o cisalhamento no corpo do parafuso;

B) a pressão de contato nos furos (esmagamento e rasgamento).

Nota: Para os parafusos do tipo (F) deve-se verificar a resistência ao deslizamento e, caso essa resistência seja superada, verificar os itens (A) e (B) como se fosse parafuso do tipo (N).

6.2.1 – Dimensionamento de parafusos ao cisalhamento
(NB - 14 - Item 7.3.2.3)

$$R_{nv} = A_e \, \tau_u; \quad \phi_v = \text{variável} \tag{6.1}$$

$$\tau_u = 0{,}6 \, f_u \tag{6.2}$$

Tabela 6.1 — Parâmetros para o dimensionamento de parafusos

Tipo de Parafuso	ϕ_v	A_e	f_u (MPa) (NB-14 - Anexo A - Tabela 23)
A307	0,6	$0{,}7 \, A_p$	415
A325-N	0,65	$0{,}7 \, A_p$	$12{,}7 \leq d \leq 25{,}4$ — 825 $25{,}4 < d \leq 38{,}1$ — 725
A325-X	0,65	A_p	$12{,}7 \leq d \leq 25{,}4$ — 825 $25{,}4 < d \leq 38{,}1$ — 725
A490-N	0,65	$0{,}7 \, A_p$	$12{,}7 \leq d \leq 38{,}1$ — 1035
A490-X	0,65	A_p	$12{,}7 \leq d \leq 38{,}1$ — 1035

$$\text{Área do parafuso} \rightarrow A_p = \frac{\pi d^2}{4} \tag{6.3}$$

$$\text{Resistência do Parafuso ao Cisalhamento} = \phi_v \, R_{nv} \tag{6.4}$$

Obs.: A) No caso de cisalhamento duplo multiplicar A_e por 2. (Fig. 6.4)
B) Multiplicar o valor da expressão (6.4) pelo número de parafusos.

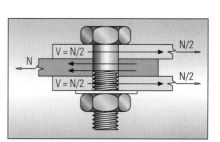

Figura 6.4

6.2.2 – Dimensionamento de pressão de contato em furos
(NB-14 - Item 7.3.2.4)

$$\text{Resistência de contato} = \phi \, R_n; \quad \phi = 0{,}75 \tag{6.5}$$

$$R_n = \alpha \, A_b \, f_u \tag{6.6}$$

$$A_b = t \, d \text{ (área efetiva de contato) (Fig. 6.5)} \tag{6.7}$$

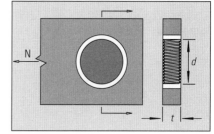

Figura 6.5

A) Esmagamento sem rasgamento $\rightarrow \alpha = 3{,}0$ (6.8)

B) Rasgamento

B.1 — rasgamento entre dois furos consecutivos (Fig. 6.6).

$$\alpha_s = \left(\frac{s}{d}\right) - \eta_1 \leq 3{,}0 \tag{6.9}$$

Para furo padrão $\eta_1 = 0{,}5$ (NB-14 - Tabela 13) (6.10)

Para a Fig. 6.7:

$$\alpha_s = 3{,}0 \tag{6.11}$$

B.2 — rasgamento entre um furo e uma borda situada à distância "e" do centro do furo (Fig. 6.8).

$$\alpha_e = \left(\frac{e}{d}\right) - \eta_2 \leq 3{,}0 \tag{6.12}$$

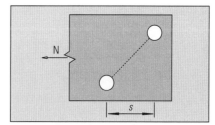

Figura 6.6

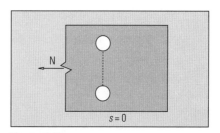

Figura 6.7

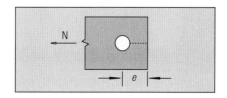

Figura 6.8

Para furo padrão:

$$\eta_2 = 0 \quad (NB-14 - Tabela\ 13) \quad (6.13)$$

Para a Fig. 6.9:

$$\alpha_e = 3{,}0 \quad (6.14)$$

Quando for de canto, adotar o menor valor de α.

Obs.: Multiplicar o valor da expressão (6.6) pelo número de parafusos na ligação.

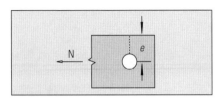

Figura 6.9

6.2.3 – Dimensionamento de parafusos em ligações por atrito

(Parafusos tipo [F]-NB-14 - Item 7.3.3)

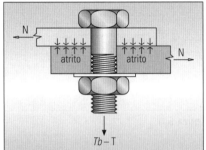

Figura 6.10

Condição Básica — Que não ocorra deslizamento entre os componentes da ligação. (Fig. 6.10)

A força cortante no parafuso deve ser menor que a resistência ao deslizamento. Caso ocorra o deslizamento, o parafuso irá se comportar como um parafuso do tipo (N), devendo então serem verificadas as resistências dos itens (6.2.1) e (6.2.2).

$$R_{nv} = \mu\,\xi\,(T_b - T); \quad \phi_v = 1{,}0 \quad (6.15)$$

T_b - força de protensão no parafuso
T - força de tração no parafuso, calculada com base nas ações nominais aplicadas ao parafuso
ξ - fator de redução devido ao tipo de furo (NB-14 - Item 7.3.3.2)
μ - coeficiente de atrito (NB-14 - Tabela 15)

Para furos padrão $\quad\rightarrow \xi = 1{,}0 \quad (6.16)$

Superfícies em geral (exceto com banho vinílico) $\rightarrow \mu = 0{,}28 \quad (6.17)$

$$T_b = 0{,}70\ A_r\ f_{u,b} \quad (NB-14 - Tabela\ 19) \quad (6.18)$$

$A_r \cong 0{,}70\ A_p$ (área da seção transversal do parafuso na região da rosca) **(6.19)**

Obs.: A) Para valores exatos de A_r ver NB -14 - Tabela 12.
B) No caso de cisalhamento duplo (atrito duplo) multiplicar por 2.
C) Multiplicar o valor da expressão (6.15) pelo número de parafusos da ligação.

Para auxiliar no dimensionamento de ligações parafusadas em barras tracionadas é apresentado na Fig. 6.11 um fluxograma, que permite melhor compreensão da sistemática de cálculo.

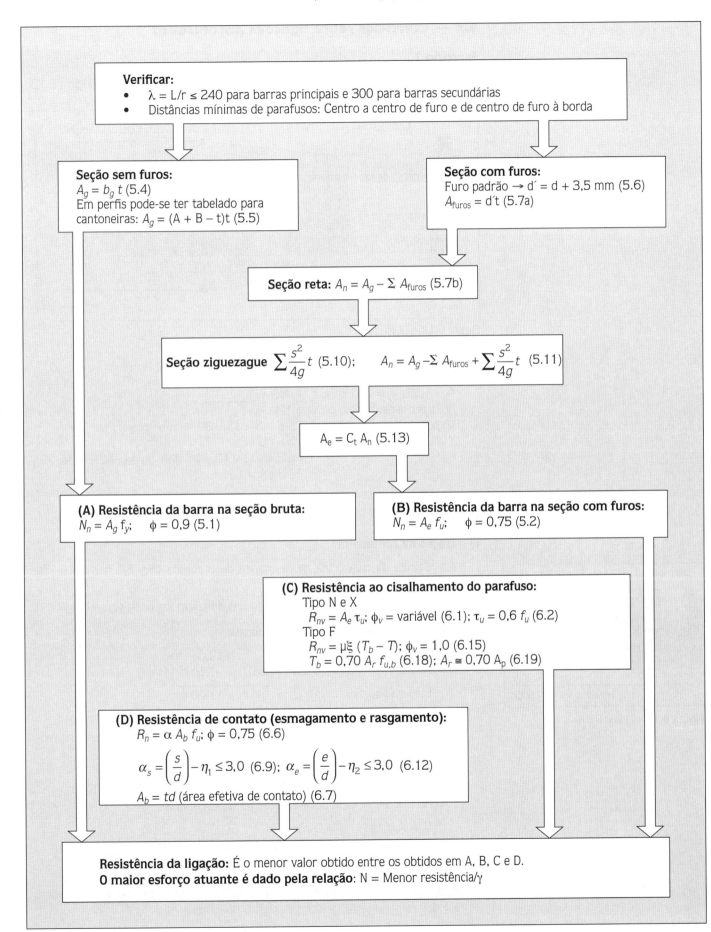

Figura 6.11 — Fluxograma para o dimensionamento de ligação com barras tracionadas e parafusos

6.3 — Exercícios sobre ligações parafusadas

Exercício 1

Determinar o máximo esforço nominal (N) suportado pela ligação da Figura 6.12.

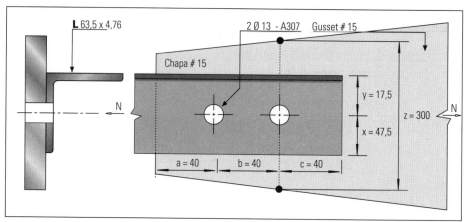

Figura 6.12 — Exercício 1

Dados:

Aço A-36: $f_y = 250$ MPa; $f_u = 400$ MPa
Ação permanente normal: $\gamma_g = 1,4$
Disposições construtivas: $b \geq 3\,d = 3 \times 13 = 39$ mm; no projeto tem-se:
$b = 40$ mm
$a, c \geq 2\,d = 2 \times 13 = 26$ mm; no projeto tem-se:
$a = c = 40$ mm

Solução:

1) **Tração na cantoneira**

   1.1 Cálculo da área bruta da cantoneira desenvolvida (Fig. 6.13) (NB-14 - item 5.1.1.1)

   $A_g = [2\,(\text{aba}) - t]\,t = [2 \times (6,35) - 0,476] \times 0,476 \cong 5,80$ cm²

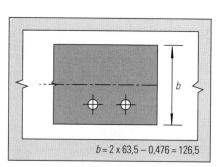

Figura 6.13 — Exercício 1

$b = 2 \times 63,5 - 0,476 = 126,5$

   1.2 Cálculo da área líquida na seção normal

Largura bruta ($b_g = b$)	$= 12,65$ cm
Furos (1 furo) $d' = -(1,3 + 0,35)$	$= -1,65$ cm
Largura líquida	$b_n = 11,00$ cm

   Área líquida → $A_n = b_n\,t = 11,00 \times 0,476 = 5,23$ cm²

   1.3 Resistência da cantoneira à tração na seção bruta

   $N_n = A_g\,f_y;\quad \phi = 0,9$
   $\phi\,N_n = 0,9 \times (5,80 \times 10^{-4}) \times (250 \times 10^6) = 130.500$ N

   1.4 Resistência da cantoneira à tração na seção com furos

   $N_n = A_e\,f_u;\quad \phi = 0,75$
   $A_e = A_n\,C_t;\quad C_t = 0,75$ (NB-14 - item 5.1.1.3.6)
   $\phi\,N_n = 0,75 \times (5,23 \times 10^{-4} \times 0,75) \times (400 \times 10^6) = 117.675$ N

Portanto, a resistência à tração na cantoneira é o menor valor obtido nos itens 1.3 e 1.4:

$$\phi\,N_n = 117.675 \text{ N}$$

2) Tração no Gusset

A carga total se dá na posição $z = 300$ mm

2.1 Cálculo da área bruta (A_g)

$$A_g = zt = 30 \times 1,5 = 45 \text{ cm}^2$$

2.2 Cálculo da área líquida na seção normal

Largura bruta (z)	$= 30,00$ cm
Furos (1 furo) $d' = -(1,3 + 0,35)$	$= -1,65$ cm
Largura líquida	$b_n = 28,35$ cm

Área líquida $\rightarrow A_n = b_n\, t = 28,35 \times 1,5 = 42,53 \text{ cm}^2$

2.3 Resistência de tração na seção bruta do Gusset

$N_n = A_g\, f_y; \qquad \phi = 0,9$
$\phi\, N_n = 0,9 \times (45 \times 10^{-4}) \times (250 \times 10^6) = 1.012.500$ N

2.4 Resistência de tração na seção com furos do Gusset

$N_n = A_e\, f_u; \qquad \phi = 0,75$
$A_e = A_n\, C_t; \qquad C_t = 1,0$
$\phi\, N_n = 0,75 \times (42,53 \times 10^{-4} \times 1,0) \times (400 \times 10^6) = 1.275.900$ N

Portanto, a resistência à tração no Gusset é o menor valor obtido nos itens 2.3 e 2.4.

$$\phi \times N_n = 1.012.500 \text{ N}$$

3) Pressão de contato nas cantoneiras

3.1 Rasgamento da chapa

• Centro a centro de furos

$\alpha_s = (s/d) - \eta_i \leq 3,00$
$\alpha_s = \frac{1}{4}(40/13) - 0,5 = 2,58$

• Centro do furo ao bordo
  e = menor valor entre a e c

$$\alpha_e = \left(\frac{e}{d}\right) = \frac{40}{13} = 3,07$$

3.2 Esmagamento da chapa
$\alpha = 3,0$

Portanto: $\alpha = \alpha_s = 2,58$

$R_n = \alpha\, A_b\, f_u; \phi = 0,75$
$R_n = 2 \times 2,58 \times (1,3 \times 0,476 \times 10^{-4}) \times (400 \times 10^6) = 127.720$ N
  $\uparrow$ 2 parafusos

$\phi\, R_n = 0,75 \times 127.720 = 95.790$ N

4) Resistência ao cisalhamento nos parafusos

$R_{nv} = A_e.\tau_u = 0,7\, A_p\, \tau_u = 0,7\, A_p\, 0,6\, f_u$
$R_{nv} = 0,42\, A_p\, f_u \leftarrow$(Tab. 23 NB-14 item 7.3.2.3)
  $\uparrow$ (Tab. 12 NB-14)

$$Ap = \frac{\pi \cdot 13^2}{A} \cong 132 \text{ mm}^2$$

$\phi_v = 0,60$
$R_{nv} = 2 \times 0,42 \times 132 \times 10^{-6} \times 415 \times 10^6 \cong 46.015$ N
  $\uparrow$ 2 parafusos

$\phi_v\, R_{nv} = 0,60 \times 46.015 = 27.609$ N

5) Resumo

Resistência da cantoneira	117.675 N
Resistência do Gusset	1.012.500 N
Pressão do contato	95.790 N
Cisalhamento nos parafusos	27.609 N

Portanto a resistência de ligação é o menor dos valores → ϕN_n = 27.609 N. Então o maior esforço de cálculo $Nd = \phi N_n$ = 27.609 N e o máximo esforço nominal será:

$$Nd = \gamma N \Rightarrow N = \frac{Nd}{\gamma} = \frac{27.609}{1,4} \cong 19.720 \text{ N}$$

Exercício 2

Para a ligação dada (Fig. 6.14), pede-se determinar a máxima força normal de tração (N).

Dados:

Aço A-36: f_y = 250 MPa; f_u = 400 MPa
Parafusos: 6 Ø ⅝" A-307: f_u = 415 MPa; γ = 1,4
Perfil: **VS** 250 × 29; furo padrão; t_w = 4,75 (Tabela F.1)

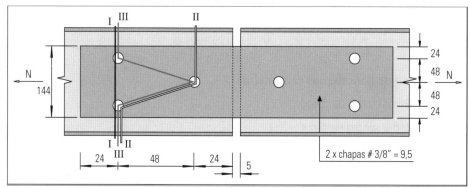

Figura 6.14 — Exercício 2

Solução:

1) Tração na peça

1.1 Seção bruta

A_g = 36,7 cm² — (Tabela F.1)
$N_n = A_g f_y$ = 36,7 × 10⁻⁴ × 250 × 10⁶ = 917.500 N
$\phi_t N_n$ = 0,9 × 917.500 = 825.750 N

1.2 Seção com furos

$d' = d + 3,5$ mm = 15,875 + 3,5 = 19,375 mm

Seção reta (**I**)

$A_n = A_g - 2\, d'\, t_w$ = 36,7 − 2 × 1,9375 × 0,475 = 34,85 cm²

Seção ziguezague (**II**)

$$A_n = A_g - 2d't_w + t_w \frac{s^2}{4g} = 36,7 - 2 \times 1,9375 \times 0,475 + \frac{4,8^2}{4 \times 4,8} \times 0,475$$

A_n = 35,42 cm²

Seção ziguezague (III)

$$A_n = A_g - 3d't_w + \sum \frac{s^2}{4g} t_w$$

$$A_n = 36,7 - 3 \times 1,9375 \times 0,475 + 2 \times \frac{4,8^2}{4 \times 4,8} \times 0,475 = 35,07 \text{ cm}^2$$

Área crítica $\rightarrow A_n = 34,85 \text{ cm}^2$

$A_e = C_t A_n = 0,75 \times 34,85 = 26,13 \text{ cm}^2$
$N_n = A_e f_u = 26,13 \times 10^{-4} \times 400 \times 10^6 = 1.045.200 \text{ N}$
$\phi_t N_n = 0,75 \times 1.045.200 = 783.900 \text{ N}$

2) Tração no cobrejunta

2.1 Seção bruta

$b_g = 14,4 \text{ cm}$
$A_g = b_g t = 2 \times 14,4 \times (^3/_8 \times 2,54) = 27,432 \text{ cm}^2$
$\uparrow$ 2 chapas
$N_n = A_g f_y = 27,432 \times 10^{-4} \times 250 \times 10^6 = 685.800 \text{ N}$
$\phi_t N_n = 0,9 \times 685.800 = 617.220 \text{ N}$

2.2 Seção com furos

Seção reta (**I**)
$\quad b_n = b_g - 2d' = 14,4 - 2 \times 1,9375 = 10,525 \text{ cm}$

Seção ziguezague (**II**)

$$b_n = b_g - 2d' + \frac{s^2}{4g} = 14,4 - 2 \times 1,935 + \frac{4,8^2}{4 \times 4,8} = 11,725 \text{ cm}$$

Seção ziguezague (**III**)

$$b_n = b_g - 3d' + \sum \frac{s^2}{4g} = 14,4 - 3 \times 1,9375 + 2 \times \frac{4,8^2}{4 \times 4,8} = 10,98 \text{ cm}$$

Seção crítica é a seção (**I**): $b_n = 10,525 \text{ cm}$

$A_n = b_n t = 10,525 \times (^3/_8 \times 2,54) \times 2 = 20,05 \text{ cm}^2$
$\qquad\qquad\qquad\qquad \uparrow$ 2 chapas
$A_e = C_t A_n = 1,0 \times 20,05 = 20,05 \text{ cm}^2$
$N_n = A_e f_u = 20,05 \times 10^{-4} \times 400 \times 10^6 = 802.005 \text{ N}$
$\phi_t N_n = 0,75 \times 802.005 = 601.503 \text{ N}$

3) Cisalhamento nos parafusos

$R_{nv} = A_e \tau_u; \qquad \tau_u = 0,6 f_u; \qquad \text{A307} \rightarrow A_e = 0,7 A_p$
$\phi_v = 0,6 \qquad\quad d = {}^5/_8 \times 25,4 = 15,87 \text{ mm}$

$$A_e = 0,7 \times \pi \frac{(1,587)^2}{4} = 1,384 \text{ cm}^2$$

$R_{nv} = 2 \times 3 \times (1,384 \times 10^{-4}) \times (0,6 \times 415 \times 10^6) = 206.769 \text{ N}$
$\quad \uparrow$ cisalhamento duplo

$\phi_v R_{nv} = 0,6 \times 206.769 = 124.061 \text{ N}$

4) Pressão de contato

$R_n = \alpha A_b f_u; \qquad \phi = 0,75; \qquad A_b = t d$

- rasgamento

– entre furos: $\qquad\qquad \alpha_s = \left(\frac{s}{d} \right) - \eta_1 = \frac{48}{15,875} - 0,5 = 2,52$

– furo à borda: $\alpha_e = \left(\dfrac{e}{d}\right) - \eta_2 = \dfrac{24}{15,875} = 1,51$

• esmagamento: $\alpha = 3,00$

Portanto: $\alpha = 1,51$

$R_n = 3 \times 1,51 \ (0,475 \times 1,5875 \times 10^{-4}) \times 400 \times 10^6 = 136.636$ N
$\phi R_n = 0,75 \times 136.636 = 102.477$ N

A menor resistência $\phi N_n = 102.477$ N

$$N = \dfrac{102.477}{\gamma} = \dfrac{102.477}{1,4} = 73.197 \text{ N}$$

Caso os parafusos fossem ASTM A325-N, tería-se:

$\phi_v = 0,65;$ $A_e = 0,7 A_p;$ $f_u = 825$ MPa

$$A_e = 0,7 \times \pi \dfrac{(1,587)^2}{4} = 1,384 \text{ cm}^2$$

$R_{nv} = 2 \times 3 \times (1,384 \times 10^{-4}) \times (0,6 \times 825 \times 10^6) = 411.048$ N
$\phi_v R_{nv} = 0,65 \times 411.048 = 267.181$ N

A menor resistência $\phi N_n = 102.477$ N

$$N = \dfrac{102.477}{1,4} = 73.197 \text{ N}$$

Exercício 3

A ligação dada na figura 6.15 é entre duas vigas perfil **VS**-400 × 48,7 kg/m (Tabela F.1) onde a viga da direita apóia-se na viga da esquerda. A reação de apoio é de 160 kN e a ligação é feita através de duas cantoneiras de chapa dobrada conforme o desenho (Fig. 6.15). Pede-se determinar:

1) Se a ligação resiste ao esforço atuante utilizando 6 parafusos de 1" tipo A307;
2) Se a ligação resiste ao esforço atuante utilizando 6 parafusos de 1" tipo A325-F;
3) Qual é a maior reação de apoio para ambos os casos anteriores?

Dados: Aço A-36: $f_y = 250$ MPa; $f_u = 400$ MPa

Obs.: A) Os parafusos das abas são desencontrados para evitar interferências;
B) A espessura das cantoneiras de ligação é de 9,5 mm;
C) A espessura da alma do perfil **VS**-400 × 48,7 kg/m é de 6,3 mm;
D) A ligação é excêntrica e está submetida a esforços de cisalhamento e torção.

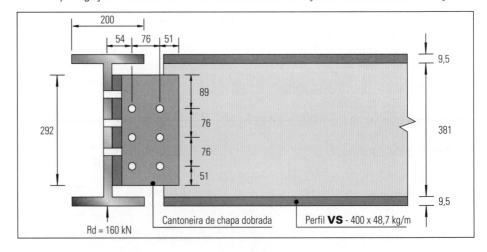

Figura 6.15 — Exercício 3

Solução:

• **Redução das cargas ao CG dos parafusos** (Fig. 6.16)

Como a ligação é excêntrica os esforços nos parafusos serão diferentes, portanto é preciso determinar o maior valor.

$$V = Rd = 160 \text{ kN}$$
$$M_t = V e = 160 \times (5,4 + 7,6/2) \times 10^{-2}$$
$$M_t = 14,72 \text{ kNm}$$

• **Características geométricas do grupo de parafusos** (Fig. 6.17)

Como todos os parafusos têm a mesma área, adotaremos $A = 1 \text{ cm}^2$

$$I_x = 4(Ad^2) = 4(1 \times 7,6^2) = 231,04 \text{ cm}^4$$
$$I_y = 6(Ad^2) = 6(1 \times 3,8^2) = 86,64 \text{ cm}^4$$
$$I_p = I_x + I_y = 317,68 \text{ cm}^4$$
$$A_{total} = 6_A = 6 \text{ cm}^2$$

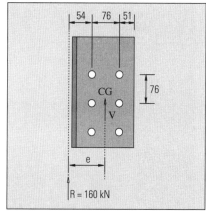

Figura 6.16 — Exercício 3

• **Esforços nos parafusos** (Fig. 6.18)

Hipóteses: A) Torção — Há uma distribuição linear de tensões a partir do CG do grupo de parafusos.(Poderia ser adotada uma distribuição plástica.)

B) Cisalhamento — Tem-se igual parcela de carga para cada parafuso.

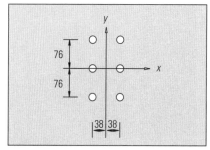

Figura 6.17 — Exercício 3

• **Torção**

$$r = \sqrt{3,8^2 + 7,6^2} = 8,49 \text{ cm}$$

$$F_t = \frac{M_t}{I_p} rA = \frac{14,72}{317,68 \times 10^{-8}} 8,49 \times 10^{-2} \times 10^{-4} = 39,33 \text{ kN}$$

$$F_{t,x} = \frac{M_t}{I_p} yA = \frac{14,72}{317,68 \times 10^{-8}} 7,6 \times 10^{-2} \times 10^{-4} = 35,21 \text{ kN}$$

$$F_{t,y} = \frac{M_t}{I_p} xA = \frac{14,72}{317,68 \times 10^{-8}} 3,8 \times 10^{-2} \times 10^{-4} = 17,61 \text{ kN}$$

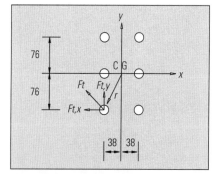

Figura 6.18 — Exercício 3

• **Cisalhamento** (Fig. 6.19)

$$F_y = V/n = 160/6 = 26,67 \text{ kN}$$

• **Força resultante**

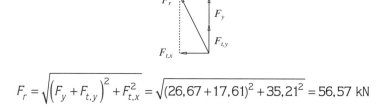

$$F_r = \sqrt{\left(F_y + F_{t,y}\right)^2 + F_{t,x}^2} = \sqrt{(26,67 + 17,61)^2 + 35,21^2} = 56,57 \text{ kN}$$

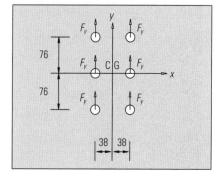

Figura 6.19 — Exercício 3

Estruturas metálicas

CASO 1 — Parafusos A307

• **Cisalhamento no parafuso**

$R_{nv} = A_e\,\tau_u;\quad \phi_v = 0{,}6$
$\tau_u = 0{,}6\,f_u;\quad A_e = 0{,}7\,A_p$

$A_p = \dfrac{\pi\,d^2}{4} = \dfrac{\pi \times 2{,}54^2}{4} = 5{,}06\ \text{cm}^2;\quad A_e = 0{,}7 \times 5{,}06 = 3{,}54\ \text{cm}^2$

$\phi_v\,R_{nv} = 2 \times 0{,}6 \times \left(3{,}54 \times 10^{-4}\right) \times \left(0{,}6 \times 415 \times 10^6\right) = 105{,}77\ \text{kN} > 56{,}57\ \text{kN}$

• **Pressão de contato**

(Neste item deve-se verificar a alma da **VS**, pois tem maior esforço solicitante e menor espessura.)

$R_n = \alpha\,A_b\,f_u;\quad \phi = 0{,}75$
$A_b = t\,d = 0{,}63 \times 2{,}54 = 1{,}60\ \text{cm}^2$

– Rasgamento entre dois furos consecutívos

$S = 76 \rightarrow \alpha_s = \left(\dfrac{s}{d}\right) - n_1 = \left(\dfrac{76}{25{,}4}\right) - 0{,}5 = 2{,}49$

– Rasgamento entre furo e borda

$e = 51 \rightarrow \alpha_e = \left(\dfrac{e}{d}\right) - n_2 = \left(\dfrac{51}{25{,}4}\right) = 2{,}00$

– Esmagamento $\quad \alpha = 3{,}0$

Portanto:
$\phi\,R_n = 0{,}75 \times 2{,}00 \times (1{,}6 \times 10^{-4}) \times (400 \times 10^6) = 96\ \text{kN} > 56{,}57\ \text{kN}$
Assim, o parafuso A307 resiste ao esforço da reação de apoio.

CASO 2 — Parafusos A325-F

• **Verificação do deslizamento**

$R_{nv} = \mu\,\xi\,\left(T_b - T\right);\quad \phi_v = 1{,}0$
$\xi = 1{,}0;\quad \mu = 0{,}28;\quad T_b = 0{,}7\,A_r\,f_u$
$A_r \cong 0{,}70\,A_p$
$A_p = \dfrac{\pi\,d^2}{4} = \dfrac{\pi \times 2{,}54^2}{4} = 5{,}06\ \text{cm}^2;\quad A_r \cong 0{,}7 \times 5{,}06 = 3{,}54\ ($
$T_b = 0{,}7 \times \left(3{,}54 \times 10^{-4}\right) \times \left(825 \times 10^6\right) = 204{,}43\ \text{kN};\quad T = 0$
$\phi_v \times R_{nv} = 2 \times 1{,}0 \times 0{,}28 \times 1{,}0 \times 204{,}43 = 114{,}48\ \text{kN} > 56{,}57\ \text{kN}$
$\underset{\text{atrito duplo}}{\uparrow}$

Obs.: Caso ocorra o deslizamento entre as chapas, o parafuso irá trabalhar como parafuso do tipo A325-N, sendo necessária a verificação do parafuso ao cisalhamento e da chapa à pressão de contato.

• **Cisalhamento no parafuso**

$R_n = A_e\,\tau_u;\quad \phi_v = 0{,}65$
$\tau_u = 0{,}6\,f_u;\quad A_e = 0{,}7\,A_p$
$A_p = \dfrac{\pi\,d^2}{4} = \dfrac{\pi \times 2{,}54^2}{4} = 5{,}06\ \text{cm}^2;\quad A_e = 0{,}7 \times 5{,}06 = 3{,}54\ \text{cm}^2$
$\phi_v R_{nv} = 2 \times 0{,}65 \times \left(3{,}54 \times 10^{-4}\right) \times \left(0{,}6 \times 825 \times 10^6\right) = 227{,}80\ \text{kN} > 56{,}57\ \text{kN}$

Capítulo 6 — Ligações parafusadas

- **Pressão de contato**

$R_{nv} = \alpha\, A_b\, f_u;\quad \phi = 0,75$

$A_b = t\, d = 0,63 \times 2,54 = 1,60\ cm^2$

– Rasgamento

Rasgamento entre dois furos consecutívos

$$S = 76 \rightarrow \alpha_s = \left(\frac{s}{d}\right) - n_1 = \left(\frac{76}{25,4}\right) - 0,5 = 2,49$$

Rasgamento entre furo e borda

$$e = 51 \rightarrow \alpha_e = \left(\frac{e}{d}\right) - n_2 = \left(\frac{51}{25,4}\right) = 2,00$$

– Esmagamento $\rightarrow \alpha = 3,00$

Portanto: $\alpha = 2,00$

$\phi\, R_n = 0,75 \times 2,00 \times (1,6 \times 10^{-4}) \times (400 \times 10^6) = 96\ kN > 56,57\ kN$

Assim, o parafuso A325-F resiste ao esforço da reação de apoio.

CASO 3 — Máxima reação de apoio para cada tipo de parafuso

Parafuso A307

Cisalhamento   - 105,77 kN   R = 160 kN — F = 56,57 kN

Pressão de Contato   - 96,00 kN $\mathbf{R}_{\text{máxima}}$ — F = 96 kN

O menor valor é 96 kN $\rightarrow$ $\mathbf{R}_{\text{máxima}} = \dfrac{160}{56,57} \times 96 \cong 271\ kN$

Parafuso A325-F

Deslizamento   - 114,48 kN

Cisalhamento (F)   - 227,80 kN   R = 160 kN — F = 56,57 kN

Pressão de Contato (F)   - 96,00 kN $\mathbf{R}_{\text{máxima}}$ — F = 96 kN

O menor valor é 96 kN $\rightarrow$ $\mathbf{R}_{\text{máxima}} = \dfrac{160}{56,57} \times 96 \cong 271\ kN$

Para este item é necessário verificar, também, o rasgamento total das cantoneiras ou da alma do perfil **VS** (NB-14 - Item 7.5.). Será verificado neste caso a alma do perfil VS, que foi recortada e tem altura resultante do corte de 292 mm, pois este tem a menor área ao cisalhamento.

- **Escoamento por tensões de cisalhamento** (NB-14 - Item 7.5.3.1.b)

Na seção bruta

$R_n = A_w\, 0,6\, f_y;\quad \phi = 0,9$

$R_n = 0,9 \times (292 \times 6,3 \times 10^{-6}) \times (0,6 \times 250 \times 10^6) = 248,34\ kN > 160\ kN$

Estruturas metálicas

• **Ruptura por tensões de cisalhamento** (NB-14 - Item 7.5.3.1.d)

Na seção com furos

$$R_n = A_w \, 0,6 \, f_u; \quad \phi = 0,75$$

$$d' = 25,4 + 3,5 = 28,9 \text{ mm}$$

$$\phi \, R_n = 0,75 \times \left[\underbrace{(292 - 3 \times 28,9) \times 6,3 \times 10^{-6}}_{\text{área líquida}} \right] \times (0,6 \times 400 \times 10^6) =$$

$$= 232,81 \text{ kN} > 160 \text{ kN}$$

• **Conclusão do Caso 3**

Parafuso A307 → $\mathbf{R}_{\text{máxima}} = 271$ kN
Parafuso A325-F → $\mathbf{R}_{\text{máxima}} = 271$ kN
Material → $\mathbf{R}_{\text{máxima}} = 232,81$ kN

Portanto, a reação máxima que a ligação suporta é: $\mathbf{R}_{\text{máxima}} = 232,81$ kN

BARRAS COMPRIMIDAS

Capítulo 7

Para o dimensionamento de barras à compressão deve-se levar em conta, principalmente, a flambagem das peças (NB-14 - Item 5.3).

7.1 — Carga crítica de flambagem (Pcr)

Define-se como **carga crítica de flambagem**, a carga a partir da qual a barra que está sendo comprimida mantém-se em posição indiferente.

Para a determinação da carga crítica (P_{cr}) que produz o colapso da barra aplica-se a carga (**P**) e o deslocamento horizontal (δ), através da força horizontal (**H**) e após retira-se (**H**) (Fig. 7.1).

A seqüência experimental é:

1.º passo — A barra reta é submetida à compressão axial sem excentricidade, isto é, **H** = 0 (Fig 7.2).

$$P \leq P_{cr}$$
$$\delta = 0$$

Com a retirada de **P** a barra retorna à posição inicial.

2.º passo — A barra reta é submetida à compressão axial de maior intensidade, e a barra começa a ter uma deformação lateral (δ) (Fig.7.3).

$$P = P_{cr}$$
$$\delta = \delta_{inicial}$$

A barra mantém-se em posição indiferente.

3.º passo — A barra reta é submetida à compressão axial de intensidade maior que a crítica, e a barra entra em colapso (Fig. 7.4).

$$P > P_{cr}$$
$$\delta \text{ é de colapso}$$

A barra rompe ou sua deformação é muito grande.

Normalmente, toma-se como referência o valor da carga crítica para uma barra bi-rotulada. Segundo Euler:

$$P_{cr} = \frac{\pi^2 \, E \, I}{L_{fL}^2} \qquad (7.1)$$

Onde: E — Módulo de elasticidade do aço
 I — Menor momento de inércia da barra
 L_{fL} — Comprimento de flambagem da barra

Chamando de parâmetro de esbeltez:

$$\lambda = \frac{k \, L}{r} \qquad (7.2)$$

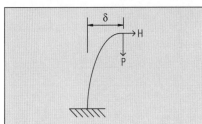

Figura 7.1

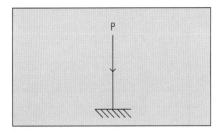

Figura 7.2

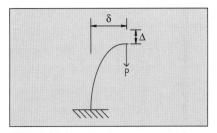

Figura 7.3

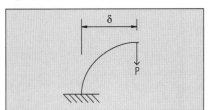

Figura 7.4

Onde: k — Parâmetro de flambagem (NB-14 - Item 4.9.2, Anexos H e I)
  r — Menor raio de giração da barra

Sendo: $$L_{fL} = k\,L \qquad (7.3)$$

Onde: L - Comprimento da barra

Com (7.3) e (7.2) em (7.1):

$$P_{cr} = \frac{\pi^2\,E\,I}{(k\,L)^2} = \frac{\pi^2\,E\,r^2\,A}{\lambda^2\,r^2} = \frac{\pi^2\,E\,A}{\lambda^2} \qquad (7.4)$$

A tensão crítica é então definida por:

$$f_{cr} = \frac{\pi^2\,E}{\lambda^2} \qquad (7.5)$$

7.2 — Dimensionamento de barras comprimidas

Para o dimensionamento de barras à compressão, deve-se levar em conta as condições de vínculo das barras que determinam o parâmetro de flambagem (**k**) (NB-14 - Item 5.3) (Fig. 7.5).

O parâmetro de esbeltez (λ) é limitado a um valor máximo:

$$\lambda_{máx} = 200 \text{ (NB-14 - Item 5.3.5)} \qquad (7.6)$$

Caso tenha-se uma barra com o parâmetro de esbeltez maior que o valor limite deve-se trocar a barra.

7.2.1 – Relações largura/espessura em elementos comprimidos
(NB-14 - Item 5.1.2)

Classe 1 — Seções que permitem seja atingido o momento de plastificação e a subseqüente redistribuição de momentos fletores.

Classe 2 — Seções que permitem seja atingido o momento de plastificação, mas não a redistribuição de momentos fletores.

Classe 3 — Seções cujos elementos componentes não sofrem flambagem local no regime elástico, quando sujeitas às solicitações indicadas na Tabela 7.1, podendo, entretanto, sofrer flambagem inelástica (NB-14 - Tabela 1).

Classe 4 — Seções cujos elementos componentes podem sofrer flambagem no regime elástico, devido às solicitações indicadas na Tabela 7.1 (NB-14 - Tabela 1).

Obs.: Para as classes 1 e 2 as ligações entre flanges e alma têm de ser contínuas.

Pode-se então definir:

  Classes 1 e 2 — Seções compactas ($\lambda \leq \lambda_p$)
  Classe 3 — Seções semicompactas ($\lambda_p < \lambda \leq \lambda_r$)
  Classe 4 — Seções esbeltas ($\lambda > \lambda_r$)

7.2.2 – Resistência de cálculo de barras comprimidas
(NB-14 - Item 5.3.4)

$$N_n = \rho\,Q\,N_y = \rho\,Q\,A_g\,f_y;\ \phi_c = 0{,}90 \qquad (7.7)$$

$$\rho = f_{cr}/f_y \qquad (7.8)$$

Q - Coeficiente de redução que considera a flambagem local
$Q = 1{,}0$ - Para relações de b/t menores que as apresentadas na Tabela 7.1 (NB-14 Tabela 1).

Para valores maiores que os permitidos por esta tabela ver Anexo E da NB-14, que irá fornecer valores de Q menores que 1,0.

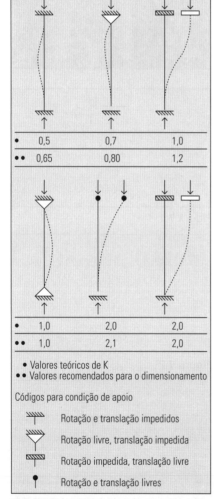

Figura 7.5 — Parâmetros de flambagem

$$\overline{\lambda} = \frac{1}{\pi}\frac{kL}{r} \times \sqrt{\frac{Q\,f_y}{E}} = \frac{\lambda}{\pi}\sqrt{\frac{Q\,f_y}{E}} \quad (7.9)$$

Onde: $\overline{\lambda}$ - parâmetro de esbeltez para barras comprimidas

Obs.: O valor de ρ pode ser obtido em função de $\overline{\lambda}$ através das Tabelas 7.2 e 7.3 (NB-14 - Tabelas 3 e 4), ou através das equações:

$$\rho = 1,00 \qquad 0 \le \overline{\lambda} < 0,20 \quad (7.10)$$

$$\rho = \beta - \sqrt{\beta^2 - \frac{1}{\overline{\lambda}^2}} \qquad \overline{\lambda} \ge 0,20 \quad (7.11)$$

onde: $\quad \beta = \frac{1}{2\overline{\lambda}^2}\left[1 + \alpha\sqrt{\overline{\lambda}^2 - 0,04} + \overline{\lambda}^2\right] \quad (7.12)$

$$\left.\begin{array}{l}\text{Curva a} - \alpha = 0,158\\ \text{Curva b} - \alpha = 0,281\\ \text{Curva c} - \alpha = 0,384\\ \text{Curva d} - \alpha = 0,572\end{array}\right| \quad (7.13)$$

7.3 — Dimensionamento de barras compostas comprimidas

Neste caso continua sendo válido que o índice de esbeltez k × λ/r do conjunto não pode ser superior a 200 (NB-14 - item 5.3.6).

Todos os elementos componentes de barras compostas comprimidas devem ter relações largura/espessura inferiores ou iguais aos valores (b/t)$_{máx}$ dados na Tabela 7.1, para seções classe 3, sujeitas à força normal de compressão.

- Extremidades de barras compostas comprimidas apoiadas em placas ou em superfícies usinadas (Fig. 7.6A) (NB-14 - item 5.3.6.1 - Fig. 5):
  ° Todos os componentes em contato devem ser ligados entre si por soldas contínuas ou parafusos.

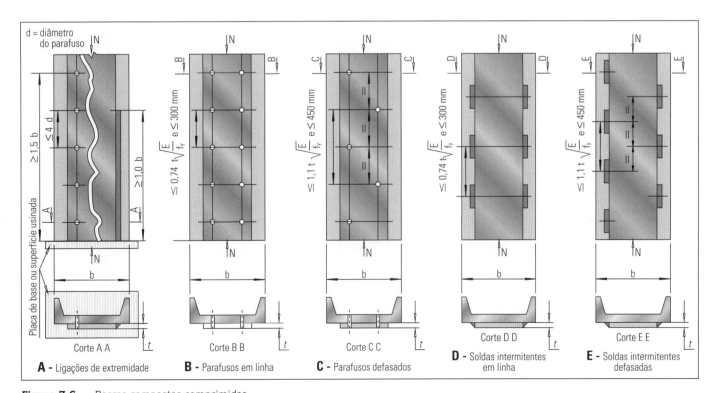

Figura 7.6 — Barras compostas comprimidas

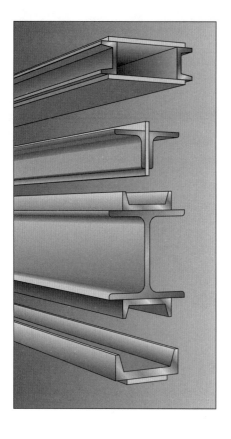

- No caso de soldas, seu comprimento não deve ser inferior à largura da barra.
- No caso de parafusos, o espaçamento longitudinal não pode ser superior a 4d em um comprimento igual a 1,5 × (maior largura da barra).
- Ao longo do comprimento de barras compostas, o espaçamento longitudinal entre soldas intermitentes, ou parafusos, deve ser adequado para a transferência de solicitações (Figs. 7.6B e 7.6D) (NB-14 - item 5.3.6.2 - Fig. 5):
  - Barra composta possui chapas externas aos perfis, o espaçamento máximo não pode ultrapassar 0,74 $t\sqrt{E/f_y}$, nem 300 mm, sendo t a espessura da chapa externa mais delgada.
  - Devem existir parafusos em todas as linhas longitudinais de furação na seção transversal ou soldas intermitentes ao longo das bordas dos componentes da seção.
- Parafusos, ou soldas intermitentes, defasados (Figs. 7.6C e 7.6E) (NB-14 - item 5.3.6.3 - Fig. 5):
  - O espaçamento máximo de cada linha de furação, ou de solda, não pode ultrapassar 1,1 $t\sqrt{E/f_y}$, sendo t a espessura da chapa externa mais delgada, nem pode ser maior que 450 mm.
- O espaçamento longitudinal máximo entre parafusos, ou soldas, intermitentes que ligam dois perfis laminados em contato (Figs. 7.7A e 7.7B) (NB-14 - item 5.3.6.3 - Fig. 5):
  - Não pode ser maior que 600 mm.
- Barras comprimidas compostas de dois ou mais perfis em contato ou com afastamento igual à espessura de chapas espaçadoras (Figs. 7.7A, 7.7B e 7.8) (NB-14 - item 5.3.6.3 - Fig. 5):

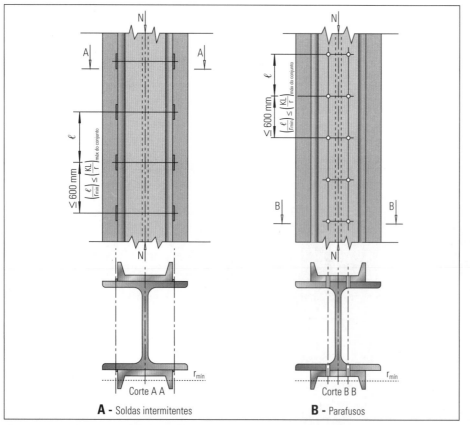

Figura 7.7 — Barras compostas comprimidas

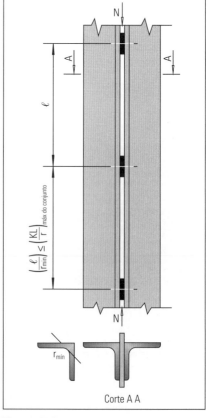

Figura 7.8

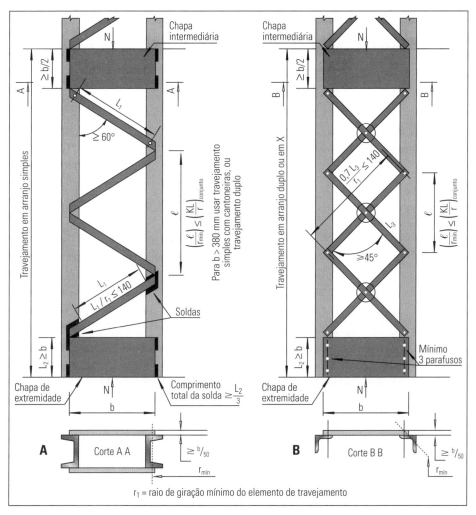

Figura 7.9 — Barras compostas comprimidas

- ◦ Devem possuir ligações entre esses perfis, a intervalos regulares, de forma que o índice de esbeltez L/r de qualquer perfil, entre duas ligações adjacentes, não seja superior a $1/4$ ou $1/2$ do índice de esbeltez da barra como um todo, para construção parafusada ou soldada, respectivamente, a menos que se utilize um processo mais preciso para determinar a resistência da barra.
- ◦ Para cada perfil componente, o índice de esbeltez deve ser calculado com raio de giração mínimo do perfil.

- Faces abertas de barras comprimidas compostas de chapas ou perfis (Figs. 7.9A e B) (NB-14 - item 5.3.6.4 - Fig. 6):
  - ◦ Devem ser providas de travejamento em treliça bem como de chapas em cada extremidade.
  - ◦ Devem ter chapas em pontos intermediários da barra caso haja interrupção do travejamento.
  - ◦ As chapas nas extremidades da barra devem se estender o quanto possível até as seções do início e do fim dela.
  - ◦ As chapas de extremidade devem ter um comprimento não inferior à distância entre as linhas de parafusos ou soldas que as chapas ligam aos componentes principais da barra.
  - ◦ As chapas nas posições intermediárias devem ter um comprimento não inferior à metade da distância entre as linhas de parafusos ou soldas que as chapas ligam aos componentes principais da barra.

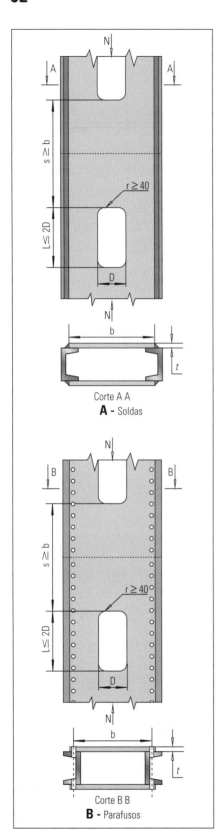

Figura 7.10 — Barras compostas comprimidas

- A espessura das chapas, em ambos os casos, não pode ser inferior a $1/50$ da distância entre as linhas de parafusos ou soldas que ligam essas chapas aos componentes principais da barra.
- No caso de chapas parafusadas, o espaçamento longitudinal dos parafusos não pode ser maior que seis diâmetros, e cada chapa deve ser ligada a cada componente principal com um mínimo de três parafusos.
- No caso de chapas soldadas, a solda em cada linha que liga uma chapa a um componente principal deve ter uma soma de comprimentos não inferior a um terço do comprimento da chapa.

- Elementos do travejamento em treliça (Figs. 7.9A e 7.9B) (NB-14 - item 5.3.6.3 - Fig. 6):
  - Podem ser barras chatas, cantoneiras, perfis U ou outros.
  - Devem ser dispostos de tal forma que o índice de esbeltez λ/r do componente principal, entre os pontos de ligação desse travejamento, não ultrapasse o índice de esbeltez da barra como um todo.
  - Os elementos do travejamento devem ser dimensionados para resistir a uma força cortante de cálculo, normal ao eixo da barra, igual a 2% da força de compressão de cálculo que age na barra.
  - O índice de esbeltez (λ/r) dos elementos de travejamento não pode ser maior que 140. O comprimento λ é tomado igual ao comprimento livre entre parafusos ou soldas que ligam os elementos de travejamento aos componentes principais, no caso de arranjo simples, e 70% desse comprimento no caso de arranjo em X.
  - No arranjo em X, deve existir uma ligação entre os elementos de travejamento, na interseção deles. O ângulo de inclinação desses elementos de travejamento em relação ao eixo longitudinal da barra, de preferência, não pode ser inferior a 60°, para arranjo simples, a 45°, para arranjo em X.
  - Quando a distância transversal entre as linhas de parafusos ou soldas que ligam o travejamento aos componentes principais for superior a 380 mm, os elementos de travejamento devem ser dispostos em X ou constituídos de cantoneiras.

Os elementos de travejamento podem ser substituídos por chapas contínuas com uma sucessão de aberturas de acesso. A largura líquida dessas chapas, nas seções correspondentes às aberturas, pode ser considerada participando da resistência à força normal, desde que (Figs. 7.10A e 7.10B) (NB-14 - Item 5.3.6.6 - Fig. 6)):

a) a relação b/t seja limitada de acordo com a última linha da Tabela 7.1 (NB-14 - Tabela 1);

b) a relação entre o comprimento (na direção da força normal) e a largura da abertura não seja maior que 2;

c) a distância livre entre as aberturas, na direção da força normal, não seja menor que a distância transversal entre as linhas mais próximas de parafusos ou soldas que ligam essas chapas aos componentes principais;

d) as aberturas tenham um raio mínimo de 40 mm, em todo o seu perímetro.

A substituição de travejamento em treliça por chapas regularmente espaçadas formando travejamento em quadro, não é prevista na Norma NB-14. Nesse tipo de construção, a redução da carga de flambagem devida à distorção por cisalhamento não pode ser desprezada (NB-14 – Item 5.3.6.7).

7.4 — Barras sujeitas a flambagem por flexo-torção

Para determinação das resistências de cálculo correspondentes a esses estados limites, ver NB-14 - Anexo J.

- Estão sujeitas aos estados limites de flambagem por torção ou flexo-torção (NB-14 - item 5.3.7):
  - As barras comprimidas cuja seção transversal seja assimétrica ou tenha apenas um eixo de simetria.
  - As barras cuja seção tenha $C_w = 0$ (ex.: seção cruciforme).
  - As barras com grandes comprimentos livre à torção.
  - As barras compostas de elementos com valores elevados das relações b/t.

Para auxiliar no dimensionamento de barras comprimidas é apresentado na Fig.7.11 um fluxograma que permite melhor compreensão da sistemática de cálculo.

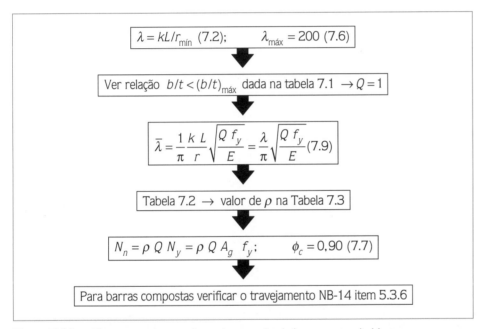

Figura 7.11 — Fluxograma para o dimensionamento de barras comprimidas

Tabela 7.1 — Valores limites das relações largura/espessura

Casos	Descrição dos elementos	Elementos	Classe	Tipo de solicitação da seção[a]	$(b/t)_{máx}$	f_y (MPa)			Aplicações/limitações
						250	290	345	
1	Mesas de perfis I, H, e T Abas em projeção de cantoneiras duplas ligadas continuamente		1	M e N	$0,30 \times \sqrt{\dfrac{E}{f_y}}$	8,5	8	7	
			2	M	$0,38 \times \sqrt{\dfrac{E}{f_y}}$	11	10	9	Aplicáveis somente a perfis I e H
			3	N	$0,55 \times \sqrt{\dfrac{E}{f_y}}$	16	15	13	
2	Mesas de perfis U		1	-	Não aplicável	-	-	-	
			2	M	$0,38 \times \sqrt{\dfrac{E}{f_y}}$	11	10	9	
			3	N	$0,55 \times \sqrt{\dfrac{E}{f_y}}$	16	15	13	
3	Mesas de seções caixão quadradas e retangulares ou de seções tubulares com paredes de espessura uniforme; almas de perfis U; chapas contínuas de reforço de mesas, entre linhas de parafusos ou soldas. Todos esses elementos sujeitos a compressão uniforme		1	M e N	$0,94 \times \sqrt{\dfrac{E}{f_y}}$	27	25	23	Perfis tubulares
			2	M	$1,12 \times \sqrt{\dfrac{E}{f_y}}$	32	30	27	Exceto perfis U
					$1,12 \times \sqrt{\dfrac{E}{f_y}}$	32	30	27	
			3	N	$1,38 \times \sqrt{\dfrac{E}{f_y}}$	40	37	34	Perfis tubulares
					$1,47 \times \sqrt{\dfrac{E}{f_y}}$	42	39	36	

#	Descrição	Elemento	Solicitação	Relação limite			
4	Elementos tubulares de seção circular	1	M e N	$0,064 \times \dfrac{E}{f_y}$	52	45	35
		2	M	$0,087 \times \dfrac{E}{f_y}$	71	62	52
		3	N	$0,11 \times \dfrac{E}{f_y}$	90	78	65
5	Almas sujeitas a compressão, uniforme ou não, contidas ao longo de ambas as bordas longitudinais. A flexão considerada é relativa ao eixo perpendicular à alma, e a maior tensão de compressão na alma, devida ao momento fletor, deve ser igual ou inferior à de tração	1[b]	M	$2,35 \times \sqrt{\dfrac{E}{f_y}}$	67	63	57
			M e N	$2,35 \times \sqrt{\dfrac{E}{f_y}}\left(1 - 1,60 \times \dfrac{N_d}{\phi_c\,N_y}\right)$ para $\dfrac{N_d}{\phi_c\,N_y} \leq 0,234$ [c]			
				$1,47 \times \sqrt{\dfrac{E}{f_y}}$ para $0,234 < \dfrac{N_d}{\phi_c\,N_y}$ [c]	42	39	36
		2[b]	M	$3,50 \times \sqrt{\dfrac{E}{f_y}}$	100	93	85
			M e N	$3,50 \times \sqrt{\dfrac{E}{f_y}}\left(1 - 2,80 \times \dfrac{N_d}{\phi_c\,N_y}\right)$ para $\dfrac{N_d}{\phi_c\,N_y} \leq 0,207$			
				$1,47 \times \sqrt{\dfrac{E}{f_y}}$ para $0,207 < \dfrac{N_d}{\phi_c\,N_y}$	42	39	36
		3	N	$1,47 \times \sqrt{\dfrac{E}{f_y}}$	42	39	36
6	Almas de perfis T	3	N	$0,74 \times \sqrt{\dfrac{E}{f_y}}$	21	20	18

Tabela 7.1 — Valores limites das relações largura/espessura (continuação)

Casos	Descrição dos elementos	Elementos	Classe	Tipo de solicitação da seção[a]	$(b/t)_{máx}$	f_y (MPa)			Aplicações/ limitações
						250	290	345	
7	Abas de cantoneiras simples; abas de cantoneiras duplas providas de chapas de enchimento ou presilhas; elementos comprimidos não enrijecidos em geral		3	N	$0,44 \times \sqrt{\dfrac{E}{f_y}}$	13	12	11	
8	Abas em projeção de cantoneiras ligadas continuamente com o perfil principal; enrijecedores de almas		3	N	$0,55 \times \sqrt{\dfrac{E}{f_y}}$	16	15	13	
9	Larguras não suportadas de chapas perfuradas de mesas com sucessão de aberturas de acesso		3	N	$1,85 \times \sqrt{\dfrac{E}{f_y}}$	53	49	45	

Notas: (a) N = Força normal;　M = Momento fletor

(b) $\phi_c = 0,90$;　N_d = Força normal de compressão de cálculo;　N_y = Força normal de escoamento da seção

(c) Somente para perfis I, H e caixão duplamente simétricos

Capítulo 7 — Barras comprimidas

Tabela 7.2 — Classificação de seções e curvas de flambagem

Seção transversal			Flambagem em torno do eixo	Curva de flambagem(*)
Perfil tubular			x – x y – y	a
Perfil caixão soldado	Soldas de grande espessura	$b/t_1 < 30$	x – x	c
		$d/t_2 < 30$	y – y	
	Outros casos		x – x y – y	b
Perfis I ou H laminados	$d/b > 1,2$	$t \le 40$ mm	x – x y – y	a b (a)
	$d/b \le 1,2$	$t \le 40$ mm	x – x y – y	b (a) c (b)
		$t > 40$ mm	x – x y – y	d d
Perfis I ou H soldados	$t_1 \le 40$ mm		x – x y – y	b c
	$t_1 > 40$ mm		x – x y – y	c d
U, L, T e perfis de seção cheia			x – x y – y	c

(*) Ver Fig. 7.12

Notas: a) Seções não incluídas na Tabela devem ser classificadas de forma análoga.

b) As curvas de flambagem indicadas entre parênteses, podem ser adotadas para aços de alta resistência com $f_y > 430$ MPa.

c) Para barras compostas comprimidas, sujeitas às limitações de 5.3.6, deve ser adotada a curva c, para flambagem relativa ao eixo que não intercepta os perfis componentes principais.

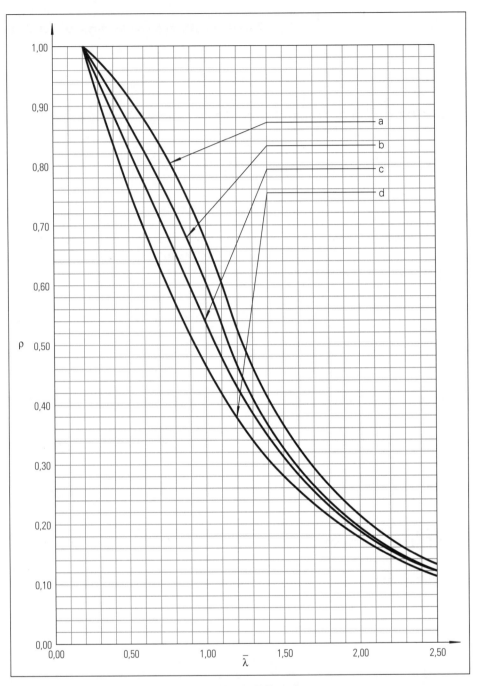

Figura 7.12 — Curvas de flambagem (ver Tabela 7.2)

Capítulo 7 — Barras comprimidas

Tabela 7.3 — Valores de ρ

Para curva a (ver Tabela 7.2)

$\bar{\lambda}$	0,00	0,01	0,02	0,03	0,04	0,05	0,06	0,07	0,08	0,09
0,0	1.000	1.000	1.000	1.000	1.000	1.000	1.000	1.000	1.000	1.000
0,1	1.000	1.000	1.000	1.000	1.000	1.000	1.000	1.000	1.000	1.000
0,2	1.000	0,998	0,996	0,994	0,992	0,990	0,988	0,985	0,983	0,981
0,3	0,978	0,977	0,973	0,971	0,968	0,966	0,963	0,961	0,958	0,956
0,4	0,954	0,953	0,948	0,945	0,942	0,939	0,936	0,933	0,930	0,926
0,5	0,923	0,919	0,916	0,912	0,908	0,900	0,904	0,896	0,892	0,889
0,6	0,884	0,881	0,877	0,873	0,869	0,866	0,861	0,857	0,854	0,849
0,7	0,845	0,842	0,836	0,831	0,826	0,821	0,816	0,812	0,807	0,802
0,8	0,796	0,791	0,786	0,781	0,775	0,769	0,763	0,758	0,752	0,746
0,9	0,739	0,734	0,727	0,721	0,714	0,708	0,701	0,695	0,688	0,681
1,0	0,675	0,668	0,661	0,654	0,647	0,640	0,634	0,629	0,619	0,613
1,1	0,606	0,599	0,593	0,585	0,579	0,573	0,565	0,559	0,553	0,547
1,2	0,542	0,533	0,527	0,521	0,515	0,509	0,503	0,497	0,491	0,485
1,3	0,480	0,474	0,469	0,463	0,456	0,453	0,447	0,442	0,437	0,432
1,4	0,427	0,422	0,417	0,412	0,408	0,403	0,398	0,394	0,389	0,386
1,5	0,381	0,375	0,372	0,368	0,364	0,360	0,356	0,352	0,348	0,344
1,6	0,341	0,337	0,333	0,330	0,326	0,323	0,319	0,316	0,312	0,309
1,7	0,305	0,303	0,300	0,298	0,294	0,291	0,288	0,285	0,282	0,280
1,8	0,277	0,274	0,271	0,269	0,266	0,264	0,261	0,258	0,256	0,253
1,9	0,251	0,248	0,246	0,243	0,242	0,239	0,236	0,234	0,232	0,230
2,0	0,228	0,226	0,224	0,222	0,219	0,217	0,215	0,213	0,211	0,209
2,1	0,208	0,206	0,204	0,202	0,201	0,199	0,197	0,196	0,194	0,192
2,2	0,191	0,189	0,187	0,186	0,184	0,183	0,181	0,180	1,179	0,177
2,3	0,175	0,174	0,172	0,170	0,168	0,167	0,166	0,165	0,164	0,163
2,4	0,162	0,160	0,159	0,158	0,156	0,155	0,154	0,153	0,152	0,150
2,5	0,149	-	-	-	-	-	-	-	-	-

Para curva b (ver Tabela 7.2)

$\bar{\lambda}$	0,00	0,01	0,02	0,03	0,04	0,05	0,06	0,07	0,08	0,09
0,0	1.000	1.000	1.000	1.000	1.000	1.000	1.000	1.000	1.000	1.000
0,1	1.000	1.000	1.000	1.000	1.000	1.000	1.000	1.000	1.000	1.000
0,2	1.000	0,997	0,993	0,989	0,986	0,983	0,980	0,977	0,972	0,969
0,3	0,965	0,961	0,957	0,953	0,950	0,945	0,941	0,937	0,933	0,929
0,4	0,925	0,921	0,917	0,913	0,909	0,905	0,901	0,897	0,893	0,889
0,5	0,885	0,881	0,876	0,872	0,867	0,862	0,858	0,853	0,949	0,843
0,6	0,838	0,833	0,828	0,823	0,817	0,812	0,807	0,802	0,796	0,791
0,7	0,785	0,780	0,774	0,768	0,762	0,757	0,751	0,745	0,739	0,733
0,8	0,727	0,721	0,715	0,709	0,702	0,695	0,690	0,683	0,677	0,670
0,9	0,663	0,656	0,650	0,643	0,636	0,631	0,624	0,618	0,611	0,605
1,0	0,599	0,592	0,586	0,580	0,574	0,568	0,562	0,555	0,549	0,544
1,1	0,537	0,531	0,526	0,521	0,515	0,509	0,503	0,497	0,491	0,486
1,2	0,480	0,475	0,470	0,465	0,459	0,454	0,449	0,444	0,439	0,434
1,3	0,429	0,424	0,419	0,415	0,410	0,405	0,401	0,396	0,392	0,387
1,4	0,383	0,379	0,375	0,370	0,366	0,362	0,358	0,354	0,350	0,346
1,5	0,343	0,339	0,335	0,332	0,328	0,324	0,321	0,317	0,314	0,311
1,6	0,307	0,304	0,301	0,298	0,295	0,292	0,289	0,286	0,283	0,279
1,7	0,277	0,274	0,271	0,268	0,265	0,263	0,260	0,258	0,255	0,253
1,8	0,250	0,248	0,246	0,243	0,241	0,239	0,236	0,234	0,232	0,230
1,9	0,227	0,225	0,224	0,221	0,219	0,217	0,215	0,213	0,211	0,209
2,0	0,207	0,205	0,203	0,202	0,200	0,198	0,197	0,195	0,193	0,191
2,1	0,190	0,188	0,186	0,185	0,183	0,182	0,180	0,179	0,178	0,176
2,2	0,175	0,173	0,172	0,170	0,169	0,168	0,166	0,165	1,164	0,162
2,3	0,161	0,160	0,159	0,157	0,156	0,154	0,153	0,152	0,151	0,149
2,4	0,148	0,147	0,146	0,145	0,144	0,143	0,142	0,141	0,140	0,139
2,5	0,138	-	-	-	-	-	-	-	-	-

Estruturas metálicas

Tabela 7.3 — Valores de ρ (continuação)									
Para curva c (ver Tabela 7.2)									
$\bar{\lambda}$	0,00	0,01	0,02	0,03	0,04	0,05	0,06	0,07	0,08	0,09
0,0	1.000	1.000	1.000	1.000	1.000	1.000	1.000	1.000	1.000	1.000
0,1	1.000	1.000	1.000	1.000	1.000	1.000	1.000	1.000	1.000	1.000
0,2	1.000	0,995	0,990	0,985	0,980	0,975	0,970	0,965	0,960	0,955
0,3	0,951	0,946	0,941	0,936	0,931	0,926	0,921	0,915	0,910	0,905
0,4	0,900	0,895	0,890	0,884	0,878	0,876	0,873	0,861	0,856	0,850
0,5	0,844	0,838	0,832	0,826	0,820	0,814	0,808	0,802	0,795	0,789
0,6	0,783	0,776	0,770	0,764	0,757	0,753	0,744	0,738	0,731	0,726
0,7	0,719	0,712	0,706	0,700	0,693	0,687	0,680	0,674	0,667	0,661
0,8	0,654	0,647	0,642	0,635	0,629	0,623	0,617	0,611	0,605	0,599
0,9	0,593	0,587	0,581	0,575	0,570	0,565	0,559	0,553	0,547	0,542
1,0	0,537	0,532	0,526	0,521	0,517	0,511	0,506	0,501	0,496	0,491
1,1	0,486	0,481	0,476	0,471	0,466	0,461	0,457	0,452	0,447	0,443
1,2	0,438	0,434	0,429	0,425	0,421	0,416	0,412	0,408	0,403	0,399
1,3	0,395	0,391	0,387	0,383	0,379	0,375	0,372	0,368	0,364	0,360
1,4	0,357	0,353	0,350	0,346	0,343	0,339	0,336	0,333	0,329	0,326
1,5	0,323	0,320	0,318	0,314	0,311	0,308	0,305	0,302	0,299	0,296
1,6	0,293	0,290	0,287	0,284	0,281	0,277	0,275	0,273	0,270	0,268
1,7	0,265	0,263	0,261	0,258	0,256	0,253	0,250	0,248	0,245	0,243
1,8	0,241	0,238	0,236	0,234	0,232	0,230	0,228	0,226	0,224	0,222
1,9	0,220	0,218	0,217	0,215	0,213	0,212	0,210	0,208	0,206	0,204
2,0	0,202	0,201	0,199	0,197	0,196	0,194	0,192	0,191	0,189	0,187
2,1	0,186	0,185	0,184	0,182	0,181	0,179	0,177	0,176	0,175	0,173
2.2	0,172	0,170	0,169	0,167	0,166	0,165	0,164	0,162	1,161	0,160
2,3	0,159	0,157	0,156	0,155	0,154	0,152	0,151	0,150	0,149	0,148
2,4	0,147	0,146	0,145	0,144	0,142	0,141	0,140	0,139	0,139	0,138
2,5	0,137	-	-	-	-	-	-	-	-	-

Para curva d (ver Tabela 7.2)									
$\bar{\lambda}$	0,00	0,01	0,02	0,03	0,04	0,05	0,06	0,07	0,08	0,09
0,0	1.000	1.000	1.000	1.000	1.000	1.000	1.000	1.000	1.000	1.000
0,1	1.000	1.000	1.000	1.000	1.000	1.000	1.000	1.000	1.000	1.000
0,2	1.000	0,991	0,982	0,974	0,965	0,957	0,948	0,940	0,932	0,924
0,3	0,917	0,909	0,901	0,894	0,886	0,879	0,871	0,863	0,856	0,848
0,4	0,840	0,833	0,825	0,818	0,811	0,804	0,797	0,790	0,783	0,776
0,5	0,769	0,762	0,754	0,747	0,740	0,733	0,726	0,719	0,712	0,705
0,6	0,698	0,692	0,685	0,678	0,671	0,665	0,658	0,652	0,645	0,639
0,7	0,632	0,626	0,620	0,614	0,607	0,601	0,595	0,589	0,583	0,577
0,8	0,572	0,566	0,560	0,554	0,549	0,543	0,538	0,532	0,527	0,522
0,9	0,517	0,511	0,506	0,501	0,496	0,491	0,487	0,482	0,477	0,472
1,0	0,468	0,463	0,458	0,454	0,450	0,445	0,411	0,437	0,432	0,428
1,1	0,424	0,420	0,416	0,412	0,408	0,404	0,400	0,396	0,393	0,389
1,2	0,385	0,381	0,378	0,374	0,371	0,367	0,364	0,360	0,357	0,353
1,3	0,350	0,347	0,343	0,340	0,337	0,334	0,331	0,328	0,325	0,321
1,4	0,318	0,315	0,313	0,310	0,307	0,304	0,301	0,298	0,295	0,293
1,5	0,290	0,287	0,286	0,282	0,280	0,277	0,274	0,272	0,270	0,267
1,6	0,265	0,262	0,260	0,258	0,255	0,253	0,251	0,248	0,246	0,244
1,7	0,242	0,240	0,238	0,236	0,233	0,231	0,229	0,227	0,225	0,223
1,8	0,222	0,220	0,218	0,216	0,214	0,212	0,210	0,209	0,207	0,205
1,9	0,203	0,202	0,200	0,198	0,197	0,195	0,193	0,192	0,190	0,189
2,0	0,187	0,186	0,184	0,183	0,181	0,180	0,178	0,177	0,175	0,174
2,1	0,173	0,171	0,170	0,169	0,167	0,166	0,1656	0,163	0,162	0,161
2.2	0,160	0,158	0,157	0,156	0,155	0,154	0,153	0,151	1,150	0,149
2,3	0,148	0,147	0,146	0,145	0,144	0,143	0,142	0,141	0,140	0,139
2,4	0,138	0,137	0,136	0,135	0,134	0,133	0,132	0,131	0,130	0,129
2,5	0,128	-	-	-	-	-	-	-	-	-

7.5 — Exercícios sobre barras comprimidas

Exercício 1

Para a barra dada verificar sua resistência ao esforço normal de compressão (Fig. 7.13).

Dados: Perfil I 152,4 × 18,5 kg/m (tabela E.4)

$A = 23,60$ cm²
$r_y = 1,79$ cm
$b_f = 84,6$ mm
$t_f = 9,2$ mm
$d = 152,4$ mm
$t_w = 5,84$ mm

Aço EB-583/MR-250
$f_y = 250$ MPa
$f_u = 400$ MPa

Nd = 80 kN; Barra bi-rotulada
$k = 1,0$
$L = 3.000$ mm.

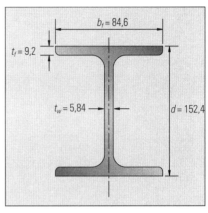

Figura 7.13 — Exercício 1

Solução:

Este perfil tem o menor raio de giração em torno do eixo Y, portanto o cálculo da flambagem será neste eixo.

$$\lambda_y = \frac{kL}{r_y} = \frac{1 \times 300}{1,79} = 167,60 < 200$$

$$\frac{b}{t} = \frac{b_f/2}{t} = \frac{84,6/2}{9,2} = 4,60 < 16 \rightarrow Q = 1,0$$

$$\overline{\lambda} = \frac{\lambda}{\pi}\sqrt{\frac{Q f_y}{E}} = \frac{\lambda}{\pi} \times \sqrt{\frac{1,0 \times 250 \times 10^6}{205 \times 10^9}} = 0,0111\lambda$$

$$\overline{\lambda} = 0,0111 \times 167,60 = 1,86$$

$$\frac{d}{b} = \frac{152,4}{84,6} = 1,80 \text{ como } t < 40 \text{ mm} \rightarrow yy \rightarrow \text{curva b} \rightarrow \rho = 0,236$$

$$\therefore \phi_c N_n = \phi_c Q A_g \rho f_y = 0,9 \times 1,0 \times 23,6 \times 10^{-4} \times 0,236 \times 250 \times 10^6$$

$$\phi_c N_n = 125.316 \text{ N} = 125,32 \text{ kN} > 80 \text{ kN}$$

Exercício 2

Uma viga treliçada tem uma diagonal com 2,50 m de comprimento, sujeita a um esforço normal de compressão (Fig. 7.14). Determinar o máximo esforço da cantoneira L 2" × 2" × 1/4" (tabela E.1), para as seguintes disposições:

a) Singela
b) Duas cantoneiras dispostas lado a lado
c) Duas cantoneiras opostas pelo vértice
d) Duas cantoneiras formando um quadrado

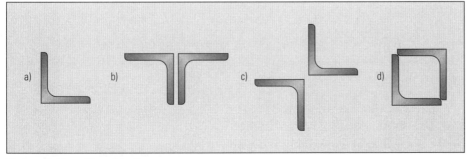

Figura 7.14 — Exercício 2

Dados: Aço A-36 | $f_y = 250$ MPa
$f_u = 400$ MPa
$E = 205$ GPa
$k = 1,0; \; \gamma = 1,4$

Solução:

a) Cantoneira singela (Fig. 7.15)

$$\bar{\lambda} = \frac{\lambda}{\pi}\sqrt{\frac{Q \cdot f_y}{E}}; \; \frac{b}{t} = \frac{5,08}{0,635} = 8 < \left(\frac{b}{t}\right)_{máx} = 13$$

$$\bar{\lambda} = \frac{\lambda}{\pi}\sqrt{\frac{1 \times 250 \times 10^6}{205 \times 10^9}} = 0,0111\lambda$$

$$\lambda = \frac{k\,L}{r} = \frac{1,0 \times 250}{0,99} \cong 252 > \lambda_{máx} = 200$$

Não é possível utilizar o perfil singelo.

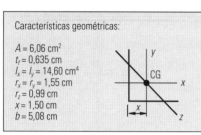

Características geométricas:
$A = 6,06$ cm²
$t_f = 0,635$ cm
$I_x = I_y = 14,60$ cm⁴
$r_x = r_y = 1,55$ cm
$r_z = 0,99$ cm
$x = 1,50$ cm
$b = 5,08$ cm

Figura 7.15 — Exercício 2

b) Duas cantoneiras dispostas lado a lado (Fig. 7.16)
Será adotado calço # 8 mm.

$$\lambda = \frac{k\,L}{r_{mín}} = \frac{1,0 \times 250}{1,55} \cong 161 < 200$$

$\bar{\lambda} = 0,0111\,\lambda = 0,0111 \times 161 = 1,787$

Curva C → $\rho = 0,245$

$$\frac{b}{t} = \frac{5,08}{0,635} = 8 < \left(\frac{b}{t}\right)_{máx} = 13 \Rightarrow Q = 1,0$$

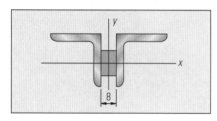

Figura 7.16 — Exercício 2

$N_n = \rho Q\,A_g\,f_y = 0,245 \times 1,0 \times (2 \times 6,06 \times 10^{-4}) \times (250 \times 10^6)$
$N_n = 74.235$ N
$\phi N_n = 0,9 \times 74.235 = 66.811$ N

$N\gamma \leq \phi\,N_n$

$$N \leq \frac{66.811}{1,4} = 47.722 \text{ N}$$

Afastamento entre os calços

$$\left(\frac{k\ell}{r_{mín}}\right) \leq \left(\frac{kL}{r}\right)_{máx\,do\,conjunto}$$

será adotado:

$$\frac{\ell}{0,99} \leq \frac{1}{2} \times 161 \Rightarrow \ell \leq 79 \text{ cm}$$

adotado $\lambda = 500$ mm

c) Duas cantoneiras opostas pelo vértice (Fig. 7.17)
Cálculo de Rz

$I_x + I_y = I_z + I_{z_1}$

$2\,r_x^2 = r_z^2 + r_{z_1}^2$

$r_{z_1} = \sqrt{2r_x^2 - r_z^2}$

$r_{z_1} = \sqrt{2 \times 1,55^2 - 0,99^2} = 1,95$ cm

$$\lambda = \frac{k\,L}{r_{z_1}} = \frac{1,0 \times 250}{1,95} \cong 128 < 200$$

$\bar{\lambda} = 0,0111\,\lambda = 0,0111 \times 128 = 1,42$

Curva C → $\rho = 0,35$

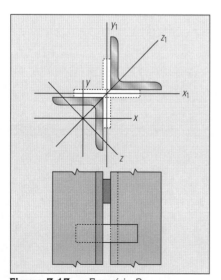

Figura 7.17 — Exercício 2

Capítulo 7 — Barras comprimidas

$\phi\, N_n = \phi\, \rho\, Q\, A_y\, f_y$

$\phi\, N_n = 0{,}9 \times 0{,}35 \times 1{,}0 \times (2 \times 6{,}06 \times 10^{-4}) \times (250 \cdot 10^6)$

$\phi\, N_n = 95.445$ N

$N\gamma \le \phi\, N_n$

$N \le \dfrac{95.455}{1{,}4} = 68.175$ N

Afastamento entre os calços

$\dfrac{\ell}{0{,}99} \le \dfrac{1}{2} \times 128$

$\ell \le 63$ cm

adotado $\lambda = 500$ mm

d) Duas cantoneiras formando um quadrado (Fig. 7.18)

$I_{x_1} = 2[I_x + A\, d^2] = 2 \times [14{,}60 + 6{,}06 \times 1{,}04^2]$

$I_{x_1} = 42{,}30$ cm^4

$r_{x_1} = \sqrt{\dfrac{I_{x_1}}{2\, A_1}} = \sqrt{\dfrac{42{,}30}{2 \times 6{,}06}} = 1{,}86$ cm

$\lambda = \dfrac{1{,}0 \times 250}{1{,}86} = 134 < 200$

$\bar{\lambda} = 0{,}0111\, \lambda = 1{,}48$

Curva a $\Rightarrow \rho = 0{,}389$

$\phi\, N_n = \phi\rho\, Q\, A_g\, f_y$

$\phi\, N_n = 0{,}9 \times 0{,}1389 \times 1{,}0 \times \left(2 \times 6{,}06 \times 10^{-4}\right) \times \left(250 \times 10^6\right)$

$\phi\, N_n = 106.080$ N

$N\,\gamma \le \phi\, N_n$

$N \le \dfrac{106.080}{1{,}4} = 75.771$ N

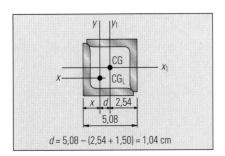

Figura 7.18 — Exercício 2

Exercício 3

Uma barra de uma tesoura treliçada, formada por duas cantoneiras lado a lado, está sujeita a um esforço normal de 30 kN de compressão. Dimensionar a barra composta com cantoneiras de abas iguais, na condição mais econômica e com $\lambda_{máx} = 120$.

Dados: Aço A-36 $\quad \begin{array}{l} f_y = 250 \text{ MPa} \\ f_u = 400 \text{ MPa} \end{array}$

$E = 205$ GPa

Comprimento da barra: L = 2,00 m $\quad \begin{array}{l} k = 1{,}0 \\ \gamma = 1{,}4 \end{array}$

Adotar calços de afastamento das cantoneiras em chapa de #3/8" soldadas.

Solução:

$N_d = \gamma\, N = 1{,}4 \times 30 = 42$ kN

Condição inicial:

$\lambda = \dfrac{k\, L}{r} = 120 \Rightarrow r_{mín} = \dfrac{1 \times 200}{120} = 1{,}67$ cm

Estruturas metálicas

adotada: **L** 2½" × 2½" × ³/₁₆"

$$\bar{\lambda} = \frac{\lambda}{\pi}\sqrt{\frac{Q\,f_y}{E}}; \qquad \frac{b}{t} = \frac{6,35}{0,476} = 13,34 > \left(\frac{b}{t}\right)_{máx} = 13$$

adotada: **L** 2 ½" 2 ½" 3 ¼" $\Rightarrow \dfrac{b}{t} = \dfrac{6,35}{0,635} = 10 < \left(\dfrac{b}{t}\right)_{máx} = 13 \Rightarrow Q = 1,0$

$$\bar{\lambda} = \frac{\lambda}{\pi}\sqrt{\frac{1\times 250\times 10^6}{205\times 10^9}} = 0,0111\,\lambda; \quad \lambda = \frac{1,0\times 200}{1,96} = 102,04$$

$$\therefore \bar{\lambda} = 0,0111\times 102,04 \cong 1,13$$

Curva C → ρ = 0,471

$$N_n = \rho\,Q\,A_g\,f_y = 0,471\times 1\times \left(2\times 7,67\times 10^{-4}\right)\times \left(250\times 10^6\right)$$

$$N_n \cong 180.629 \text{ N}$$

$$\phi N_n = 0,9\times 180.629 = 162,56 \text{ kN} > 42 \text{ kN}$$

• Afastamento entre os calços:

Será adotado $\left(\dfrac{\ell}{r_{mín}}\right) \leq \left(\dfrac{kL}{r}\right)_{máx\ do\ conjunto}$

$$\frac{\ell}{r_{mín}} \leq \frac{1}{2}\times 102,04$$

$$\ell \leq \frac{102,04}{2}\times 1,24 \cong 63 \text{ cm} = 630 \text{ mm}$$

Adotado λ = 500 mm

Exercício 4

Para as mesmas condições do exercício anterior, qual seria a cantoneira de abas iguais para uma barra composta por uma única cantoneira?

Solução:

tem-se: $r_{mín} = \dfrac{1\times 200}{120} = 1,67$ cm

adotada: **L** 4" × 4" × ¹/₄": $\left|\begin{array}{l} b = 10,16 \text{ cm} \\ t_f = 0,635 \text{ cm} \end{array}\right.$

$$\frac{b}{t} = \frac{10,16}{0,635} = 16 > \left(\frac{b}{t}\right)_{máx} = 13$$

adotada: **L** 4" × 4" × ⁵/₁₆"; b = 10,16 cm; t_f = 0,794 cm

$$\frac{b}{t} = \frac{10,16}{0,794} = 12,79 < \left(\frac{b}{t}\right)_{máx} = 13 \Rightarrow Q = 1$$

tem-se: A = 15,48 cm², r_z = 2,00 cm

$$\lambda = \frac{1\times 200}{2,00} = 100 \rightarrow \bar{\lambda} = 0,0111\times 100 = 1,11$$

Curva C → ρ = 0,481

$$N_n = 0,481 \times 1 \times (15,48\times 10^{-4}) \times (250\times 10^6) = 186.147 \text{ N}$$

$$\phi\,N_n = 0,9\times 186.147 = 167,53 \text{ kN} > 42 \text{ kN}$$

Como o custo dos perfis metálicos é função do peso, tem-se:

Solução 1 — barras compostas (2 × **L** 2½" × 2½" × ¼")

$\qquad$ 2 × 6,10 kg/m = 12,20 kg/m

Solução 2 — barra singela (**L** 4" × 4" × 5/16")

$\qquad$ 12,19 kg/m

As duas soluções apresentam o mesmo desempenho em termos de peso, embora a solução de barra composta apresente mais trabalho de mão-de-obra para fixação dos calços espaçadores.

Nesse caso, a solução mais econômica é a utilização da cantoneira singela.

Exercício 5

Uma coluna de aço foi composta com perfis canal 4" × 7,95 kg/m (Tabela E.3), conforme as Figs. 7.19 e 7.20. Determinar o máximo esforço normal N a que a coluna resiste e o afastamento do travejamento.

Dados: Aço A-36 | f_y = 250 MPa
f_u = 400 MPa
E = 205 GPa

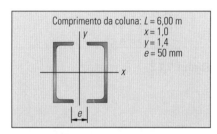

Figura 7.19 — Exercício 5

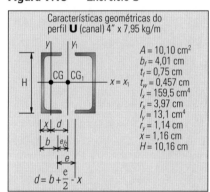

Figura 7.20 — Exercício 5

Solução:

$d = (b - x) + e_{\ell_2} = (4,01 - 1,16) + \dfrac{5}{2} = 5,35$ cm

$r_x = r_{x1} = 3,97$ cm

$I_y = 2[I_{y1} + A_i \, d^2] = 2 \times \left[13,1 + 10,10 \times 5,35^2\right] = 604,37$ cm^4

$r_y = \sqrt{\dfrac{I_y}{2\,A_1}} = \sqrt{\dfrac{604,37}{2 \times 10,10}} = 5,46$ cm

$r_{mín} = r_x = 3,97$ cm $\Rightarrow \lambda = \dfrac{k\,L}{r_{mín}} = \dfrac{1 \times 600}{3,97} = 151,13 < \lambda$ máx = 200

$\dfrac{b}{t} = \dfrac{4,01}{0,75} = 5,34 < \left(\dfrac{b}{t}\right)_{máx} = 16 \Rightarrow Q = 1,0$

$\bar{\lambda} = \dfrac{\lambda}{\pi}\sqrt{\dfrac{Q\,f_y}{E}} = \dfrac{\lambda}{\pi} \times \sqrt{\dfrac{1 \times 150 \times 10^6}{205 \times 10^9}} = 0,0111 \times \lambda$

$\bar{\lambda} = 0,0111 \times 151,13 \cong 1,68 \rightarrow$ curva c $\rightarrow \rho = 0,270$

$N_n = \rho\,Q\,A_g\,f_y = 0,270 \times 1 \times \left(2 \times 10,10 \times 10^{-4}\right) \times \left(250 \times 10^6\right)$

$N_n = 136.350$ N $\Rightarrow \phi\,N_n = 0,9 \times 136.350 = 122.715$ N

$N = \dfrac{\phi\,N_n}{\gamma} = \dfrac{122.715}{1,4} = 87.653$ N

Travejamento

$\dfrac{\ell}{r_{mín}} \leq \lambda_{conjunto} \Rightarrow \ell \leq 151,13 \times 1,14 \cong 172$ cm

Adotado travejamento a cada 150 cm.

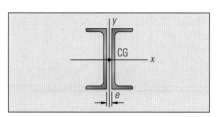

Figura 7.21 — Exercício 6

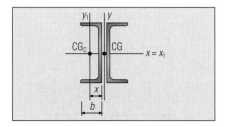

Figura 7.22 — Exercício 6

Exercício 6

No exercício anterior, qual seria o máximo esforço normal N a que a coluna resistiria para a nova disposição dos perfis, e qual seria o afastamento entre o travejamento? (Fig. 7.21)

Dado: $e = 0$

Solução:

$d = x = 1,16$ cm (Fig. 7.22)
$r_x = r_{x1} = 3,97$ cm
$I_y = 2\left[I_{y1} + A_1\, d^2\right] = 2 \times \left[13,1 + 10,10 \times 1,16^2\right]$
$I_y = 53,3811$ cm^4

$$r_y = \sqrt{\frac{I_y}{2A_1}} = \sqrt{\frac{53,3811}{2 \times 10,10}} = 1,625 \text{ cm}$$

$r_{mín} = 1,625$ cm $\Rightarrow \lambda = \dfrac{kL}{r_{mín}} = \dfrac{1 \times 600}{1,625} = 369 > 200$

Portanto, esta disposição é inviável, pois $\lambda > \lambda_{máx}$

- Determinação do afastamento mínimo:

$$\lambda = \frac{1 \times 600}{r_{mín}} \leq 200$$

$$r_{mín} \geq \frac{1 \times 600}{200} = 3,00 \text{ cm}$$

fazendo:

$r_y = \sqrt{\dfrac{I_y}{2\,A_1}} = 3,00 \Rightarrow I_y = (2A_1) \times (3,00)^2$

$I_y = (2 \times 101,10)\, 9,00 = 181,8$ cm^4
$I_y = 2 \times \left[I_{y1} + A_1\, d^2\right] = 181,8$
$\quad 2 \times \left[13,1 + 10,10\, d^2\right] = 181,8$
$d = 2,77$ cm

Conforme Fig. 7.23

$d = \dfrac{e}{2} + x$
$2,77 = \dfrac{e}{2} + 1,16$
$e = 3,22$ cm

adotado e = 4,00 cm

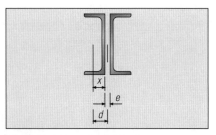

Figura 7.23 — Exercício 6

Portanto:

$$d = \frac{e}{2} + x = \frac{4,00}{2} + 1,16 = 3,16 \text{ cm}$$

$$I_y = 2 \times \left[13,1 + 10,10 \times 3,16^2 \right] = 227,909 \text{ cm}^4$$

$$I_y = \sqrt{\frac{I_y}{2\,A_1}} = \sqrt{\frac{227,909}{2 \times 10,10}} = 3,35 \text{ cm}$$

$$r_{\text{mín}} = 3,35 \text{ cm} \Rightarrow \lambda = \frac{k\,L}{r_{\text{mín}}} = \frac{1 \times 600}{3,35} = 179,10 < 200$$

$$\frac{b}{t} = \frac{4,01}{0,75} = 5,34 < \left(\frac{b}{t} \right)_{\text{máx}} = 16 \Rightarrow Q = 1,0$$

$$\bar{\lambda} = \frac{\lambda}{\pi} \sqrt{\frac{Q\,f_y}{E}} = \frac{\lambda}{\pi} \sqrt{\frac{1 \times 250 \times 10^6}{205 \times 10^9}} = 0,0111\,\lambda$$

$$\bar{\lambda} = 0,0111 \times 179,10 \cong 1,98 \rightarrow \rho = 0,206$$

$$N_n = \rho\,Q\,A_g\,f_y = 0,206 \times 1 \times \left(2 \times 10,10 \times 10^{-4} \right) \times \left(250 \times 10^6 \right)$$

$$N_n = 104.030 \text{ N} \Rightarrow \phi N_n = 0,9 \times 103.030 = 93.627 \text{ N}$$

$$N = \frac{\phi\,N_n}{\gamma} = \frac{93.627}{1,4} = 66.876 \text{ N}$$

Afastamento do travejamento

$$\frac{\ell}{r_{\text{mín}}} \le \lambda_{\text{conjunto}} \Rightarrow \ell \le 179,10 \times 1,14 \cong 204 \text{ cm}$$

adotado λ = 100 cm

Capítulo 8 — BARRAS FLEXIONADAS

Para o dimensionamento de barras à flexão, é necessário determinar quais esforços internos solicitantes atuam na barra, além do momento fletor. Será feita então, a classificação da flexão em barras segundo esses esforços atuantes.

8.1 — Classificação da flexão em barras

Flexão Pura — Neste caso, tem-se atuante na barra apenas o momento fletor. A flexão pura pode ser dividida em:

Plana — Neste caso, o plano de atuação do momento fletor coincide com um dos planos principais de inércia (Fig. 8.1).

Oblíqua — Neste caso, o plano de atuação do momento fletor é inclinado em relação aos planos principais de inércia (Fig. 8.2).

Flexão Simples — Neste caso, tem-se como esforço interno solicitante apenas o momento fletor e a força cortante.

Flexão Composta — Neste caso, o momento fletor atua com, ou sem, a força cortante, sendo combinado com a força normal, ou o momento torsor, ou ambos.

Figura 8.1

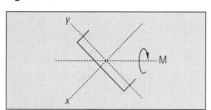

Figura 8.2

8.2 — Casos de flambagem em vigas

No caso de barras fletidas, a NB-14 é aplicável ao dimensionamento de barras prismáticas em seções tranversais **I**, **H** e caixão duplamente simétricas, tubulares de seção circular, **U** simétrica em relação ao eixo perpendicular à alma. Nesses casos, todas as barras contendo apenas elementos com relações b/t iguais ou inferiores às dadas na Tabela 7.1 para seções classe 2. (NB-14 - Tabela 1).

A NB-14, também, é aplicável ao dimensionamento de seções cheias, podendo ser redondas, quadradas ou retangulares. O carregamento deverá sempre estar em um plano de simetria, exceto no caso de perfis **U** fletidos em relação ao eixo perpendicular à alma, quando o plano de carregamento deve passar pelo centro de torção (NB-14 - item 5.4 e Anexo D).

Nesse capítulo será abordado o dimensionamento de barras fletidas com seção tranversal **I**.

Na flexão de vigas **I**, é possível ter os seguintes casos de flambagem (NB-14 - Anexo D):

FLA - Flambagem local da alma (Fig. 8.3)

$$\lambda_a = \frac{h}{t_w} \qquad (8.1)$$

Onde: h - altura da alma
  t_w - espessura da alma
  λ_a - parâmetro de esbeltez da FLA

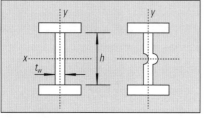

Figura 8.3

FLM - Flambagem local da mesa comprimida (Fig. 8.4)

$$\lambda_m = \frac{b_f/2}{t_f} \quad (8.2)$$

Onde: b_f - largura da mesa
t_f - espessura da mesa
λ_m - parâmetro de esbeltez da FLM

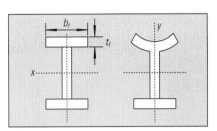

Figura 8.4

FLT - Flambagem lateral com torção (Fig. 8.5)

$$\lambda_{Lt} = \frac{L_b}{r_y} \quad (8.3)$$

Onde: L_b - comprimento do trecho sem contenção lateral.
r_y - raio de giração da seção em relação ao eixo principal de inércia perpendicular ao eixo de flexão.
λ_{Lt} - parâmetro de esbeltez da FLT.

Para o dimensionamento de vigas à flexão, é necessário que seja verificada sua estabilidade quanto à flambagem nos três casos anteriores, isto é:

FLA - flambagem local da alma
FLM - flambagem local da mesa
FLT - flambagem lateral com torção

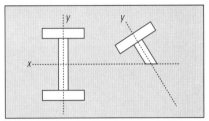

Figura 8.5

8.3 — Classificação das vigas

As barras de aço fletidas poderão ter as tensões internas variando do campo elástico ao campo plástico (Fig. 8.6).

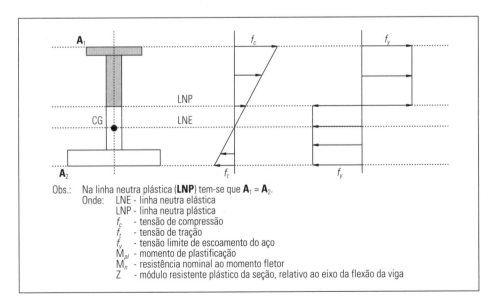

Figura 8.6

Pode-se classificar as seções transversais das vigas quanto à flambagem local em (NB-14 - Tabela 2):

CLASSE 1 — Seções Supercompactas

Neste caso, tem-se seções que permitem seja atingido o momento de plastificação (M_{pl}) e a subseqüente redistribuição de momentos fletores (Fig. 8.7).

Sendo: $\qquad M_{pl} = Z\, f_y \qquad (8.4)$

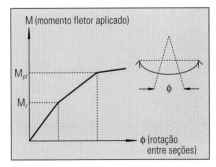

Figura 8.7

Portanto, neste caso tem-se:

$$M_n = M_{pl} = Z\, f_y \rightarrow (\lambda \leq \lambda_p) \quad (8.5)$$

Onde: λ - parâmetro de esbeltez
λ_p - valor de λ para o qual a seção pode atingir M_{pl}

Sendo: M_r - momento fletor correspondente ao início do escoamento.

CLASSE 2 — Seções Compactas

Neste caso, tem-se seções que permitem seja atingido o momento de plastificação (M_{pl}), mas não a redistribuição de momentos fletores. Não há garantia de sustentar o momento fletor quando este, após atingir M_{pl}, aumenta o ângulo de rotação ϕ (Fig. 8.8).

$$M_n = M_{pl} = Z\, f_y \rightarrow (\lambda \leq \lambda_p) \quad (8.5)$$

CLASSE 3 — Seções Semicompactas

Neste caso tem-se seções cujos elementos componentes não sofrem flambagem local no regime elástico podendo, entretanto, sofrer flambagem inelástica (Fig. 8.9).

$$M_n = M_{pl} - (M_{pl} - M_r)\left(\frac{\lambda - \lambda_p}{\lambda_r - \lambda_p}\right) \rightarrow \left(\lambda_p < \lambda \leq \lambda_r\right) \quad (8.6)$$

Onde: λ_r - valor de λ para o qual $M_{cr} = M_r$

Sendo: M_{cr} - momento fletor de flambagem elástica
M_r - momento fletor correspondente ao início de escoamento

CLASSE 4 — Seções Esbeltas

Neste caso tem-se as seções cujos elementos componentes podem sofrer flambagem no regime elástico (Fig. 8.10).

$$M_n = M_{cr} = W\, f_{cr} \rightarrow (\lambda > \lambda_r) \quad (8.7)$$

Onde: f_{cr} - tensão crítica
M_{cr} - momento fletor de flambagem elástica
W - módulo resistente elástico da seção

As condições de classificação de esbeltez das vigas são representadas no Gráfico 8.1.

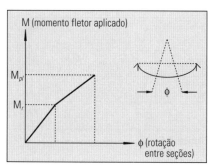

Figura 8.8

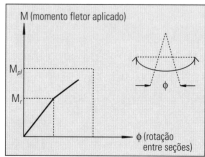

Figura 8.9

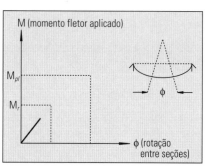

Figura 8.10

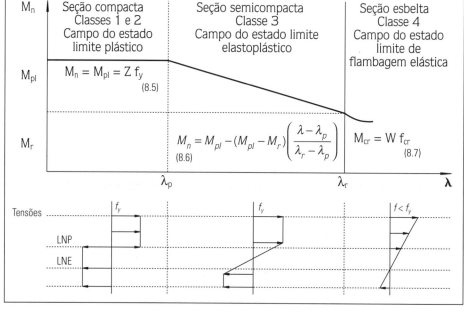

Gráfico 8.1

Obs.: A determinação da equação para o campo do estado limite elastoplástico é dada por:

$$(M_{pl} - M_r) - (\lambda_r - \lambda_p)$$

$$(M_{pl} - M_n) - (\lambda - \lambda_p)$$

Portanto:

$$(M_{pl} - M_n) = \left(M_{pl} - M_r\right)\left(\frac{\lambda - \lambda_p}{\lambda_r - \lambda_p}\right)$$

$$M_n = M_{pl} - \left(M_{pl} - M_r\right)\left(\frac{\lambda - \lambda_p}{\lambda_r - \lambda_p}\right) \qquad \textbf{(8.6)}$$

8.4 — Pré-dimensionamento de vigas à flexão

Para o pré-dimensionamento de uma barra a flexão deve-se partir da condição que a mesma estará trabalhando, no máximo, no estado limite plástico. Deve-se então, procurar uma seção transversal para a viga que possa atender à condição limite de utilização.

Então adota-se:

$$\lambda \le \lambda_p \rightarrow M_n = M_{pl} = Z\,f_y \qquad \textbf{(8.5)}$$

Mas:

$$M_d = M\,\gamma \qquad \textbf{(8.8)}$$

e:

$$\phi b\,M_n \ge M_d \qquad \textbf{(8.9)}$$

Onde: M_d - momento de dimensionamento

M_n - momento fletor correspondente ao início do escoamento

M_{pl} - momento de plastificação

M - momento fletor atuante

f_y - tensão limite de escoamento para o aço

Z - módulo resistente plástico da seção, relativo ao eixo de flexão

γ - coeficiente de majoração de esforços

ϕ_b - coeficiente de segurança para a flexão

M_n - momento fletor resistente da barra

$$\phi_b = 0{,}9 \qquad \textbf{(8.10)}$$

Portanto com (8.5) e (8.9) em (8.8):

$$M_d = \phi_b\,Z\,f_y \ge M\,\gamma = M_d \qquad \textbf{(8.11)}$$

Então:

$$Z \ge \frac{Md}{\phi_b\,f_y} \qquad \textbf{(8.12)}$$

Portanto, deve-se adotar como pré-dimensionamento de uma viga à flexão, uma seção transversal que tenha um valor de Z conforme a equação (8.13).

Obs.: O maior valor de M_n deve ser $\le 1{,}25\,W\,f_y$ (NB-14 - Item 5.4.1.3.1)   **(8.13)**

8.5 — Dimensionamento de vigas à flexão

Para o dimensionamento de vigas à flexão devemos verificar qual a menor resistência da viga levando em conta a **FLA**, a **FLM** e a **FLT**. Como citado anteriormente, serão feitos os cálculos para o perfil **I**.

Estruturas metálicas

8.5.1 – Verificação da flambagem local da alma - FLA

Determinar:

$$\lambda_a = \frac{h}{t_w} \tag{8.1}$$

Onde: h - altura da alma

t_w - espessura da alma

Comparar (8.1) com (Tabela 8.1) (NB14 - Anexo D - Tabela 27):

$$\lambda_{pa} = 3.5 \sqrt{\frac{E}{f_y}} \tag{8.14}$$

$$\lambda_{ra} = 5.6 \sqrt{\frac{E}{f_y}} \tag{8.15}$$

Determinação de M$_{n_a}$

---

* **Caso** ($\lambda_a \le \lambda_{pa}$) → **a viga é compacta quanto à alma**

Adotar:

$$M_{n_a} = M_{pl} = Z\,f_y \tag{8.16}$$

---

* **Caso** ($\lambda_{pa} < \lambda_a \le \lambda_{ra}$) → **a viga é semicompacta quanto à alma**

$$M_{n_a} = M_{pl} - \left(M_{pl} - M_{r_a}\right)\left(\frac{\lambda_a - \lambda_{p_a}}{\lambda_{r_a} - \lambda_{p_a}}\right) \tag{8.17}$$

Sendo:

$$M_{r_a} = W\,f_y \tag{8.18}$$

$$M_{pl} = Z\,f_y \tag{8.4}$$

---

* **Caso** ($\lambda_a > \lambda_{ra}$) → **a viga é esbelta quanto à alma** (NB-14 - Anexo F)

Condição limite:

$$\lambda_a \le \lambda_{máx} = \frac{0,48\,E}{\sqrt{f_y\left(f_y + 115\right)}}, \text{ sendo } E \text{ e } f_y \text{ em MPa} \tag{8.19}$$

Para a determinação de M_{na} da viga esbelta devemos verificar:

Para o estado limite FLT:

$$\lambda_{Lt} = \frac{L_b}{r_T} \tag{8.20}$$

Onde: L_b - comprimento do trecho sem contenção lateral, isto é, é a distância entre duas seções contidas lateralmente

r_T - raio de giração da seção formada pela mesa comprimida mais um terço da região comprimida da alma, calculado em relação ao eixo situado no plano médio da alma

Capítulo 8 — Barras flexionadas

Deve-se comparar (8.20) com:

$$\lambda'_{pLt} = 1,75\sqrt{\frac{E}{f_y}} \tag{8.21}$$

$$\lambda'_{rLt} = 4,44\sqrt{\frac{C_b\ E}{f_y}} \tag{8.22}$$

Onde:

$$C_b = 1,75 + 1,05 \times \left(\frac{M_1}{M_2}\right) + 0,3 \times \left(\frac{M_1}{M_2}\right) \leq 2,3 \tag{8.23}$$

Sendo: C_b - coeficiente que relaciona os momentos na seção (NB-14 - Item 5.4.5.3).

M_1 - menor momento fletor de cálculo nas extremidades do comprimento destravado L_b, para a combinação de ações analisadas.

M_2 - maior momento fletor de cálculo nas extremidades do comprimento destravado L_b, para a combinação de ações analisadas.

Obs.: A relação M_1/M_2 é positiva quando a barra está sujeita a curvatura reversa, e negativa para curvatura simples.

Quando o momento fletor em alguma seção intermediária for superior, em valor absoluto, a M_1 e M_2, C_b deve ser tomado igual a 1,0.

Também, no caso de balanços, C_b deverá ser tomado igual a 1,0.

A expressão dada para a determinação de C_b pressupõe que o diagrama de momentos fletores se aproxime de uma linha reta entre M_1 e M_2. Caso isto não ocorra, tal expressão poderá conduzir a valores de C_b superiores aos corretos. Em qualquer caso, o valor $C_b = 1,0$ será o correto ou estará a favor da segurança.

Será adotado então:

$$C_b = 1,0 \tag{8.24}$$

Então:

a) para $\lambda_{Lt} \leq \lambda'_{pLt} \rightarrow$

$$f_{cr_{Lt}} = f_y \tag{8.25}$$

b) para $\lambda'_{pLt} > \lambda_{Lt} \leq \lambda'_{rLt} \rightarrow f_{cr_{Lt}} = f_y \left[1 - 0,5\left(\frac{\lambda_{Lt} - \lambda'_{p_{Lt}}}{\lambda'_{r_{Lt}} - \lambda'_{p_{Lt}}}\right)\right] \tag{8.26}$

c) para $\lambda_{Lt} > \lambda'_{rLt} \rightarrow$

$$f_{cr_{Lt}} = \frac{C_{pg}}{\lambda_{Lt}^2} \tag{8.27}$$

Onde:

$$C_{pg} = \mu^2\ C_b\ E \tag{8.28}$$

Sendo: C_{pg} - parâmetro para cálculo de vigas
E - módulo de elasticidade do aço ($E = 205$ GPa)

Para o estado limite FLM:

$$\lambda_m = \frac{b_f/2}{t_f} \tag{8.2}$$

Deve-se comparar (8.2) com:

$$\lambda_{p_m} = 0,38\sqrt{\frac{E}{f_y}} \tag{8.29}$$

$$\lambda_{r_m} = 0,87 \sqrt{\frac{E}{f_y}}$$ (8.30)

$$C_{pg} = 0,38\ E$$ (8.31)

Então:

a) para $\lambda_m \le \lambda'_{pm} \rightarrow$ $\quad\quad\quad\quad\quad f_{crm} = f_y$ (8.32)

b) para $\lambda'_{pm} < \lambda_m \le \lambda'_{rm} \rightarrow$ $f_{cr_m} = f_y \left[1 - 0,5 \left(\dfrac{\lambda_m - \lambda'_{p_m}}{\lambda'_{r_m} - \lambda'_{p_m}} \right) \right]$ (8.33)

c) para $\lambda_m > \lambda'_{rm} \rightarrow$ $\quad\quad\quad\quad f_{cr_m} = \dfrac{C_{pg}}{\lambda_m^2}$ (8.34)

Adota-se o **menor valor** entre $f_{cr_{Lt}}$ e f_{cr_m} para f_{cr}, calcula-se:

$$k_{pg} = 1 - 0,0005\ \frac{A_w}{A_f} \left(\frac{h}{t_w} - 5,6 \sqrt{\frac{E}{f_{cr}}} \right) \le 1$$ (8.35)

Onde: $\quad k_{pg}$ - parâmetro para dimensionamento de vigas esbeltas
$\quad\quad\quad A_w$ - área da alma
$\quad\quad\quad A_f$ - área da mesa comprimida

Portanto deve-se verificar:

A) Para o escoamento da mesa tracionada:

$$M_{n_a} = W_{xt}\ k_{pg}\ f_y$$ (8.36)

Onde: W_{xt} - módulo de resistência elástica do lado tracionado.

B) Para a flambagem:

$$M_{n_a} = W_{xc}\ k_{pg}\ f_{cr}$$ (8.37)

Onde: W_{xc} - módulo de resistência elástica do lado comprimido.

Adotar o menor valor entre (8.36) e (8.37) para o momento resistente M_{n_a}.

8.5.2 – Verificação da flambagem local da mesa - FLM

Determinar:

$$\lambda_m = \frac{b_f/2}{t_f}$$ (8.2)

Onde: $\quad b_f$ - largura da mesa
$\quad\quad\quad t_f$ - espessura da mesa

Comparar (8.2) com (Tabela 8.1) (NB-14 - Anexo D - Tabela 27):

$$\lambda_{p_m} = 0,38 \sqrt{\frac{E}{f_y}}$$ (8.38)

Para perfis soldados:

$$\lambda_{r_m} = 0,62 \sqrt{\frac{E\ W_c}{M_{r_m}}} = 0,62 \sqrt{\frac{E\ W_c}{(f_y - f_r)\ W_c}} = 0,62 \sqrt{\frac{E}{(f_y - f_r)}}$$ (8.39)

Capítulo 8 — Barras flexionadas

Sendo:
$$M_{r_m} = (f_y - f_r)\, W_c \qquad \textbf{(8.40)}$$
$$f_r = 115\ \text{MPa} \qquad \textbf{(8.41)}$$

Onde: M_r - momento fletor correspondente ao início de escoamento, incluindo ou não o efeito de tensões residuais.

f_y - limite de escoamento do aço.

f_r - tensão residual.

W_c - módulo resistente elástico de compressão, relativo ao eixo de flexão.

Para perfis laminados:

$$\lambda_{r_m} = 0{,}82\ \sqrt{\frac{E\, W_c}{M_{r_m}}} = 0{,}82\ \sqrt{\frac{E/W_c}{\left(f_y - f_r\right) W_c}} = 0{,}82\ \sqrt{\frac{E}{\left(f_y - f_r\right)}} \qquad \textbf{(8.42)}$$

Determinação de M_{n_m}:

---

* Caso $(\lambda_m \le \lambda_{p_m}) \rightarrow$ a viga é compacta quanto à mesa

Adotar:

$$M_{n_m} = M_{p_l} = Z\, f_y \qquad \textbf{(8.43)}$$

---

* Caso $(\lambda_{p_m} \le \lambda_m \le \lambda_{rm}) \rightarrow$ a viga é semicompacta quanto à mesa

$$M_{n_m} = M_{p_l} - (M_{p_l} - M_{r_m}) \left(\frac{\lambda_m - \lambda_{p_m}}{\lambda_{r_m} - \lambda_{p_m}} \right) \qquad \textbf{(8.44)}$$

Sendo:

$$M_{r_m} = (f_y - f_r)\, W_c \qquad \textbf{(8.40)}$$
$$M_{p_l} = Z\, f_y \qquad \textbf{(8.4)}$$
$$f_r = 115\ \text{MPa} \qquad \textbf{(8.41)}$$

---

* Caso $(\lambda_m > \lambda_{r_m}) \rightarrow$ a viga é esbelta quanto à mesa

Para perfis soldados:

$$M_{n_m} = M_{cr} = \frac{0{,}38\ E}{\lambda_m^2}\ W_c \qquad \textbf{(8.45)}$$

Para perfis laminados:

$$M_{n_m} = M_{cr} = \frac{0{,}67\ E}{\lambda_m^2}\ W_c \qquad \textbf{(8.50)}$$

8.5.3 – Verificação da flambagem lateral com torção

Neste caso, pode-se ter vigas sem travamento ou vigas contidas lateralmente. No caso de vigas contidas lateralmente, este travamento do flange comprimido pode ser afastado de um comprimento L_b, ou ser travado contínuamente.

8.5.3.1 – Flange comprimido contínuamente

Neste caso:

$$L_b = 0 \qquad \textbf{(8.51)}$$

Estruturas metálicas

Como:

$$L_b < L_p \rightarrow M_{n_{Lt}} = M_{p_l} = Z\, f_y \text{ (NB-14 - Item 5.4.5.1)} \qquad (8.52)$$

Onde: L_b - comprimento não travado, ou distância entre travamentos

L_p - valor limite do comprimento de um trecho sem contenção lateral, correspondente ao momento de plastificação

8.5.3.2 - Flange comprimido travado a cada comprimento L_b

Determinar:

$$\lambda_{L_t} = \frac{L_b}{r_y} \leq \lambda_{máx} = 200 \qquad (8.3)$$

Onde: L_b - comprimento do trecho sem contenção lateral

r_y - raio de giração em torno do eixo Y

Comparar (8.3) com:

A) Perfil com um eixo de simetria (Tabela 8.1) (NB-14 - Anexo D - Tabela 27):

$$\lambda_{p_{lt}} = 1,50 \sqrt{\frac{E}{f_y}} \qquad (8.53)$$

$$\lambda_{r_{Lt}} = \lambda_{L_t}, \quad \text{para o qual } M_{cr} = M_{r_{Lt}} \qquad (8.54)$$

Neste caso:
$$M_{r_{Lt}} = (f_y - f_r)\, W \qquad (8.55)$$

fazendo:
$$\phi_b\, M_{cr} = M\gamma \qquad (8.56)$$

Com (8.53), (8.54) e (8.55), deve-se então determinar o valor do momento fletor atuante em que:

$$M = (\phi_b/\gamma)\,(f_y - f_r)\, W \qquad (8.57)$$

onde seria determinado o valor de L_b o qual forneceria este valor de momento fletor e a partir deste valor de L_b seria calculado o valor de:

$$\lambda_{r_{lt}} = \lambda_{lt} = \frac{L_b}{r_y} \qquad (8.58)$$

B) Perfil com dois eixos de simetria: (Tabela 8.1) (NB-14 - Anexo D - Tabela 27):

$$\lambda_{p_{lt}} = 1,75 \sqrt{\frac{E}{f_y}} \qquad (8.59)$$

$$L_{p_{lt}} = \lambda_{p_{Lt}}\, r_y \qquad (8.60)$$

$$\lambda_{r_{Lt}} = \frac{0,707\, C_b\, \beta_1}{M_{r_{Lt}}} \sqrt{1 + \sqrt{1 + \frac{4\,\beta_2}{C_b^2\, \beta_1^2} M_{r_{Lt}}^2}} \qquad (8.61)$$

$$L_{r_{lt}} = \lambda_{r_{Lt}}\, r_y \qquad (8.62)$$

$$\beta_1 = \pi \sqrt{G\, E} \sqrt{I_t\, A_g} \qquad (8.63)$$

$$G = 0,385\, E \qquad (8.64)$$

$$M_{r_{Lt}} = (f_y - f_r)\, W \qquad (8.55)$$

$$f_r = 115 \text{ MPa} \qquad (8.41)$$

Onde: M_r - momento fletor correspondente ao início de escoamento, incluindo ou não o efeito de tensões residuais.

f_y - limite de escoamento do aço.

f_r - tensão residual.

W - módulo resistente elástico.

L_p - valor limite do comprimento de um trecho sem contenção lateral, corres-pon-dente ao momento de plastificação.

L_r - valor do comprimento de um trecho sem contenção lateral, correspondente ao momento M_r.

β_1 - coeficiente.

β_2 - coeficiente.

G - módulo de elasticidade transversal do aço.

I_t - momento de inércia à torção.

A_g - área bruta.

No caso de perfis compostos:

$$I_T = \sum \frac{b\,t^3}{3} \tag{8.65}$$

$$\beta_2 = \frac{\pi^2\,E}{4\,G}\,\frac{A_g\,\left(d-t_f\right)^2}{I_t} = 6{,}415\,\frac{A_g\,\left(d-t_f\right)^2}{I_t} \tag{8.66}$$

Sendo: d - altura externa da seção.

Determinação de $M_{n_{Lt}}$:

---

* Caso $(\lambda_{lt} \leq \lambda_{plt})$ → **viga com elementos compactos**
  $(L_b \leq L_{plt})$

Adotar:

$$M_{n_{lt}} = M_{pl} = Z_x\,f_y \tag{8.67}$$

---

* Caso $(\lambda_{p_{lt}} < \lambda_{lt} \leq \lambda_{r_{lt}})$ → **viga com elementos semicompactos**
  $(L_{p_{lt}} < L_b \leq L_{rlt})$

$$M_{n_{lt}} = M_{pl} - \left(M_{pl} - M_{r_{lt}}\right)\left(\frac{\lambda_{lt} - \lambda_{p_{lt}}}{\lambda_{r_{lt}} - \lambda_{p_{lt}}}\right) \tag{8.68}$$

$$M_{n_{lt}} = M_{pl} - \left(M_{pl} - M_{r_{lt}}\right)\left(\frac{L_b - L_{p_{lt}}}{L_{r_{lt}} - L_{p_{lt}}}\right) \tag{8.69}$$

ou :

Sendo:
$$M_{r_{lt}} = (f_y - f_r)\,W_c \tag{8.70}$$

$$M_{pl} = Z\,f_y \tag{8.4}$$

$$f_r = 115\,MPa \tag{8.41}$$

---

* Caso $(\lambda_{l_t} > \lambda_{r_{lt}})$ → **viga com elementos esbeltos**
  $(L_b > L_{r_{lt}})$

(Tabela 8.1) (NB-14 - Anexo D - Tabela 27) - 2 eixos de simetria

$$M_{n_{lt}} = M_{cr} = \frac{C_b\,\beta_1}{\lambda_{lt}}\,\sqrt{1 + \frac{\beta_2}{\lambda_{lt}^2}} \tag{8.71}$$

$$\beta_1 = \pi\,\sqrt{G\,E}\,\sqrt{I_t\,A_g} \tag{8.63}$$

$$G = 0{,}385\,E \tag{8.64}$$

$$\beta_2 = \frac{\pi^2\,E}{4\,G}\,\frac{A_g\,\left(d-t_f\right)^2}{I_t} = 6{,}415\,\frac{A_g\,\left(d-t_f\right)^2}{I_t} \tag{8.66}$$

8.5.4 – Verificação de flecha

É necessário a verificação da flecha atuante na viga devido ao carregamento e máxima flecha permitida por Norma.

No caso de vigas biapoiadas, com carregamento uniformemente distribuído, a flecha resultante é dada pela expressão:

$$\delta = \frac{5}{384} \frac{q L^4}{E I} \quad (8.72)$$

Para pisos: $\delta_{máx} = \frac{L}{360}$ (Tabela 8.2) (NB – 14 - Tabela 26) (8.73)

8.5.5 — Dimensionamento de vigas ao cisalhamento

No caso de vigas sujeitas à força normal, deve-se fazer a verificação da resistência ao cisalhamento (NB-14 - Item 5.5).

Sendo:
$$\lambda_a = \frac{h}{t_w} \quad (8.1)$$

Comparar com:
$$\lambda_{pv} = 1,08 \sqrt{\frac{k E}{f_y}} \quad (8.74)$$

e:
$$\lambda_{rv} = 1,40 \sqrt{\frac{k E}{f_y}} \quad (8.75)$$

onde:
$$k = 4 + \frac{5,34}{(a/h)^2}, \text{ para } a/h < 1 \quad (8.76)$$

$$k = 5,34 + \frac{4}{(a/h)^2}, \text{ para } a/h \geq 1 \quad (8.77)$$

$$k = 5,34 \text{ para valores de } a/h > 3 \quad (8.78)$$

Para análise elástica: $\quad V_{pl} = 0,6 A_w f_y \quad (8.79)$

Para análise plástica: $\quad V_{pl} = 0,55 A_w f_y \quad (8.80)$

Onde: a - distância entre enrijecedores transversais. **Caso não se tenha enrijecedores transversais, k = 5,34**.

Obs.: Quando $\frac{h}{t_w} \geq 260$ a relação a/h tem de ser menor que 3 e menor que $\left[\frac{260}{(h/t_w)}\right]^2$
Ver, também, o método alternativo na NB-14 - Anexo G.

Sendo **A_w** a área efetiva de cisalhamento para cálculo da resistência à força cortante (NB-14 - Item 5.1.1.4) calculada da seguinte maneira (Fig. 8.11):

$A_w = d\, t_w$ → em almas de perfis **I, H** e **U** laminados (8.81)

$A_w = h\, t_w$ → em almas de perfis **I, H** e **U** soldados (8.82)

$A_w = 0,67\, d_0\, t_w$ → em almas de perfis **I, H** e **U** quando existirem dois recortes de encaixe nas ligações de extremidade das vigas (8.83)

$$d_0 = d - d'_{furos} \quad (8.84)$$

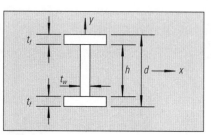

Figura 8.11

Capítulo 8 — Barras flexionadas

---

* Caso ($\lambda_a \leq \lambda_{pv}$) → a viga é compacta quanto à resistência ao cisalhamento

Adotar:

$$V_n = V_{pl} \qquad \textbf{(8.85)}$$

---

* Caso ($\lambda_{pv} < \lambda_a \leq \lambda_{rv}$) → a viga é semicompacta quanto à resistência ao cisalhamento

$$V_n = \frac{\lambda_{pv}}{\lambda_a} V_{pl} \qquad \textbf{(8.86)}$$

---

* Caso ($\lambda_a > \lambda_{rv}$) → a viga é esbelta quanto à resistência ao cisalhamento

$$V_n = 1,28 \left(\frac{\lambda_{pv}}{\lambda_a} \right)^2 V_{pl} \qquad \textbf{(8.87)}$$

A resistência de cálculo de alma à força cortante $= \phi_v\, V_n$ **(8.88)**

$$\phi_v = 0,9 \qquad \textbf{(8.89)}$$

Onde: V_n - resistência nominal à força cortante

ϕ_v - coeficiente de resistência à força cortante

Fluxograma para o dimensionamento de vigas à flexão

Pré-Dimensionamento:

Calcular: (8.12) com (8.8) e (8.10), verificar (8.13)

Dimensionamento:

FLA: Calcular: (8.1)

(8.1) ≤ (8.14) → (8.16)

(8.14) < (8.1) ≤ (8.15) → (8.17)

(8.1) > (8.15)

o menor valor entre (8.36) e (8.37). Neste caso verificar o valor limite de (8.19)

(A) A resistência local da alma é: (8.10) × M_{n_a}

▼

FLM: Calcular: (8.2)

(8.2) ≤ (8.38) → (8.43)

(8.38) < (8.2) ≤ (8.39)   para perfis soldados   →   **(8.44)**

(8.42)   para perfis laminados

(8.2) > (8.39)   para perfis soldados   →   **(8.45)**

(8.42)   para perfis laminados   →   **(8.50)**

(B) A resistência local da mesa é: (8.10) × M_{n_m}

▼

FLT: Apoiado continuamente → (8.52)

Travado a cada **L_b**:

Calcular: (8.3)

(8.3) ≤ (8.53) para perfis com um eixo de simetria → **(8.67)**
(8.59) para perfis com dois eixos de simetria

(8.53) < (8.3) ≤ (8.54) para perfis com um eixo de simetria → **(8.68)**
(8.61) para perfis com dois eixos de simetria

(8.3) > (8.54) para perfis com um eixo de simetria → **(8.71)**
(8.61) para perfis com dois eixos de simetria

(C) A resistência à lateral torção é: (8.10) × M_{lt}

Flecha: Deve ser verificada a flecha para cada tipo de carregamento e viga.

Cisalhamento: Calcular: (8.1)

(8.1) ≤ (8.74) → (8.85)

(8.74) < (8.1) ≤ (8.75) → (8.86)

(8.1) > (8.75) → (8.87)

(D) A resistência ao cisalhamento é: (8.89) × V_n

A resistência da barra à flexão é o menor dos valores obtidos em A, B, C e D, verificada a condição da flecha máxima admissível.

Tabela 8.1 — Parâmetros referentes à resistência nominal ao momento fletor

Tipo de seção e eixo de flexão	Estados limites aplicáveis	Momento fletor limite de flambagem (M_r)	Momento fletor de flambagem elástica (M_{cr})	Parâmetro de esbeltez (λ)	λ_P	λ_r
Perfis **I** e **H** com dois eixos de simetria ou com um eixo de simetria no plano médio da alma, e perfis **U** não sujeitos à torção; todos fletidos em torno do eixo de maior inércia	FLT seções com dois eixos de simetria e perfis **U**	$(f_y - f_r)\,W$	$\dfrac{C_b b_1}{\lambda}\sqrt{1+\dfrac{b_2}{\lambda^2}}$	$\dfrac{L_b}{r_y}$	$1,75 \times \sqrt{\dfrac{E}{F_y}}$	Ver nota [a]
	FLT seções **I** com um eixo de simetria	$(f_y - f_r)\,W_c$ ou $f_y W_r$ (o que for menor)	Ver nota [b]	$\dfrac{L_b\sqrt{12}}{b_c}$	$1,50 \times \sqrt{\dfrac{E}{F_y}}$	Valor de λ para o qual $M_{cr} = M_r$
	FLM	$(f_y - f_r)\,W_c$ ou $f_y W_r$ (o que for menor)	Ver nota [g]	b/t	$0,38 \times \sqrt{\dfrac{E}{F_y}}$	Ver nota [g]
	FLA	$f_y W$	—	$\dfrac{h}{t_w}$ ou $\dfrac{2y_c}{t_w}$ (ver nota [d])	$3,50 \times \sqrt{\dfrac{E}{F_y}}$	$5,6 \times \sqrt{\dfrac{E}{F_y}}$
Perfis **I** e **H** com dois eixos de simetria, e perfis **U** todos fletidos em torno do eixo de menor inércia	FLA	$f_y W$	—	b/t	$0,38 \times \sqrt{\dfrac{E}{F_y}}$	$0,55 \times \sqrt{\dfrac{E}{F_y}}$
	FLM Ver nota [e]	$(f_y - f_r)\,W_c$ ou $f_y W_r$ (o que for menor)	$W_{ef}\,f_y$ Ver nota [c]	h/t_w	$1,12 \times \sqrt{\dfrac{E}{F_y}}$	Valor de λ para o qual $M_{cr} = M_r$
Barras de seção cheia retangular fletidas em torno do eixo de maior inércia	FLT	$f_y W$	$\dfrac{1,95\,C_b E}{\lambda}\sqrt{I_T A}$	$\dfrac{L_b}{r_y}$	$\dfrac{0,13\,E}{M_{pl}}\sqrt{I_T A}$	$\dfrac{1,95\,C_b E}{M_r}\sqrt{I_T A}$
Perfis caixão duplamente simétricos fletidos em torno de um dos eixos de simetria. O estado limite FLT só é aplicável quando o eixo de flexão for o de maior inércia	FLT	$(f_y - f_r)\,W$	$\dfrac{1,95\,C_b E}{\lambda}\sqrt{I_T A}$	$\dfrac{L_b}{r_y}$	$\dfrac{0,13\,E}{M_{pl}}\sqrt{I_T A}$	$\dfrac{1,95\,C_b E}{M_r}\sqrt{I_T A}$
	FLM	$(f_y - f_r)\,W$	$W_{ef}\,f_y$ Ver nota [c]	$\dfrac{b}{t}$	$1,12 \times \sqrt{\dfrac{E}{F_y}}$	Valor de λ para o qual $M_{cr} = M_r$
	FLA	$f_y W$	—	$\dfrac{h}{t_w}$	$3,50 \times \sqrt{\dfrac{E}{F_y}}$	$5,6 \times \sqrt{\dfrac{E}{F_y}}$

Tipo de perfil	Estado limite	M_r	λ	λ_p	λ_r
Perfis T, com um eixo de simetria no plano médio da alma, fletidos em torno do eixo perpendicular à alma	FLT	$f_y\,W$	—	—	Ver nota [b]
	FLM — Ver nota [f]	$f_y\,W$	b/t	—	Ver nota [g]
	FLA	$f_y\,W$	d/t_w	—	$0,74 \times \sqrt{\dfrac{E}{F_y}}$
Perfis tubulares de seção circular	FLA (flambagem local da parede do tubo)	$f_y\,W$	D/t	$0,087 \times \dfrac{E}{f_y}$	$0,11 \times \dfrac{E}{f_y}$

Notas da Tabela 8.1

[a] $\lambda_r = \dfrac{0,707\,C_b\,\beta_1}{M_r}\sqrt{1+\sqrt{1+\dfrac{4\beta_2}{C_b^2\,\beta_1^2}\,M_r^2}}$

onde:

$\beta_1 = \pi\sqrt{GE}\,\sqrt{I_T\,A}$

$\beta_2 = \dfrac{\pi^2\,E}{4\,G}\,\dfrac{A(d-t_f)^2}{I_T} = 6,415\times\dfrac{A(d-t_f)^2}{I_T}$, Para perfis **I** ou **H**

$\beta_2 = \dfrac{E\,C_w}{G\,I_T}\left(\dfrac{\pi}{r_y}\right)^2$, Para perfis **U**

[b] $M_{cr} = \dfrac{B_1\,C_b}{\left(\dfrac{L_b}{r_y}\right)^2}\left[1\pm\sqrt{1+B_2\left(\dfrac{L_b}{r_y}\right)^2}\right]$ Para perfis **I** o sinal (+) se aplica quando B_x for positivo, e o sinal (−) quando B_x for negativo. Para perfis **T** o sinal (+) se aplica quando a mesa for comprimida, e o sinal (−) quando for tracionada.

$B_1 = \dfrac{\pi^2\,E\,A\,B_x}{2}$

$B_2 = \dfrac{4\,G\,I_T}{\pi^2\,EA\,B_x^2} + \dfrac{4\,C_w}{L_b^2\,B_x^2\,A}$ Para perfis **T**: $Cw = 0$)

Para perfis **I**: $B_x = 2y_0 + \dfrac{1}{I_x}\left[h_t\left(I_t + A_t\times h_t^2\right) - h_c\left(I_c + A_c\,h_c^2\right) + \dfrac{t_w}{4}\left(h_t^4 - h_c4\right)\right]$

Para perfis **T**: $B_x = 2y_0 \pm \dfrac{1}{I_x}\left[\dfrac{t_w}{4}\left(h_2^4 - h_1^4\right) - h_1\,I_1 - h_1^3\,A_1\right]$

(o sinal (+) se aplica quando a mesa for comprimida)

[c] W_{ef} é o módulo de resistência (mínimo) elástico, relativo ao eixo de flexão, para uma seção que tem uma mesa comprimida (ou alma comprimida, no caso de perfil **U** fletido em relação ao eixo de menor inércia), de largura igual a b_{ef}, dada por:

$b_{ef} = \dfrac{862\,t}{\sqrt{f_y}}\left[1-\dfrac{173}{\left(\dfrac{b}{t}\right)\sqrt{f_y}}\right] \leq b$, para seção caixão quadrada ou retangular de espessura uniforme

$b_{ef} = \dfrac{862\,t}{\sqrt{f_y}}\left[1-\dfrac{152}{\left(\dfrac{b}{t}\right)\sqrt{f_y}}\right] \leq b$, para as demais seções

Nas expressões anteriores, b_{ef} e b têm a mesma unidade de t, e a unidade de f_y é MPa.

[d] O valor $2y_c/t_w$ aplica-se somente aos perfis **I** com eixo de simetria, quando a maior tensão normal na alma, devida à flexão, for de compressão; para este caso, devem ser obedecidas as seguintes relações:

$\begin{cases} A_w \geq 3\left(A_t - A_c\right) \\ A_w \geq \left(A_t + A_c\right) \end{cases}$

[e] Neste caso o estado limite FLM aplica-se só à alma do perfil **U**, quando comprimida pelo momento fletor.

[f] Aplicável somente quando a mesa for comprimida.

[g] Para perfis soldados $M_{cr} = \dfrac{0,38\,E}{\lambda^2}\,W_c$, $\quad \lambda_r = 0,62\times\sqrt{\dfrac{EW_c}{M_r}}$

[h] Para perfis laminados $M_{cr} = \dfrac{0,67\,E}{\lambda^2}\,W_c$, $\quad \lambda_r = 0,82\times\sqrt{\dfrac{EW_c}{M_r}}$

Capítulo 8 — Barras flexionadas

Tabela 8.2 — Valores máximos recomendados para deformações

		Ações a considerar			
Edifícios industriais	Deformações verticais	Sobrecarga	Barras biapoiadas suportando elementos de cobertura inelásticos	$\frac{1}{240}$	do vão
		Sobrecarga	Barras biapoiadas suportando elementos de cobertura elásticos	$\frac{1}{180}$	do vão
		Sobrecarga	Barras biapoiadas suportando pisos	$\frac{1}{360}$	do vão
		Cargas máximas por roda (sem impacto)	Vigas de rolamento biapoiadas para pontes rolantes com capacidades de 200 kN ou mais	$\frac{1}{800}$	do vão
		Cargas máximas por roda (sem impacto)	Vigas de rolamento biapoiadas para pontes rolantes com capacidade inferior a 200 kN	$\frac{1}{600}$	do vão
	Deformações horizontais	Força transversal da ponte	Vigas de rolamento biapoiadas para pontes rolantes	$\frac{1}{600}$	do vão
		Força transversal da ponte ou vento	Deslocamento horizontal da coluna, relativo à base (ver nota [b])	$\frac{1}{400}$ a $\frac{1}{200}$	da altura
Outros edifícios	Deformações verticais	Sobrecarga	Barras biapoiadas de pisos e coberturas, suportando construções e acabamentos sujeitos à fissuração	$\frac{1}{360}$	do vão
		Sobrecarga	Idem, não sujeitos à fissuração	$\frac{1}{300}$	do vão
	Deformações horizontais	Vento	Deslocamento horizontal do edifício, relativo à base, devido a todos os efeitos	$\frac{1}{400}$	da altura do edifício
		Vento	Deslocamento horizontal relativo entre dois pisos consecutivos, devido à força horizontal total no andar entre os dois pisos considerados quando fachadas e divisórias (ou suas ligações com a estrutura) não absorverem as deformações da estrutura	$\frac{1}{500}$	da altura do andar
		Vento	Idem, quando absorverem	$\frac{1}{400}$	da altura do andar

No caso de edifícios com paredes externas e divisórias de alvenaria, a pressão do vento, no cálculo das deformações, pode ser reduzida em relação ao valor usado na verificação de estados limites últimos; essa redução não pode ser superior a 15%.

Notas: a) Podemos ter outras limitações de deformações não citadas na Tabela 8.2.

b) Deformações horizontais admissíveis no caso de edifícios industriais variam em função de fatores como: tipos de parede, altura da edificação, operação de partes rolantes etc. No caso de pontes rolantes e demais equipamentos sensíveis a essas deformações, o limite de 1/400 da altura talvez seja reduzido.

8.6 — Exercícios de flexão de vigas

Exercício 1

Dimensionar uma viga em perfil I de abas inclinadas para um vão de 3,00 m.

Dados: M_d = 19 kNm; V_d = 25 kN; q = 12 kN/m
f_y = 250 MPa
f_u = 400 MPa
A mesa comprimida não é travada; C_b = 1.

Solução:

a) Pré-dimensionamento do perfil

Adotando: $\lambda \leq \lambda_p \rightarrow \phi_b M_n = \phi_b M_{pL} = \phi_b Z_x f_y = M_d$

$$Z = \frac{M_d}{\phi_b f_y} = \frac{19 \times 10^3}{0,9 \times 250 \times 10^6} = 0,0001 \text{ m}^3 \cong 84 \text{ cm}^3$$

Para perfis I $\rightarrow Z \cong 1,12\ W \Rightarrow W \cong \dfrac{Z}{1,12} \cong 75 \text{ cm}^3$

Adotado: I 152,4 × 18,50 kg/m (Fig. 8.12) (tabela E.4)

A = 23,60 cm²
I_x = 907,3 cm⁴
W_x = 119,6 cm³ > W = 75 cm³
r_x = 6,25 cm
I_y = 74,92 cm⁴
W_y = 18,02 cm³
r_y = 1,83 cm

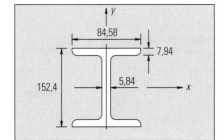

Figura 8.12 — Exercício 1

b) Verificação da flambagem local da alma

$$\lambda_a = \frac{h}{t_w} = \frac{(152,4 - 2 \times 7,94)}{5,84} = 23,37$$

$$\lambda_{p_a} = 3,5\sqrt{\frac{E}{f_y}} = 3,5 \times \sqrt{\frac{205 \times 10^9}{250 \times 10^6}} = 100,22$$

$\lambda_a < \lambda_{p_a}$ — a viga é compacta quanto à alma.
$M_{n_a} = M_{pl} = Z f_y$

$$Z = \Sigma A_i d_i = 2\left[(b_f\ t_f)\left(\frac{d}{2} - \frac{t_f}{2}\right) + \left(t_w\ \frac{h}{2}\right)\left(\frac{h/2}{2}\right)\right]$$

$$Z = 2 \times \left[(84,58 \times 7,94) \times \left(\frac{152,4}{2} - \frac{7,94}{2}\right) + \left(5,84 \times \frac{136,52}{2}\right) \times \left(\frac{136,52/2}{2}\right)\right]$$

Z = 2 × [4.850,15 + 13.605,53] = 124.225,36 mm³
Z = 124,225 cm³
M_{n_a} = 124,225 × 10⁻⁶ × 250 × 10⁶ = 31.056 Nm
$\phi_b M_{n_a}$ = 0,9 × 31.056 = 27.950 Nm > M_d = 19.000 Nm

c) Verificação da flambagem local da mesa

$$\lambda_m = \frac{b_f/2}{t_f} = \frac{84,58/2}{7,94} \cong 5,33$$

$$\lambda_{p_m} = 0,38\sqrt{\frac{E}{f_y}} = 0,38 \times \sqrt{\frac{205 \times 10^9}{250 \times 10^6}} = 10,88$$

$\lambda_m < \lambda_{p_m}$ — A viga é compacta quanto à mesa

Capítulo 8 — Barras flexionadas

$M_{n_m} = M_{pl} = Z f_y = 31.056$ Nm

$\phi_b M_{n_m} = 0,9 \times 31.056 = 27.950$ Nm $> M_d = 19.000$ Nm

d) Verificação da flambagem lateral com torção

$$\lambda_{LT} = \frac{L_b}{r_y} = \frac{300}{1,83} \cong 164 < 200$$

- Perfil com 2 eixos de simetria

$$\lambda_{p_{LT}} = 1,75 \sqrt{\frac{E}{f_y}} = 1,75 \times \sqrt{\frac{205 \times 10^9}{250 \times 10^6}} = 50,11$$

$\lambda_{LT} > \lambda_{P_{LT}}$ — a viga não possui elementos compactos

$$\lambda_{r_{LT}} = \frac{0,707 \, C_b \, \beta_1}{M_{r_{LT}}} \sqrt{1 + \sqrt{1 + \frac{4 \, \beta_2}{C_b^2 \, \beta_1^2} \, M_{r_{LT}}^2}}$$

$$\beta_1 = \pi \sqrt{G \, E} \sqrt{I_T \, A_g}; \quad G = 0,385 \, E; \quad M_{r_{LT}} = \left(f_y - f_r \right) W$$

$$f_r = 115 \text{ MPa}; \quad \beta_2 = \frac{\pi^2 \, E}{4 \, G} \frac{A_g \left(d - t_f \right)^2}{I_T} = 6,415 \frac{A_g \left(d - t_f \right)^2}{I_T}$$

$$I_T = \Sigma \frac{b \, t^3}{3} = 2 \times \left(8,458 \times \frac{0,794^3}{3} \right) + 13,65 \times \frac{0,584^3}{3} = 3,73 \text{ cm}^4$$

$$\beta_1 = \pi \times \sqrt{0,385 \times 205 \times 10^9} \times \sqrt{3,73 \times 10^{-8} \times 23,60 \times 10^{-4}} = 3.749.251 \text{ Nm}$$

$$\beta_2 = 6,415 \times 23,60 \times 10^{-4} \times \frac{\left[(15,24 - 0,794) \times 10^{-2} \right]^2}{3,73 \times 10^{-8}} = 8.470,23$$

$M_{r_{LT}} = (250 - 115) \times 10^6 \times 119,6 \times 10^{-6} = 16/146$ Nm

$C_b = 1,0$

$$\lambda_{r_{LT}} = \frac{0,707 \times 1,0 \times 3.749.251}{16.146} \times \sqrt{1 + \sqrt{1 + \frac{4 \times 8.470,23 \times 16.146^2}{1^2 \times 3.749.251^2}}}$$

$\lambda_{r_{LT}} = 247.68$

$\lambda_{r_{LT}} < \lambda_{LT} < \lambda_{r_{LT}}$ — viga com elementos semicompactos

$$M_{n_{LT}} = M_{pl} - \left(M_{pl} - M_{r_{LT}} \right) \left(\frac{\lambda_{LT} - \lambda_{p_{LT}}}{\lambda_{r_{Lt}} - \lambda_{p_{LT}}} \right)$$

$M_{pl} = Z f_y = 31.056$ Nm

$M_{r_{LT}} = 16.1346$ Nm

$$M_{n_{LT}} = 31.056 - (31.056 - 16.146) \times \left(\frac{164 - 50,11}{247,68 - 50,11} \right)$$

$M_{n_{LT}} = 22.461$ Nm

$\phi_b M_{n_{LT}} = 0,9 \times 22.461 = 20.214$ Nm $> M_d = 19.000$ Nm

e) Verificação da força cortante

$$\lambda_a = \frac{h}{t_w} = \frac{(152,4 - 2 \times 7,94)}{5,84} = 23,37$$

$a = \infty \rightarrow k = 5,34$

$$\lambda_p = 1,08 \sqrt{\frac{K \, E}{f_y}} = 1,08 \times \sqrt{\frac{5,34 \times 205 \times 10^9}{250 \times 10^6}} = 71,46$$

$\lambda_a < \lambda_p \rightarrow \quad V_n = V_{pl} = 0,6 \, A_w \, f_y$

$\quad\quad\quad\quad V_n = 0,6 \times (15,24 - 2 \times 0,794) \times 0,584 \times 10^{-4} \times 250 \times 10^6$

$\quad\quad\quad\quad V_n = 119.591$ N

$\quad\quad\quad\quad \phi_v V_n = 0,9 \times 119.591 = 107.632$ N $> V_d = 25.000$ N

f) Verificação da flecha

$$\delta_{máx} = \frac{L}{360} = \frac{3.000}{360} = 8,33 \text{ mm}$$

$$\delta = \frac{5}{384} \frac{q\,L^4}{E\,I} = \frac{5}{384} \times \frac{12 \times 10^3 \times 3^4}{205 \times 10^9 \times 907,3 \times 10^{-8}} = 0,0041 \text{ m}$$

$$\delta = 4,08 \text{ mm} < \delta_{máx} = 8,33 \text{ mm}$$

Exercício 2

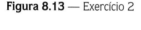

Figura 8.13 — Exercício 2

Para o perfil **VS** 550 × 64 (Fig. 8.13) (Tabela F.1), determinar a máxima carga uniformemente distribuida para um vão não travado de uma viga biapoiada de 2,50 m.

Dados: $f_y = 250$ MPa
$f_u = 400$ MPa
$\gamma = 1,4$

VS 550 × 64 | $A =$ 81 cm²
| $I_x =$ 42.556 cm⁴
| $W_x =$ 1.547 cm³
| $r_t =$ 6,5 cm
| $I_t =$ 19 cm⁴
| $r_y =$ 5,53 cm

Solução:

a) Verificação da flambagem local da alma

$$\lambda_a = \frac{h}{t_w} = \frac{531}{6,3} = 84,28$$

$$\lambda_{p_a} = 3,5 \sqrt{\frac{E}{f_y}} = 3,5 \times \sqrt{\frac{205 \times 10^9}{250 \times 10^6}} = 100,22$$

$\lambda_a < \lambda_{p_a}$ — a viga é compacta quanto à alma

$M_{n_a} = M_{pl} = Z\,f_y = (1.727 \times 10^{-6}) \times (250 \times 10^6) = 431,75$ kNm

$$Z = 2\,\Sigma A d = 2 \times \left[(250 \times 9,5) \times (275 - 9,5/2) + (265,5 \times 6,3) \times \left(\frac{265,5}{2}\right) \right]$$

$Z = 1.727.776$ mm³ $= 1.727$ cm³

b) Verificação da flambagem local da mesa

$$\lambda_m = \frac{b_f/2}{t_f} = \frac{250/2}{9,5} = 13,15$$

$$\lambda_{p_m} = 0,38 \sqrt{\frac{E}{f_y}} = 0,38 \times \sqrt{\frac{205 \times 10^9}{250 \times 10^6}} = 10,88$$

$\lambda_m > \lambda_{p_m}$ — a viga não é compacta quanto à mesa

$$\lambda_{r_m} = 0,62 \sqrt{\frac{E}{(f_y - f_r)}} = 0,62 \times \sqrt{\frac{205 \times 10^9}{(250-115) \times 10^6}} = 24,16$$

$\lambda_{p_m} < \lambda_m < \lambda_{r_m}$ — a viga é semicompacta quanto à mesa
$M_{r_m} = (f_y - f_r)\,W_x = (250 - 115) \times 10^6 \times 1.547 \times 10^{-6}$
$M_{r_m} = 208.845$ Nm

$$M_{n_m} = M_{pl} - \left(M_{pl} - M_{r_m}\right)\left(\frac{\lambda_m - \lambda_{p_m}}{\lambda_{r_m} - \lambda_{p_m}}\right)$$

$$M_{n_m} = 431,75 - (431,75 - 208,84) \times \left(\frac{13,15 - 10,88}{24,16 - 10,88}\right)$$

$M_{n_m} = 393,64$ kNm

c) Verificação da flambagem lateral com torção

$$\lambda_{LT} = \frac{L_b}{r_y} = \frac{250}{5,53} = 45,20$$

$$\lambda_{P_{LT}} = 1,75 \sqrt{\frac{E}{f_y}} = 1,75 \times \sqrt{\frac{205 \times 10^9}{250 \times 10^6}} = 50,11$$

$\lambda_{LT} < \lambda_{P_{LT}}$ — viga com elementos compactos

$M_{n_{LT}} = M_{pl} = Z\, f_y = 431,75$ kNm

Portanto:

$\phi_b\, M_n = 0,9 \times 393,64 = 354,27$ kNm

Tem-se:

$$M_d = \gamma \times M \le \phi\, M_n$$

$$M \le \frac{\phi\, M_n}{\gamma} = \frac{354,27}{1,4} = 253,05 \text{ kNm}$$

Mas:

$$M = \frac{q\, L^2}{8} \Rightarrow q = \frac{8\, M}{L^2} = \frac{8 \times 253,05}{2,5^2} = 323,9 \text{ kN/m}$$

- Verificação da flecha

$$\delta_{máx} = \frac{L}{360} = \frac{2,50}{360} = 0,006944 \text{ m}$$

$$\delta = \frac{5}{384} \frac{q\, L^4}{E\, I} \Rightarrow q = \delta \times \frac{384}{5} \times \frac{E \times I}{L^4}$$

$$q = 0,006944 \times \frac{384}{5} \times \frac{205 \times 10^9 \times 42.556 \times 10^{-8}}{2,5^4}$$

$$q = 1.191,1 \text{ kN/m}$$

- Verificação do cisalhamento

$A_w = h\, t_w = 53,1 \times 0,63 = 33.45$ cm^2

$k = 5,34; \quad \lambda_a = 84,28$

$$\lambda_{pv} = 1,08 \sqrt{\frac{k\, E}{f_y}} = 1,08 \times \sqrt{\frac{5,34 \times 205 \times 10^9}{250 \times 10^6}} = 71,46$$

$\lambda_a > \lambda_{pv}$ — a viga não é compacta quanto à resistência ao cisalhamento

$$\lambda_{rv} = 1,40 \sqrt{\frac{k\, E}{f_y}} = 1,40 \times \sqrt{\frac{5,34 \times 205 \times 10^9}{250 \times 10^6}} = 92,64$$

$\lambda_{pv} < \lambda_a < \lambda_{rv}$ — a viga é semicompacta quanto à resistência ao cisalhamento

$$V_n = \frac{\lambda_{pv}}{\lambda_a} V$$

$V_{pl} = 0,6\ A_w\ f_y$

Portanto:

$$V_n = \frac{\lambda_{pv}}{\lambda_a} 0,6\ A_w\ f_y$$

$$V_n = \frac{71,46}{84,28} \times 0,6 \times \left(33,45 \times 10^{-4}\right) \times 250 \times 10^6$$

$V_n = 425,42$ kN

$\phi_v\ V_n = 0,9 \times 425,42 = 382,88$ kN

Mas:

$$V_d = \gamma\ V \leq \phi_v\ V_n$$

$$V \leq \frac{\phi_v\ V_n}{\gamma} = \frac{382,88}{1,4} = 273,48 \text{ kN}$$

Sendo:

$$V = \frac{q\ L}{2} \Rightarrow q = \frac{2v}{L} = \frac{2 \times 273,48}{2,5}$$

$q = 218,78$ kN/m

Portanto: $q_{máx} = 218,78$ kN/m

Exercício 3

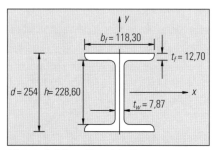

Figura 8.14 — Exercício 3

Para a viga dada pede-se:

a) A viga é compacta, semicompacta ou esbelta?
b) A resistência à flexão para a seção totalmente plastificada ($\phi_b\ M_p$).
c) A resistência à flexão no início do escoamento ($\phi_b\ M_r$).
d) O valor do comprimento não travado limite (L_p) para desenvolver-se o momento de plastificação (M_p) — Adotar $C_b = 1,0$.
e) O valor do comprimento não travado limite (L_r) que limita a flambagem local elástica e a flambagem elastoplástica.

Dados: I 254 × 37,70 kg/m (Fig. 8.14) (Tabela E.4)

ASTM A36: $f_y = 250$ MPa

$f_u = 400$ MPa

Da tabela de perfis tem-se:

$A_g = 48,10$ cm²

$I_x = 5.081$ cm⁴; $r_x = 10,34$ cm; $W_x = 400,08$ cm³

$I_y = 287,2$ cm⁴; $r_y = 2,46$ cm; $W_y = 48,55$ cm³

Capítulo 8 — Barras flexionadas

Solução:

a) Irão ser verificados a alma e a mesa do perfil.

Alma: $\lambda_a = \dfrac{h}{t_w} = \dfrac{228,60}{7,87} = 29,05$

$$\lambda_{p_a} = 3,5\sqrt{\dfrac{E}{f_y}} = 3,5 \times \sqrt{\dfrac{205 \times 10^9}{250 \times 10^6}} = 100,22$$

$\lambda_a < \lambda_{pa} \Rightarrow$ a alma é compacta

Mesa: $\lambda_m = \dfrac{b_f/2}{t_f} = \dfrac{\dfrac{118,30}{2}}{12,70} = 4,66$

$$\lambda_{p_m} = 0,38\sqrt{\dfrac{E}{f_y}} = 0,38 \times \sqrt{\dfrac{205 \times 10^9}{250 \times 10^6}} = 10,88$$

$\lambda_m < \lambda_{pm} \Rightarrow$ a mesa é compacta

Portanto a viga é compacta.

b) Somente é possível a plastificação total da seção quando $\lambda \le \lambda_p$.

$$M_p = Z\, f_y$$

$$Z = \Sigma Ad = 2\left[\left(b_f t_f\right)\left(d/2 - t_f/2\right) + \left(t_w \dfrac{h}{2}\right)\left(\dfrac{h/2}{2}\right)\right]$$

$$Z = 2 \times \left[(11,83 \times 1,27) \times \left(\dfrac{25,4}{2} - \dfrac{1,27}{2}\right) + \left(0,787 \times \dfrac{22,86/2}{2}\right) \times \left(\dfrac{22,86/2}{2}\right)\right]$$

$$Z = 2 \times [181,27 + 51,41] = 465,36 \text{ cm}^3$$

Portanto:

$M_p = 465,36 \times 10^{-6} \times 250 \times 10^6 = 116,34$ kNm

$\phi_b\, M_p = 0,9 \times 116,34 = 104,71$ kNm

c) Resistência à flexão no início do escoamento só será atingida quando $\lambda = \lambda_r$.

- Flambagem local da alma — FLA

  $M_r = f_y\, W = 250 \times 10^6 \times 400,08 \times 10^{-6} = 100,02$ kNm

  $\phi_b\, M_r = 0,9 \times 100,02 = 90,02$ kNm

- Flambagem local da mesa — FLM e

  Flambagem lateral com torção — FLT

  $f_r = 115$ MPa

  $M_r = (f_y - f_r)\, W = (250 \times 10^6 - 115 \times 10^6)\, 400,08 \times 10^{-6}$

  $M_r = 54,01$ kNm

  $\phi_b\, M_r = 0,9 \times 54,01 = 48,61$ kNm

d) L_p — é a distância máxima entre pontos travados da mesa comprimida para que no estado limite da flambagem lateral com torção (FLT) a viga possa desenvolver o momento de plastificação (M_P).

Estruturas metálicas

$$\lambda_{p_{LT}} = 1,75 \sqrt{\frac{E}{f_y}} = 1,75 \times \sqrt{\frac{205 \times 10^9}{250 \times 10^6}} = 50,11$$

$$\lambda_{r_{LT}} = \lambda_{p_{LT}} \Rightarrow L_b = L_p = \lambda_p \, r_y$$

$$L_b = 50,11 \times 1,46 = 73,16 \text{ cm}$$

$$L_b = 0,73 \text{ m}$$

e) L_r — é a distância máxima entre pontos travados na mesa comprimida correspondente ao momento M_r referente ao início do escoamento na seção.

$$\lambda_{rLT} = \frac{0,707 \, C_b \, \beta_1}{M_r} \sqrt{1 + \sqrt{1 + \frac{4 \, \beta_2}{C_b^2 \, \beta_1^2} M_{r_{LT}}^2}}$$

$$\beta_1 = \pi \sqrt{G \, E} \, \sqrt{I_t \, A_g};$$

$$G = 0,385 \, E = 0,385 \times 205 \times 10^9 = 78,93 \times 10^9 \text{ Pa}$$

$$I_T = \Sigma \frac{b \, t^3}{12} = 2 \times \left(11,83 \times \frac{1,27^3}{12}\right) + 0,787 \times \frac{22,86^3}{12} = 787,51 \text{ cm}^4$$

$$\beta_1 = \pi \times \sqrt{78,93 \times 10^9 \times 205 \times 10^9} \times \sqrt{787,51 \times 10^{-8} \times 48,10 \times 10^{-4}} = 24.757,03 \text{ kNm}$$

$$\beta_2 = \frac{\pi^2 \, E}{4 \, G} \, \frac{A_g \, (d - t_f)^2}{I_t} = 6,415 \, A_g \, \frac{(d - t_f)}{I_t}$$

$$\beta_2 = 6,415 \times 48,10 \times 10^{-4} \times \frac{\left[(25,4 - 1,27) \times 10^{-2}\right]^2}{787,51 \times 10^{-8}} = 228,14$$

$$\lambda_{r_{LT}} = \frac{0,707 \times 1,0 \times 24.757,03 \times 10^3}{54,01 \times 10^3} \times \sqrt{1 + \sqrt{1 + \frac{4 \times 228,14}{1,0^2 \times (24.757,03 \times 10^3)^2}} \times 54,01 \times 10^3}$$

$$\lambda_{r_{LT}} = 458,31$$

$$\lambda = \lambda_{r_{LT}} \rightarrow L_b = L_r = \lambda_{r_{LT}} \, r_y$$

$$L_r = 458,31 \times 2,46 = 1.127,44 \text{ cm}$$

$$L_r = 11,27 \text{ m}$$

mas:

$$\lambda_{máx} = 200$$

$$L_r = 200 \times 2,46 = 492 \text{ cm}$$

$$L_r = 4,92 \text{ m} \text{ — e não haverá o início de escoamento na seção.}$$

LIGAÇÕES SOLDADAS

Capítulo 9

A solda é a união de materiais, obtida por fusão das partes adjacentes. As construções em aço onde a solda é utilizada exigem que o operário (soldador) seja especializado.

9.1 — Tecnologia de execução

Para se obter uma união soldada eficaz deve-se observar:

1 - A forma correta do entalhe, conforme indicado no desenho;
2 - Homogeneidade do metal depositado;
3 - Perfeição entre o metal depositado e o metal base.

Para que a solda seja de qualidade deve-se:

1 - Empregar soldadores qualificados;
2 - Utilizar eletrodos de qualidade;
3 - Trabalhar com materiais perfeitamente soldáveis;
4 - Controle das soldas executadas através de raio-X e ultra-som.

Para um maior controle de qualidade das ligações soldadas deve-se, quando possível, utilizá-las apenas na fábrica, onde tem-se melhores mecanismos de controle e utilizar em campo (na obra) apenas ligações parafusadas.

9.2 — Tipos de solda

Pode-se ter os seguintes tipos de solda:

1 - **Entalhe** (Solda de chanfro)
   Penetração Total (Fig. 9.1)
   Penetração Parcial (Fig. 9.2)

2 - **Filete** (Cordão) (Fig. 9.3)

3 - **Tampão**
   Em furos (Fig. 9.4)
   Em rasgos (Fig. 9.5)

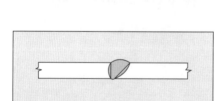

Figura 9.1

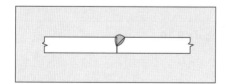

Figura 9.2

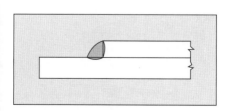

Figura 9.3

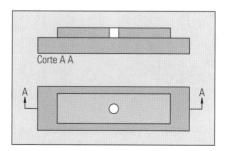

Figura 9.4

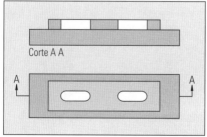

Figura 9.5

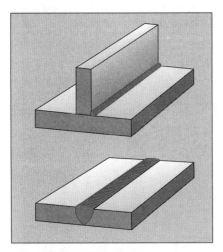
Figura 9.6 — Solda contínua

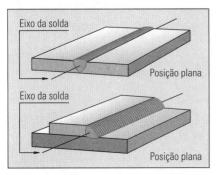
Figura 9.9

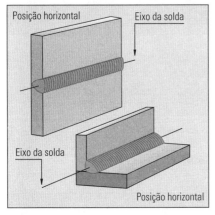
Figura 9.10

9.2.1 – Classificação das ligações soldadas quanto à sua continuidade

Podemos ter:

1 - **Soldas contínuas** — têm o comprimento ininterrupto (Fig. 9.6).
2 - **Soldas intermitentes** — são descontínuas ao longo de sua extensão (Fig. 9.7).
3 - **Soldas ponteadas** — não são estruturais, servem para manter os componentes em alinhamento até a solda definitiva (Fig. 9.8).

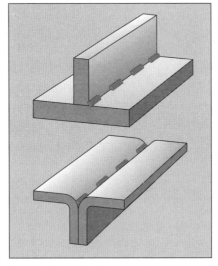
Figura 9.7 — Solda intermitente

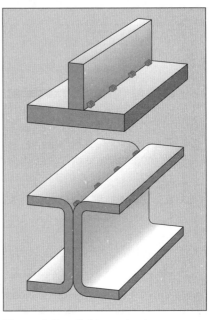
Figura 9.8 — Solda ponteada

9.2.2 – Classificação das ligações soldadas quanto à posição de soldagem

Pode ser:

1 - **Plana** (Fig. 9.9)
2 - **Horizontal** (Fig. 9.10)
3 - **Vertical** (Fig. 9.11)
4 - **Sobrecabeça** (Fig. 9.12)

Geralmente o custo da operação de soldagem segue o apresentado na Fig. 9.13.

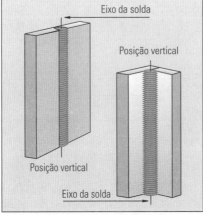
Figura 9.11

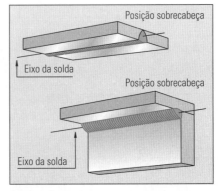
Figura 9.12

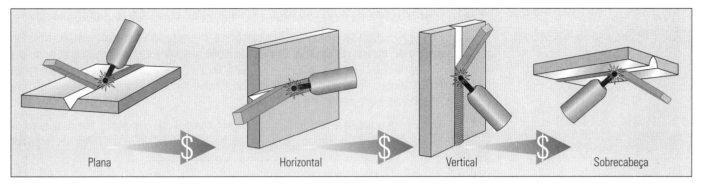

Figura 9.13 — Seqüência crescente de custo

9.3 — Principais processos de soldagem

Para a união de peças metálicas por meio de soldagem pode-se ter os seguintes métodos:

1) **SMAW** (*Shielded Metal Arc Welding*) → Solda ao arco elétrico com eletrodo revestido.

Neste processo tem-se gases desprendidos do revestimento do eletrodo provenientes de sua fusão. A finalidade dos gases é criar uma atmosfera inerte de proteção para evitar a porosidade (introdução de O_2 do ar atmosférico no material de solda), a fragilidade (introdução do N_2 do ar atmosférico no material de solda) e dar estabilidade ao arco e portanto uma maior penetração à solda (Fig. 9.14).

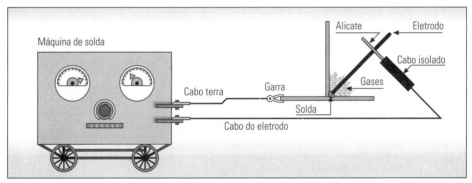

Figura 9.14

2) **SAW** (*Submerged Arc Welding*) → Solda ao arco submerso.

São utilizados um eletrodo nu e um tubo de fluxo com material granulado, que funciona como isolante térmico, o que garante proteção contra os efeitos da atmosfera. O fluxo granulado funde-se parcialmente, formando uma camada de escória líquida que depois é solidificada. Pode ser automática ou semi-automática, com grande penetração e muito veloz. Somente executa soldas contínuas e planas (Fig. 9.15).

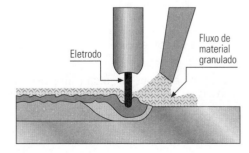

Figura 9.15

3) **GMAW** (*Gas Metal Arc Welding*) → Solda ao arco elétrico com proteção gasosa.

Pode ser utilizada em todas as posições e permite um controle visual. No caso de solda ao ar livre é necessária a proteção contra o vento. O gás utilizado pode ser o CO_2. Também é chamada solda MIG (*Metal Inert Gas*), quando utiliza gases inertes ou mistura deles, ou MAG (*Metal Active Gas*) quando utiliza gases ativos ou mistura de gases ativos e inertes.

No caso de utilização de eletrodo de tungstênio com um gás inerte, é chamada solda TIG (*Tungsten Inert Gas*), sendo, também, conhecido por GTAW (*Gas Tungsten Arc Welding*) (Fig. 9.16).

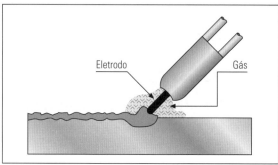

Figura 9.16

4) **FCAW** (*Flux Cored Arc Welding*) → Solda ao arco elétrico com fluxo no núcleo.

É semelhante ao GMAW, só que o eletrodo é tubular e o gás vem internamente ao eletrodo (Fig. 9.17), também, é chamado Processo com Arame Tubular.

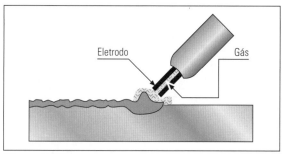

Figura 9.17

5) **Solda por resistência elétrica**

Este tipo de solda é utilizada para peças pequenas. A união das peças é feita por caldeamento (material ao rubro + pressão). É utilizada na união de barras de concreto armado (CA-25 e CA-50A).

9.4 — Anomalias do processo de soldagem

As deformações e falhas oriundas do processo de soldagem devem ser previstas e tomadas as medidas necessárias para evitá-las.

Dentre as anomalias na solda, podemos ter:

- **Externamente**
    - Sobreposição saliente de passes de solda (saliência do cordão de solda) (Fig. 9.18)
    - Falta de sobreposição de passes de solda (falta de preenchimento do cordão de solda) (Fig. 9.19)
    - Falta de alinhamento da solda com o metal base (Fig. 9.20)
    - Deslocamento entre as bordas das chapas soldadas (Fig. 9.21)

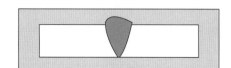

Figura 9.18

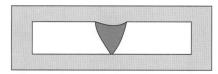

Figura 9.19

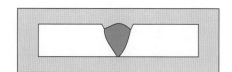

Figura 9.20

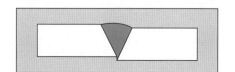

Figura 9.21

- **Internamente**
  - ○ Falta de penetração do cordão de solda (Fig. 9.22)
  - ○ Soldagem com porosidade (Fig. 9.23)
  - ○ Fissura na solda (Fig. 9.24)
  - ○ Falta de aderência entre o metal base e a solda (Fig. 9.25)

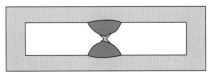
Figura 9.22

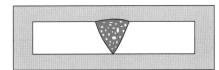
Figura 9.23

Para o metal base é possível ter contrações lineares e distorções angulares (Fig. 9.26). As contrações do metal soldado podem provocar a distorção angular em soldas de entalhe (Fig. 9.27).

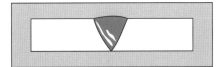
Figura 9.24

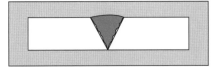
Figura 9.25

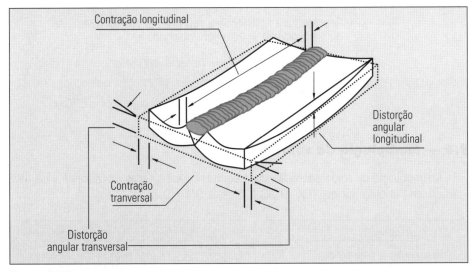
Figura 9.26

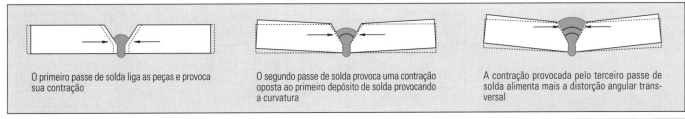
Figura 9.27

Nesse caso, é observado que quando a soldagem é feita com um número elevado de pequenos passes de solda, a distorção angular das chapas é grande (Fig. 9.28).

Para atenuar a distorção angular transversal, o processo de soldagem deve ser equilibrado, o que conduz à introdução balanceada de calor, que produzirá uma leve contração das chapas (Fig. 9.29).

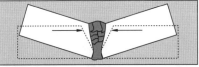
Figura 9.28

No caso da solda de filete, a distorção angular aumenta quando são utilizados vários passes de solda para produzir a dimensão necessária do cordão (Fig. 9.30).

Quando são necessários vários passes de solda, deve-se posicionar as peças a serem unidas, visando evitar as deformações ilustradas. A disposição dos cordões de solda é ilustrada na Figura 9.31.

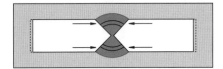
Figura 9.29

É necessário, também, detectar as possíveis fissuras presentes no metal base (Fig. 9.32).

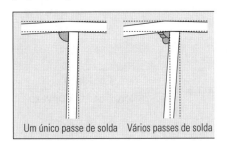
Figura 9.30

Figura 9.31

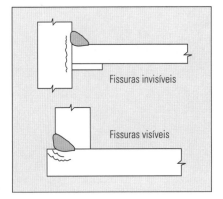
Figura 9.32

9.5 — Designação de eletrodos

O eletrodo a ser utilizado em uma ligação soldada deve ser compatível com o metal base, devendo ter resistência de cálculo maior que a do metal base (metal a ser soldado). Os eletrodos são referenciados genericamente por:

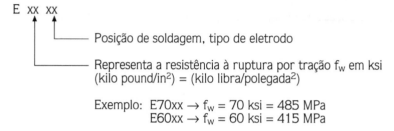

Exemplo: E70xx → f_w = 70 ksi = 485 MPa
E60xx → f_w = 60 ksi = 415 MPa

Na soldagem manual o eletrodo mais comum é o E70xx.

9.6 — Simbologia de solda

A simbologia de solda adotada nos desenhos de estruturas metálicas é a da AWS - American Welding Society (Fig. 9.33 e Tabelas 9.1 e 9.2).

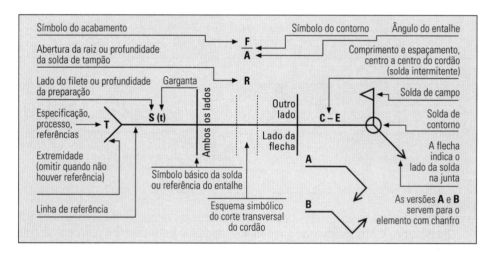

Figura 9.33

Obs.: - A leitura é feita da esquerda para a direita, independentemente da seta;

Tabela 9.1 — Símbolos básicos de solda							
Trazeira	Filete	Tampão	Chanfro e topo					
			Topo	em V	Bisel	em U	em J	Curva V	Curva bisel

Tabela 9.2 — Símbolos suplementares				
Backing	Espaçador	Contorno	De montagem	Contorno
				Reto	Convexo

- O lado perpendicular de △,∨,▷,☒ deverá estar à esquerda na linha de referência;

- A bandeira de montagem ⌐◁ aponta em sentido contrário ao da seta;

- Soldas do lado próximo (lado da seta) ou do lado distante (outro lado) têm a mesma dimensão exceto quando mostrado. Contudo, as dimensões de solda de filete deverão ser mostradas em ambos os lados;

- Os casos especiais deverão ser desenhados ou elucidados à parte para maior clareza na fabricação.

Exemplos:
- Solda de Filete (Fig. 9.34)
- Solda de Entalhe (Fig. 9.35)

9.7 — Dimensionamento de ligações soldadas

Para o dimensionamento de soldas deve-se levar em conta as dimensões de controle previstas em Norma, tipo de eletrodo e área de contato.

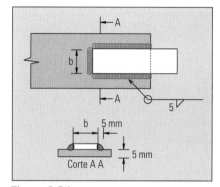

Figura 9.34

9.7.1 – Soldas de filete

9.7.1.1 - Dimensões mínimas

A dimensão da solda deve ser estabelecida em função da parte mais espessa soldada, exceto quando tal dimensão não necessite ultrapassar a espessura da parte menos espessa, desde que seja obtida a resistência de cálculo necessária.

As dimensões mínimas de soldagem para solda de filete são relacionadas na Tabela 9.1 (NB-14 - Tabela 11):

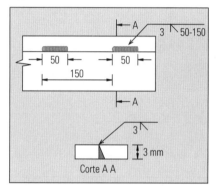

Figura 9.35

Tabela 9.1 — Dimensões nominais mínimas de soldagem	
Maior espessura do metal base na junta	Dimensão nominal mínima da solda de filete (mm) (Em um único passe)
abaixo de 6,35 mm e até 6,35 mm	3
acima de 6,35 mm até 12,5 mm	5
acima de 12,5 mm até 19 mm	6
acima de 19 mm	8

Perna do filete (s) é o menor dos dois lados, situados na face de fusão, do maior triângulo que pode ser inscrito na seção da solda (Fig. 9.36).

9.7.1.2 - Dimensões máximas

As dimensões máximas de soldagem para solda de filete são relacionadas na Tabela 9.2 (NB-14 - Item 7.2.6.2.b):

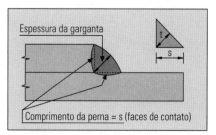

Figura 9.36

Tabela 9.2 — Dimensões nominais máximas de soldagem	
Ao longo de bordas de material com espessura	Dimensão nominal máxima
inferior a 6,35 mm	Não mais do que a espessura do material
igual ou superior a 6,35 mm	Não mais do que a espessura do material subtraída de 1,5 mm, exceto se houver especificação no projeto

9.7.1.3 - Comprimento das soldas de filete (NB-14 - Item 7.2.6.2)

O comprimento mínimo do filete de solda estrutural é 4 s e não inferior a 40 mm. Quando forem usadas somente soldas de filete longitudinais nas ligações extremas de barras chatas tracionadas, o comprimento de cada filete não pode ser menor que a distância transversal entre eles.

No caso de soldas intermitentes de filete o comprimento efetivo de qualquer segmento de solda não pode ser menor que 4 s e não inferior a 40 mm e deve ser verificada a flambagem local.

As soldas de filete laterais ou de extremidade, terminando na extremidade ou nas laterais, respectivamente, de chapas ou barras, sempre que possível devem contornar continuamente os cantos numa extensão não inferior a 2 s.

9.7.1.4 - Área efetiva

A área efetiva de um cordão de solda é a área de solda a ser utilizada no dimensionamento da ligação. Neste caso temos (NB-14 - Item 7.2.2.2):

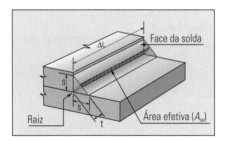

Figura 9.37

- **Ao arco manual**: Para efeito de cálculo a área é a referente à espessura da garganta da solda (Fig. 9.37)

$$A_w = \begin{pmatrix} \text{espessura da} \\ \text{garganta efetiva } (t) \end{pmatrix} \times \begin{pmatrix} \text{comprimento} \\ \text{efetivo do filete} \end{pmatrix} \quad (9.1)$$

Onde: A_w - área efetiva de uma solda de filete

Sendo que a garganta efetiva de uma solda de filete é igual à menor distância medida da raiz à face plana teórica da solda.

Raiz da solda é a interseção das faces de fusão.

- **Ao arco submerso**: A espessura efetiva da garganta é maior devido à maior penetrabilidade da solda.

$$\text{Espessura da garganta efetiva } (t) = \begin{vmatrix} \text{perna } (s) \text{ para } s \leq 9{,}5 \text{ mm} \\ \text{garganta } (t) + 2{,}8 \text{ mm para } s > 9{,}5 \text{ mm} \end{vmatrix}$$

9.7.1.5 - Resistência linear da solda de filete (NB-14 - Tabela 8)

Para a determinação da resistência do cordão de solda deve-se verificar os itens A e B (Fig. 9.38).

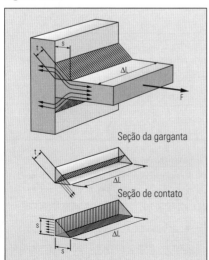

Figura 9.38 — Transmissão de esforço através de solda de filete

A) Resistência de cálculo do metal da solda

$$R_n = (0,6\ f_w)\ A_w;\quad \phi = 0,75 \tag{9.2}$$

$$A_w = t\ \Delta L \tag{9.1}$$

Onde: f_w - resistência nominal à ruptura por tração do eletrodo.

B) Resistência de cálculo do metal base

$$R_n = (0,6\ f_y)\ A_{MB};\quad \phi = 0,9 \tag{9.3}$$

$$A_{MB} = s\ \Delta L \tag{9.4}$$

Onde: A_{MB} - área do metal base.

Obs.: É possível opcionalmente fazer o cálculo da resistência da solda por unidade de comprimento do cordão, q' (Fig. 9.39):

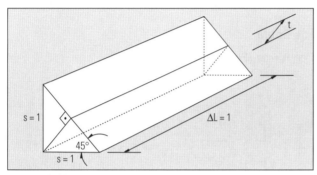

Figura 9.39

$$\operatorname{sen} 45° = \frac{t}{s} \rightarrow t = \frac{\sqrt{2}}{2} \times s = \frac{2}{2\sqrt{2}} \times s = \frac{s}{\sqrt{2}} = 0,707 \times s \tag{9.5}$$

$$q' = \frac{\phi\ R_n}{\Delta L} \tag{9.6}$$

$$R_n = (0,6 \times f_w)\ A_w \tag{9.2}$$

$$A_w = t\ \Delta L \tag{9.1}$$

Com (9.1), (9.2) e (9.5) em (9.6):

$$q' = \frac{\phi\ (0,6\ f_w)}{\Delta L} = \frac{\phi\ (0,6\ f_w)\ t\ \Delta L}{\Delta L} = 0,75\ (0,6\ f_w)\ s = 0,318\ f_w\ s \tag{9.7}$$

Os valores estão representados na Tabela 9.3:

Tabela 9.3 — Resistência da solda por unidade de comprimento		
Eletrodo	f_w (MPa)	q' (kN/mm) s = ΔL = 1mm
E60xx	415	0,1320
E70xx	485	0,1542
E80xx	550	0,1749

9.7.1.6 - Solda de filete em cantoneiras

No caso de peças soldadas, o centro de gravidade da solda deve coincidir com o da peça. Sendo L o comprimento do cordão de solda, tem-se para as cantoneiras:

Dois Cordões de Solda

Equilíbrio de forças (Fig. 9.40)

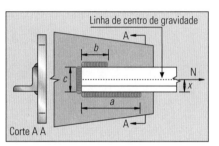
Figura 9.40

sendo: $L = a + b$ (9.8)

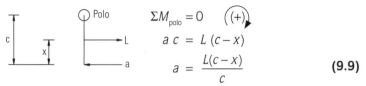

$\Sigma M_{polo} = 0$ (+)

$a\,c = L\,(c-x)$

$$a = \frac{L(c-x)}{c}$$ (9.9)

$\Sigma M_{polo} = 0$ (+)

$b\,c = L\,x$

$$b = \frac{L\,x}{c}$$ (9.10)

Três Cordões de Solda

Equilíbrio de forças (Fig. 9.41)

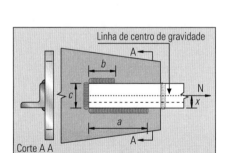
Figura 9.41

sendo: $L = a + b + c$ (9.11)

$\Sigma M_{polo} = 0$ (+)

$a\,c + c(c/2) = L(c-x)$

$$a = \frac{L(c-x)}{c} - \frac{c}{2}$$ (9.12)

$\Sigma M_{polo} = 0$ (+)

$b\,c + c(c/2) = Lx$

$$b = \frac{Lx}{c} - \frac{c}{2}$$ (9.13)

Quatro Cordões de Solda

Equilíbrio de forças (Fig. 9.42)

sendo: $L = a + b + 2c$ (9.14)

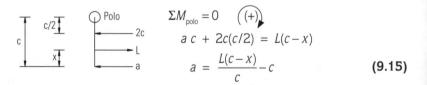

$\Sigma M_{polo} = 0$ (+)

$a\,c + 2c(c/2) = L(c-x)$

$$a = \frac{L(c-x)}{c} - c$$ (9.15)

$\Sigma M_{polo} = 0$ (+)

$b\,c + 2c(c/2) = Lx$

$$b = \frac{Lx}{c} - c$$ (9.16)

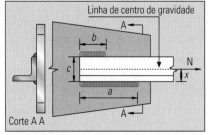
Figura 9.43

Obs.: No caso de dois cordões na prática adota-se (Fig. 9.43):

$$b = L/3$$ (9.17)

$$a = 2L/3$$ (9.18)

Capítulo 9 — Ligações soldadas

9.8 — Soldas de entalhe

Pode-se ter:

Penetração Total — A espessura efetiva da garganta é à espessura da chapa de menor dimensão.

Penetração Parcial — A garganta corresponde a espessura do chanfro.

9.8.1 – Comprimento da solda de entalhe (NB-14 - Item 7.2.2.1.b)

O comprimento efetivo de uma solda de entalhe, é igual ao seu comprimento real, o qual deve ser igual à largura da parte ligada.

9.8.2 – Área efetiva da solda de entalhe (NB-14 - Item 7.2.2.1)

A área efetiva das soldas de entalhe, deve ser calculada como o produto do comprimento efetivo da solda pela espessura da garganta efetiva.

A garganta efetiva de uma solda de entalhe de penetração total deve ser tomada igual à menor das espessuras das partes soldadas

9.8.3 – Resistência de cálculo de solda de entalhe (NB-14 - Tabela 8)

A Tabela 9.4 apresenta a resistência de cálculo para soldas de entalhe.

Tabela 9.4 — Resistências de cálculo das soldas de entalhe		
Penetração da solda	**Tipo de solicitação e orientação**	**Resistências de cálculo ϕR_n**
Total	Tração ou compressão paralelas ao eixo da solda	Mesma do metal-base
	Tração normal à seção efetiva da solda	$R_n = A_w f_y$; $\phi = 0,9$ **(9.19)**
	Compressão normal à seção efetiva da solda	
	Cisalhamento (soma vetorial) na seção efetiva	O menor dos dois valores: a) metal-base $R_n = 0,6 A_w f_y$; $\phi = 0,9$ **(9.20)** b) metal da solda $R_n = 0,6 A_w f_w$; $\phi = 0,75$ **(9.2)**
Parcial	Tração ou compressão paralelas ao eixo da solda	Mesma do metal-base
	Tração ou compressão normais à seção efetiva da solda	O menor dos dois valores: a) metal-base $R_n = A_w f_y$; $\phi = 0,9$ **(9.19)** b) metal da solda $R_n = 0,6 A_w f_w$; $\phi = 0,75$ **(9.2)**
	Cisalhamento (soma vetorial) na seção efetiva	O menor dos dois valores: a) metal-base $R_n = 0,6 A_w f_y$; $\phi = 0,9$ **(9.21)** b) metal da solda $R_n = 0,6 A_w f_w$; $\phi = 0,75$ **(9.2)**

9.8.4 – Espessuras mínimas da garganta efetiva com penetração parcial
(NB-14 - Item 7.2.6.1)

As espessuras mínimas de gargantas efetivas de soldas de entalhe de penetração parcial devem ser estabelecidas em função da parte mais espessa soldada, exceto quando tal dimensão não necessite ultrapassar a espessura da parte menos espessa, desde que seja obtida a resistência de cálculo necessária (Fig. 9.44 e Tabela 9.5).

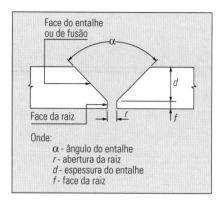

Figura 9.44

Onde:
α - ângulo do entalhe
r - abertura da raiz
d - espessura do entalhe
f - face da raiz

Tabela 9.5 — Espessura mínima da garganta efetiva

Maior espessura do metal-base na junta (mm)	Espessura mínima da garganta efetiva (mm)
Abaixo de 6,35 e até 6,35	3
Acima de 6,35 até 12,5	5
Acima de 12,5 até 19	6
Acima de 19 até 37,5	8
Acima de 37,5 até 57	10
Acima de 57 até 152	13
Acima de 152	16

9.9 — Solda de tampão

9.9.1 – Área efetiva para soldas de tampão em furos ou rasgos
(NB-14 - Item 7.2.2.3)

A área efetiva de cisalhamento de uma solda de tampão, em furo ou rasgo, deve ser igual à área nominal da seção transversal do furo ou rasgo no plano das superfícies em contato.

9.9.2 – Resistência de cálculo de solda de entalhe (NB14 - Tabela 8)

Deve-se verificar o cisalhamento (soma vetorial) na seção efetiva. A resistência de cálculo é o menor dos dois valores:

a) metal-base
$$R_n = 0,6\ A_{MB}\ f_y;\ \phi = 0,9 \qquad (9.3)$$

b) metal da solda
$$R_n = 0,6\ A_w\ f_w;\ \phi = 0,75 \qquad (9.2)$$

Obs.: - O diâmetro dos furos para soldas de tampão em furos não pode ser inferior à espessura da parte que os contém acrescida de 8 mm, nem maior que 2,25 vezes a espessura da solda.

- A distância de centro a centro de soldas de tampão em furos deve ser igual ou superior a quatro vezes o diâmetro do furo.

- O comprimento do rasgo para soldas de tampão em rasgos não pode ser maior que dez vezes a espessura da solda.

- A largura dos rasgos não pode ser inferior à espessura da parte que os contém acrescida de 8 mm, nem maior que 2,25 vezes a espessura da solda.

- A espessura de soldas de tampão em furos ou rasgos situados em material de espessura igual ou inferior a 16 mm deve ser igual à espessura desse material. Quando a espessura desse material for maior que 16 mm, a espessura da solda deve ser no mínimo igual à metade da espessura do mesmo material, porém não inferior a 16 mm.

9.9.3 – Combinação de tipos diferentes de soldas
(NB-14 - Item 7.2.3)

Se numa mesma ligação forem usados dois ou mais tipos de solda (entalhe, filete, tampão em furos ou rasgos), a resistência de cálculo de cada um desses tipos deve ser determinada separadamente e referida ao eixo do grupo, a fim de se determinar a resistência de cálculo da combinação. Todavia, esse método de compor resistências individuais de soldas não é aplicável a soldas de filete superpostas a soldas de entalhe, utilizando-se nos cálculos apenas a resistência das últimas.

9.10 — Exemplos de aplicação da simbologia de solda

As ligações soldadas, segundo o tipo de junta, podem ser classificadas em:

- Junta de topo (Fig. 9.45 a)
- Junta em "tê" (Fig. 9.45 b)
- Junta de canto (Fig. 9.45 c)
- Junta com transpasse ou sobreposta (Fig. 9.45 d)
- Junta de borda (Fig. 9.45 e)

9.10.1 — Exemplos de soldas de filetes

- Solda de filete (Fig. 9.46): contínua
  apenas um lado
  perna com espessura de 5 mm

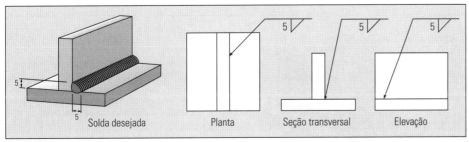

Figura 9.46

- Solda de filete (Fig. 9.47): contínua
  dois lados
  perna com espessura de 5 mm

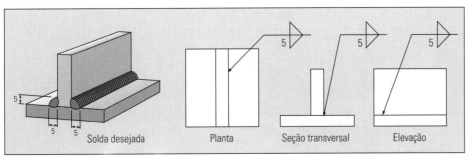

Figura 9.47

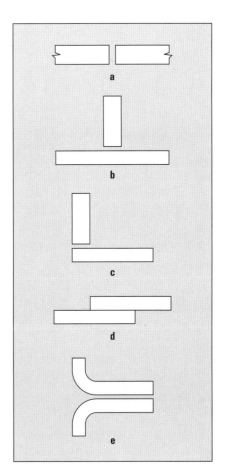

Figura 9.45

- Solda de filete (Fig. 9.48): contínua
  dois lados
  pernas com espessuras entre 5 e 7 mm

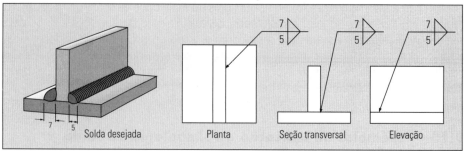

Figura 9.48

- Solda de filete (Fig. 9.49): contínua apenas um lado perna com espessura 5 e 7mm

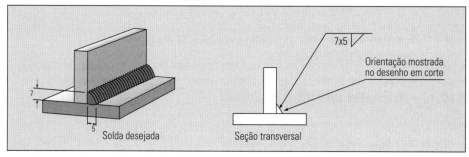

Figura 9.49

- Solda de filete (Fig. 9.50): comprimento 300 mm posicionado a 50 mm
  perna com espessura de 5 mm

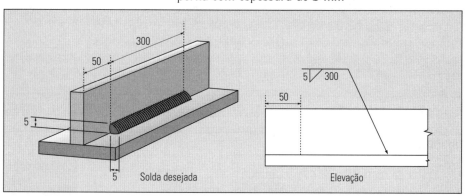

Figura 9.50

- Solda de filete (Fig. 9.51): intermitente apenas um lado perna com espessura de 5 mm

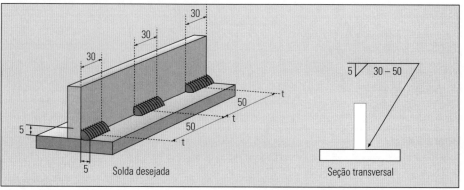

Figura 9.51

- Solda de filete (Fig. 9.52): contínua em toda a volta espessura de 5 mm

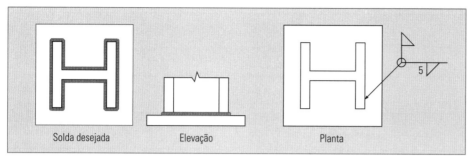

Figura 9.52

9.10.2 — Exemplos de soldas de entalhe

- Solda reta (Fig. 9.53)

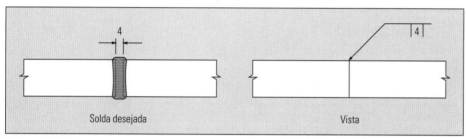

Figura 9.53

- Solda de entalhe em "V" de ambos os lados (Fig. 9.54)
  Abertura da raiz: 5 mm

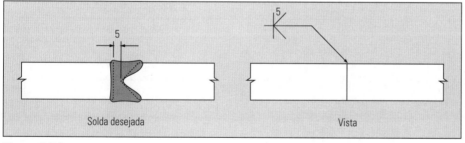

Figura 9.54

- Solda de entalhe em "V" de ambos os lados (Fig. 9.55)
  Abertura da raiz: 3 mm

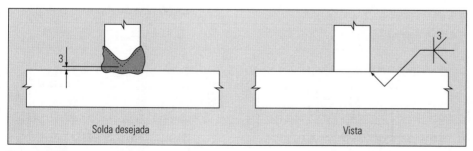

Figura 9.55

- Solda de entalhe em "V" de ambos os lados (Fig. 9.56)
  Abertura da raiz: 3 mm

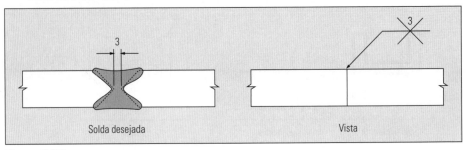

Figura 9.56

- Solda de entalhe em "V" de um lado (Fig. 9.57):
  Penetração parcial
  Abertura da raiz: 0
  Face da raiz: 3 mm
  Espessura do entalhe: 6 mm

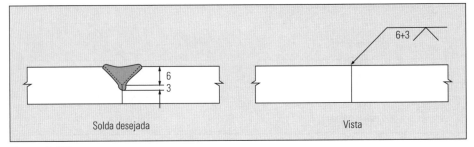

Figura 9.57

- Solda de entalhe em "U" do lado oposto (Fig. 9.58):
  Penetração parcial
  Abertura da raiz: 0
  Face da raiz: 0
  Espessura do entalhe: 5 mm

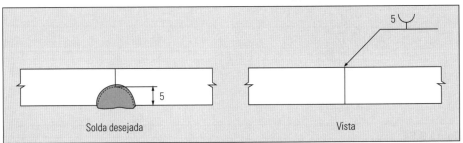

Figura 9.58

- Solda de entalhe em "V" de ambos os lados (Fig. 9.59):
  Abertura da raiz: 0
  Face da raiz: 5 mm
  Espessura do entalhe: 3 mm

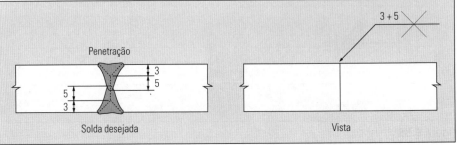

Figura 9.59

- Solda de entalhe em "V" do lado da seta (Fig. 9.60):
  Abertura da raiz: 5 mm

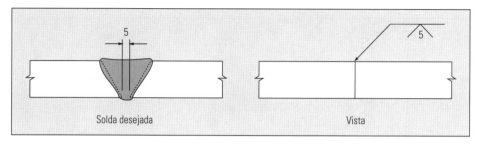

Figura 9.60

- Solda de entalhe em "V" de ambos os lados (Fig. 9.61):
  Abertura da raiz: 0
  Face da raiz: 0

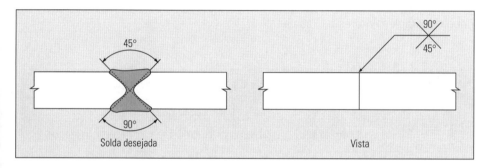

Figura 9.61

- Solda de entalhe em "V" de um lado (Fig. 9.62):
  Abertura da raiz: 3 mm
  Espessura do entalhe: 5 mm
  Contorno raso do lado da seta

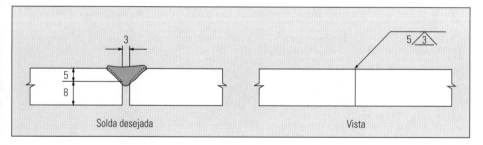

Figura 9.62

- Solda de entalhe único em "J" e solda de filete de 5 mm (Fig. 9.63):
  Acabamento oposto convexo

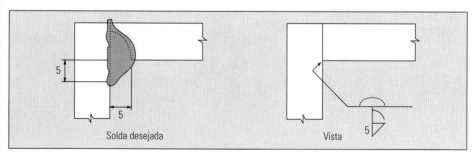

Figura 9.63

- Solda de entalhe duplo em bisel (Fig. 9.64):

Solda de filete de 5 mm

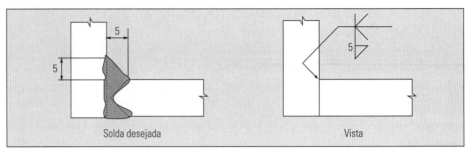

Figura 9.64

9.10.3 – Resumo dos principais tipos de solda

Os símbolos básicos para cada tipo de solda são apresentados na Tabela 9.6 e os símbolos complementares na Tabela 9.7

Tabela 9.6 — Símbolos básicos da localização e do tipo de solda			
Tipo de solda	Localização da solda		
	Lado da seta	Lado oposto ao da seta	Ambos os lados
Filete			
Reta			
Entalhe – Bisel			
Entalhe – "V"			
Entalhe – "J"			
Entalhe – "U"			

Tabela 9.7 — Símbolos suplementares da solda					
Solda de campo	Solda de contorno	Espaçador	Contra chapa	Acabamento	
				Convexo	Faceado

9.11 — Exercícios sobre ligações soldadas

Exercício 1

Para a ligação dada pede-se determinar o comprimento de um cordão de solda de filete, com 8 mm de perna, para resistir ao esforço indicado na Figura 9.65.

Dados: Eletrodo E 70: $f_w = 485$ MPa
Chapa de aço A-36: $\begin{cases} f_y = 250 \text{ MPa} \\ f_u = 400 \text{ MPa} \\ E = 205 \text{ GPa} \end{cases}$

Solução:

a) Resistência da solda

$R_n = (0,6\ f_w)\ A_w$; $\phi = 0,75$; $A_w = t\ \Delta L$; $t = 0,707\ s$
$t = 0,707 \times 8 = 5,656$ mm
$A_w = 5,656 \times \Delta L$ (mm²)
$\phi R_n = 0,75 \times (0,6 \times 485 \times 10^6) \times (5,656 \times \Delta L \times 10^{-6})$
$\phi R_n = 1.234,422 \times \Delta L$ ... **(A)**

b) Resistência do metal base

$R_n = (0,6\ f_y)\ A_{MB}$; $\phi = 0,9$; $A_{MB} = s\ \Delta L$
$A_{MB} = 8 \times \Delta L$ (mm²)
$\phi R_n = 0,9 \times (0,6 \times 250 \times 10^6) \times (8 \times \Delta l \times 10^{-6})$
$\phi Rn = 1.080 \times \Delta L$ ... **(B)**

O menor valor entre (**A**) e (**B**) é (**B**); portanto:

$$1.080 \times \Delta L = 40.000$$

$$\Delta l = 37,03 \Rightarrow L = \frac{\Delta L}{4} = 9,25 \text{ mm}$$
↑ 4 cordões de solda

O menor comprimento de cada cordão é o maior valor entre (9.6.1.3):
40 mm e $4\ s = 4 \times 8 = 32$ mm

Adotado: L = 40 mm.

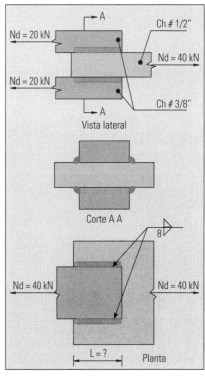

Figura 9.65 — Exercício 1

Exercício 2

Para a ligação dada (Fig. 9.66) pede-se determinar o comprimento e espaçamento de um cordão de solda de filete intermitente, em ambos os lados da ligação de uma placa de aço de espessura # 1/2", sujeita a um esforço normal de dimensionamento de 40 kN.

Dados: Eletrodo E70: $f_w = 485$ MPa
Chapa de aço A-36: $\begin{cases} f_y = 250 \text{ MPa} \\ f_u = 400 \text{ MPa} \\ E = 205 \text{ GPa} \end{cases}$

Solução:

a) Resistência da solda

$R_n = (0,6\ f_w)\ A_w$; $\phi = 0,75$; $A_w = t\ \Delta L$; $t = 0,707\ s$
$t = 0,707 \times 5 = 3,535$ mm
$A_w = 3,535 \times \Delta L$ (mm²)
$\phi R_n = 2 \times 0,75 \times (0,6 \times 485 \times 10^6) \times (3,535 \times \Delta L \times 10^{-6})$
    ↑ dois lados
$\phi R_n = 1.543,0276 \times \Delta L$ ... **(A)**

b) Resistência do metal base

$R_n = (0,6\ f_y)\ A_{MB}$; $\phi = 0,9$; $A_{MB} = s\ \Delta L$

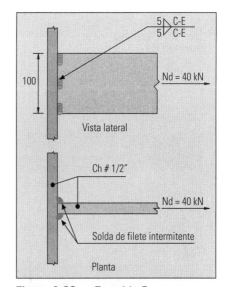

Figura 9.66 — Exercício 2

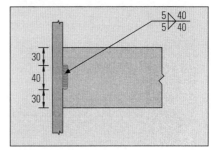

Figura 9.67 — Exercício 2

$A_{MB} = 5\ \Delta L$ (mm²)
$\phi R_n = 0{,}9 \times (0{,}6 \times 250 \times 10^6) \times (5\ \Delta L \times 10^{-6}) \times 2$ ← dois lados
$\phi R_n = 1.350 \times \Delta L$ ... (**B**)

O menor valor entre (**A**) e (**B**) é (**B**):
$1.350 \times \Delta L = 40.000$
$\Delta L \cong 30$ mm

O valor mínimo é: | 40 mm
| $4\ s = 4 \times 5 = 20$ mm

Adotado: $L_{mín} = 40$ mm (Fig. 9.67)

Exercício 3

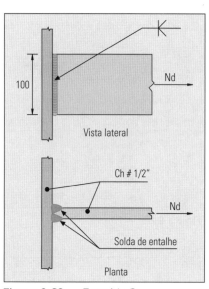

Figura 9.68 — Exercício 3

Na hipótese de a solda do caso anterior ser de entalhe com penetração total, qual seria a resistência da ligação? (Fig. 9.68)

Solução:

Nesse caso tem-se:
Metal solda = metal base

Penetração total com força normal
$\phi R_n = 0{,}9 \times (250 \times 10^6) \times (12{,}7 \times 100 \times 10^{-6})$
$\phi R_n = 285.750$ N

Chapa:
$N_n = A_g\ f_y$
$A_g = 10 \times \dfrac{2{,}54}{2} = 12{,}7\ \text{cm}^2$
$N_n = 12{,}7 \times 10^{-4} \times 250 \times 10^6 = 317.500$ N
$\phi N_n = 0{,}9 \times 317.500 = 285.750$ N

A resistência da ligação é:
$\phi R_n = 285.750$ N

Exercício 4

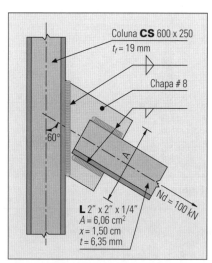

Figura 9.69 — Exercício 4

Dimensionar a ligação de uma barra em diagonal, utilizada para contraventamento de uma coluna de aço (Fig. 9.69).

Dados: Eletrodo: E7018: $f_w = 485$ MPa
Aço: EB-583; MR-250
$f_y = 250$ MPa; $f_u = 400$ MPa
L 2" × 2" × 1/4" (tabela E.1)
$A = 6{,}06$ cm²
$x = 1{,}50$ cm
$t = 6{,}35$ mm

Solução:

a) Resistência de cálculo da cantoneira de travamento

- Na área bruta
$R_n = A_g\ f_y$; $\phi = 0{,}9$
$\phi R_n = 0{,}9 \times (6{,}06 \times 10^{-4}) \times (250 \times 10^6) = 136.350 > N_d = 100$ kN

- Na área efetiva
$R_n = A_e\ f_u$; $\phi = 0{,}75$; $A_e = C_t\ A_n$; $C_t = 0{,}85$
$\phi R_n = 0{,}75 \times (0{,}85 \times 6{,}06 \times 10^{-4}) \times (400 \times 10^6) = 154.530$ N $> N_d = 100$ kN

b) Resistência de cálculo do metal solda
$R_n = (0{,}6\ f_y)\ A_w$; $\phi = 0{,}75$
$A_w = t\ \Delta L$

Espessura do metal base: 6,35 mm e 8 mm
Espessura mínima do cordão de solda de filete: 3 mm
Espessura máxima do cordão de solda de filete: 6 mm

Adotado: $s = 6$ mm $\rightarrow t = 0,707 \times s = 0,707 \times 6 = 4,24$ mm

$\phi R_n = 0,75 \times (0,6 \times 485 \times 10^{-6}) \times (4,24 \times \Delta L \times 10^{-6}) = 925,38\ \Delta L$

$\uparrow$em milímetros

$\therefore \quad \phi R_n = Nd$

$925,38 \times \Delta L = 100.000$

$\Delta L \cong 108$ mm

c) Resistência de cálculo do metal base

$R_n = (0,6\ f_y)\ A_{MB}; \quad \phi = 0,9$

$A_{MB} = s\ \Delta L$

$\phi R_n = 0,9 \times (0,6 \times\ 250 \times 10^6) \times (6 \times \Delta L \times 10^{-6}) = 810 \times \Delta L$

$\uparrow$em milímetros

$\therefore \quad \phi R_n = Nd$

$\therefore \quad \phi R_n = Nd$

$810\ \ \Delta L = 100.000$

$\Delta L \cong 124$ mm

• Comprimento dos cordões

$a = \dfrac{L\ (C - x)}{C} = 108 \times \dfrac{(5,08 - 1,50)}{5,08} \cong 76$ mm

$b = \dfrac{L\ x}{C} = 108 \times \dfrac{1,50}{5,08} \cong 32$ mm

Comprimento mínimo: $\left|\begin{array}{l} 4\ s = 4 \times 6 = 24\ \text{mm} \\ \text{ou} \qquad\qquad\ \ 40\ \text{mm} \end{array}\right.$

Adotado $a = 76$ mm

$\qquad\qquad b = 40$ mm

• Para o rasgamento do metal base temos:

$L_{total} = 76 + 76 + 50,8 = 202,8 > 124$ mm

d) Cálculo da largura mínima da chapa de Gusset

Na área bruta:

$\phi R_n = 0,9 \times (A \times 8 \times 10^{-6}) \times (250 \times 10^6) = 1.800\ A\ [\mathbf{N}]$

$\therefore \quad \phi R_n = Nd \qquad \uparrow$em milímetros

$\therefore\ 1.800 \times A = Nd$

$A = \dfrac{100.000}{1.800} \cong 56$ mm

Na área efetiva

$\phi R_n = 0,75 \times (1 \times A \times 8 \times 10^{-6}) \times (400 \times 10^6) = 2.400\ A\ [\mathbf{N}]$

$\therefore \quad \phi R_n = Nd \qquad \uparrow$em milímetros

$\therefore\ 2.400 \times A = Nd$

$A = \dfrac{100.000}{2.400} \cong 42$ mm

Adotado: A = 100 mm > $\left|\begin{array}{l} 56\ \text{mm} \\ 42\ \text{mm} \end{array}\right.$

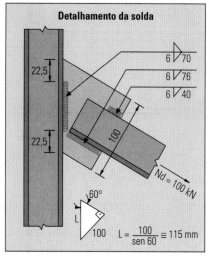

Figura 9.70 — Exercício 4

e) Dimensionamento do cordão de solda com a coluna

Espessura do metal base: 8 mm e 19 mm
Espessura mínima do cordão de filete: 5 mm e 6 mm
Espessura máxima do cordão de filete: 8 mm e 19 mm
Adotado: $s = 6$ mm $\rightarrow t = 0{,}707 \times s = 0{,}707 \times 6 = 4{,}24$ mm

- Metal solda
$\phi R_n = 0{,}75 \times (0{,}6 \times 485 \times 10^6) \times (4{,}24 \times \Delta L \times 10^{-6}) = 925{,}38 \times \Delta L$
$\therefore \quad \phi R_n = Nd/2$ \quad (em milímetros)

$925{,}38 \times \Delta L = 100.000/2 \Rightarrow \Delta L \cong 54$ mm

- Metal base
$\phi R_n = 0{,}9 \times (0{,}6 \times 250 \times 10^6) \times (6 \times \Delta L \times 10^{-6}) = 810 \times \Delta L$
$\therefore \quad \phi R_n = Nd/2$ \quad (em milímetros)

$810 \times \Delta L = 100.000/2 \rightarrow \Delta L \cong 62$ mm

Adotado $\Delta L = 70$ mm $> \Delta L_{mín}$

Os cordões de solda resultantes são apresentados na Fig. 9.70

Exercício 5

Para a ligação dada na Fig. 9.71, pede-se dimensionar o cordão de solda necessário.

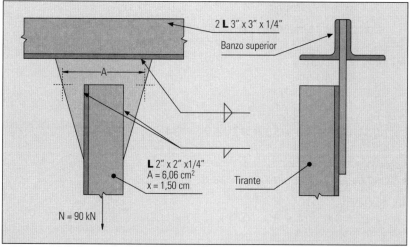

Figura 9.71 — Exercício 5

Dados: Eletrodo: E6018: $f_w = 485$ MPa
Cantoneiras: Aço EB-583; MR-250 (tabela E.1)
$f_y = 250$ MPa; $f_u = 400$ MPa; $\gamma = 1{,}4$

Solução:

a) Resistência de cálculo da cantoneira vertical

Na área bruta
$R_n = A_g f_y; \quad \phi = 0{,}9$
$R_n = (6{,}06 \times 10^{-4}) \times (250 \times 10^6) = 151.500$ N
$\phi R_n = 0{,}9 \times 151.500 = 136.350$ N

Na área efetiva:

$R_n = A_e \, f_u$; $\phi = 0,75$

$A_e = C_t \, A_n = 0,85 \times 6,06 = 5,151 \; cm^2$

$R_n = (5,151 \times 10^{-4}) \times (400 \times 10^6) = 206.040 \; N$

$\phi \, R_n = 0,75 \times 206.040 = 154.530 \; N$

Valor crítico $\rightarrow \phi \, R_n = 136.350 \; N \rightarrow N_{máx} = \dfrac{136.350}{1,4} = 97.392 \; N > 90 \; kN$

b) Resistência de cálculo do metal solda

$R_n = (0,6 \, f_y) \, A_w$; $\phi = 0,75$

$A_w = t \, \Delta L$

Espessura do metal base: 6,35 mm e 8 mm

Espessura mínima do cordão de solda de filete: 3 mm

Espessura máxima do cordão de solda de filete: 6 mm

Adotado: $s = 6$ mm $\rightarrow$ $t = 0,707 \times s = 0,707 \times 6 = 4,24$ mm

$\phi \, R_n = 0,75 \times (0,6 \times 485 \times 10^6) \times (4,24 \times \underset{\uparrow \text{em milímetros}}{\Delta L} \times 10^{-6}) = 925,38 \; \Delta L$

$\therefore \quad \phi \, R_n = N\gamma$

$925,38 \times \Delta L = 90.000 \times 1,4$

$\Delta L \cong 136$ mm

c) Resistência de cálculo do metal base

$R_n = (0,6 \, f_y) \, A_{MB}$; $\phi = 0,9$

$A_{MB} = s \, \Delta L$

$\phi \, R_n = 0,9 \times (0,6 \times 250 \times 10^6) \times (6 \times \underset{\uparrow \text{em milímetros}}{\Delta L} \times 10^{-6}) = 810 \; \Delta L$

$\therefore \quad \phi \, R_n = N\gamma = N_d$

$810 \times \Delta L = 90.000 \times 1,4$

$\Delta L \cong 156$ mm

- Comprimento dos cordões

$a = \dfrac{L \, (C - x)}{C} = \dfrac{136 \times (5,08 - 1,50)}{5,08} \cong 96$ mm

$b = \dfrac{L \, x}{C} = \dfrac{136 \times 1,50}{5,08} \cong 40$ mm

Comprimento mínimo $\left| \begin{array}{ll} 4s = 4 \times 6 = & 24 \text{ mm} \\ \text{ou} & 40 \text{ mm} \end{array} \right.$

- Para o rasgamento do metal base tem-se:

$L_{total} = 96 + 96 + 50,8 = 242,8$ mm > 156 mm

d) Cálculo do valor mínimo de "**A**"

- Verificação da chapa de Gusset na área bruta

$\phi \, R_n = 0,9 \times (A \times 8 \times 10^{-6}) \times (250 \times 10^6) = 1.800 \times A \; [\mathbf{N}]$
$\phantom{\phi \, R_n = 0,9 \times (A \times 8 \times 10^{-6})} \underset{\uparrow \text{em milímetros}}{}$

$1.800 \times A = \gamma \, N = N_d$

$A = \dfrac{1,4 \times 90.000}{1.800} = 70$ mm

- Verificação da chapa de Gusset na área efetiva

$\phi \, R_n = 0,75 \times (1 \times A \times 8 \times 10^{-6}) \times (400 \times 10^6) = 2.400 \times A \; [\mathbf{N}]$
$\phantom{\phi \, R_n = 0,75 \times (1 \times A \times 8 \times 10^{-6})} \underset{\uparrow \text{em milímetros}}{}$

$$A = \frac{1,4 \times 90.000}{2.400} \cong 53 \text{ mm}$$

Adotado A = 100 mm > | 70 mm
| 53 mm

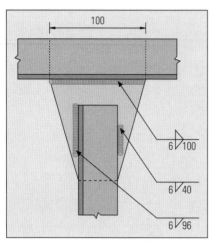

Figura 9.72 — Exercício 5

e) Dimensionamento do cordão de solda com o banzo superior
   - Metal solda
     $\phi R_n = N \gamma / 2$

     $$925,38 \times \Delta L = \frac{1,4 \times 90.000}{2} \Rightarrow \Delta L = 68 \text{ mm}$$

   - Metal base
     $\phi R_n = N \gamma / 2$

     $$810 \times \Delta L = \frac{1,4 \times 90.000}{2} \Rightarrow \Delta L \cong 78 \text{ mm}$$

   Adotado ΔL = 100 mm > | 68 mm
   | 78 mm

Os cordões de solda resultantes são apresentados na Fig. 9.72.

Exercício 6

Dimensionar a solda manual (Fig. 9.73) para resistir à capacidade máxima da cantoneira (ϕN_n). Usar 3 cordões. Sendo γ = 1,4, qual o valor de N?

Dados: Eletrodo: E7018: f_w = 485 MPa
Cantoneira: Aço EB-583;   MR-250 (Tabela E.1)
              f_y = 250 MPa; f_u = 400 MPa

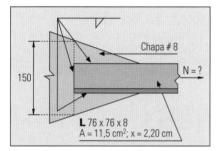

Figura 9.73 — Exercício 6

Solução:

a) Resistência de cálculo da cantoneira
   - Na área bruta
     $R_n = A_g f_y$; $\phi = 0,9$
     $R_n = (11,5 \times 10^{-4}) \times (250 \times 10^6) = 287.500$ N
     $\phi R_n = 0,9 \times 287.500 = 258.750$ N

   - Na área efetiva
     $R_n = A_e f_u$; $f = 0,75$
     $A_e = C_t A_n = 0,85 \times 11,5 = 9,775$ cm²
     $R_n = 9,775 \times 10^{-4} \times 400 \times 10^6 = 391.000$ N
     $\phi R_n = 0,75 \times 391.000 = 293.250$ N

   Valor crítico
   $\phi R_n = 258.750$ N

   $$N = \frac{\phi R_n}{\gamma} = 184.821 \text{ N}$$

b) Resistência de cálculo do metal solda

   $R_n = (0,6 f_y) A_w$; $\phi = 0,75$
   $A_w = t \Delta L$
   Espessura do metal base: 8 mm
   Espessura mínima do cordão da solda de filete: 5 mm
   Espessura máxima do cordão de solda de filete: 8 mm

Adotado: s = 8 mm → t = 0,707 × s = 0,707 × 8 = 5,65 mm

$\phi R_n = 0{,}75 \times (0{,}6 \times 485 \times 10^6) \times (5{,}65 \times \Delta L \times 10^{-6}) = 1.233{,}11\ \Delta L$
↑em milímetros

∴ Igualando com o valor da cantoneira
1.233,11× ΔL = 258.750
ΔL = 209,8 ≅ 210 mm

c) Resistência de cálculo do metal base

$R_n = (0{,}6\ f_y)\ A_{MB}$; $\phi = 0{,}9$
$A_{MB} = s\ \Delta L$
$\phi R_n = 0{,}9 \times (0{,}6 \times 250 \times 10^6) \times (8 \times \Delta L \times 10^{-6}) = 1.0080\ \Delta L$
↑em milímetros

∴ 1.080× ΔL = 258.750
ΔL = 239,58 ≅ 240 mm

Por verificação construtiva, é possível verificar que o caso mais desfavorável é o comprimento do metal solda.

d) Verificação dos comprimentos dos cordões (Fig. 9.74)

$a = \dfrac{L(C-x)}{C} - \dfrac{C}{2} = \dfrac{210 \times (76-22)}{76} - \dfrac{76}{2} \cong 111\ mm$

$b = \dfrac{L\ x}{C} - \dfrac{C}{2} = \dfrac{210 \times 22}{76} - \dfrac{76}{2} = 22{,}79 \cong 23\ mm$

O comprimento mínimo: 4 s = 4 × 8 = 32 mm
ou 40 mm

Adotado: a = 111 mm
b = 40 mm
c = 76 mm

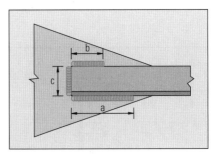

Figura 9.74 — Exercício 6

Por economia é possível adotar o filete "b" com a perna s = 5 mm. Então
Aw = t ΔL = 0,707 s ΔL

$0{,}707 \times (\overset{s}{8} \times \overset{\Delta L}{23}) = 0{,}707 \times (\overset{s}{5} \times \Delta L)$

ΔL ≅ 37 mm → adotado $\Delta L_{mín}$ = 40 mm

Detalhamento da solda
- Para o rasgamento do metal base tem-se:
L_{total} = 111 + 111 + 76 = 298 mm > 240 mm do item **C**

e) Verificação da chapa de Gusset

- Na área bruta
$\phi R_n = 0{,}9 \times (150 \times 8 \times 10^{-6}) \times (250 \times 10^6) = 270.000\ N$
> 184.821 × 1,4 = 258.749 N

- Na área efetiva
$\phi R_n = 0{,}75\ (1 \times 150 \times 8 \times 10^{-6}) \times (400 \times 10^6) = 360.000\ N$
> 258.749 N

Os cordões de solda resultantes são apresentados na Fig. 9.75.

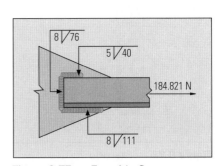

Figura 9.75 — Exercício 6

Exercício 7

Dimensionar as soldas da conexão simples de duas cantoneiras (Fig. 9.76).

Dados: Eletrodo: E7018 → f_w = 485 MPa
Perfis: Aço EB-583; MR-250
f_y = 250 MPa; f_u = 400 MPa

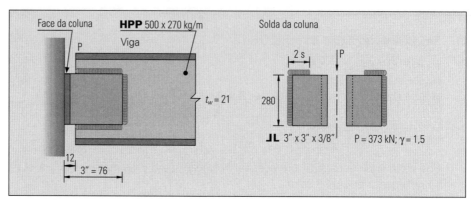

Figura 9.76 — Exercício 7

Solução:

a) Cálculo das características geométricas da solda na viga (Fig. 9.77)

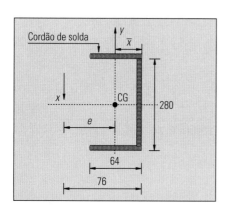

Figura 9.77 — Exercício 7

Adotado: t = 1 cm

$$\bar{x} = 2 \times \frac{[(6,4 \times 1) \times 3,2] + (28 \times 1) \times 0,5}{2 \times (6,4 \times 1) + (28 \times 1)}$$

$\bar{x}$ = 1,34 cm

A = 2 × (6,4 × 1) + (28 × 1) = 40,8 cm²

$$I_x = 2 \times (6,4 \times 1) \times (14 - 0,5)^2 + \frac{1,28^3}{12} = 4.162 \text{ cm}^4$$

$$I_y = 2 \times \left[\frac{1 \times 6,4^3}{12} + (1 \times 6,4) \times (3,2 - 1,34)^2 \right] + (1 \times 2,8) \times (1,34 - 0,5)^2$$

I_y = 89,95 cm⁴
$I_p = I_x + I_y$ = 4.162 + 89,95 = 4.251,95 cm⁴
$e = 76 - \bar{x}$
e = 7,6 - 1,34 = 6,26 cm

Carga de dimensionamento: $P_d = \gamma P$ = 1,5 × 373 ≅ 560 kN

$$q_{d,r} = \frac{\frac{650 \times 10^3}{2}}{[(2 \times 6,4 + 28) \times 1] \times 10^{-4}} = 68.627.451 \text{ N/m}^2$$

$$M_{t_d} = \frac{560}{2} \times e = \frac{560}{2} \times 10^3 \times 6,26 \times 10^{-2} = 17.528 \text{ Nm}$$

Ponto mais afastado (Fig. 9.78):

$$R = \sqrt{13,5^2 + 5,06^2} = 14,42 \text{ cm}$$

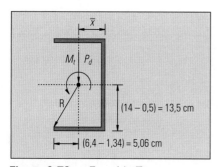

Figura 9.78 — Exercício 7

$$q_{d,T} = \frac{M_{t_d}}{I_p} \cdot R = \frac{17.528}{4.251,95 \times 10^{-8}} \times 14,42 \times 10^{-2} = 59.444.199 \text{ N/m}^2$$

$$q_{d,T,x} = \frac{M_{t_d}}{I_p} \cdot y = \frac{17.528}{4.251,95 \times 10^{-8}} \times 13,5 \times 10^{-2} = 55.651.642 \text{ N/m}^2$$

$$q_{d,T,y} = \frac{M_{t_d}}{I_p} \cdot x = \frac{17.528}{4.152,95 \times 10^{-8}} \times 5,06 \times 10^{-2} = 20.859.060 \text{ N/m}^2$$

$$q_1 = \sqrt{q_{d,x}^2 + q_{d,y}^2} = \sqrt{55.651.842^2 + (20.859.060 + 68.627.451)^2}$$

$$q_1 = 105.379.980 \text{ N/m}^2$$

b) Resistência de cálculo da solda

$$q' = \frac{\phi Rn}{(\Delta L \times 1 \times 10^{-2})} = \frac{\phi (0,6 f_w) t \Delta L}{(\Delta L \times \underbrace{1 \times 10^{-2}}_{1cm})} = 0,75 \times (0,6 \times 485 \times 10^6) \times t \times 10^2$$

$q' = 21.825.000.000 \, t \text{ N/m}^2$

Dimensão do filete:
  $q' = q_1$
  $21.825.000.000 \times t = 105.379.980$
  $t = 0,00482$ m
  $t = 4,82$ mm $s = \sqrt{2}\, t$
                   $s = 7$ mm
  Espessura do metal base: 3/8" = 9,5 mm e 21 mm
  Espessura mínima do cordão de solda de filete: 5 mm
  Espessura máxima do cordão de solda de filete: 9,5 mm

  Adotado: $s = 8$ mm.

c) Influência da excentridade da carga aplicada com relação ao plano de solda da viga (Fig. 9.79).

  $e = 76$ mm

  $$M = \frac{V_d}{2} e$$

  $$M = \frac{560 \times 10^3}{2} \times 76 \times 10^{-3} = 21.280 \text{ Nm}$$

  $$q_{1,b} = \frac{M}{I_x} \times y$$

  $$q_{1,b} = \frac{21.280}{4.162 \times 10^{-8}} \times 13,5 \times 10^{-2} = 69.024.507 \text{ N/m}^2$$

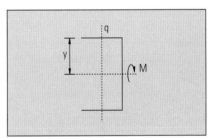

Figura 9.79 — Exercício 7

- A força unitária na solda da viga:

  $$q_d = \sqrt{\underbrace{105.379.980^2}_{q_1} + \underbrace{69.024.507^2}_{q_{1,b}}} = 125.975.500 \text{ N/m}^2$$

  $$t = \frac{125.973.500}{21.825.000.000} = 0,00577 \text{ m} \cong 5,77 \text{ mm}$$

  $s = \sqrt{2} \times t = \sqrt{2} \times 5,77 \cong 8$ mm $\rightarrow$ adotado $s = 8$ mm

d) Solda no pilar

  $$q = \frac{560.000/2}{[(280 + 2 \times 8) \times 10]10^{-6}} = 94.594.595 \text{ N/m}^2$$

  $$t = \frac{94.594.595}{21.825.000.000} = 0,00433 \text{ m} \cong 4,33 \text{ mm}$$

  $s = \sqrt{2}\, t = \sqrt{2} \times 4,33 \cong 6,13$ mm $\rightarrow$ adotado filete de 6,35 mm

Os cordões de solda resultantes são apresentados na Fig. 9.80.

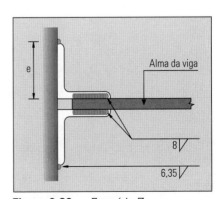

Figura 9.80 — Exercício 7

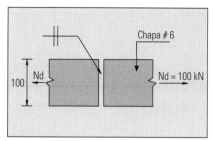

Figura 9.81 — Exercício 8

Exercício 8

Dimensionar a ligação soldada apresentada na Figura 9.81.

Dados: Eletrodo: E7018 → f_w = 485 MPa
Chapa: Aço EB-583; MR-250
f_y = 250 MPa; f_u = 400 MP

Solução:

a) Resistência de cálculos da peça

- Na área bruta
  $R_n = A_g f_y$; $\phi = 0,9$
  $\phi R_n = 0,9 \times (100 \times 6 \times 10^{-6}) \times (250 \times 10^6) = 135.000$ N > N_d

- Na área efetiva
  $R_n = A_e f_u$; $\phi = 0,75$
  $A_e = C_t A_n$; $C_t = 1,0$
  $\phi R_n = 0,75 \times (1 \times 100 \times 6 \times 10^{-6}) \times (400 \times 10^6) = 180.000$ N > N_d

b) Resistência de cálculo da solda

$R_n = A_w f_y$; $\phi = 0,9$
$\phi R_n = 0,9 \times (100 \times 6 \times 10^{-6}) \times (250 \times 10^6) = 135.000$ N > N_d

Exercício 9

Verificar a ligação soldada apresentada na Fig. 9.82.

Dados: Eletrodo: E7018: f_w = 485 MPa
Chapa: Aço EB-583; MR-250
f_y = 250 MPa; f_u = 400 MPa

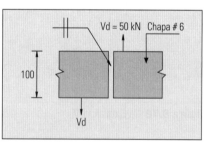

Figura 9.82 — Exercício 9

Solução:

a) Resistência de cálculo da peça

$V_n = 0,60 A_w f_y$; $\phi_v = 0,90$
$A_w = 0,67 A_g$; $A_g = b_g t$
$A_y = 10 \times 0,6 = 6$ cm²
$A_w = 0,67 \times 6 = 4,02$ cm²
$\phi V A_w = 0,9 \times (0,6 \times 250 \times 10^6) \times (4,02 \times 10^{-4}) = 54.270$ N > V_d = 50 kN

b) Resistência da ligação soldada

- Metal solda
  $R_n = 0,6 A_w f_w$; $\phi = 0,75$
  $\phi R_n = 0,75 \times (0,6 \times 485 \times 10^6) \times (100 \times 6 \times 10^{-6}) = 130.950$ N > V_d

- Metal base
  $R_n = 0,6 A_w f_y$; $\phi = 0,90$
  $\phi R_n = 0,90 \times (0,6 \times 250 \times 10^6) \times (100 \times 6 \times 10^{-6}) = 81.000$ N > V_d

PROJETO DE MEZANINO E ESCADA DE ACESSO EM AÇO

Capítulo 10

10.1 — Dados preliminares do projeto

Os parâmetros para a execução deste projeto são:

- Mezanino com dimensões de 3.000 mm × 5.000 mm com escada de aço para acesso.
- A distância do piso inferior acabado ao piso do mezanino acabado é 3.310 mm.
- Vigas principais em perfil **I** laminado.
- Vigas secundárias em perfil **C** laminado.
- Piso em chapa de aço.
- Escada de aço com degraus em chapa dobrada.
- Vigas longarinas da escada de aço, em perfil **C** laminado.

Como anteprojeto de arquitetura, tem-se as Figs. 10.1, 10.2 e 10.3

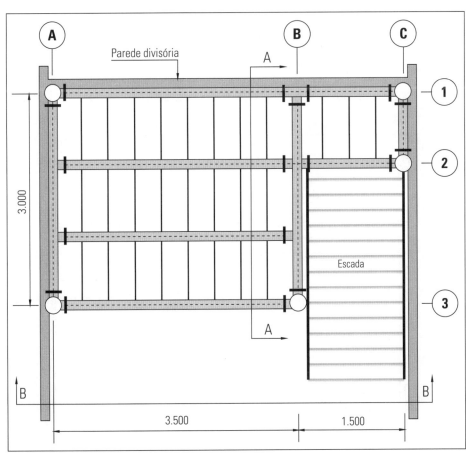

Figura 10.1 — Planta do mezanino

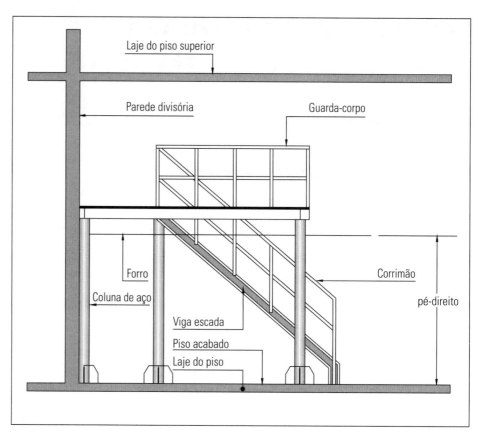

Figura 10.2 — Corte longitudinal – AA

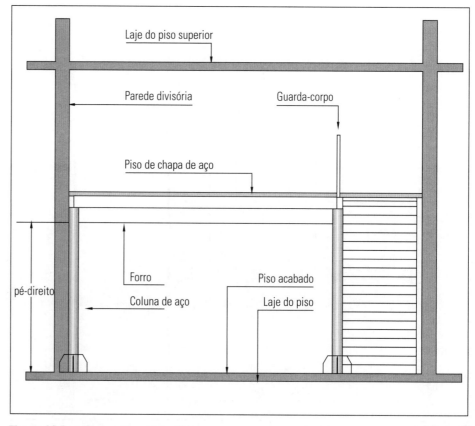

Figura 10.3 — Corte transversal – BB

10.2 — Dimensionamento da escada de acesso

Sendo uma escada interna, o comprimento do degrau será C = 1.200 mm. As dimensões dos degraus serão (Fig. 10.4):

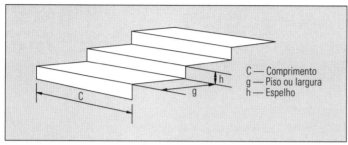

Figura 10.4

A proporção entre o espelho e o pisador é dada pela relação:

$$2h + g = 60 \text{ a } 66 \tag{10.1}$$

O conjunto de degraus compreendidos entre dois patamares ou descansos sucessivos, chama-se "lance". Um lance não deve ter mais que 20 ou 22 degraus. A largura do patamar deve ser de 3 vezes a largura do pisador e no mínimo 85 cm para proporcionar uma interrupção cômoda do lance.

A altura H a ser vencida pela escada será (Fig. 10.5):

H = Pé direito + folga para luminárias + vigas + chapa de aço do piso +

$$+ \text{ revestimento} \tag{10.2}$$

H = 2,80 + 0,20 + 0,30 + 0,01 = 3,31 m

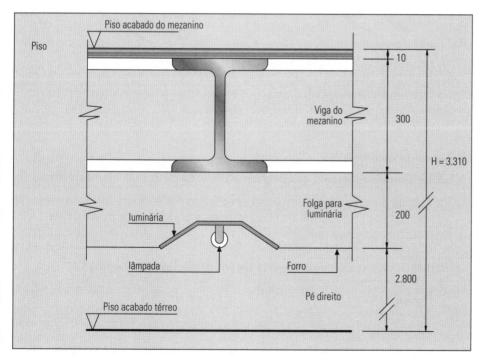

Figura 10.5

10.2.1 – Inclinação da escada

A Fig. 10.6 apresenta as inclinações adequadas para cada tipo de utilização da escada. O valor do espelho (h), é dado pela relação:

$$15 \text{ cm} \leq h \leq 20 \text{ cm} \tag{10.3}$$

adotando h = 17,5 cm → número de degraus – $n = \dfrac{H}{h}$

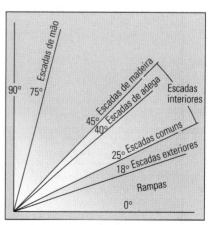

Figura 10.6 — As várias inclinações de diversos tipos de escada

$$n = \frac{H}{h} = \frac{331}{17,5} \cong 18.91$$

adotando n = 19 degraus < 20, um único lance de degraus, portanto:

$$h = \frac{H}{n} = \frac{331}{19} = 17,42 \text{ cm}$$

com 10.1: $\quad g_{máx} = 66 - 2 \cdot 17,42 = 31,16$ cm

$\quad\quad\quad\quad\quad g_{mín} = 60 - 2 \cdot 17.42 = 25,16$ cm

adotando g = 30 cm.

10.2.2 – Comprimento da viga escada

O comprimento da viga escada é apresentado na Fig. 10.7.

$$\text{tg}\alpha = \frac{331}{570} = 0,58$$
$$\alpha = 30,14° = \alpha = 30° \, 8' \, 37,72''$$
$$L = \sqrt{331^2 + 570^2} \cong 659 \text{ cm}$$

Como anteprojeto da escada são apresentadas as Figs. 10.8 e 10.9.

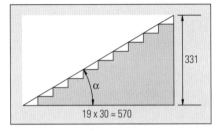

Figura 10.7 — Altura e ângulo de inclinação da escada

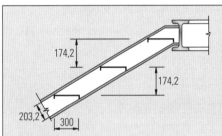

Figura 10.8 — Detalhe de ligação do topo da escada

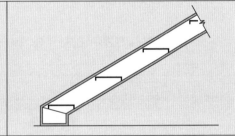

Figura 10.9 — Detalhe de ligação da base da escada

10.2.3 – Cálculo estático

10.2.3.1 – Dimensionamento dos degraus da escada de acesso ao mezanino

Os degraus serão feitos com chapa xadrez de 6,3 mm. A seção transversal do degrau é apresentada na Fig. 10.10 e o cálculo da área da seção transversal na Tabela 10.1.

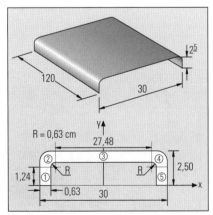

Figura 10.10 — Representação gráfica e esquemática de um degrau

Tabela 10.1 — Cálculo da área da seção transversal dos degraus	
Figura	Área (cm²)
1	(2,5 – 2 × 0,63) × 0,63 = 0,78
2	$^{\pi}/_{4}$ × [(2 × 0,63)² – 0,63²] = 0,94
3	[30 – 2 × (2 × 0,63)] × 0,63 = 17,31
4	0,94
5	0,78
total	20,75

Capítulo 10 — Projeto de mezanino e escada de acesso em aço

Chapa do degrau desenvolvida:

$$2\times(2,5-2\times0,63)+2\times\left[\frac{2\times\pi\times(0,63+\frac{0,63}{2})}{4}\right]+\left[30-2\times(2\times0,63)\right]=32,93\text{ cm}$$

- **Características geométricas do degrau**

Tabela 10.2 — Cálculo do centro de gravidade do degrau			
Figura	A_i (cm²)	y_{CGi} (cm)	Ms_{xi} (cm³)
1	0,78	$1,24/2 = 0,62$	0,48
2	0,94	$2,5 - 0,84 = 1,66$	1,56
3	18,31	2,19	37,91
4	0,94	1,66	1,56
5	0,78	0,62	0,48
total	20,75	—	41,99

(A) O Centro de Gravidade para o setor de anel (Fig. 10.11):

$$y_{CG} = \frac{1}{\frac{\pi}{4}(R_2^2 - R_1^2)}\left[\frac{\pi R_2^2}{4}\times 0,5756\, R_2 - \frac{\pi R_1^2}{4}\times 0,5756\, R_1\right] \quad (10.5)$$

$$y_{CG} = \frac{1}{\frac{\pi}{4}(1,26^2 - 0,63^2)}\left[\frac{\pi}{4}1,26^2 \times 0,5756 \times 1,26 - \frac{\pi}{4}0,63^2 \times 0,5756 \times 0,63\right]$$

$$y_{CG} = \frac{0,79}{\frac{\pi}{4}(1,26^2 - 0,63^2)} = 0,84 \text{ cm}$$

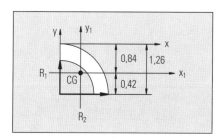

Figura 10.11

Portanto, da tabela 10.2 : $y_{CG} = \frac{\Sigma Ms_i}{\Sigma A_i} = \frac{41,99}{20,75} = 2,02$ cm   (Fig. 10.12)

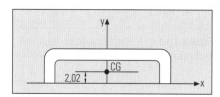

Figura 10.12 — Posição do Centro de Gravidade (CG) da seção transversal do degrau.

Tabela 10.3 — Cálculo do momento de inércia do degrau			
Figura	$dy_i = |y_{CG} - y_{CGi}|$ (cm)	$A_i\, dy_i^2$ (cm⁴)	Iy_i (cm⁴)
1	1,40	1,53	$\frac{0,63 \cdot 1,24^3}{12} = 0,10$
2	0,36	0,12	0,29
3	30,17	0,50	$\frac{27,48 \cdot 0,63^3}{12} = 0,57$
4	0,36	0,12	0,29
5	1,40	1,53	0,10
total	—	3,80	1,35

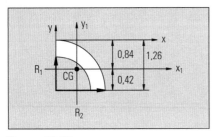

Figura 10.13

(B) O momento de inércia para o setor do anel (Fig.10.13):

$$I_x = \frac{\pi(R_2^4 - R_1^4)}{16} = \frac{\pi}{16}(1,26^4 - 0,63^4) = 0,46 \text{ cm}^4$$

$$I_{x_i} = I_x - A \times 0,42^2 \qquad (10.6)$$

$$I_{x_i} = 0,46 - 0,94 \times 0,42^2 = 0,29 \text{ cm}^4$$

$$I_y = \Sigma I_{yi} + \Sigma A_i d_y^2 = 1,35 + 3,80 \qquad (10.7)$$

$$I_y = 5,15 \text{ cm}^4$$

$$r_y = \sqrt{\frac{I_y}{A}} = \sqrt{\frac{5,15}{20,75}} = 0,50 \text{ cm} \qquad (10.8)$$

$$W_{x \text{ sup}} = \frac{I_y}{2,5 - 2,02} = \frac{5,15}{0,48} = 10,73 \text{ cm}^3$$

$$W_{x \text{ inf}} = \frac{I_x}{2,02} = \frac{5,15}{2,02} = 2,55 \text{ cm}^3$$

- **Cálculo da resistência do degrau**

Área desenvolvida = 32,93 × 120 = 3.951,46 cm²
Peso da chapa xadrez de 6,3 mm = 497,97 N/m²
Peso do degrau = Área desenvolvida × 497,97 N/m²
Peso de degrau = 3.951,46 × 10⁻⁴ × 497,97 = 196,77 N

$$PP = \frac{196,77}{1,20} = 163,98 \text{ N/m}$$

Sobrecarga → $q = 3$ kN/m²
$q = 3.000 \times 0,30 = 900$ N/m

Carga atuante = 163,98 + 16,4 + 900 ≅ 1.100 N/m (Fig. 10.14)

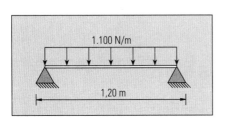

Figura 10.14 — Esquema de carregamento do degrau

$$V = \frac{1.100 \times 1,20}{2} = 660 \text{ N}$$

$$Mf = \frac{1.100 \times 1,20^2}{8} = 198 \text{ Nm}$$

Aço: $f_y = 250$ MPa

Como os perfis de chapa dobrada não são contemplados pela NB14, será adotada a consideração:

$$\sigma_{\text{atuante}} = \frac{M}{W} \leq \sigma_{\text{adm}} = 0,6 \, f_y \qquad (10.9)$$

$$\sigma_{\text{atuante}} = \frac{198}{2,55 \times 10^{-6}} = 77,65 \times 10^6 \text{ Pa}$$

$$\sigma_{\text{adm}} = 0,6 \times 250 \times 10^6 = 150 \times 10^6 \text{ Pa}$$

$$\sigma_{\text{atuante}} < \sigma_{\text{adm}}$$

$$\sigma_{\text{máx}} = \frac{V}{A} = \frac{660}{20,75 \times 10^{-4}} = 0,31 \times 10^6$$

$$\sigma_{\text{adm}} = 0,6 \times 150 \times 10^6 = 90 \times 10^6 \text{ Pa}$$

$$\sigma_{\text{máx}} < \sigma_{\text{adm}}$$

$$\text{Flecha}_{adm} = \frac{L}{180} = \frac{1.200}{180} = 6,67 \text{ mm}$$

$$\text{Flecha}_{atuante} = \frac{5}{384} \frac{qL^4}{EI} = \frac{5}{384} \times \frac{1.100 \times 1,2^4}{105 \times 10^9 \times 5,15 \times 10^{-8}} = 2,81 \times 10^{-3} = 2,81 \text{ mm}$$

$$\text{Flecha}_{atuante} < \text{Flecha}_{adm}$$

10.2.3.2 – Dimensionamento da viga escada

Peso do degrau = 196,77 N

Carga do degrau em cada viga = $\frac{196,77}{2} \cong 99$ N
Total de degraus = 19
Carga total por viga = 19 × 99 = 1.881 N

Carga distribuida projetada no plano horizontal = $\frac{1.881}{5,70}$ = 330 N/m

- **Cargas atuantes na viga longarina**

Adotado perfil C 203,20 × 17,10 kg/m (Fig. 10.15)

A = 21,68 cm²
I_x = 1.344,30 cm⁴
W_x = 132,70 cm³
r_x = 7,87 cm
I_y = 54,10 cm⁴
W_y = 12,94 cm³
r_y = 1,42 cm

Peso total = comprimento × 17,10 kg/m
Peso total = 6,59 · 17,10 ≅ 113 kg = 1.130 N

Peso próprio projetado no plano horizontal = $\frac{1.130}{5,70} \cong 199$ N/m

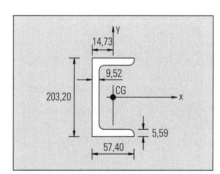

Figura 10.15

Revestimento: Não haverá

Sobrecarga: 3 kN/m²

Carga da sobrecarga $q = 3 \times \frac{1,20}{2} = 1,80$ kN/m

Carregamento devido ao corrimão (Fig. 10.16)
Componentes:

Barra chata: 3" × ½" × 7,60 kg/m

Perfil de tubo quadrado: ⌀ 50 × 50 × 4

$A = 5^2 - 4,20^2 = 7,36$ cm²
$P = 7,36 \times 10^{-4} \times 77 \times 10^3$
$P = 56,67$ N/m

Carga por metro de escada:
2 perfis quadrados → 2 × 56,67	= 113,34 N
1 montante →	= 56,56 N
barra chata →	= 76,00 N
Corrimão	= 246,01 N/m
Fixação 10% × corrimão →	= 24,60 N/m
total →	≅ 271 N/m

Carga projetada no plano horizontal = $\frac{271 \times 6,59}{5,70} \cong 313$ N/m

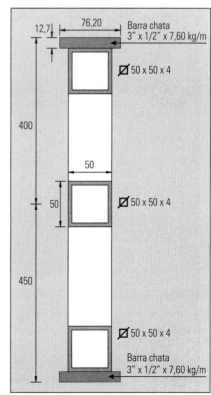

Figura 10.16

• **Esquema de cálculo das vigas escada**

Cargas atuantes

Peso próprio da viga	=	199 N/m	
Degraus	=	330 N/m	
Corrimão	=	313 N/m	
	q =	842 N/m	
Ligações: 10%	q =	84 N/m	
	PP ≅	926 N/m	
PP	→	900 N/m	
SC	→	1.800 N/m	
	q_t ≅	2.700 N/m	

Cálculo das reações de apoio (Fig. 10.17)

$\Sigma M_A = 0$ ↻(+)

$$2.700 \times \frac{5,70^2}{2} - R_{VB} \times 5,70 = 0$$

$$R_{VB} = 7.695 \ N \uparrow$$

$\Sigma V = 0$ ↓(+)

$$2.700 \times 5,70 - 7.695 - R_{VA} = 0$$

$$R_{VA} = 7.695 \ N \uparrow$$

$\Sigma H = 0 \to (+)$

$$R_{HA} = 0$$

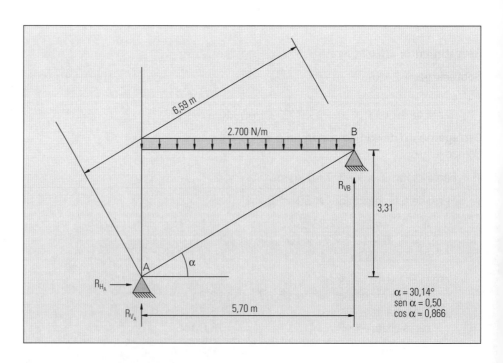

Figura 10.17 — Esquema de carregamento

- **Cálculo dos esforços internos solicitantes** (Fig. 10.18)

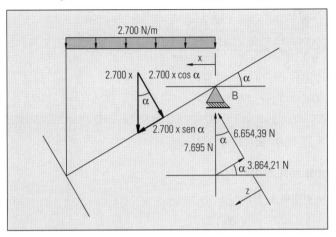

Figura 10.18

Força normal:
 trecho $0 < x < 5{,}70$
  $N = 3.864{,}21 - 2.700\ x\ \text{sen}\ \alpha$
  $x = 0 \to N = 3.864{,}21$ N (tração)
  $x = 5{,}70$ m $\to N = -3.864{,}21$ N (compressão)

Força cortante:
 trecho $0 < x < 5{,}70$ m
  $V = -6.654{,}39 + 2.700\ x\ \cos\alpha$
  $x = 0 \to V = -6.654{,}39$ N
  $x = 5{,}70$ m $\to V = +6.654{,}39$ N

Momento fletor:
 trecho $0 < x < 5{,}70$ m
  $M = 6.654{,}39\ z - 2.700\ x \cos\alpha\ \dfrac{z}{2}$

mas: $z = \dfrac{x}{\cos\alpha}$

$M = 6.654{,}39\ \dfrac{x}{\cos\alpha} - 2.700\ x \cos\alpha\ \dfrac{x}{2\cos\alpha}$

$M = 6.654{,}39\ \dfrac{x}{\cos\alpha} - 1.350\ x^2$

$x = 0 \to M = 0$
$x = 5{,}70$ m $\to M = 0$
$M_{máx} \Rightarrow V = 0 = -6.654{,}39 + 2.700\ x \cos\alpha$
  $x = 2{,}85$ m

$M_{máx} = 6.654{,}39\ \dfrac{(2{,}85)}{\cos\alpha} - 1.350(2{,}85)^2$

$M_{máx} = 10.965{,}38$ Nm

- **Dimensionamento da viga**

Esforços internos solicitantes:

 $N = 3.864{,}21$ N
 $V = 6.654{,}39$ N
 $M = 10.965{,}38$ Nm

Força normal resistente

$\lambda = \dfrac{k\ L}{r_x} = \dfrac{1{,}0 \times 659}{7{,}87} = 83{,}74 < \lambda_{máx} = 200$

Estruturas metálicas

$$\frac{b}{t} = \frac{57,40}{5,59} = 10,27 < \left(\frac{b}{t}\right)_{máx} = 16 \rightarrow Q = 1$$

$$\bar{\lambda} = \frac{\lambda}{\pi}\sqrt{\frac{Q\,f_y}{E}} = \frac{\lambda}{\pi}\sqrt{\frac{1,0 \times 250 \times 10^6}{205 \times 10^9}} = 0,0111 \times \lambda$$

$$\bar{\lambda} = 0,0111 \times 83,74 = 0,93$$

$$\text{curva } c \rightarrow \rho = 0,575$$

$$\phi_c\,N_n = \phi_c\,Q\,A_g\,\rho\,f_y = 0,9 \times 1,0 \times (21,68 \times 10^{-4}) \times 0,575 \times (250 \times 10^6)$$

$$\phi_c\,N_n = 280.485 \text{ N}$$

Momento fletor resistente

Verificação da alma:

$$\lambda_a = \frac{h}{t_w} = \frac{192,02}{9,52} = 20,17$$

$$\lambda_{Pa} = 3,5\sqrt{\frac{E}{f_y}} = 3,5\sqrt{\frac{204 \times 10^9}{250 \times 10^6}} = 100,22$$

$\lambda_a < \lambda_{p_a}$ viga compacta quanto à alma:

$$M_{na} = M_{pl} = Z_x\,f_y$$

Para o perfil simétrico $C \rightarrow z_x \cong 1,12\;w$

$$Z_x \cong 1,12 \times 132,7 = 148,62 \text{ cm}^3$$
$$M_{na} = 148,62 \times 10^{-6} \times 250 \times 10^6 = 37.156 \text{ Nm}$$

Verificação da mesa:

$$\lambda_m = \frac{b}{t_f} = \frac{57,40}{5,59} = 10,27$$

$$\lambda_{Pm} = 0,38\sqrt{\frac{E}{f_y}} = 0,38\sqrt{\frac{205 \times 10^9}{150 \times 10^6}} = 10,88$$

$\lambda_m < \lambda_{Pm}$ a viga é compacta quanto à alma.
$$M_{nm} = M_{pl} = Z_x\,f_y = 37.156 \text{ Nm}$$

Verificação da flambagem lateral com torção:

$$L_b = 0,30 \text{ m}$$

$$\lambda_{Lt} = \frac{L_b}{r_y} = \frac{30}{1,42} = 21,13 < 200$$

$$\lambda_{P_{Lt}} = 1,50\sqrt{\frac{E}{f_y}} = 1,50\sqrt{\frac{205 \times 10^9}{250 \times 10^6}} = 42,95$$

$\lambda_{Lt} < \lambda_{P_{Lt}}$ é compacta quanto à flambagem lateral com torção
$$M_{n_{LT}} = Z_x\,f_y = 37.156 \text{ Nm}$$

Verificação do esforço combinado (NB-14 - item 5.6.1.3):

$$\frac{N_d}{\phi N_n} + \frac{M_d}{\phi_b M_n} \le 1,0$$

$N_d = 1,4 \times 3.864,21 = 5.409,89$ Nm
$N_d = 1,4 \times 10.965,38 = 15.351,53$ Nm

$$\frac{5.404,89}{280.485} + \frac{15.351,53}{0,9 \cdot 37.156} = 0,02 + 0,46$$

$0,48 < 1,00$ **OK!**

Verificação do cisalhamento:

$$\lambda_a = \frac{h}{t_w} = 20,17$$

$$\lambda_{PV} = 1,08\sqrt{\frac{KE}{f_y}} = 1,08\sqrt{\frac{5,34 \times 205 \times 10^9}{250 \times 10^6}} = 71,47$$

$\lambda_a < \lambda_{PV}$ compacta para o cisalhamento
$V_n = V_{pL} = 0,6\ A_w\ f_y$
$A_w = dt_w = 20,32 \times 0,952 = 19,34$ cm^2
$V_n = 0,6 \times (19,34 \times 10^{-4}) \times 250 \times 10^6 = 2.901.000$ N
$\phi_v\ V_n = 0,9 \times 2.901.000 = 2.610.900$ N
$\phi_v\ V_n > \gamma\ V = 1,4 \times 7.695 = 10.773$ N

10.3 — Cálculo das vigas do mezanino

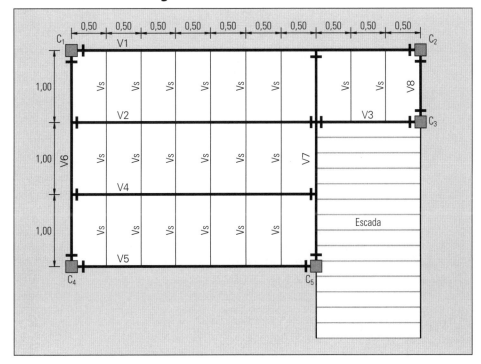

Figura 10.19 — Esquema estrutural

- **Vigas principais** — (v_1, v_2, v_3, v_4, v_5, v_6, v_7 e v_8)

Adotado perfil I 254 × 37,70 kg/m (Fig. 10.20) (Tabela E.4, p. 271)

A = 48,10 cm^2
I_x = 5.081,00 cm^4
N_x = 399,80 cm^3
r_x = 10,34 cm
I_y = 287,20 cm^4
w_y = 49,16 cm^3
r_y = 2,46 cm

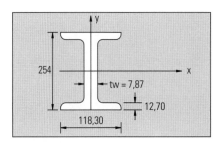

Figura 10.20

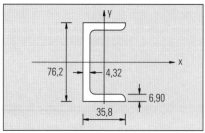

Figura 10.21

- **Vigas secundárias (Vs)**

Adotado perfil **C** 76,2 × 6,11 kg/m (Fig. 10.21) (Tabela E.3)

$A = 7,78$ cm^2
$I_x = 68,90$ cm^4
$w_x = 18,10$ cm^3
$r_x = 2,98$ cm
$I_y = 8,20$ cm^4
$w_y = 3,32$ cm^3
$r_y = 1,03$ cm

10.3.1 – Cálculo das vigas secundárias:

Peso próprio (PP) →		61,10 N/m
Ligações: 10% × PP →		6,10 N/m
		67,10 N/m
Chapa de piso (# 6,3 mm) → 497,97 N/m^2 × 0,5 m		= 248,99 N/m
SC → 3.000 N/m^2 × 0,5 m		= 1.500 N/m
	$q \cong$	1.820 N/m

$$M_{máx} = \frac{qL^2}{8} = \frac{1.820 \times 1^2}{8} = 227,50 \text{ Nm}$$

$$V_{máx} = \frac{qL}{2} = \frac{1.820 \times 1}{2} = 910 \text{ N}$$

- **Verificação da alma**

$$\lambda_a = \frac{h}{t_w} = \frac{62,40}{4,32} = 14,44$$

$$\lambda_{Pa} = 3,5\sqrt{\frac{E}{f_y}} = 3,5\sqrt{\frac{205 \times 10^9}{250 \times 10^6}} = 100,22$$

$\lambda_a < \lambda_{pa}$ — A viga é compacta quanto à alma
$M_{n_a} = M_{pl} = Z_x f_y$
$Z_x \cong 1,12 \ w = 1,12 \times 18,10 = 20,27$ cm^3
$M_{n_a} = 20,27 \times 10^{-6} \times 250 \times 10^6 = 5.068$ Nm

- **Verificação da mesa**

$$\lambda_m = \frac{b}{t_f} = \frac{35,8}{6,90} = 5,19$$

$$\lambda_{Pm} = 0,38\sqrt{\frac{E}{f_y}} = 0,38\sqrt{\frac{205 \times 10^9}{250 \times 10^6}} = 10,88$$

$\lambda_m < \lambda_{pm}$ — A viga é compacta quanto à mesa
$M_{nm} = M_{pl} = Zx \ f_y = 5.068$ Nm

- **Verificação da flambagem lateral com torção**

$L_b = 0$ — totalmente travada pela chapa de piso
$M_{n_{Lt}} = M_{PL} = 37.156$ N/m

- **Verificação do cisalhamento**

$$\lambda_a = \frac{h}{t_w} = 14,44$$

$$\lambda_{Pa} = 1,08\sqrt{\frac{k\,E}{f_y}} = 1,08\sqrt{\frac{5,34 \times 205 \times 10^9}{250 \times 10^6}} = 71,47$$

$\lambda_a < \lambda_{P_v}$ — viga compacta para cisalhamento
$\lambda_n = V_{pl} = 0,6\,A_w\,f_y$
$A_w = dt_w = 7,62 \times 0,432 = 3,29\ cm^2$
$V_n = 0,6 \times 3,29 \times 10^{-4} \times 250 \times 10^6 = 493.500\ N$
$\phi_v\,V_n = 0,9 \times 493.500 = 444.150\ N \leq 910 \times 1,4 = 1.274\ N$

10.3.2 – Cálculo das vigas principais

- **Cálculo da viga principal (V_1)** (Fig. 10.25)

   Contribuição das vigas que se apóiam na viga V_1.

   ○ **Vigas V_2 e V_4** (Fig. 10.22)

PP	→	377 N/m
Ligações	→	38 N/m
		q = 415N/m

$$V_6 = V_7 = 3 \times 910 + \frac{415 \times 3,50}{2} = 3.456,25\ N \uparrow$$

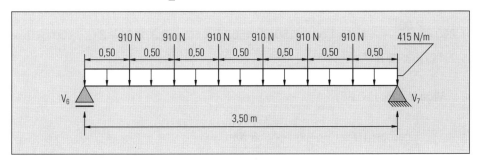

Figura 10.22

   ○ **Viga V_3** (Fig. 10.23)

PP	→	377 N/m
Ligações 10% × PP	→	38 N/m
		q = 415N/m

$$V_7 = C_3 = 7.695 + 910 + \frac{415 \times 1,50}{2} = 8.916,25\ N \uparrow$$

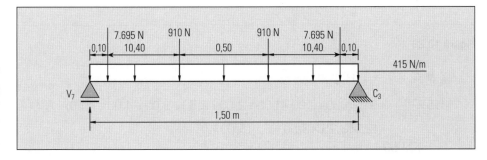

Figura 10.23

○ **Viga V₇** (Fig. 10.24)

PP	→	377 N/m
Ligações: 10% × PP	→	38 N/m
Chapa - 497,97 N/m × 0,5 m	→	248,99 N/m
Sc - 3.000 N/m² × 0,5 m	→	1.500 N/m

$$q \cong 2.164 \text{ N/m}$$

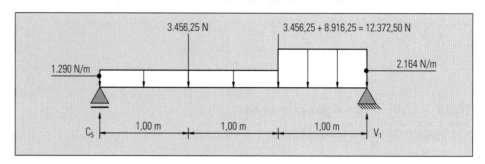

Figura 10.24

PP	→	377 N/m
Ligações	→	38 N/m
Chapa	→	124,5 N/m
Sc	→	750 N/m

$$q_z \cong 1.290 \text{ N/m}$$

$\Sigma M\ C_5 = 0$ ((+))

$$1.290 \times \frac{2,00^2}{2} + 2.164 \times 1,00 \times 2,50 + 3.456,25 \times 1,0 + 12.372,50 \times 2 - V_1 \times 3,0 = 0$$

$V_1 = 12.063,75$ N ↑

○ **Viga V₁** (Fig. 10.25)

| PP | → | 337 N/m |
| Ligações: 10% PP | → | 38 N/m |

$$q \cong 415 \text{ N/m}$$

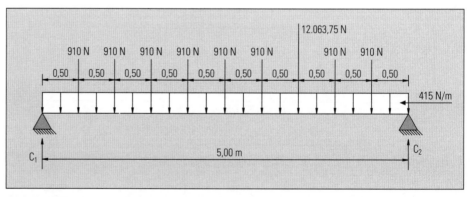

Figura 10.25

$\Sigma M\ C_1 = 0$ ((+))

$$415 \times \frac{5,0^2}{2} + 915(0,50 + 1,00 + 1,50 + 2,00 + 2,50 + 3,00 + 4,00 + 4,50) +$$
$$+ 12.063,75 \times 3,50 - C_2 \times 5,00 = 0$$

$C_2 = 12.959,13$ N ↑

- **Cálculo dos esforços internos solicitantes**
- **Força cortante**

$$V_{máx} = 12.959,13 \text{ N}$$

- **Momento fletor** → $M_{máx} \Rightarrow V = 0$ (Fig. 10.26)

$V = -12.959,13 + 2 \times 910 + 415 x$
$x_{direito} = 1,50 \text{ m} \rightarrow V = -10.516,63 \text{ N}$
$x_{esquerdo} = 1,50 \text{ m} \rightarrow V = -10.516,63 + 12.063,75 = 1.547,12 \text{ N}$

Portanto:

$V = 0 \Rightarrow x = 1,50 \text{ m}$

$$M_{máx} = 12.959,13 \times 1,50 - 910 \times 1,00 - 910 \times 0,50 - 415 \times \frac{1,5}{2} = 17.606,82 \text{ Nm}$$

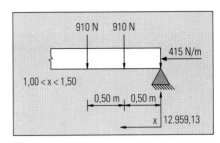

Figura 10.26

Esforços atuantes de dimensionamento

$\gamma V = 1,4 \times 12.959,13 = 18.142,78 \text{ N}$
$\gamma M = 1,4 \times 17.606,82 = 24.649,55 \text{ N}$

Verificação da resistência da viga aos esforços internos solicitantes

Verificação de alma

$$\lambda_a = \frac{h}{t_w} = \frac{228,60}{7,87} = 29,05$$

$$\lambda_{Pa} = 3,5\sqrt{\frac{E}{f_y}} = 3,5\sqrt{\frac{205 \times 10^9}{250 \times 10^6}} = 100,22$$

$\lambda_a < \lambda_{Pa}$ — A viga é compacta quanto à alma
$M_{n_a} = M_{Pl} = Z_x f_y$
$Z_x \cong 1,12 W_x = 1,12 \times 399,8 = 447,78 \text{ cm}^3$
$M_{n_a} = 447,78 \times 10^{-6} \times 250 \times 10^6 = 111.944 \text{ Nm}$

Verificação da mesa

$$\lambda_m = \frac{b}{t_f} = \frac{118,30/2}{12,7} = 4,66$$

$$\lambda_{Pm} = 0,38\sqrt{\frac{E}{f_y}} = 10,88$$

$\lambda_m < \lambda_{Pm}$ → A viga é compacta quanto à mesa
$M_{n_m} = Z_x f_y = 111.944 \text{ Nm}$

Verificação da flambagem lateral com torção

$L_b = 0,50 \text{ m}$

$$\lambda_{P_{Lt}} = 1,75\sqrt{\frac{E}{f_y}} = 1,75\sqrt{\frac{205 \times 10^9}{250 \times 10^6}} = 50,11$$

$$\lambda_{Lt} = \frac{L_b}{r_y} = \frac{50}{2,46} = 20,33$$

$\lambda_{Lt} < \lambda_{P_{Lt}}$ — A viga é compacta para a flambagem lateral com torção
$M_{n_{Lt}} = M_{PL} = Z_x f_y = 111.944 \text{ Nm}$
$\phi_b M_n = 0,9 \times 111.944 = 100.749,60 \text{ Nm}$
$\phi_b M_n > \gamma M = 17.606,82 \text{ Nm}$

Verificação do cisalhamento

$$\lambda_a = \frac{h}{t_w} = 29{,}05$$

$$\lambda_{Pv} = 1{,}08\sqrt{\frac{k\,E}{f_y}} = 71{,}47$$

$\lambda_a < \lambda_{Pu}$ a viga é compacta quanto ao cisalhamento
$\lambda_n = V_{pl} = 0{,}6\,A_w\,f_y$
$A_w = d t_w = 25{,}4 \times 0{,}787 = 19{,}99 \text{ cm}^2$
$V_n = 0{,}6 \times (19{,}99 \times 10^{-4}) \times 250 \times 10^6 = 299.850 \text{ N}$
$\phi_v V_n = 0{,}9 \times 299.850 = 269.865 \text{ N}$
$\phi_{v_n} > \gamma_{v_n} = 18.142{,}78 \text{ N}$

10.4 — Dimensionamento das colunas

- **Carga atuante na coluna C_1**

    $N_1 = C_{1_{V_1}} + C_{1_{V_6}}$

    Reações de V_6 (Fig. 10.27)

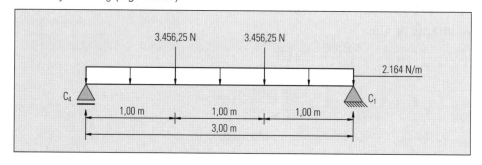

Figura 10.27

$$C_1 = C_4 = 3.456{,}25 + \frac{2.164 \times 3}{2} = 6.702{,}25 \text{ N} \uparrow$$

Reações de V_1 (Fig. 10.25)

$$C_1 = (8 \times 910 + 12.063{,}75 + 5 \times 415) - 12.959{,}13 = 8.459{,}62 \text{ N} \uparrow$$

Portanto:

$$N_1 = 8.454{,}62 + 6.702{,}25 = 15.161{,}87 \text{ N}$$

- **Carga atual na coluna C_2**

    $N_2 = C_{2_{V_1}} + C_{2_{V_8}}$

    Reações de V_8 (Fig. 10.28)

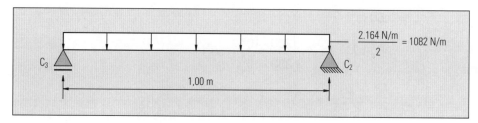

Figura 10.28

$$C_2 = C_3 = \frac{1.082 \times 1{,}00}{2} = 541 \text{ N} \uparrow$$

Portanto:

$N_2 = 12.959,13 + 541 = 13.500,13$ N

Será feito o dimensionamento das colunas pela carga crítica na coluna C_1.

$N = 15.161,87$ N

$Nd = \gamma N = 1,4 \times 15.161,87 = 21.226,62$ N

- **Coluna circular (tubo)** (Fig. 10.29)

Será adotado $\lambda_{máx} = 100$

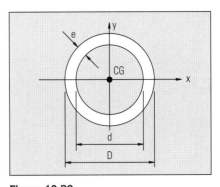

Figura 10.29

$$\lambda = \frac{k\,L}{r_{mín}} \leq 100$$

$$r_{mín} \geq \frac{k\,L}{100} = \frac{1,0 \times 331}{100} = 3,31 \text{ cm}$$

$$A = \frac{\pi}{4}(D^2 - d^2)$$

$$I_p = \frac{\pi(D^4 - d^4)}{64}$$

$$r_p = \sqrt{\frac{I_p}{A}} = \sqrt{\frac{\frac{\pi}{64}(D^4 - d^4)}{\frac{\pi}{4}(D^2 - d^2)}}$$

$$V_p = \sqrt{\frac{(D^2 - d^2)(D^2 + d^2)}{16(D^2 - d^2)}}$$

$$r_p = \frac{\sqrt{D^2 + d^2}}{4}$$

Mas: $d = D - 2e$

Assim: $r_p = \sqrt{\dfrac{D^2 - (D - 2e)^2}{4}} = \sqrt{\dfrac{D^2 - (D^2 + 4e^2 - 4De)}{4}} =$

$= \sqrt{\dfrac{D^2 - D^2 - 4e^2 + 4De}{4}} = \sqrt{\dfrac{4De - 4e^2}{4}}$

$$r_p = \frac{\sqrt{De - e^2}}{2}$$

Portanto: $\dfrac{\sqrt{De - e^2}}{2} = 3,31$ cm

$\sqrt{De - e^2} = 6,62$

$De - e^2 = 43,82$

Adotando a espessura da coluna
$e = 5$ mm $\rightarrow$ $D \times 0,5 - 0,5^2 = 43,82$
$D = 88,14$ mm

Adotando tubo ϕ 150 × 5

$$A = \frac{\pi}{4}(15^2 - 14^2) = 22,78 \text{ cm}^2$$

$$I_p = \frac{\pi}{64}(15^4 - 14^4) = 599,31 \text{ cm}^4; \quad r_p = \sqrt{\frac{I_p}{A}} = 5,13 \text{ cm}$$

$$\lambda = \frac{k\,L}{r} = \frac{1.0 \times 331}{5.13} = 64.52$$

$$\frac{b}{t} = \frac{150}{5} = 30 < \left(\frac{b}{t}\right)_{máx} = 90 \rightarrow Q = 1.0$$

$$\overline{\lambda} = \frac{\lambda}{\pi}\sqrt{\frac{Q\,f_y}{\overline{B}}} = 0.0111\,\lambda$$

$$\overline{\lambda} = 0.0111 \times 64.51 = 0.72$$

Curva a → ρ = 0,836

$\phi_c\,N_n = \phi_c\,Q\,A_g\,\rho\,f_y$
$\phi_c\,N_n = 0.9 \times 1.0 \times (22.78 \times 10^{-4}) \times 0.836 \times (250 \times 10^6) = 428.491,80$ N
$\phi_c\,N_n > \gamma N = 21.226,62$ N

10.5 — Verificação da estabilidade do corrimão

O esquema de carregamento é apresentado na Fig. 10.30

Tubo	→	56,67 N/m
Barra chata	→	76,00 N/m
		pp ≅ 133 N/m
Sc	→	2.000 N/m
		q ≅ 2.200 N/m

$$q' = 2.200 \times \frac{0.56}{0.50} = 2.464 \text{ N/m}$$

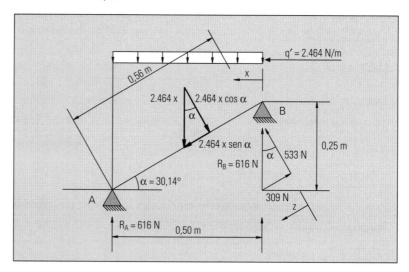

Figura 10.30

A e **B** são os montantes do corrimão

$\Sigma\,M_B = 0\ ((+)\downarrow$

$R_A \times 0.50 - 2.464 \times \dfrac{0.50^2}{2} = 0$

$R_A = 616$ N ↑

$R_{VB} = R_{VA} = 616$ N ↑

- **Força normal**

    $0 < x < 0{,}50$ m
    $N = -2.464 \times \text{sen}\alpha + 309$
    $x = 0 \rightarrow N = 309$ N (tração)
    $x = 0{,}50$ m $\rightarrow N = -309$ N (compressão)

- **Força cortante**

    $0 < x < 0{,}50$ m
    $V = -533 + 2.464 \times \cos\alpha$
    $x = 0 \rightarrow x = -533$ N
    $x = 0{,}50$ m $\rightarrow V = 533$ N

- **Momento fletor**

    $0 < x < 0{,}50$ m

    $$M = 533 \times z - 2.464 \times \cos\alpha \times \frac{z}{2}$$

    mas: $z = \dfrac{x}{\cos\alpha}$

    $$M = 533 \times \frac{x}{\cos\alpha} - 2.464 \, x \cos\alpha \times \frac{x}{2\cos\alpha}$$

    $$M = 533 \frac{x}{\cos\alpha} - 1.232 \, x^2$$

    $x = 0 \rightarrow M = 0$
    $x = 0{,}50$ m $\rightarrow M = 0$
    $M_{\text{máx}} \Rightarrow V = 0 = -533 + 2.464 \times \cos\alpha$
    $\qquad\qquad x = 0{,}25$ m

    $$M_{\text{máx}} = 533 \times \frac{0{,}25}{\cos\alpha} - 1.232 \times 0{,}25^2$$

    $M_{\text{máx}} = 77$ Nm

- **Dimensionamento de barra do corrimão**

    $N = 309$ N
    $V = 533$ N
    $M = 77$ Nm

- **Características geométricas**

    Adotando tubo de perfil quadrado 50 × 50 × 4 (Fig. 10.31)

    $A = 7{,}36$ cm^2
    $I_x = I_y = \dfrac{(5^4 - 4{,}20^4)}{12} = 26{,}15$ cm^4
    $W_x = W_y = \dfrac{26{,}15}{2{,}5} = 10{,}46$ cm^3
    $r_x = r_y = \sqrt{\dfrac{26{,}15}{7{,}36}} = 1{,}88$ cm

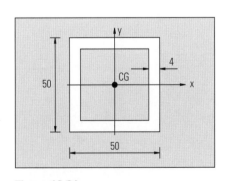

Figura 10.31

Força normal resistente

$$\lambda = \frac{k\,L}{r_x} = \frac{1{,}0 \times 56}{1{,}88} = 29{,}79 < \lambda_{\text{máx}} = 200$$

$$\frac{b}{t} = \frac{42}{4} = 10,50 < \left(\frac{b}{t}\right)_{máx} = 27 \Rightarrow Q = 1,0$$

$$\bar{\lambda} = \frac{\lambda}{\pi}\sqrt{\frac{Q\,f_y}{E}} = \frac{\lambda}{\pi}\sqrt{\frac{1,0 \times 250 \times 10^6}{250 \times 10^9}} = 0,0111\,\lambda$$

$\bar{\lambda} = 0,0111 \times 29,79 = 0,33$
Curva a → ρ = 0,971
$\phi_c\,N_n = \phi_c\,Q\,A_g\,\rho\,f_y = 0,9 \times 1,0 \times (7,36 \times 10^{-4}) \times 0,971 \times (250 \times 10^6)$
$\phi_c\,N_m = 160.797,60$ N

- **Momento fletor resistente**

  Verificação da alma:

  $$\lambda_a = \frac{h}{t_w} = \frac{50}{4} = 12,5$$

  $$\lambda_{pa} = 3,5\sqrt{\frac{E}{f_y}} = 3,5\sqrt{\frac{205 \times 10^9}{250 \times 10^6}} = 100,22$$

  $\lambda_a < \lambda_{pa} \Rightarrow$ viga compacta quanto à alma
  $M_{n_a} = M_{pl} = Z_x\,f_y$

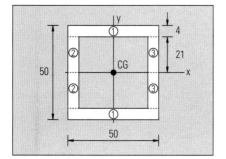

Figura 10.32

Determinação do módulo plástico (Fig. 10.32)

$$Z_x = 2[A_i d_i + 2A_2 d_2]$$

$$Z_x = 2\left[(50 \times 4) \times \left(21 + \frac{4}{2}\right) + 2(21 \times 4) \times \left(\frac{21}{2}\right)\right]$$

$Z_x = 12.728$ mm³ $= 12,73$ cm³
$M_{n_a} = 12,73 \times 10^{-6} \times 250 \times 10^6 = 3.182,50$ Nm

Verificação da mesa:

$$\lambda_m = \frac{b}{t} = \frac{42}{4} = 10,50$$

$$\lambda_{pm} = 1,12\sqrt{\frac{E}{f_y}} = 1,12\sqrt{\frac{205 \times 10^9}{250 \times 10^6}} = 32,07$$

$\lambda_m < \lambda_{pm}$ — A barra é compacta na alma
$M_{n_a} = M_{pl} = 3.182,50$ Nm

Verificação do esforço combinado (NB-14 - item 5.6.1.3):

$N_d = 1,4 \times 309 \cong 433$ N
$M_d = 1,4 \times 77 \cong 108$ Nm

$$\frac{N_d}{\phi\,N_n} + \frac{M_d}{\phi_b\,M_n} \leq 1,0$$

$$\frac{433}{160.797,60} + \frac{108}{0,9 \times 3.182,50} = 0,002 + 0,04 = 0,042 < 1,00$$

Verificação do cisalhamento:

$$\lambda_a = \frac{h}{t_w} = \frac{50}{4} = 12,5$$

$$\lambda_{pv} = 1{,}08\sqrt{\frac{K\;E}{f_y}}; \quad k = 5{,}34$$

$$\lambda_{pv} = 1{,}08\sqrt{\frac{5{,}34 \times 205 \times 10^9}{250 \times 10^6}} = 71{,}47$$

$\lambda_a < \lambda_{pu} \rightarrow$ é compacta para o cisalhamento
$V_n = V_{pl} = 0{,}60\;A_n\;f_y$
$V_n = 0{,}60[2 \times (4{,}2 \times 0{,}4 \times 10^{-4})]\;250 \times 10^6$
$V_n = 50.400$ N
$\phi_v\;V_n = 0{,}9 \times 50.400 = 45.360$ N
$\phi_v\;V_n > \gamma V = 1{,}4 \times 533 = 746{,}20$ N

Dimensionamento dos montantes do corrimão

- Composição da carga Normal P (Fig. 10.33)
  (barras de perfil quadrado 50 × 50 × 4)

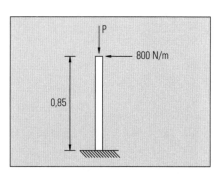

Figura 10.33

2 barras ∅ 50 × 50 × 4	→	2 × 56,67 × 0,5	=	56,67 N
1 montante	→	56,67 × 0,85	=	48,17 N
Barra chata	→	76,00 × 0,50	=	38,00 N
		P_1	=	142,84 N
	Fixação: 10% × P_1		=	14,28 N
		Total	≅	160 N
Sobrecarga	→	2.000 × 0,50	=	1.000 N
		P	≅	1.200 N

- Carga horizontal

  H = 800 × 0,5 = 400 N

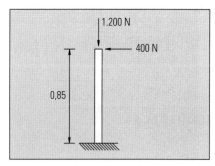

Figura 10.34

- Esquema de carregamento (Fig. 10.34)

  N = 1200 N
  V = 400 N
  M_f = 400 × 0,85 = 340 Nm

Como verificado anteriormente,

$\phi_c\;N_n = 160.797{,}60$ N
$\phi_b\;N_n = 2.864{,}25$ Nm
$\phi_v\;Vn = 45.360$ N

Portanto:

$$\frac{N_d}{\phi\;N_n} + \frac{M_d}{\phi_b\;M_n} = \frac{1{,}4 \times 1.200}{160.797{,}60} + \frac{1{,}4 \times 340}{2.864{,}25} = 0{,}01 + 0{,}17 = 0{,}18 < 1{,}00$$

e $\quad \phi_v\;V_n = 45.360$ N $> \gamma V = 1{,}4 \times 400 = 560$ N

10.6 — Ligações

10.6.1 – Fixação de degraus

Os degraus da escada serão fixados nas vigas longarinas mediante apoio em cantoneiras
L 50,8 × 50,8 × 6,35 (Fig. 10.35)

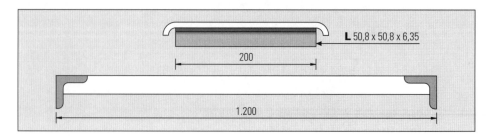

Figura 10.35

Verificação da solda

$$V = 660 \text{ N} \Rightarrow V_d = 1.4 \times 660 = 924 \text{ N}$$

Adotada solda de filete de 5 mm
Comprimento mínimo = 4 s = 4 × 5 = 20 mm

$$A_w = t\, \Delta L = 0{,}5 \times \Delta L$$

Resistência de cálculo do metal da solda

$$R_n = (0{,}6\, f_w)\, A_w;\ \phi = 0{,}75$$

Eletrodo E60XX → f_w = 415 MPa
$\phi R_n = 0{,}75 \times (0{,}6 \times 415 \times 10^6) \times (0{,}5 \times \Delta L \times 10^{-4})$
$\phi R_n = 9.337{,}50\, \Delta L$

Fazendo:
$\phi\, R_n = V_d$

$$\Delta L = \frac{924}{9.337{,}50} = 0{,}10 \text{ cm}$$

Adotado: ΔL = 20 cm

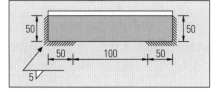

Figura 10.36

Resistência de cálculo do metal base

$$R_n = (0{,}6\, f_y)\, A_{MB};\ \phi = 0{,}9$$

$A_{MB} = s\, \Delta L$
$\phi R_n = 0{,}9 \times (0{,}6 \times 250 \times 10^6) \times (0{,}5 \times 20 \times 10^{-4})$
$\phi R_n = 135.000 \text{ N} > V_d = 924 \text{ N}$

Por disposições construtivas, será adotado um cordão de solda conforme indicado na Fig. 10.36.

10.6.2 – Fixação do corrimão

A fixação será através de dois parafusos de ³⁄₈" na lateral da viga escada.
O esquema estrutural é apresentado na Fig. 10.37.

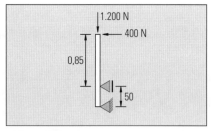

Figura 10.37

Cisalhamento nos parafusos

$$V = \frac{1.200}{2} = 600 \text{ N} \qquad \phi\, ^3\!/\!_8\text{"} = 9{,}53 \text{ mm}$$

$R_{nv} = A_e\, \tau_u;\ \begin{array}{l} \phi_v = 0{,}6 \\ A_e = 0{,}7\, A_P \\ f_u = 415 \text{ MPa} \\ \tau_u = 0{,}6\, f_u \end{array}$

$$A_e = 0{,}7 \times \frac{\pi \times 0{,}953^2}{4} = 0{,}50 \text{ cm}^2$$

Capítulo 10 — Projeto de mezanino e escada de acesso em aço

$\phi_v R_{nv} = 0.6 \times (0.50 \times 10^{-4}) \times (0.6 \times 415 \times 10^6) = 7.470$ N

$2\,\phi_v R_{nv} = 14.940$ N $> V_d = 1.4 \times 600 = 840$ N

Pressão de contato

- Furos consecutivos

$$\alpha_s = \frac{3 \times 0.953}{0.953} - 0.5 = 2.50$$

- Furo à borda

$$\alpha_e = \frac{3}{0.953} = 3.15 \Rightarrow 3$$

$\phi R_n;\ \phi = 0.75 \quad R_n = \alpha\, A_b\, f_u$
$\qquad\qquad\qquad\quad A_b = t\, d$

$\phi R_n = 0.75 \times 2.5 \times [2 \times (0.4 \times 0.953 \times 10^{-4})] \times 400 \times 10^6$
$\phi R_n = 57.180$ N $> V_d = 840$ N

10.6.3 – Ligação da cantoneira na viga escada

- Verificação da cantoneira
  Adotada: **L** 101,6 × 101,6 × 6,35

  Área do furo = $d't$ = (0,953 + 0,35) × 0,635 = 0,83 cm²
  $A_n = A_g$ – área do furo = 12,51 – 0,83 = 11.68 cm²

  $C_t = 0.75$
  $A_e = C_t\, A_n = 0.75 \times 11.68 = 8.76$ cm²
  $N_n = A_e \times f_u;\ \phi = 0.75$
  $\phi N_n = 0.75 \times (8.76 \times 10^{-4}) \times 400 \times 10^6$
  $\phi N_n = 262.800$ N $> 1.4 \times 1.200 = 1.680$ N

- Solda
  Será adotada solda de filete de 5 mm.

  Resistência de cálculo do metal solda
  Eletrodo E60XX → $f_w = 415$ MPa
  $R_n = (0.6\, f_w)\, A_w;\ \phi = 0.75$
  $A_w = t\,\Delta L$
  $\Delta L = 5 + 5 + 3 + 3 = 16$ cm
  $\phi R_n = 0.75 \times (0.6 \times 415 \times 10^6) \times (0.5 \times 16 \times 10^{-4}) = 149.400$N > 1.680N

  Resistência de cálculo do metal base
  $R_n = (0.6\, f_y)\, A_{MB};\ \phi = 0.9$
  $A_{MB} = s\,\Delta L$
  $\phi R_n = 0.9 \times (0.6 \times 250 \times 10^6) \times (0.5 \times 16 \cdot 10^{-4})$
  $\phi R_n = 108.000$ N > 1.680 N

10.6.4 – Fixação da viga escada (Figs. 10.38 e 10.39)

Reação = 7.695 N → $R_d = 1.4 \times 7.695 = 10.773$ N
Adotado parafusos $\varnothing\ ^5/_8$" = 15,88 mm

Cisalhamento nos parafusos
$R_{NV} = A_e\,\tau_u;\qquad \phi_v = 0.6$
$\qquad\qquad\qquad\quad A_e = 0.7\, A_p$
$\qquad\qquad\qquad\quad f_u = 415$ MPa
$\qquad\qquad\qquad\quad \tau_u = 0.6\, f_u$

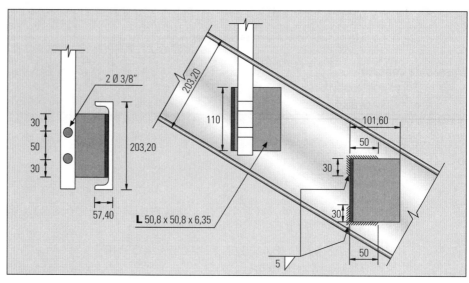

Figura 10.38

$$A_e = 0.7 \times \pi \frac{1.588^2}{4} = 1.39 \text{ cm}^2$$

$\phi_v R_{NV} = 0.6 \, (1.39 \times 10^{-4}) \times (0.6 \times 415 \times 10^6) = 20.766,60$ N
2 parafusos $\rightarrow \phi_v R_{NV} = 2 \times 20.766,60 = 41.533,20$ N > 10.773 N

Pressão de contato

- Furos consecutivos

$$\alpha_s = \frac{3 \times 1.588}{1.588} - 0.5 = 2.50$$

- Furo à borda

$$\alpha_e = \frac{3}{1.588} = 1.89$$

$\phi R_n;\ \phi = 0.75 \qquad R_n = \alpha\, A_b\, f_u$
$\qquad\qquad\qquad\qquad A_b = t\, d$

$\phi R_n = 0.75 \times 1.89 \times [(0.635 \times 1.588 \times 10^{-4})\, 2] \times 400 \times 10^6$
$\phi R_n = 114.350,29$ N > 10.773 N

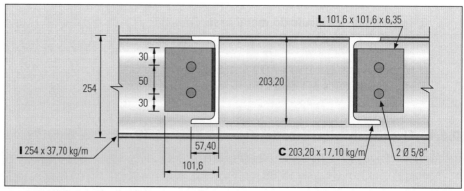

Figura 10.39

Verificação da cantoneira

Área do furo $= d't = (1.588 + 0.35) \times 0.635 = 1.23 \text{ cm}^2$
$A_n = A_g -$ área do furo $= 12.51 - 1.23 = 11.28 \text{ cm}^2$

$C_t = 0,75$
$A_e = C_t A_n = 0,75 \times 11,28 = 8,46$ cm^2
$N_n = A_e f_u$; $\phi = 0,75$
$\phi N_n = 0,75 \times (8,46 \times 10^{-4}) \times 400 \times 10^6 = 253.785,83$ N > 10.773 N

Solda

Será adotada solda de filete de 5 mm (Fig. 10.40).

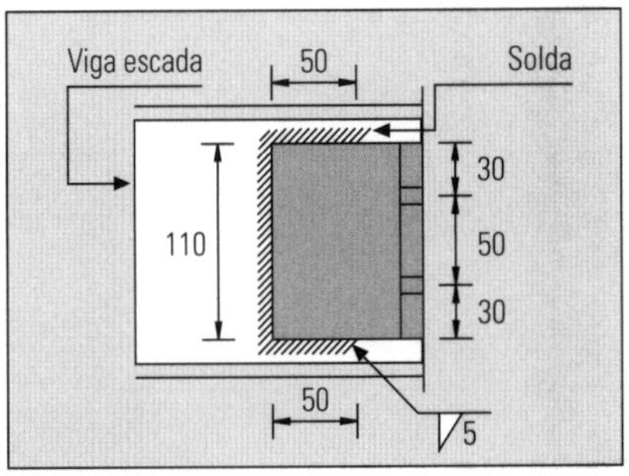

Resistência de cálculo do metal solda

Eletrodo E60XX → $f_w = 415$ MPa
$R_n = (0,6 f_w) A_w$; $\phi = 0,75$

$A_w = t \Delta L$
$\Delta L = 5 + 5 + 11 = 21$ cm
$\phi R_n = 0,75 (0,6 \times 415 \times 10^6) \times (0,5 \times 21 \times 10^{-4}) = 196.087$ N > 10.776 N

Figura 10.40

Resistência de cálculo do metal base

Rn = $(0,6 f_y) A_{MB}$; $\phi = 0,9$

$A_{MB} = s \Delta L$
$\phi R_n = 0,9 (0,6 \times 250 \times 10^6) \times (0,5 \times 21 \times 10^{-4})$
$\phi R_n = 141.750$ N > 10.776 N

10.6.5 – Base das colunas

Pressão de contato sobre apoios de concreto (NB14 - item 7.6.1.4) (Fig. 10.41)

Nd = 21.226,62 N
Concreto $f_{ck} = 15$ MPa
ϕR_n; $\phi = 0,70$

$$R_n = 0,70 f_{ck} \sqrt{\frac{A_2}{A_1}} \leq 1,40 f_{ck}$$

A_1 = área carregada sob a placa de apoio
A_2 = área de superfície de concreto
Será adotada $A_1 = A_2$
$\phi R_n = 0,7 \times 0,70 \times 15 \times 10^6 = 7,35$ MPa $< 1,40 \times 15 = 21$ MPa

tensão do concreto: $f_c = \dfrac{Nd}{\text{área da base}} = \dfrac{21.226,62}{24,6 \times 24,6 \times 10^{-4}} \cong 0,35$ MPa $< \phi R_n$

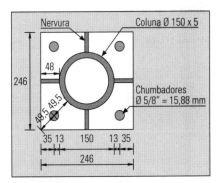

Figura 10.41

Resistência ao esmagamento da chapa (NB-14 - item 7.6)

$\phi = 0,75$; $R_n = 1,5 A f_y$

Coluna:
$\phi 150 \times 5$ → Perímetro = $\pi \times 15 = 47,12$ cm

Pressão atuante ⇒ $f_c = 0,30$ MPa
$\gamma f_c = 1,4 \times 0,30 = 0,42$ MPa

$\gamma f_c \leq \phi R_n$
$0,42 \times 10^6 \leq 0,75 \times 1,5 \times (47,12 \times t \times 10^{-4}) \times 250 \times 10^6$
$t \geq 0,35$ cm = 3,5 mm ⇒ adotada espessura de chapa de # $^1/_2$" = 12,7 mm

Chumbadores

Como tem-se apenas força normal de compressão, não há necessidade de cálculo dos chumbadores e o diâmetro especificado é construtivo.

Adotado chumbadores $\varnothing\ ^5/_8" = 15{,}88$ mm

Verificação da posição dos furos

- Distância entre os centros dos furos (NB-14 - item 7.3.6)
  $3d = 3 \times 15{,}88 \cong 48$ mm $< 150 + 2 \times 13 = 176$ mm

- Distância entre o centro do furo e a borda da placa (NB-14 - item 7.3.7)
  chapa # $^1/_2" = 12{,}7$ mm → 22 mm < 35 mm

Verificação da flexão da placa de base (Fig. 10.42)

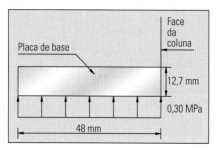

Figura 10.42

$$M_d = 0{,}30 \times 10^{-6} \left(\frac{4{,}8 \times 10^{-2}}{2}\right)$$

$M_d = 345{,}60$ Nm/m

Será considerado o comprimento de 1 cm de placa
$M = 345{,}60$ N cm/cm $\Rightarrow M_d = 1{,}4 \times 345{,}60 = 483{,}84$ N cm/cm

$M_d = Z\, f_y$

$M_N = M_p \leq 1{,}25 \times W_x\, f_y$

Cálculo do módulo plástico (Fig. 10.43)

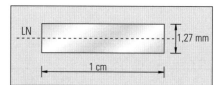

Figura 10.43

$$Z = A\, d = 2\left(1 \times \frac{1{,}27}{2}\right) \times \left(\frac{\frac{1{,}27}{2}}{2}\right)$$

$$Z = \frac{(1 \times 1{,}27^2)}{4} = 0{,}40 \text{ cm}^3/\text{cm}$$

Portanto:

$M_p = Z \times f_y = 0{,}40 \times 10^{-6} \times 250 \times 10^6 = 100$ Nm = 10.000 Ncm/cm

$$1{,}25 \times W \times f_y = 1{,}25 \left(\frac{1 \times 1{,}27^2}{6} \times 10^{-6}\right) 250 \times 10^6 = 84 \text{ Nm} = 8.400 \text{ Ncm/cm}$$

Então:

$M_n = 8.400$ N cm/cm

$\phi M_n = 0{,}9 \times 8.400 = 7.560$ Ncm/cm

$\phi M_n > M_d = 483{,}84$ Ncm/cm

PROJETO DE UM GALPÃO COM ESTRUTURA EM AÇO

Capítulo 11

11.1 — Dados preliminares do projeto

- Cobertura em duas águas com tesoura em estrutura metálica
- A cobertura será em telhas de aço trapezoidal, 40 mm
- Declividade da cobertura 15° = 27%
- As colunas serão compostas com perfis metálicos
- Os fechamentos das faces transversais são de telhas de aço
- Segundo a NBR 6123, a construção será considerada permeável
- Os perfis serão laminados: ASTM-A36
- Serão utilizados parafusos comuns: ASTM A-307
- Será utilizado para solda: eletrodo E60XX AWS
- Local da construção: cidade de Manaus
- Rugosidade do local = 4
- Pé direito: 5,0 m
- Largura da construção: 20 m

O anteprojeto esta apresentado na Fig. 11.1

11.2 — Cálculo da ação do vento

O cálculo será feito segundo a NBR 6123 — Forças devidas ao vento em edificações.

Cidade de Manaus ⇒ velocidade básica do vento = 30 m/s

- Fator topográfico: $S_1 = 1,0$

- Fator de rugosidade: S_2
  Rugosidade = 4
  Classe da edificação = B

$$S_2 = b\, F_r\, (Z/10)^P$$

$\left.\begin{array}{l} b = 0,85 \\ p = 0,125 \\ F_r = 0,98 \end{array}\right\} \begin{array}{l} z \le 3,00\ m \to S_2 = 0,72 \\ z = 5,00\ m \to S_2 = 0,76 \\ z = 10,00\ m \to S_2 = 0,83 \end{array}$

- Fator estatístico: $S_3 = 1,00$

- Velocidade característica do vento

$$V_k = V_0\, S_1 S_2 S_3$$

h ≤ 3,0 m → $V_k = 30 \times 1,0 \times 0,72 \times 1,0 = 21,60$ m/s
h ≤ 5,0 m → $V_k = 30 \times 1,0 \times 0,76 \times 1,0 = 22,80$ m/s
h ≤ 10,0 m → $V_k = 30 \times 1,0 \times 0,83 \times 1,0 = 24,90$ m/s

- Pressão dinâmica: $q = 0,613\, V_k^2$
  h ≤ 3,0 m → $q = 0,29$ kN/m²
  h ≤ 5,0 m → $q = 0,32$ kN/m²
  h ≤ 10,0 m → $q = 0,38$ kN/m²

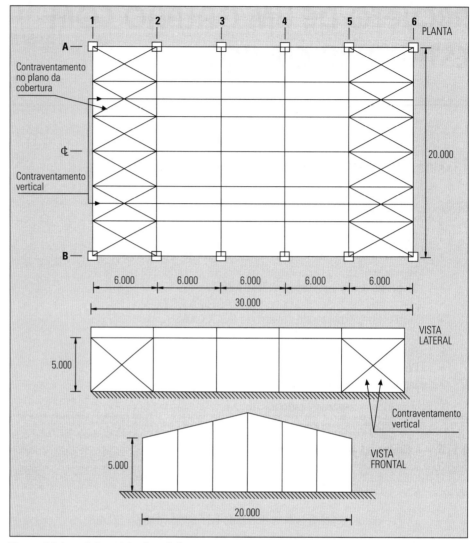

Figura 11.1 — Anteprojeto do galpão

11.2.1 – Coeficientes de pressão (C_{Pe}) e de forma externos para as paredes (NBR 6123 - Tabela 4) (Fig. 11.2) (Tabelas 1 e 2)

Altura relativa: $\dfrac{h}{b} = \dfrac{5}{20} = \dfrac{1}{4} < \dfrac{1}{2}$

Proporção em planta: $\dfrac{a}{b} = \dfrac{30}{20} = \dfrac{3}{2}$

$$1 \leq \dfrac{3}{2} \leq \dfrac{3}{2}$$

	Tabela 11.1				
α	Coeficiente C_e para a superfície (Fig. 11.3)				C_{Pe} médio
	A	B	$C_1 D_1$	$C_2 D_2$	
90°	+0,7	–0,4	–0,8	–0,4	
α	Coeficiente C_e para a superfície (Fig. 11.4)				–0,9
	$A_1 B_1$	$A_2 B_2$	C	D	
0°	–0,8	–0,5	+0,7	–0,4	

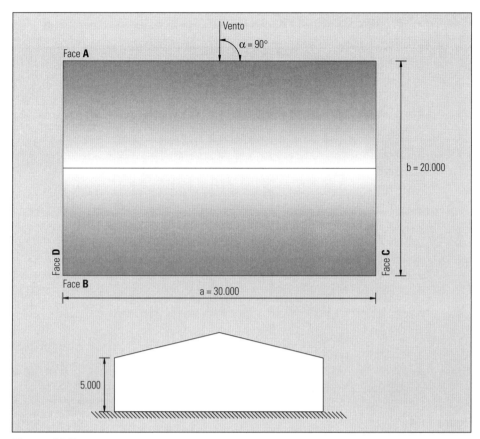

Figura 11.2

- Vento 90° (Fig. 11.3)

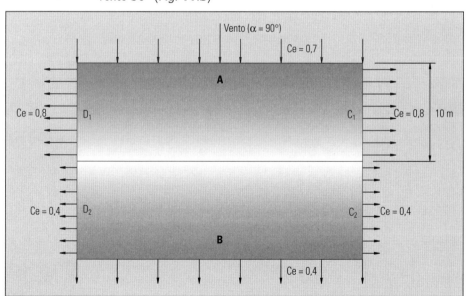

Figura 11.3

$$2h = 2 \times 5 = 10 \text{ m}$$
$$\frac{b}{2} = \frac{20}{2} = 10 \text{ m}$$

Faixa C_1D_1 será o menor dos dois valores, portanto = 10 m

- Vento 0° (Fig. 11.4)

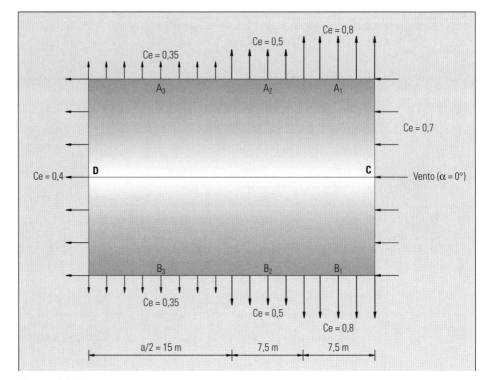

Figura 11.4

$$\left.\begin{array}{l}\dfrac{b}{3}=\dfrac{20}{3}=6{,}67\ m \\ \dfrac{a}{4}=\dfrac{30}{4}=7{,}50\ m\end{array}\right\} \begin{array}{l}\text{Faixa } A_1B_1 \text{ será o maior dos dois,} \\ \text{porém} \leq 2h=2\times 5=10\ m. \\ \text{Portanto 7,50 m}\end{array}$$

como $\dfrac{a}{b}=\dfrac{30}{20}=1{,}5$ para o vento a 0°, o valor de C_e nas partes A_3 e B_3 será obtido por interpolação linearmente:

$$\dfrac{a}{b}=1 \longrightarrow C_e=-0{,}5$$

$$\dfrac{a}{b}\geq 2 \longrightarrow C_e=-0{,}2$$

portanto:

$$\left(\Delta \dfrac{a}{b}=1\right)\longrightarrow (\Delta C_e=0{,}3)$$

$$\left(\Delta \dfrac{a}{b}=0{,}5\right)\longrightarrow (\Delta C_e)$$

$\Delta C_e=0{,}15 \Rightarrow\ C_e=-0{,}5+0{,}15$

$C_e=-0{,}35$

- Coeficientes de pressão (C_{Pe}) e forma externos para os telhados (NBR6123 - Tabela 5) (Tabela 11.2 e Fig. 11.5)

Tabela 11.2

Altura relativa	θ	Coeficiente C_e para superfície (Fig. 11.5)				C_{Pe} médio			
		α = 90°		α = 0°					
		EF	GH	EG	FH				
$\frac{h}{b} = \frac{5}{20} = \frac{1}{4}$ $\frac{h}{b} \le \frac{1}{2}$	15°	−1,0	−0,4	−0,8	−0,6	−1,4	−1,2	—	−1,2
		Valores para cálculo da tesoura				Valores para cálculo de elementos localizados: telhas e terças			

$$y = h = 5\text{ m}$$
$$y = 0{,}15b = 0{,}15 \times 20 = 3\text{ m}$$
y será o menor dos dois valores, portanto $y = 3$ m

$$x = \frac{b}{3} = \frac{20}{3} = 6{,}67\text{ m}$$
$$x = \frac{a}{4} = \frac{30}{4} = 7{,}50\text{ m}$$
x será o maior dos dois valores, porém $\le 2h = 2 \times 5 = 10$ m portanto $x = 7{,}50$ m

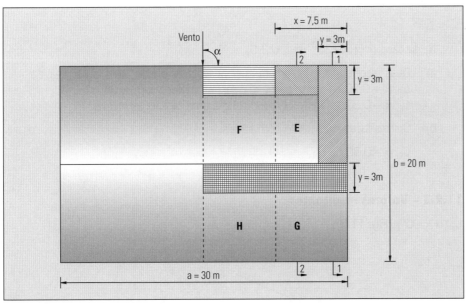

Figura 11.5

Seção 1 ($\alpha = 90°$) (Fig. 11.6)

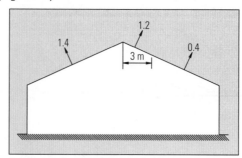

Figura 11.6 — Corte 1-1

Seção 2 ($\alpha = 0°$) (Fig. 11.7)

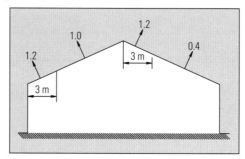

Figura 11.7 — Corte 2-2

11.2.2 – Coeficientes de pressão (C_{pi}) e de forma internos

Os fechamentos do galpão serão em chapa de aço. Como simplificação desse estudo, embora existam portões, será desprezada a possibilidade de existência de uma abertura principal em qualquer face da construção quando houver vento forte.

Nesse caso (NBR 6123 - item 6.2.5)

a) Duas faces opostas igualmente permeáveis; as outras faces impermeáveis:
$C_{Pi} = + 0,20$ — vento perpendicular a uma face permeável
$C_{Pi} = - 0,30$ — vento perpendicular a uma face impermeável

b) Quatro faces igualmente permeáveis:

$C_{Pi} = - 0,30$ ou 0

11.2.3 – Valores resultantes

C_e ($\alpha = 90°$) (Fig. 11.8)

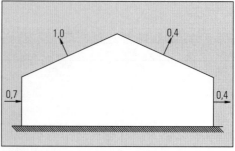

Figura 11.8

C_e ($\alpha = 0°$) (Fig. 11.9)

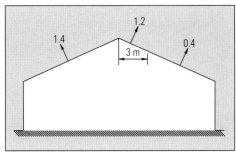

Figura 11.9

C_i (+ 0,2) (Fig. 11.10)

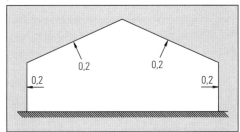

Figura 11.10

C_i (− 0,3) (Fig. 11.11)

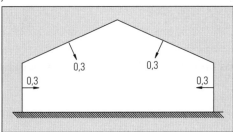

Figura 11.11

Combinações

A) C_e ($\alpha = 90°$) + C_i (+ 0,2) (Fig. 11.12)

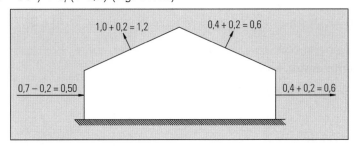

Figura 11.12

B) C_e ($\alpha = 90°$) + C_i (− 0,3) (Fig. 11.13)

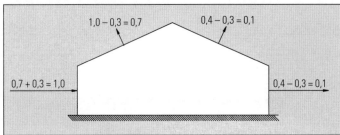

Figura 11.13

C) C_e ($\alpha = 0°$) + C_i (+ 0,2) (Fig. 11.14)

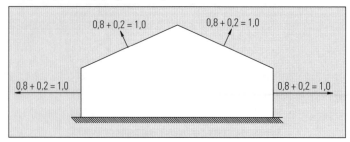

Figura 11.14

D) C_e ($\alpha = 0°$) + C_i (– 0,3) (Fig. 11.15)

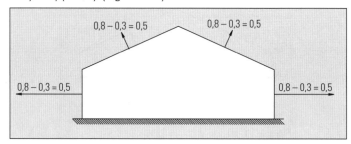

Figura 11.15

11.2.3.1 – Coeficientes para cálculo das telhas e vigas de tampamento

Lateral	Frontal	Cobertura
C_{Pe} = –0,9	C_{Pe} = 0,7	C_{Pe} = –1,4
C_{Pi} = –0,2	C_{Pi} = 0,3	C_{Pi} = –0,2
Total = –1,1 Sucção	Total = 1,0 Pressão	Total = –1,6 Sucção

Iremos adotar para efeito de ações do vento as combinações **A**) e **B**).

Carregamento devido ao vento

Carga = $q(C_e + C_i)$ × área de influência

CASO A (Fig. 11.16)

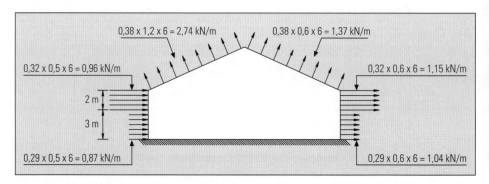

Figura 11.16 — Carregamento de vento — Caso A

CASO B (Fig. 11.17)

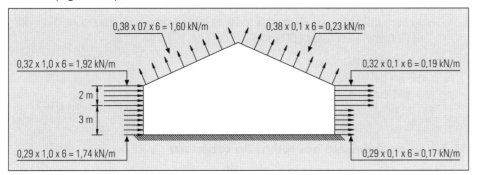

Figura 11.17 — Carregamento de vento — Caso B

Carregamento médio nos fechamentos:

$$q_1 = \frac{0,87 \times 3 + 0,96 \times 2}{5} = 0,91 \text{ kN/m}$$

$$q_2 = \frac{1,04 \times 3 + 1,15 \times 2}{5} = 1,08 \text{ kN/m}$$

$$q_3 = \frac{1,74 \times 3 + 0,19 \times 2}{5} = 1,81 \text{ kN/m}$$

$$q_4 = \frac{0,17 \times 3 + 0,19 \times 2}{5} = 0,18 \text{ kN/m}$$

O carregamento otimizado devido à ação do vento será:

Caso 1

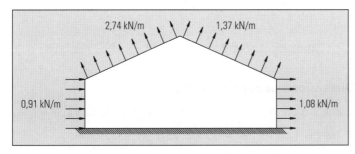

Figura 11.18 — Carregamento de vento — Caso 1

Caso 2

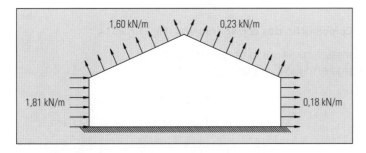

Figura 11.19 — Carregamento de vento — Caso 2

11.3 — Dimensionamento do fechamento lateral e terças

Telha: Será utilizada na cobertura a telha de aço do tipo sanduíche, com lã de vidro (12 kg/m³ - espessura 50 mm)

Altura da onda: 40 mm
Espessura de 1 telha: 0,50 mm
Peso de 1 telha: 4,8 kg/m² ≅ 50 N/m²
Peso da telha sanduíche: $2 \times 4,89 + 12 \times 50 \times 10^{-3} \cong 12$ kg/m² ≅ 120 N/m²

11.3.1 – Carregamento nas telhas da cobertura

Peso próprio: PP = 120 N/m²
Sobrecarga: SC = 250 N/m² (NB 14 - anexo B)
Total = 370 N/m²

Vento (sucção) = $-1,6 \times 0,38 \times 10^3 = -608$ N/m²

- Combinações de carregamentos

Carregamento 1 = PP + SC = 370 N/m²
Carregamento 2 = PP + vento = – 488 N/m²

Para o carregamento de 488 N/m², e para uma flecha máxima de L/200, o fabricante da telha fornece o vão máximo entre as terças de 2,6 m.

$$\text{Afastamento entre terças adotado} = \frac{10,35}{4} \cong 2,59 \text{ m}$$

11.3.2 – Carregamento nas telhas do fechamento lateral

Vento — $1,1 \times 0,32 \times 10^3 = 352$ N/m²

Para o carregamento de 352 N/m², e para uma flecha máxima de L/200, o fabricante da telha fornece o vão máximo entre as vigas do fechamento lateral de 2,8 m.

$$\text{Afastamento entre apoios adotado} = \frac{5,00}{2} = 2,50 \text{ m}$$

11.3.3 – Dimensionamento das terças

Será estimada a carga de 60 N/m² para o peso próprio de terças e correntes.

PP (terças + correntes) = 60 × 2,59 =   155,40 N/m
PP (telhas) = 120 × 2,59 =   310,80 N/m
Total ≅   470 N/m

SC (sobrecarga) = 250 × 2,59 ≅   650 N/m
Vento = – 608 × 2,59 ≅   1.600 N/m

11.3.3.1 – Combinação dos carregamentos (Fig. 11.20)

Cargas verticais: peso próprio e sobrecarga
Carga ortogonal ao plano da cobretura: vento

$$(PP+SC) \begin{cases} q_x = (470+650) \cos 15° \cong 1.082 \text{ N/m} \\ q_y = (470+650) \text{ sen } 15° \cong 290 \text{ N/m} \end{cases}$$

$$(PP+\text{vento}) \begin{cases} q_x = 470 \cos 15° - 1.600 \cong -1.146 \text{ N/m} \\ q_y = 470 \text{ sen } 15° \cong 122 \text{ N/m} \end{cases}$$

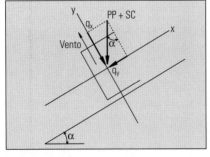

Figura 11.20 — Cargas atuantes nas terças

11.3.3.2 – Esforços internos solicitantes

As terças serão consideradas biapoiadas nas tesouras e travadas lateralmente no sentido do eixo x através de correntes (barras redondas).

$$(PP+SC)\begin{cases} M_x = \dfrac{q_x L^2}{8} = 1.082 \times \dfrac{6^2}{8} = 4.869 \text{ Nm} \\ M_y = \dfrac{q_y L^2}{8} = 290 \times \dfrac{3^2}{8} \cong 327 \text{ Nm} \end{cases}$$

$$(PP+\text{vento})\begin{cases} M_x = 1.146 \times \dfrac{6^2}{8} = 5.157 \text{ Nm} \\ M_y = 122 \times \dfrac{3^2}{8} \cong 138 \text{ Nm} \end{cases}$$

$$V_{máx} = 1.146 \times \dfrac{6}{2} = 3.438 \text{ N}$$

As terças em geral têm altura (d) compreendido o intervalo:

$$\dfrac{L}{40} \le d \le \dfrac{L}{60}$$

$$\dfrac{6.000}{40} = 150 \text{ mm} \le d \le \dfrac{6.000}{60} = 100 \text{ mm}$$

Será adotada: **C** 152,4 × 12,20 kg/m (Fig. 11.21)

$A =$ 15,50 cm² $\qquad I_y =$ 28,80 cm⁴
$I_x =$ 546 cm⁴ $\qquad W_y =$ 8,16 cm³
$W_x =$ 71,70 cm³ $\qquad r_y =$ 1,36 cm
$r_x =$ 5,94 cm

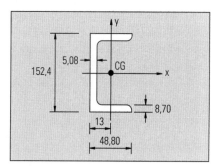

Figura 11.21

11.3.3.3 – Verificação da terça

11.3.3.3.1 - Momento fletor resistente

Eixo de maior inércia (x)

- **Verificação da flambagem local da alma**

$$\lambda_a = \dfrac{h}{t_w} = \dfrac{135}{5,08} = 26,57$$

$$\lambda_{pa} = 3,5\sqrt{\dfrac{E}{f_y}} = 3,5\sqrt{\dfrac{205 \times 10^9}{250 \cdot 10^6}} = 100,22$$

$\lambda_a < \lambda_{pa}$ à viga é compacta quanto à alma.
$M_{n_a} = M_{pl} = Z_x f_y$

Para o perfil simétrico [→ $Z_x \cong 1,12\ W_x$
$Z_x \cong 1,12 \times 71,70 = 80,30$ cm³
$M_{n_a} = 80,30 \times 10^{-6} \times 250 \times 10^6 = 20.076$ Nm

- **Verificação da flambagem local da mesa**

$$\lambda_m = \dfrac{b}{t_f} = \dfrac{48,80}{8,70} = 5,61$$

$$\lambda_{p_m} = 0,38\sqrt{\dfrac{E}{f_y}} = 0,38\sqrt{\dfrac{205 \times 10^9}{250 \times 10^6}} = 10,88$$

Estruturas metálicas

$\lambda_m < \lambda_{pm}$ é compacta quanto à mesa
$$M_{nm} = M_{pl} = 20.076 \text{ Nm}$$

- **Verificação da flambagem lateral com torção**

$L_b = 0$ travada nas telhas
$$M_{n_{LT}} = M_{pl} = 20.076 \text{ Nm}$$

Eixo de menor inércia (y)

- **Verificação da flambagem local da alma**

$$\lambda_a = \frac{b}{t} = \frac{48,80}{8,70} = 5,61$$

$$\lambda_{pa} = 0,38\sqrt{\frac{E}{f_y}} = 10,88$$

$\lambda_a < \lambda_{pa}$ é compacta quanto à alma
$$M_{na} = M_{pl} = Z_y f_y$$

$Z_y \cong 1,12 \times W_y = 1,12 \times 8,16 = 9,14 \text{ cm}^3$
$$M_{na} = 9,14 \times 10^{-6} \times 250 \times 10^6 = 2.284 \text{ Nm}$$

- **Verificação da flambagem local da mesa**

$$\lambda_m = \frac{h}{t_w} = \frac{135}{5,08} = 26,57$$

$$\lambda_{pm} = 1,2\sqrt{\frac{E}{f_y}} = 1,12\sqrt{\frac{205\times10^9}{250\times10^6}} = 32,07$$

$\lambda_m < \lambda_{pm}$ é compacta quanto à alma
$$M_{n_m} = M_{pl} = 2.284 \text{ Nm}$$

- **Verificação da flambagem lateral com torção**

$L_b = 0$ travada nas telhas
$$M_{n_{LT}} = M_{pl} = 2.284 \text{ Nm}$$

- **Verificação do esforço combinado** (NB 14 - item 5.6.1.3)

$$\frac{M_{d_x}}{\phi_b M_{n_x}} + \frac{M_{d_y}}{\phi_b M_{n_y}} \leq 1,0$$

Carregamento: PP + SC
$$\frac{1,4\times4.869}{0,9\times20.076} + \frac{1,4\times327}{0,9\times2.284} = 0,38 + 0,22 = 0,60 < 1,00$$

Carregamento: PP + vento
$$\frac{1,4\times5.157}{0,9\times20.076} + \frac{1,4\times138}{0,9\times2284} = 0,40 + 0,09 = 0,40 < 1,00$$

11.3.3.3.2 - Verificação do cisalhamento

$$\lambda_a = \frac{h}{t_w} = \frac{135}{5,08} = 26,57$$

$$\lambda_{p_v} = 1,08\sqrt{\frac{K\,E}{f_y}} = 1,08\sqrt{\frac{5,34\times205\times10^9}{250\times10^6}} = 71,47$$

$\lambda_a < \lambda_{p_v}$ é compacta para o cisalhamento.

$V_n = V_{pl} = 0.6\, A_w\, f_y$
$A_w = d\, t_w = 15.24 \times 0.508 = 7.70\ cm^2$
$V_n = 0.6\, (7.74 \times 10^{-4}) \times 250 \times 10^6 = 116.100\ N$
$\phi_v\, V_n = 0.9 \times 116.100 = 104.490\ N$

$\phi_v\, V_n = 104.490 > \gamma_v = 1.4 \times 3.438 = 4.813\ N$

11.3.3.3 - Verificação da flecha máxima

Flecha admissível $= \dfrac{L}{180} = \dfrac{6.000}{180} = 33,33\ mm$

Flecha $= \dfrac{5}{384} \dfrac{q\, L^4}{E\, I} = \dfrac{5}{384} \dfrac{1.082 \times 6^4}{205 \times 10^9 \times 546 \times 10^{-8}} = 0,01631\ m$

Flecha $= 16,31\ mm <$ Flecha admissível $= 33,33\ mm$

11.3.4 – Tirantes ou correntes

Os tirantes são barras redondas com roscas nas extremidades (Fig. 11.22). A combinação crítica de carregamentos é: carga permanente + sobrecarga

$$N_d = \gamma_g\ (\text{carga permanente}) + \gamma_q\ (\text{sobrecarga})$$
$$\gamma_g = 1,3; \qquad \gamma_q = 1,4$$

Carga permanente: $q_y = 470\ sen\,15° \cong 122\ N/m$
Sobrecarga: $q_y = 650\ sen\,15° \cong 169\ N/m$

Tirante T_1

$N_{d_1} = 3(1,3 \times 122 \times 3,0 + 1,4 \times 169 \times 3,0) \cong 3.557\ N$

Tirante T_2

$N_{d2} = \dfrac{4(1,3 \times 122 \times 3,0 + 1,4 \times 169 \times 3,0)}{2\ sen\ \beta}$

$T_2 = \sqrt{2.590^2 + 3.000^2} = 3.963\ mm$

$sen\ \beta = \dfrac{2.590}{3.963} = 0,65$

$N_{d2} = \dfrac{2.371,20}{0,65} = 3.648\ N$

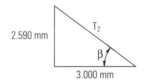

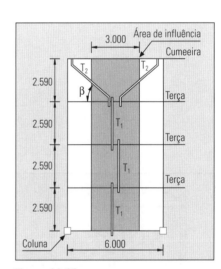

Figura 11.22

11.3.4.1 – Resistência de cálculo dos tirantes

Adotadas barras redondas com d = 12 mm — ASTM A36

Seção bruta

$\phi_t\, N_n = \phi_t\, A_g\, f_y; \qquad \phi_t = 0,9$

$\phi_t N_n = 0,9 \times \pi \times \dfrac{(1,27 \times 10^{-2})^2}{4} \times 250 \times 10^6 = 28.502\ N$

Seção rosqueada

$\phi_t\, R_{n_t} = 0,75\, A_p\, f_u; \quad \phi = 0,65$

$\phi_t\, R_{n_t} = 0,65 \times 0,75 \times \dfrac{\pi}{4} \times (1,27 \times 10^{-2})^2 \times 400 \times 10^6$

$\phi_t\, R_{n_t} = 24.702\ N$

portanto:

$\phi_t\, R_{n_t} = 24.702\ N > N_{d_2} = 3.648\ N$

11.3.4.2 – Verificação do peso próprio estimado para terças e correntes

Área de estudo = (vão entre tesouras) × (distância entre terças)
Área de estudo = 6,00 × 2,59 = 15,54 m²

- **Terças**

Peso da terça por metro = 12,20 kg/m = 122 N/m
Comprimeto = 6,00 m
Peso da terça = 122 × 6,00 = 732 N

- **Tirantes ou correntes**

Peso do tirante por metro = (área da barra) × (peso específico do aço)

Peso do tirante por metro = $\dfrac{(1{,}2 \times 10^{-2})^2}{4} \times 77.000 = 2{,}77$ N/m

Comprimento = 2,59 m
Peso do tirante = 2,77 × 2,59 = 7,17 N
Peso (terça + tirante) = 732 + 7,17 = 739,17 N

Peso (terça + tirante) por metro quadrado = $\dfrac{739.17}{15{,}54} = 47{,}56$ N/m²

47,56 N/m² < Valor adotado = 60 N/m²

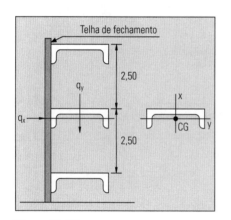

Figura 11.23

11.3.5 – Dimensionamento das vigas do fechamento lateral (Fig. 11.23)

A telha do fechamento lateral será simples e seu peso ≅ 50 N/m².

11.3.5.1 – Cargas atuantes

PP (vigas + tirantes) = 60 × 2,5 = 150 N/m
PP (telhas) = 50 × 2,5 = 125 N/m
―――――――――――――――――――
PP$_{(total)}$ = 275 N/m

Vento = 1,1 × 0,32 × 10³ × 2,5 = 880 N/m

Portanto, a carga será:

q_x (vento) = 880 N/m
q_y (PP$_{total}$) = 275 N/m

11.3.5.2 – Esforços internos solicitantes

$$M_x = \dfrac{q_x L^2}{8} = \dfrac{880 \times 6^2}{8} = 3.960 \text{ Nm}$$

$$M_y = \dfrac{q_y L^2}{8} = \dfrac{275 \times 3^2}{8} \cong 310 \text{ Nm}$$

$$V_x = q_x \dfrac{L}{2} = 880 \times \dfrac{6}{2} = 2.640 \text{ N}$$
$$V_y = q_y \dfrac{L}{2} = 275 \times \dfrac{6}{2} = 825 \text{ N}$$

$V = \sqrt{2.640^2 + 825^2} = 2.766$ N

Será adotada a mesma viga que a adotada para as terças:

C 152,4 × 12,20 kg/m

11.3.5.3 – Verificação do esforço combinado

$$\frac{M_{d_x}}{\phi_b M_{n_x}} + \frac{M_{d_y}}{\phi_b M_{n_y}} \leq 1,0$$

$$\frac{1,4 \times 3.960}{0,9 \times 20.076} + \frac{1,4 \times 310}{0,9 \times 2284} = 0,31 + 0,21 = 0,52 < 1,00$$

Verificação do cisalhamento

$\phi_v V_n = 104.490 > \gamma V = 1,4 \times 2.766 \cong 3.873$ N

Correntes (Fig. 11.24)

Como o esforço de tração nos tirantes será menor que nos existentes para as terças, será adotado d = $^1/_2$"

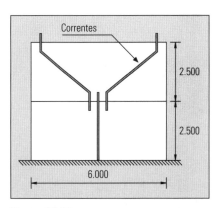

Figura 11.24

11.4 — Cálculo da tesoura

A geometria das tesouras é apresentada na Fig. 11.25.

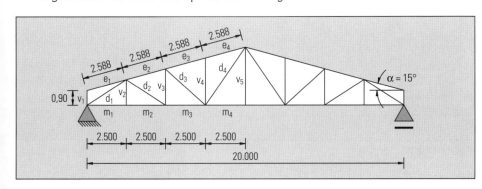

Figura 11.25

$m_1 = m_2 = m_3 = m_4 = 2.500$ mm
$e_1 = e_2 = e_3 = e_4 = 2.258$ mm
$v_1 = 900$ mm
$v_2 = 900 + 2.500$ tg15° $= 1.570$ mm
$v_3 = 900 + 5.000$ tg15° $= 2.240$ mm
$v_4 = 900 + 7.500$ tg15° $= 2.910$ mm
$v_5 = 900 + 10.000$ tg15° $= 3.580$ mm

$d_1 = \sqrt{2.500^2 + 1.570^2} = 2.952$ mm
$d_2 = \sqrt{2.500^2 + 1.570^2} = 1.952$ mm
$d_3 = \sqrt{2.500^2 + 2.240^2} = 3.357$ mm
$d_4 = \sqrt{2.500^2 + 3.580^2} = 4.367$ mm

11.4.1 – Carregamento

1) Peso próprio (Fig. 11.26)

Estimativa do peso próprio da tesoura pela fórmula de Pratt:

$g_T = 2,3(1 + 0,33 L) = 2,3 \times (1 + 0,33 \times 20) = 17,5$ kgf/m² $\cong 180$ N/m²

Tesouras	=	180 N/m²
Terças	=	61 N/m²
Contraventamento + correntes	=	10 N/m²
PP$_{estrutura}$ =		251 N/m²
Telhas	=	120 N/m²
PP$_{total}$ =		380 N/m²

$$P_1 = 380 \times 2{,}50 \times 6 = 5.700 \text{ N}$$
$$P_2 = 380 \times \frac{2{,}5}{2} \times 6 = 2.850 \text{ N}$$

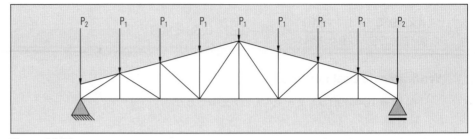

Figura 11.26

2) **Sobrecarga** (Fig. 11.27)

$$SC = 250 \text{ N/m}^2$$
$$SC_1 = 250 \times 2{,}5 \times 6 = 3.750 \text{ N}$$
$$SC_2 = 250 \times \frac{2{,}5}{2} \times 6 = 1.875 \text{ N}$$

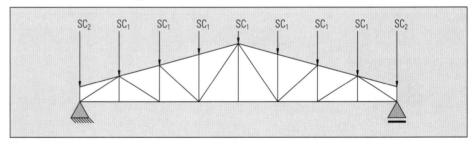

Figura 11.27

3) **Vento**

Caso 1 — O carregamento devido à ação do vento é apresentado na Fig. 11.28, que vem da Fig. 11.18

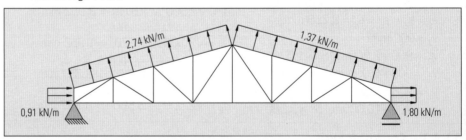

Figura 11.28

$$V_1 = 0{,}91 \times 10^3 \times \frac{0{,}90}{2} = 410 \text{ N}$$
$$V_2 = 2{,}74 \times 10^3 \times \frac{2{,}588}{2} = 3.546 \text{ N}$$
$$V_3 = 2{,}74 \times 10^3 \times 2{,}588 = 7.092 \text{ N}$$
$$V_4 = 1{,}37 \times 10^3 \times 2{,}588 = 3.546 \text{ N}$$
$$V_5 = 1{,}37 \times 10^3 \times \frac{2{,}588}{2} = 1.773 \text{ N}$$
$$V_6 = 1{,}80 \times 10^3 \times \frac{0{,}90}{2} = 810 \text{ N}$$

O carregamento em cada nó da tesoura é representado na Fig. 11.29

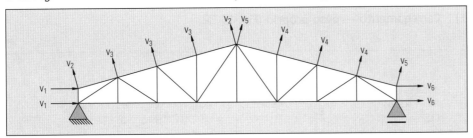

Figura 11.29

Caso 2 — O carregamento devido à ação é representado na Fig. 11.30, que vem da Fig. 11.19

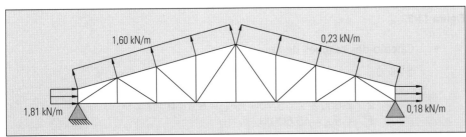

Figura 11.30

$$V_7 = 1,81 \times 10^3 \times \frac{0,90}{2} = 815 \text{ N}$$

$$V_8 = 1,60 \times 10^3 \times \frac{2,588}{2} = 2.071 \text{ N}$$

$$V_9 = 1,60 \times 10^3 \times 2,588 = 4.142 \text{ N}$$

$$V_{10} = 0,23 \times 10^2 \times 2.588 = 596 \text{ N}$$

$$V_{11} - 0,23 \times 10^3 \times \frac{2.588}{2} = 298 \text{ N}$$

$$V_{12} = 0,18 \times 10^3 \times \frac{0,90}{2} = 81 \text{ N}$$

O carregamento em cada nó da tesoura é apresentado na Fig. 11.31

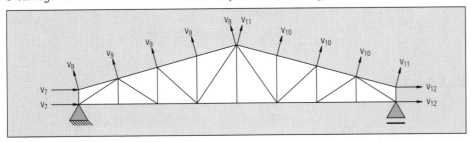

Figura 11.31

11.4.2 – Esforços nas barras

1) Carregamento — peso próprio (Fig. 11.32)

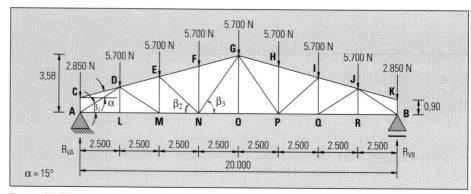

Figura 11.32

- **Cálculo das reações de apoio**

$\Sigma V = 0 \downarrow$
(+)
$2 \times 2.850 - 7 \times 5.700 - R_{V_A} - R_{V_B} = 0$
$R_{V_A} + R_{V_B} = 45.600$ N ... (I)

$\Sigma M_A = 0$ ((+))↓
$5.700 \times (2,5 + 5,0 + 7,5 + 10,0 + 12,5 + 15,0) +$
$+ 2.850 \times 20,0 - R_{V_B} \times 20,0 = 0$
$R_{V_B} = 22.800$ N ↑ ... (II)

Com (II) em (I):
$R_{V_A} = 22.800$ N ↑

- **Cálculo dos esforços normais**

Nó C (Fig. 11.33)

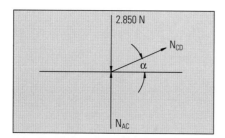

Figura 11.33 — Nó C

$\Sigma H = 0 \rightarrow (+)$
$N_{CD} \cos \alpha = 0$
$N_{CD} = 0$

$\Sigma V = \downarrow$
(+)
$2.850 - N_{AC} = 0$
$N_{A_C} = 2.850$ N (compressão)

Nó A (Fig. 11.34)

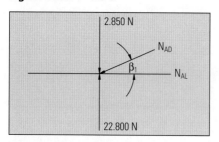

Figura 11.34 — Nó A

$\text{tg } \beta_1 = \dfrac{1.570}{2.500} = 0,63$
$\beta_1 = 32,13°$
$\text{sen } \beta_1 = 0,53$
$\cos \alpha_1 = 0,85$

$\Sigma V = 0 \downarrow$
(+)
$2.850 + N_{AD} \text{ sen } \beta_1 - 22.800 = 0$
$N_{AD} = 37.641,51$ N (compressão)
$\Sigma H = 0 \rightarrow (+)$
$-N_{AD} \cos \beta_1 + N_{AL} = 0$
$N_{AL} = 31.995,28$ N (tração)

Nó L (Fig. 11.35)

$\Sigma V = 0 \downarrow (+)$

$N_{DL} = 0$

$\Sigma H = 0 \rightarrow (+)$

$N_{LM} = 31.995,28 = 0$

$N_{LM} = 31.995,28$ N (tração)

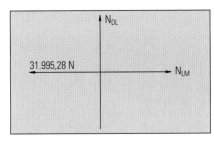

Figura 11.35 — Nó L

Nó D (Fig. 11.36)

$\begin{cases} \alpha = 15° \\ \text{sen } \alpha = 0,26 \\ \cos \alpha = 0,97 \\ \beta_1 = 32,13° \\ \text{sen } \beta_1 = 0,53 \\ \cos \beta_1 = 0,86 \end{cases}$

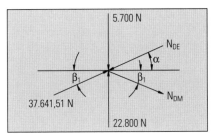

Figura 11.36 — Nó D

$\Sigma V = 0 \downarrow (+)$

$5.700 - 37.641,51 \times \text{sen } \beta_1 + N_{DE} \times \text{sen } \alpha + N_{D_M} \times \text{sen } \beta_1 = 0$

$N_{DE} \times 0,26 + N_{DM} \times 0,53 = 14.250,00$ N   ...(I)

$\Sigma H = 0 \rightarrow (+)$

$N_{DM} \times \cos \beta_1 - N_{DE} \times \cos \alpha + 37.641,57 \times \cos \beta_1 = 0$

Com (II) em (I):

$N_{DE} \times 0,26 + 0,53 \times \left[\dfrac{N_{DE} \times 0,97 - 31.995,28}{0,85} \right] = 14.250,00$

$N_{DE} \times 0,42 + N_{DE} \times 0,97 - 31.995,28 = 22.853,77$

$N_{DE} = 39.459,75\ N$ (compressão)

em (II):

$N_{DM} = \dfrac{39.459,75 \times 0,97 - 31.995,28}{0,85} = 7.389,03$ N (tração)

Nó M (Fig. 11.37)

$\begin{cases} \beta_1 = 32,13° \\ \text{sen } \beta_1 = 0,53 \\ \cos \beta_1 = 0,85 \end{cases}$

$\Sigma H = 0 \rightarrow (+)$

$-7.389,03 \times \cos \beta_1 - 31.995,28 \times N_{MN} = 0$

$N_{MN} = 38.275,86$ N (tração)

$\Sigma V = 0 \downarrow (+)$

$-7.389,03 \times \text{sen } \beta_1 + N_{EM} = 0$

$N_{EM} = 3.916,19$ N (compressão)

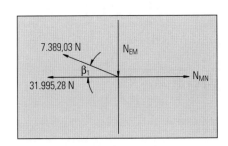

Figura 11.37 — Nó M

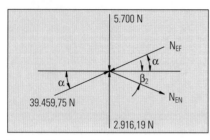

Figura 11.38 — Nó E

Nó E (Fig. 11.38)

$\alpha = 15°$
$\text{sen } \alpha = 0,26$
$\cos \alpha = 0,97$
$\text{tg } \beta_2 = \dfrac{2.240}{2.500} = 0,90$
$\beta_2 = 41,86°$
$\text{sen } \beta_2 = 0,67$
$\cos \beta_2 = 0,74$

$\Sigma V = 0 \underset{(+)}{\downarrow}$

$5.700 - 39.459,75 \times \text{sen } \alpha - 3.916,19 + N_{EN} \times \beta_2 + N_{EF} \times \text{sen } \alpha = 0$
$N_{EN} \times 0,67 + N_{EF} \times 0,26 = 8.475,73 \text{ N} \quad ...(I)$
$\Sigma H = 0 \to (+)$
$39.459,75 \cos \alpha + N_{EN} \times \cos \beta_2 - N_{EF} \times \cos \alpha = 0$
$N_{EN} = \dfrac{N_{EF} \times 0,97 - 38.275,96}{0,74} \quad ...(II)$

Com (II) em (I):

$\left[\dfrac{N_{EF} \times 0,97 - 38.275,96}{0,74}\right] \times 0,67 + N_{EF} \times 0,26 = 8.475,73$

$N_{EF} \times 0,97 - 38.275,96 + N_{EF} \times 0,29 = 9.361,25$
$N_{EF} = 37.807,31 \text{ N (compressão)}$

em (II):

$N_{EN} = \dfrac{37.807,31 \times 0,97 - 38.275,96}{0,74} = -2.166,04 \text{ N (compressão)}$

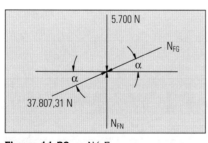

Figura 11.39 — Nó F

Nó F (Fig. 11.39)

$\alpha = 15°$
$\text{sen } \alpha = 0,26$
$\cos \alpha = 0,97$

$\Sigma H = 0 \to (+)$
$37.807,31 \times \cos \alpha - N_{FG} \times \cos \alpha = 0$
$N_{FG} = 37.807,31 N \text{ (compressão)}$

$\Sigma V = 0 \underset{(+)}{\downarrow}$

$5.700 - 37.807,31 \times \text{sen } \alpha - N_{FN} + N_{FG} \times \text{sen } \alpha = 0$
$N_{FN} = 5.700 \, N \text{ (compressão)}$

Nó N (Fig. 11.40)

$$\begin{vmatrix} \beta_2 = 41,86° \\ \text{sen } \beta_2 = 0,67 \\ \cos \beta_2 = 0,74 \\ \text{tg } \beta_3 = \dfrac{3.580}{2.500} = 1,43 \\ \beta_3 = 55,07° \\ \text{sen } \beta_3 = 0,82 \\ \cos \beta_3 = 0,57 \end{vmatrix}$$

$\Sigma V = 0 \;\downarrow\!(+)$

$5.700 + 2.166,04 \times \text{sen } \beta_2 - N_{GN} \times \text{sen } \beta_3 = 0$

$N_{GN} = 8.721,03$ N (tração)

$\Sigma H = 0 \rightarrow (+)$

$-38.275,96 + 2.166,04 \times \cos \beta_2 + N_{GN} \times \cos \beta_3 + N_{NO} = 0$

$N_{NO} = 31.702,10$ N (tração)

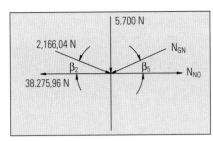

Figura 11.40 — Nó N

Nó O (Fig. 11.41)

$$\begin{vmatrix} \Sigma V = 0 \;\downarrow\!(+) \\ N_{GO} = 0 \\ \Sigma H = 0 \rightarrow (+) \\ -31.702,10 + N_{OP} = 0 \\ N_{OP} = 31.702,10 \text{ N (tração)} \end{vmatrix}$$

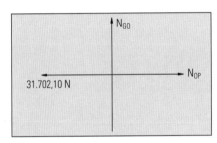

Figura 11.41 — Nó O

O resumo das forças normais solicitadas nas barras da tesoura para o carregamento de peso próprio, é apresentado na Tabela 11.3.

2) Carregamento — sobrecarga

Nesse deve-se, como são cargas verticais com o mesmo sentido que as do peso próprio, deve-se multiplicar os valores obtidos no caso (1) pela relação:

$$\frac{250}{380} = 0,66$$

Portanto, tem-se: $R_{V_A} = R_{V_B} = 0,66 \times 22.800 = 15.048$ N ↑

O resumo das forças normais solcitantes nas barras da tesoura para o carregamento de sobrecarga, é apresentado na Tabela 11.4.

Estruturas metálicas

Tabela 11.3 — Esforços nas barras (PP)			
Posição	barra	Esforço (N)	Tipo
Banzo superior	CD JK	0	——
Banzo superior	DE IJ	39.460	Compressão
Banzo superior	EF HI	37.807	Compressão
Banzo superior	FG GH	37.807	Compressão
Banzo inferior	AL BR	31.995	Tração
Banzo inferior	LM QR	31.995	Tração
Banzo inferior	MN PQ	38.276	Tração
Banzo inferior	NO OP	31.702	Tração
Montante	AC BK	2.850	Compressão
Montante	DL JR	0	——
Montante	EM IQ	3.916	Compressão
Montante	FN HP	5.700	Compressão
Montante	GO	0	——
Diagonal	AD BJ	37.642	Compressão
Diagonal	DM JQ	7.389	Tração
Diagonal	EN IP	2.166	Compressão
Diagonal	GN GP	8.721	Tração

Capítulo 11 — Projeto de um galpão com estrutura em aço

Tabela 11.4 — Esforços nas barras (SC)			
Posição	barra	Esforço (N)	Tipo
Banzo superior	CD JK	0	——
Banzo superior	DE IJ	26.044	Compressão
Banzo superior	EF HI	24.953	Compressão
Banzo superior	FG GH	24.953	Compressão
Banzo inferior	AL BR	21.117	Tração
Banzo inferior	LM QR	21.117	Tração
Banzo inferior	MN PQ	25.262	Tração
Banzo inferior	NO OP	20.923	Tração
Montante	AC BK	1.881	Compressão
Montante	DL JR	0	——
Montante	EM IQ	2.585	Compressão
Montante	FN HP	3.762	Compressão
Montante	GO	0	——
Diagonal	AD BJ	24.844	Compressão
Diagonal	DM JQ	4.877	Tração
Diagonal	EN IP	1.430	Compressão
Diagonal	GN GP	5.756	Tração

3) **Carregamento — vento – caso 1** (Fig. 11.42)

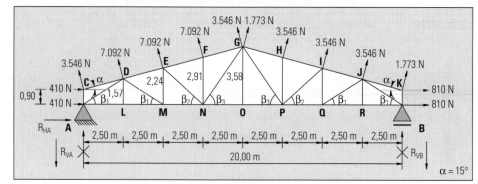

Figura 11.42

A decomposição de forças devido à ação do vento é apresentada na Fig. 11.43:

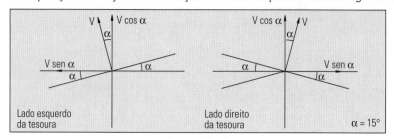

Figura 11.43

- **Cálculo das reações de apoio**

$\Sigma H = 0 \rightarrow$
$2 \times 410 + 2 \times 810 - \text{sen } \alpha[2 \times 3.546 + 3 \times 7.092] + \text{sen } \alpha[2 \times 1.773 + 3 \times 3.546] + R_{H_A} = 0$
$820 - 1.620 - 7.342,18 - 3.671,09 + R_{H_A} = 0$
$R_{H_A} = 1.231,09 \text{ N} \rightarrow$

$\Sigma M_A = 0 \quad ((+)$
$(410 + 810) \times 0,9 + \text{sen } \alpha[-3.546 \times 0,9 - 7.092(1,57 + 2,24 + 2,91) - 3,546 \times 3,58 +$
$+ 1.773 \times 3,58 + 3.546(1,57 + 2,24 + 2,41) + 1,773 \cdot 0,9] + \cos \alpha[-7.092(2,5 + 5,0 +$
$+ 7,5) - 3.546 \times 10,0 - 1.773 \cdot 10 - 3.546(12,50 + 15,0 + 17,5) - 1.773 \times 20,0] -$
$- R_{V_B} \times 20 = 0$
$1.098 - 8.682,13 - 342517,30 - R_{VB} \times 20 = 0$
$R_{V_B} = -17.505,07 \text{ N}$ (trocar o sentido adotado para a reação)
$R_{V_B} = 17.505,07 \text{ N} \downarrow$

$\Sigma V = 0 \downarrow$
$(+)$
$-\cos \alpha[2 \times 3.546 + 3 \times 7.092 + 2 \times 1.773 + 3 \times 3.546] + R_{V_B} - R_{V_A} = 0$
$-41.102,07 + 17.505,07 - R_{V_A} = 0$
$R_{V_A} = -23.597,00 \text{ N}$ (trocar o sentido adotado para a reação)
$R_{V_A} = 23.597,00 \text{ N} \downarrow$

- **Cálculo dos esforços normais**

Nó C (Fig. 11.44)

$\Sigma H = 0 \rightarrow (+)$

$410 - 3.546 \times \text{sen } \alpha + N_{CD} \times \cos \alpha = 0$

$N_{CD} = 535,68$ N (tração)

$\Sigma V = 0 \downarrow (+)$

$-3.546 \times \cos \alpha - N_{CD} \times \text{sen } \alpha + N_{AC} = 0$

$N_{AC} = 3.561,23$ N (tração)

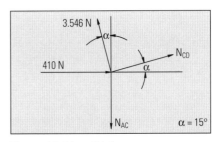

Figura 11.44 — Nó C

Nó A (Fig. 11.45)

$\Sigma V = 0 \downarrow (+)$

$-3.561,23 + 23.597,05 - N_{AD} \times \text{sen } \beta_1 = 0$

$N_{AD} = 37.673,66$ N (tração)

$\Sigma H = 0 \rightarrow (+)$

$410 + 1.281,09 + N_{AD} \times \cos \beta_1 - N_{AL} = 0$

$N_{AL} = 33.545,20$ N (compressão)

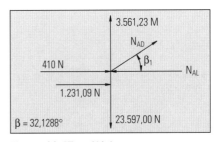

Figura 11.45 — Nó A

Nó L (Fig. 11.46)

$\Sigma V = 0 \downarrow (+)$

$N_{DL} = 0$

$\Sigma H = 0 \rightarrow (+)$

$33.545,20 - N_{LM} = 0$

$N_{LM} = 33.545,20$ N (compressão)

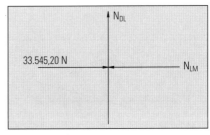

Figura 11.46 — Nó L

Nó D (Fig. 11.47)

$\Sigma V = 0 \downarrow (+)$

$-7.092 \times \cos \alpha + 525,68 \times \text{sen } \alpha + 37.673,66 \times \text{sen } \beta_1 +$
$\qquad + N_{DM} \times \text{sen } \beta_1 - N_{DE} \times \text{sen } \alpha = 0$

$-N_{DM} \times \text{sen } \beta_1 + N_{DE} \times \text{sen } \alpha = 13.321,48$ N   ...(I)

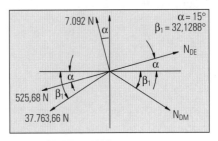

Figura 11.47 — Nó D

$\Sigma H = 0 \rightarrow (+)$

$-7.092 \times \text{sen } \alpha - 522,68 \times \cos \alpha - 37.673,66 \times \cos \beta_1 +$
$\qquad + N_{DM} \times \cos \beta_1 + N_{DE} \times \cos \alpha = 0$

$N_{DE} \times \cos \alpha + N_{DM} \times \cos \beta_1 = 34.622,68$

$N_{DE} = \dfrac{34.244,53 - N_{DM} \times \cos \beta_1}{\cos \alpha}$ ...(II)

Com (II) em (I):

$$-N_{DM} \times \text{sen } \beta_1 + \text{sen } \alpha \left[\frac{34.244,53 - N_{DM} \times \cos \beta_1}{\cos \alpha} \right] = 13.321,48$$

$$-N_{DM} \times \frac{\text{sen } \beta_1}{\text{tg } \alpha} + 34.244,53 - N_{DM} \times \cos \beta_1 = \frac{18.321,48}{\text{tg } \alpha}$$

$$-N_{DM} \times \frac{\text{sen } \beta_1}{\text{tg } \alpha} - N_{DM} \times \cos \beta_1 = 15.471,91$$

$N_{DM} = -5.463,92$ (trocar o sentido adotado para o esforço)

$N_{DM} = 5.463,92$ N (compressão)

em (II):

$$N_{DE} = \frac{34.244,53 - (-5.463,92) \times \cos \beta_1}{\cos \alpha} = 40.242,92 \text{ N (tração)}$$

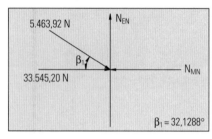

Figura 11.48 — Nó M

Nó M (Fig. 11.48)

$\Sigma V = 0 \downarrow$
$(+)$

$5.463,92 \times \text{sen } \beta_1 - N_{EM} = 0$

$N_{EM} = 2.905,84$ N (tração)

$\Sigma H = 0 \rightarrow (+)$

$5.463,92 \times \cos \beta_1 + 33.545,20 - N_{MN} = 0$

$M_{MN} = 38.172,35$ N (compressão)

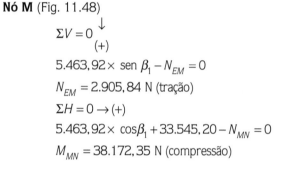

Figura 11.49 — Nó E

Nó E (Fig. 11.49)

$\Sigma V = 0 \downarrow$
$(+)$

$-7.092 \times \cos \alpha + 40.242,92 \times \text{sen } \alpha + 2.905,84 + N_{EN} \times \text{sen } \beta_2 -$
$- N_{EF} \times \text{sen } \alpha = 0$

$-N_{EN} \times \text{sen } \beta_2 + N_{EF} \times \text{sen } \alpha = 6.471,13$ N   ...(I)

$\Sigma H = 0 \rightarrow (+)$

$-7.092 \times \text{sen } \alpha - 40.242,92 \times \cos \alpha + N_{EN} \times \cos \beta_2 + N_{EF} \times \cos \alpha = 0$

$$N_{EN} = \frac{40.707,22 - N_{EF} \times \cos \alpha}{\cos \beta_2} \quad ...(II)$$

Com (II) em (I):

$$-\left[\frac{40.707,22 - N_{EF} \times \cos \alpha}{\cos \beta_2} \right] \times \text{sen } \beta_2 + N_{EF} \times \text{sen } \alpha = 6.471,13$$

$$-40.707,22 + N_{EF} \times \cos \alpha + N_{EF} \times \frac{\text{sen } \alpha}{\text{tg} \beta_2} = \frac{6.471,13}{\text{tg} \beta_2}$$

$$N_{EF} \times \cos \alpha + N_{EF} \times \frac{\text{sen} \alpha}{\text{tg} \beta_2} = 47.929,47$$

$N_{EF} = 38.197,30$ N (tração)

em (II):

$$N_{EN} = \frac{40.707,22 - 38.197,30 \times \cos\alpha}{\cos\beta_2} = 5.117,61 \text{ N (tração)}$$

Nó F (Fig. 11.50)

$\Sigma H = 0 \rightarrow (+)$

$-7.092 \times \text{sen } \alpha - 38.197,30 \times \cos\alpha + N_{FG} \times \cos\alpha = 0$

$N_{FG} = 40.097,58$ N (tração)

$\Sigma V = 0 \downarrow (+)$

$-7.092 \times \cos\alpha + 38.197,30 \times \text{sen } \alpha - N_{FG} \times \text{sen } \alpha + N_{FN} = 0$

$N_{FN} = 7.342,18$ N (tração)

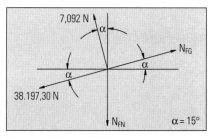

Figura 11.50 — Nó F

Nó N (Fig. 11.51)

$\Sigma V = 0 \downarrow (+)$

$-5.117,61 \times \text{sen } \beta_2 - 7.342,18 + N_{GN} \times \text{sen } \beta_3 = 0$

$N_{GN} = 13.120,56$ N (compressão)

$\Sigma H = 0 \rightarrow (+)$

$38.172,35 - 5.117,61 \times \cos\beta_2 - N_{GN} \times \cos\beta_3 - N_{NO} = 0$

$N_{NO} = 26.848,85$ N (compressão)

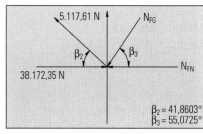

Figura 11.51 — Nó N

Nó O (Fig. 11.52)

$\Sigma V = 0 \downarrow (+)$

$N_{GO} = 0$

$\Sigma H = 0 \rightarrow (+)$

$26.848,85 - N_{OP} = 0$

$N_{OP} = 26.848,85$ N (compressão)

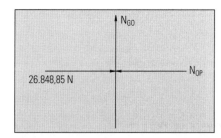

Figura 11.52 — Nó O

Nó K (Fig. 11.53)

$\Sigma H = 0 \rightarrow (+)$

$-N_{JK} \times \cos\alpha + 1.773 \times \text{sen } \alpha + 810 = 0$

$N_{JK} = 1.313,65$ N (tração)

$\Sigma V = 0 \downarrow (+)$

$-N_{JK} \times \text{sen } \alpha - 1.773 \times \cos\alpha + N_{BK} = 0$

$N_{BK} = 2.052,58$ N (tração)

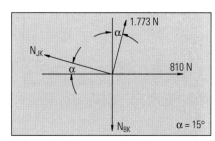

Figura 11.53 — Nó K

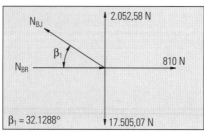

Figura 11.54 — Nó B

Nó B (Fig. 11.54)

$$\Sigma V = 0 \;\downarrow (+)$$
$$-N_{BJ} \times \operatorname{sen} \beta_1 - 2.052,58 + 17.505,07 = 0$$
$$N_{BJ} = 29.055,63 \text{ N (tração)}$$
$$\Sigma H = 0 \rightarrow (+)$$
$$N_{BR} - N_{BJ} \times \cos \beta_1 + 810 = 0$$
$$N_{BR} = 23.795,90 \text{ N (compressão)}$$

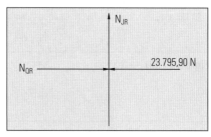

Figura 11.55 — Nó R

Nó R (Fig. 11.55)

$$\Sigma V = 0 \;\downarrow (+)$$
$$N_{JR} = 0$$
$$\Sigma H = 0 \rightarrow (+)$$
$$N_{QR} - 23.795,90 = 0$$
$$N_{QR} = 23.795,90 \text{ N (compressão)}$$

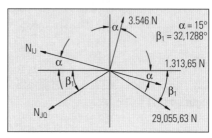

Figura 11.56 — Nó J

Nó J (Fig. 11.56)

$$\Sigma V = 0 \;\downarrow (+)$$
$$-3.546 \times \cos \alpha + 1.313,65 \times \operatorname{sen} \alpha + 29.055,63 \times \operatorname{sen} \beta_1 +$$
$$+ N_{JQ} \times \operatorname{sen} \beta_1 - N_{IJ} \times \operatorname{sen} \alpha = 0$$
$$N_{IJ} \times \operatorname{sen} \alpha - N_{JQ} \times \operatorname{sen} \beta_1 = 12.367,31 \text{ N} \quad \ldots \text{(I)}$$
$$\Sigma H = 0 \rightarrow (+)$$
$$3.546 \times \operatorname{sen} \alpha + 1.313,65 \times \cos \alpha + 29.055,63 \times \cos \beta_1 -$$
$$- N_{JQ} \times \cos \beta_1 - N_{IJ} \times \cos \alpha = 0$$
$$N_{IJ} = \frac{26.792,56 - N_{JQ} \times \cos \beta_1}{\cos \alpha} \quad \ldots \text{(II)}$$

Com (II) em (I):

$$\operatorname{sen} \alpha \left[\frac{26.792,56 - N_{JQ} \times \cos \beta_1}{\cos \alpha} \right] - N_{JQ} \times \operatorname{sen} \beta_1 = 12.367,31$$

$$26.792,56 - N_{JQ} \times \cos \beta_1 - N_{JQ} \times \frac{\operatorname{sen} \beta_1}{\operatorname{tg} \alpha} = \frac{12.367,31}{\operatorname{tg} \alpha}$$

$$-N_{JQ} \times \cos \beta_1 - N_{JQ} \times \frac{\operatorname{sen} \beta_1}{\operatorname{tg} \alpha} = 19.361,87$$

$$N_{JQ} = -6.838,02 \text{ (trocar o sentido adotado para o esforço)}$$
$$N_{JQ} = 6.838,02 \text{ N (compressão)}$$

em (II):

$$N_{IJ} = \frac{26.792,56 - (-6.838,02 \times \cos \beta_1)}{\cos \alpha} = 33.732,79 \text{ N (tração)}$$

Nó Q (Fig. 11.57)

$\Sigma V = 0 \downarrow (+)$

$-N_{IQ} + 6.838,02 \times \text{sen } \beta_1 = 0$

$N_{IQ} = 3.636,63$ N (tração)

$\Sigma H = 0 \rightarrow (+)$

$N_{PQ} - 23.795,90 - 6.838,02 \times \cos \beta_1 = 0$

$N_{PQ} = 29.586,71$ N (compressão)

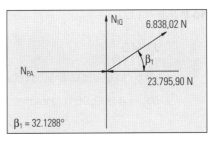

Figura 11.57 — Nó Q

Nó I (Fig. 11.58)

$\Sigma H = 0 \rightarrow (+)$

$3.546 \times \text{sen } \alpha + 33.732,79 \times \cos \alpha - N_{HI} \times \cos \alpha - N_{IP} \times \cos \beta_2 = 0$

$N_{IP} = \dfrac{33.501,15 - N_{HI} \times \cos \alpha}{\cos \beta_2}$ ...(I)

$\Sigma V = 0 \downarrow (+)$

$3.636,63 - 3.546 \times \cos \alpha + 33.372,79 \times \text{sen } \alpha - N_{HI} \times \text{sen } \alpha +$
$\qquad\qquad + N_{IP} \times \text{sen } \beta_2 = 0$

$N_{IP} \times \text{sen } \beta_2 - N_{HI} \times \text{sen } \alpha + 8.942,15 = 0$ ...(II)

Com (I) em (II):

$\left[\dfrac{33.501,15 - N_{HI} \times \cos \alpha}{\cos \beta_2} \right] \text{sen } \beta_2 - N_{HI} \times \text{sen } \alpha + 8.942,15 = 0$

$33.501,15 - N_{HI} \times \cos \alpha - N_{HI} \times \dfrac{\text{sen } \alpha}{\text{tg } \beta_2} + \dfrac{8.942,15}{\text{tg } \beta_2} = 0$

$N_{HI} \times \cos \alpha + N_{HI} \times \dfrac{\text{sen } \alpha}{\text{tg } \beta_2} = 42.481,24$

$N_{HI} = 34.652,29$ N (tração)

em (I):

$N_{IP} = \dfrac{33.501,15 - 34.652,29 \times \cos \alpha}{\cos \beta_2} = 39,75$ N (tração)

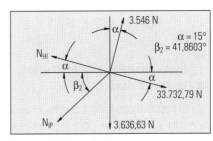

Figura 11.58 — Nó I

Nó H (Fig. 11.59)

$\Sigma H = 0 \rightarrow (+)$

$3.546 \times \text{sen } \alpha + 34.652,29 \times \cos \alpha - N_{GH} \times \cos \alpha = 0$

$N_{GH} = 35.602,44$ N (tração)

$\Sigma V = 0 \downarrow (+)$

$-3.546 \times \cos \alpha + 34.652,29 \times \text{sen } \alpha + N_{HP} - N_{GH} \times \text{sen } \alpha = 0$

$N_{HP} = 3.671,09$ N (tração)

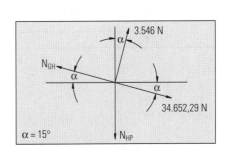

Figura 11.59 — Nó H

Nó P (Fig. 11.60)

$\Sigma V = 0 \downarrow$
(+)

$-3.671,09 - 39,75 \times \text{sen}\, \beta_2 + N_{GP} \times \text{sen}\, \beta_3 = 0$

$N_{GP} = 4.509,96$ N (compressão)

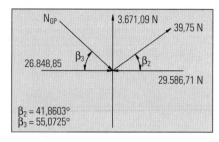

Figura 11.60 — Nó P

Verificação

$\Sigma H = 0 \rightarrow (+)$

$N_{GP} \times \cos \beta_3 + 39,75 \times \cos \beta_2 + 26.848,85 - 29.586,71 = -126,13$ N

Este valor deveria ser igual a zero, mas a divergência do valor é função da aproximação nos resultados das contas.

O resumo das forças normais solicitantes nas barras da tesoura para o carregamento de vento — caso 1 — com os valores arredondados, é apresentado na Tabela 11.5.

4) Carregamento — vento – caso 2 (Fig. 11.61)

Fazendo a mesma seqüência de cálculos do caso anterior, será obtido:

$R_{HA} = 2.415$ N→
$R_{VA} = 12.180$ N↓
$R_{VB} = 6.123$ N↓

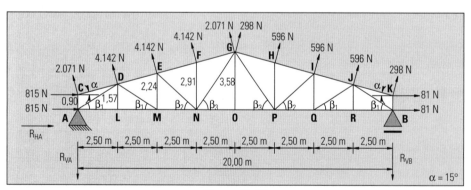

Figura 11.61

Capítulo 11 — Projeto de um galpão com estrutura em aço

Tabela 11.5 — Esforços nas barras (vento — caso 1)			
Posição	Barra	Esforço (N)	Tipo
Banzo superior	CD	526	Tração
	JK	1.314	Tração
	DE	40.243	Tração
	IJ	33.733	Tração
	EF	38.197	Tração
	HI	34.652	Tração
	FG	40.098	Tração
	GH	35.602	Tração
Banzo inferior	AL	33.545	Compressão
	BR	23.796	Compressão
	LM	33.545	Compressão
	QR	23.796	Compressão
	MN	38.172	Compressão
	PQ	29.587	Compressão
	NO	26.849	Compressão
	OP	26.849	Compressão
Montante	AC	3.561	Tração
	BK	2.053	Tração
	DL	0	——
	JR	0	——
	EM	2.906	Tração
	IQ	3.637	Tração
	FN	7.342	Tração
	HP	3.671	Tração
	GO	0	——
Diagonal	AD	37.674	Tração
	BJ	29.056	Tração
	DM	5.464	Compressão
	JQ	6.838	Compressão
	EN	5.118	Tração
	IP	40	Tração
	GN	13.121	Compressão
	GP	4.510	Compressão

O resumo das forças normais solicitantes das barras da tesoura para o carregamento de vento — caso 2 — é apresentado na Tabela 11.6.

Tabela 11.6 — Esforços nas barras (vento — caso 2)			
Posição	Barra	Esforço (N)	Tipo
Banzo superior	CD	266	Tração
	JK	164	Tração
	DE	19.790	Tração
	IJ	13.000	Tração
	EF	18.030	Tração
	HI	14.290	Tração
	FG	19.140	Tração
	GH	14.450	Tração
Banzo inferior	AL	19.340	Compressão
	BR	9.143	Compressão
	LM	19.340	Compressão
	QR	9.143	Compressão
	MN	21.020	Compressão
	PQ	12.160	Compressão
	NO	13.510	Compressão
	OP	13.510	Compressão
Montante	AC	2.069	Tração
	BK	330	Tração
	DL	0	——
	JR	0	——
	EM	1.058	Tração
	IQ	1.895	Tração
	FN	4.288	Tração
	HP	617	Tração
	GO	0	——
Diagonal	AD	19.020	Compressão
	BJ	10.890	Compressão
	DM	1.990	Tração
	JQ	5.563	Compressão
	EN	3.726	Tração
	IP	1.474	Compressão
	GN	8.263	Compressão
	GP	447	Tração

A Tabela 11.7 apresenta o resumo das forças normais nas barras da tesoura, para carregamentos unitários e combinados para efeito de dimensionamento.

Tabela 10.7 — Esforços simples e combinados nas barras

Posição	Barra	PP (N)	SC (N)	Vento 1(N)	Vento 2(N)	PP + SC	PP+Vento 1	PP+Vento 2	Máx. tração	Máx. compressão	Posição	Barra	Esforço / Cálculo
Banzo superior	CD	0	0	526	266	0	526	266	526	—	Banzo superior	CD	1.314
Banzo superior	JK	0	0	1.314	164	0	1.314	164	1.314	—	Banzo superior	JK	
Banzo superior	DE	-39.460	-26.044	40.243	19.790	-65.504	783	-19.670	783	-65.504	Banzo superior	DE	783
Banzo superior	IJ	-39.460	-26.044	33.733	13.000	-65.504	-5.727	-26.460	783	-65.504	Banzo superior	IJ	-65.504
Banzo superior	EF	-37.807	-24.953	38.197	18.030	-62.760	390	-19.777	390	-62.760	Banzo superior	EF	390
Banzo superior	HI	-37.807	-24.953	34.652	14.290	-62.760	-3.155	-23.517	—	-62.760	Banzo superior	HI	-62.760
Banzo superior	FG	-37.807	-24.953	40.098	19.140	-62.760	2.291	-18.667	2.291	-62.760	Banzo superior	FG	2.291
Banzo superior	GH	-37.807	-24.953	35.602	14.450	-62.760	-2.205	-23.357	—	-62.760	Banzo superior	GH	-62.760
Banzo inferior	AL	31.995	21.117	-33.545	-19.340	53.112	-1.550	12.655	53.112	-1.550	Banzo inferior	AL	53.112
Banzo inferior	BR	31.995	21.117	-23.796	-9.143	53.112	8.199	22.852	53.112	—	Banzo inferior	BR	-1.550
Banzo inferior	LM	31.995	21.117	-33.545	-19.340	53.112	-1.550	12.655	53.112	-1.550	Banzo inferior	LM	53.112
Banzo inferior	QR	31.995	21.117	-23.796	-9.143	53.112	8.199	22.852	53.112	—	Banzo inferior	QR	-1.550
Banzo inferior	MN	38.276	25.262	-38.172	-21.020	63.538	104	17.256	63.538	—	Banzo inferior	MN	63.538
Banzo inferior	PQ	38.276	25.262	-29.587	-12.160	63.538	8.689	26.116	63.538	—	Banzo inferior	PQ	52.625
Banzo inferior	NO	31.702	20.923	-26.849	-13.510	52.625	4.853	18.192	52.625	—	Banzo inferior	NO	52.625
Banzo inferior	OP	31.702	20.923	-26.849	-13.510	52.625	4.853	18.192	52.625	—	Banzo inferior	OP	
Montante	AC	-2.850	-1.881	3.561	2.069	-4.731	711	-781	711	-4.731	Montante	AC	711
Montante	BK	-2.850	-1.881	2.053	330	-4.731	-797	-2.520	—	-4.731	Montante	BK	-4.731
Montante	DL	0	0	0	0	0	0	0	0	0	Montante	DL	0
Montante	JR	0	0	0	0	0	0	0	0	0	Montante	JR	
Montante	EM	-3.916	-2.585	2.906	1.058	-6.501	-1.010	-2.858	—	-6.501	Montante	EM	
Montante	IQ	-3.916	-2.585	3.637	1.895	-6.501	-279	-2.021	—	-6.501	Montante	IQ	-6.501
Montante	FN	-5.700	-3.762	7.342	4.288	-9.462	1.642	-1.412	1.642	-9.462	Montante	FN	1.642
Montante	HP	-5.700	-3.762	3.671	617	-9.462	-2.029	-5.083	—	-9.462	Montante	HP	-9.462
Montante	GO	0	0	0	0	0	0	0	0	0	Montante	GO	0
Diagonal	AD	-37.642	-24.844	37.674	-19.020	-62.486	32	-56.622	32	-62.486	Diagonal	AD	32
Diagonal	BJ	-37.642	-24.844	29.056	-10.890	-62.486	-8.586	-48.532	—	-62.486	Diagonal	BJ	-62.486
Diagonal	DM	7.389	4.877	-5.464	1.990	12.266	1.925	9.379	12.266	—	Diagonal	DM	12.266
Diagonal	JQ	7.389	4.877	-6.838	-5.563	12.266	551	1.826	12.266	—	Diagonal	JQ	
Diagonal	EN	-2.166	-1.430	5.118	3.726	-3.596	2.952	1.460	2.952	-3.596	Diagonal	EM	2.952
Diagonal	IP	-2.166	-1430	40	-1.474	-3.596	-2.126	-3.640	—	-3.640	Diagonal	IP	-3.640
Diagonal	GN	8.721	5.756	-13.121	-8.263	14/477	-4.400	458	14.477	-4.400	Diagonal	GN	14.477
Diagonal	GP	8.721	5.756	-4.510	447	14.477	4.211	9.168	14.477	—	Diagonal	GP	-4.400

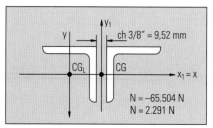

Figura 11.62

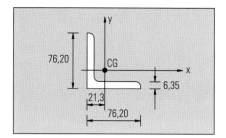

Figura 11.63

11.4.3 - Dimensionamento das barras

11.4.3.1 — Banzo superior (Fig. 11.62) (2 cantoneiras dispostas lado a lado)

$N = -65.504$ N (compressão)
$N = 2.291$ N (tração)
$L = 2,577$ m

Adotada 2 **L** 76,2 × 6,35. Para uma cantoneira (Fig. 11.63)

$P = 7,29$ kg/m
$A = 9,29$ cm^2
$r_x = r_y = 2,36$ cm
$r_z = 1,50$ cm

$$\lambda = \frac{kL}{r_{mín}} = \frac{1,0 \times 259}{2,36} = 109,70 < \lambda_{máx} = 200$$

$$\frac{b}{t} = \frac{76,2}{6,35} = 12 < \left(\frac{b}{t}\right)_{máx} = 13 \Rightarrow Q = 1,0$$

$$\bar{\lambda} = \frac{\lambda}{\pi}\sqrt{\frac{Q f_y}{E}} = \frac{\lambda}{\pi}\sqrt{\frac{1,0 \times 250 \times 10^6}{205 \times 10^9}} = 0,0111\lambda$$

$\bar{\lambda} = 0,0111 \times 109,7 = 1,21 \rightarrow$ curva C $\rightarrow \rho = 0,434$

$\phi_c N_n = \phi_c\, Q\, A_g\, \rho\, f_y;\quad \phi_c = 0,9$

$\phi_c N_n = 0,9 \times 1,0 \times [2 \times 9,29 \times 10^{-4}] \times 0,434 \times 250 \times 10^6$

$\phi_c N_n = 181.433$ N

Será adotado, a favor da segurança, o coeficiente de ponderação das ações $\gamma = 1,4$. Portanto:

$$N_d = \gamma\, N = 1,4 \times 65.504 = 91.705 < \phi_c N_n$$

— Espaçamento dos calços

$$\frac{\ell}{r_{mín}} \leq \frac{\lambda}{2}$$

$$\ell \leq \frac{\lambda}{2} r_{mín}$$

$$\ell \leq \frac{109,7 \times 1,50}{2} = 82 \text{ cm} = 820 \text{ mm}$$

$$\text{adotado } \ell = \frac{2.588}{4} = 647 \text{ mm}$$

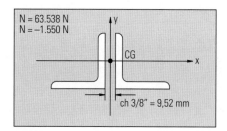

Figura 11.64

11.4.3.2 - Banzo inferior (Fig. 11.64) (2 cantoneiras dispostas lado a lado)

$N = -1.550$ N (compressão)
$N = 63.538$ N (tração)
$L = 2,50$ m

Adotada a mesma cantoneira do banzo superior: 2 **L** 76,2 × 6,35

$$\lambda = \frac{k\, L}{r_{mín}} = \frac{1,0 \times 250}{1,50} \cong 167 < \lambda_{máx} = 200$$

Compressão:
$\phi_c N_n \cong 62.721 \text{ N} > \gamma N = 1,4 \times 1.550 = 2.170 \text{ N}$

Tração:
$\phi N_n = \phi A_g f_y; \quad \phi = 0,9$

Adotando:
$N_d = \gamma N = 1,4 \times 63.538 = 88.953 \text{ N} \le \phi N_n$

- Espaçamento dos calços

Como, também, pode trabalhar a compressão:

$$\frac{\ell}{r_{mín}} \le \frac{\lambda}{2}$$

$$\ell \le \frac{\lambda}{2} r_{mín}$$

$$\ell \le \frac{167}{2} \times 0,99 = 82 \text{ cm} = 820 \text{ mm}$$

adotado $\ell = \frac{2.500}{4} = 625$ mm

11.4.3.3 – Montante

- Barras AC $\quad N = \quad 711$ N (tração)

  BK $\quad N = -4.731$ N (compressão)

  $\quad L = \quad 900$ mm

A pior situação será a compressão

Adotada 1 **L** 31,75 × 6,35 (Fig. 11.65) (cantoneira singela)

$\begin{vmatrix} P & = & 2,86 \text{ kg/m} \\ A & = & 3,62 \text{ cm}^2 \\ I_x & = & 3,33 \text{ cm}^4 \\ w_x & = & 1,47 \text{ cm}^3 \\ r_x = r_y & = & 0,94 \text{ cm} \\ r_z & = & 0,61 \text{ cm} \end{vmatrix}$

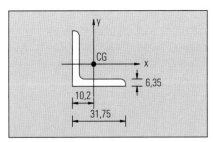

Figura 11.65

$\lambda = \dfrac{k L}{r_{mín}} = \dfrac{1,0 \times 90}{0,61} = 147 < \lambda_{máx} = 200$

$\dfrac{b}{t} = \dfrac{31,75}{6,35} = 5 < \left(\dfrac{t}{b}\right)_{máx} = 13 \Rightarrow Q = 1,0$

$\bar{\lambda} = \dfrac{\lambda}{\pi}\sqrt{\dfrac{Q f_y}{E}} = \dfrac{\lambda}{\pi}\sqrt{\dfrac{1,0 \times 250 \times 10^6}{205 \times 10^9}} = 0,0111 \times \lambda$

$\bar{\lambda} = 0,0111 \times 147 = 1,63 \to$ curva $C \to \rho = 0,284$

$\phi_c N_n = \phi_c Q A_g \rho f_y; \quad \phi_c = 0,9$

$\phi_c N_n = 0,9 \times 1,0 \times [3,62 \times 10^{-4}] \times 0,284 \times 250 \times 10^6 = 23.131$ N

Adotado: $\gamma = 1,4 \Rightarrow N_d = \gamma N$

$N_d = 1,4 \times 4.731 = 6.623$ N $< \phi_c N_n$

- Barras DL $\quad N = 0$

  JR $\quad L = 1.570$ mm

Adotada: 1**L** 31,75 × 6,35 (Fig. 11.65) (cantoneira singela): $r_z = 0,61$ cm!

$\lambda = \dfrac{k L}{r_{mín}} = \dfrac{1,0 \times 157}{0,61} = 257 > \lambda_{máx} = 200$ <u>NÃO</u>, excede o valor limite!

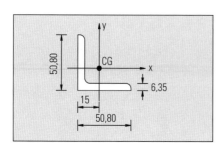

Figura 11.65 a

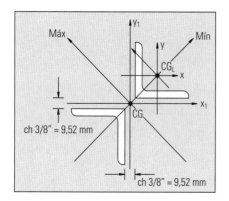

Figura 11.66

Adotada: 1**L** 50,80 × 6,35 (Fig. 11.65a) (cantoneira singela)

$$\lambda = \frac{1,0 \times 157}{0,99} = 158 < \lambda_{máx} = 200$$

$P = 4,74$ Kg/m
$A = 6,06$ cm^2
$I_x = I_y = 14,60$ cm^4
$W_x = W_y = 4,10$ cm^3
$R_x = R_y = 1,55$ cm
$R_z = 0,99$ cm

- Barras EM $N = -6.501$ N (compressão)
  IQ $L = 2.240$ mm

Adotada 2 **L** 31,75 × 6,35 (Fig. 11.66) (2 cantoneiras opostas pelo vértice)

$$r_{mín}^{conjunto} = \sqrt{2r_x^2 - r_z^2}$$

$$r_{mín}^{conjunto} = \sqrt{2 \times 0,94^2 - 0,61^2} = 1,18 \text{ cm}$$

$$\lambda = \frac{k\,L}{r_{mín}} = \frac{1,0 \times 224}{1,18} = 190 < \lambda_{máx} = 200$$

$\bar{\lambda} = 0,0111\lambda$
$\bar{\lambda} = 0,0111 \times 190 \cong 2,11 \rightarrow$ curva $C \rightarrow \rho = 0,185$

$\phi_c N_n = \phi_c Q\,A_g\,\rho\,f_y;\quad \phi_c = 0,9$

$\phi_c N_n = 0,9 \times 1,0 \times [2 \times 3,62 \times 10^{-4}] \times 0,185 \times 250 \times 10^6 = 30.136$ N

$N_d = \gamma N = 1,4 \times 6.501 = 9.101$ N $< \phi_c N_n$

- Espaçamento dos calços

$$\frac{\ell}{r_{mín}} \le \frac{\lambda}{2} \Rightarrow \ell \le \frac{\lambda}{2} \times r_{mín} = \frac{190}{2} \times 0,61 = 57 \text{ cm} = 570 \text{ mm}$$

adotado: $\ell = \dfrac{2.240}{4} = 560$ mm

- Barras FN $N = 1.642$ N (tração)
  HP $N = -9.462$ N (compressão)
             $L = 2.910$ mm

A pior situação será o esforço de compressão

Adotada 2 **L** 50,80 × 6,35 (Fig. 11.66) (2 cantoneiras opostas pelo vértice)

$$r_{mín} = \sqrt{2 \times 1,55^2 - 0,99^2} = 1,95 \text{ cm}$$

$$\lambda = \frac{k\,L}{r_{mín}} = \frac{1,0 \times 291}{1,95} = 149 < \lambda_{máx} = 200$$

$\bar{\lambda} = 0,0111\lambda$
$\bar{\lambda} = 0,0111 \times 149 = 1,65 \rightarrow$ curva $C \rightarrow \rho = 0,277$

$\phi_c N_n = \phi_c\ Q\,A_g\rho\,f_y;\quad \phi_c = 0,9$

$\phi_c\,N_n = 0,9 \times 1,0 \times [2 \times 6,06 \times 10^{-4}] \times 0,277 \times 250 \times 10^6 = 75.537$ N

$N_d = \gamma N = 1,4 \times 9.462 = 13.246$ N $< \phi_c N_n$

- Espaçamento dos calços

$$\frac{\ell}{r_{mín}} \le \frac{\lambda}{2}$$

$$\ell \le \frac{\lambda}{2} r_{mín} = \frac{149}{2} \times 0,99 = 73 \text{ cm} = 730 \text{ mm}$$

adotado: $\ell = \dfrac{2.910}{4} = 727$ mm

- Barra GO $\quad \begin{array}{l} N = 0 \\ L = 3.580 \text{ mm} \end{array}$

Adotada 2 **L** 50,80 × 6,35 (Fig. 11.66) (2 cantoneiras opostas pelo vértice)

$$\lambda = \frac{k\,L}{r_{mín}} = \frac{1,0 \times 358}{1,95} = 183 < \lambda_{máx} = 200$$

- Espaçamento entre os calços

$$\ell \leq \frac{\lambda}{2} r_{mín} = \frac{183}{2} \times 0,99 = 90 \text{ cm} = 900 \text{ mm}$$

adotado: $\ell = \dfrac{3.580}{4} = 895$ mm

11.4.3.4 - Diagonal

- Barras AD $\quad N = -62.486$ N (compressão)
  BJ $\quad N = 12.266$N (tração)
  DM $\quad L = 2.952$ mm
  JQ

Adotada 2 **L** 76,20 × 6,35 (Fig. 11.67) (2 cantoneiras dispostas lado a lado)

$$\lambda = \frac{k\,L}{r_{mín}} = \frac{1,0 \times 295,2}{2,36} = 125 < \lambda_{máx} = 200$$

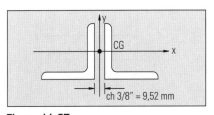

Figura 11.67

$\overline{\lambda} = 0,0111\,\lambda = 0,0111 \times 125 = 1,38 \rightarrow$ curva $C \rightarrow \rho = 0,364$

$\phi_c N_c = \phi_c Q\,A_g \rho f_y; \quad \phi_c = 0,9$

$\phi_c N_c = 0,9 \times 1,0 \times [2 \times 9,29 \times 10^{-4}] \times 0,364 \times 250 \times 10^6$

$\phi_c N_c = 152.170$ N

$N_d = \gamma\,N = 1,4 \times 62.486 = 87.480$ N $< \phi_c N_c$

- Espaçamento entre os calços

$$\ell \leq \frac{\lambda}{2} r_{mín} = \frac{125}{2} \times 1,50 = 94 \text{ cm} = 940 \text{ mm}$$

adotado $\ell = \dfrac{2.952}{4} = 738$ mm

- Barras EN $\quad N = 2.952$ N (tração)
  IP $\quad N = -3.640$ N (compressão)
  $\quad L = 3.357$ mm

Adotada 2 **L** 50,8 × 6,35 (Fig. 11.67)

$$\lambda = \frac{k\,\ell}{r_{mín}} = \frac{1,0 \times 335,7}{1,55} = 216,58 > \lambda_{máx} = 200 \quad \underline{\text{NÃO}}, \text{ excede o valor limite!}$$

Nova disposição das cantoneiras (Fig. 11.66)

$r_{mín} = \sqrt{2r_x^2 - r_z^2}$

$r_{mín} = \sqrt{2 \times 1,55^2 - 0,99^2} = 1,95$ cm

$$\lambda = \frac{k\,L}{r_{mín}} = \frac{1,0 \times 335,7}{1,55} = 172 < \lambda_{máx} = 200$$

$\overline{\lambda} = 0,0111\quad \lambda = 0,0111 \times 172 = 1,91 \rightarrow$ curva $C \rightarrow \rho = 0,218$

$\phi_c N_c = \phi_c Q\,A_g\,\rho\,f_y; \quad \phi_c = 0,9$

$\phi_c N_c = 0{,}9 \times 1{,}0 \times [2 \times 6{,}06\ 10^{-4}] \times 0{,}218 \times 250 \times 10^6$
$\phi_c N_c = 59.448$ N
$N_d = \gamma N = 1{,}4 \times 3.640 = 5.096$ N $< \phi_c N_c$

- Espaçamento entre os calços

$$\ell \le \frac{\lambda}{2} \cdot r_{mín} = \frac{172}{2} \times 0{,}99 = 85 \text{ cm} = 850 \text{ mm}$$

adotado: $= \dfrac{3.357}{4} = 839$ mm

- Barras GN | $N = -4.400$ N (compressão)
  GP | $N = 14.477$ N (tração)
  $L = 4.367$ mm

Adotada 2 L 50,8 × 6,35 (Fig. 11.66 e Fig. 11.68) (2 cantoneiras opostas pelo vértice)

$$\lambda = \frac{k\,L}{r_{mín}} = \frac{1{,}0 \times 436{,}7}{1{,}95} = 224 > \lambda_{máx} = 200 \quad \underline{\text{NÃO}}, \text{ excede o valor limite!}$$

Adotada 2 **L** 63,5 × 6,35 (Fig. 11.66) (2 cantoneiras opostas pelo vértice)
Uma cantoneira 63,5 × 6,35 (Fig. 11.68)

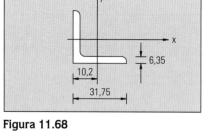

Figura 11.68

$\begin{vmatrix} P & = & 6{,}10 \text{ kg/m} \\ A & = & 7{,}67 \text{ cm}^2 \\ I_x = I_y & = & 29 \text{ cm}^4 \\ w_x = w_y & = & 6{,}4 \text{ cm}^3 \\ r_x = r_y & = & 1{,}96 \text{ cm} \\ r_z & = & 1{,}24 \text{ cm} \end{vmatrix}$

$r_{mín} = \sqrt{2r_x^2 - r_z^2} = \sqrt{2 \times 1{,}96^2 - 1{,}24^2} = 2{,}48$ cm

$\lambda = \dfrac{k\,L}{r_{mín}} = \dfrac{1{,}0 \times 436{,}7}{2{,}48} 176 < \lambda_{máx} = 200$

$\overline{\lambda} = 0{,}0111\,\lambda = 0{,}0111 \times 176 = 1{,}95 \rightarrow$ curva $C \rightarrow \rho = 0{,}212$

$\phi_c N_c = \phi_c Q\,A_g\,f_y;\quad \phi_c = 0{,}9$

$\phi_c N_c = 0{,}9 \times 1{,}0 \times [2 \times 7{,}67 \times 10^{-4}] \times 0{,}212 \times 250 \times 10^6$

$\phi_c N_c = 73.171$ N

$\begin{vmatrix} N_d = \gamma N = 1{,}4 \times 4.400 = 6.160 \text{ N} < \phi_c N_c \\ \text{\tiny compressão} \\ N_d = \gamma N = 1{,}4 \times 14.477 = 20.267 \text{ N} \\ \text{\tiny tração} \end{vmatrix}$

11.4.4 – Dimensionamento das ligações das barras nas chapas de Gusset

11.4.4.1 - Banzo superior

2 **L** 76,20 × 6,35 (Fig. 11.69)

- Barras CD | $N = 1.314$ N (tração)
  JK |

C = largura da aba: 76,2 mm
X = distância do CG até a aba: 21,3 mm
L = comprimento do cordão de solda: $L = a + b$

$$a = \frac{L(c-x)}{c};\quad b = \frac{Lx}{c}$$

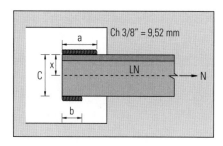

Figura 11.69

Solda de filete

$s = 5$ mm | comprimento mínimo = 4 s ou 40 mm
| extremidade = contornar o canto 2 s

$4 s = 4 \times 5 = 20$ mm
$2 s = 2 \times 5 = 10$ mm

$A_w = t \times L$ | $t = 0,707 s$
| $t = 0,707 \times 5 = 3,53$ mm

Resistência de cálculo do metal solda

$R_n = (0,6\ f_w)\ A_w;\quad \phi = 0,75$
$A_n = t\ \Delta L$

$N_d = 1,4x = \dfrac{1.314}{2} = 920N$
$\underset{\uparrow \text{ duas cantoneiras}}{}$

$N_d \le \phi\ R_n$
$920 \le 0,75 \times (0,6 \times 415 \times 10^6) \times (3,53 \times \Delta L \times 10^{-6})$
$\Delta L \le 1,39$ mm
Será adotado comprimento mínimo: | $a = 50$ mm
| $b = 50$ mm, também contorno total.

Resistência de cálculo do metal base

$R_n = (0,6\ f_y)\ A_{MB};\quad \phi = 0,9$
$A_{MB} = s\ \Delta L$
$\phi\ R_n = 0,9 \times (0,6 \times 250 \times 10^6) \times [5 \times (50 + 50 + 76,2) \times 10^{-6}] = 118.935\ N \le Nd$

- Barras   DE   IJ | $N = -65.504$ N (compressão)
              EF   HI | $N_d = 14x = \dfrac{65.504}{2} = 45.853N$
              FG   GH | $\underset{\uparrow \text{ duas cantoneiras}}{}$

Resistência de cálculo do metal solda

$\phi\ R_n = \phi(0,6\ f_w)\ A_w$
$\phi\ R_n = \phi(0,6\ f_w)\ t\ \Delta L$
$\phi\ R_n = \phi(0,6\ f_w)\ 0,707\ s\ \Delta L$

fazendo: $\Delta L = 1$ mm e $s = 1$ mm
           $\phi\ R_n = 0,75 \times (0,6\ \times 415 \times 10^6) \times 0,707 \times [1 \times 1 \times 10^{-6}]$
           $\phi\ R_n = 132$ N/mm^2

como: $\Delta L\ s = 1 \times 1 = 1$ mm^2

tem-se: $\dfrac{Q\ R_n}{\Delta L\ s} = 132$ N/mm^2

Para: $s = 5$ mm $\rightarrow \dfrac{\phi\ R_N}{\Delta L} = 5 \times 132 = 660$ N/mm

No caso: $N_d \le \dfrac{\phi\ R_N}{\Delta L} \times \Delta L$

          $\Delta L \ge \dfrac{N_d}{\dfrac{\phi\ R_N}{\Delta L}} = \dfrac{45.853}{660} = 70$ mm

          $b = \dfrac{L\ X}{c} = \dfrac{70 \times 21,30}{76,2} = 20$ mm

Resistência de cálculo do metal base

$R_n = (0,6\, f_y)\, A_{MB}; \qquad \phi = 0,9$

$A_{MB} = s\, \Delta L$

fazendo $\Delta L = 1$ mm e $s = 1$ mm

$\qquad \phi\, R_n = 0,9 \times (0,6 \times 250 \times 10^6) \times (1 \times 1 \times 10^{-6}) = 135$ N/mm²

como: $\quad \Delta L\, s = 1 \times 1 = 1$ mm²

tem-se: $\dfrac{\phi\, R_N}{\Delta L\, s} = 135$ N/mm² $\leq \left(\dfrac{\phi\, R_N}{\Delta L\, s}\right)_{\text{metal solda}}$

portanto, não precisa-se verificar. Será adotado $\Delta L = 100$ mm,

nesse caso:

$\phi\, R_N = 660 \times (50 + 50) = 66.000$ N

$N_d \leq \phi\, R_N$

$N_d = 45.853 N \leq \phi R_n = 66.000 N$

11.4.4.2 - Banzo inferior

2 **L** 50,80 × 6,35

Barras	AL	MN	$N = 63.538$ N (tração)
	BR	PQ	
	LM	NO	$Nd = 1,4 \times \dfrac{63.538}{2} = 44.476$ N
	QR	OP	

$\Delta L \leq \dfrac{44.476}{660} = 67$ mm, adotado 80 mm

$b = \dfrac{L\, X}{c} = \dfrac{67 \times 15}{50,8} \cong 20$ mm (mínimo)

11.4.4.3 - Montante

Barras	AC	EM	$N = -9.462$ N (compressão)
	BK	IQ	
	DL	FN	$N_d = 1,4 \times \dfrac{9.462}{2} = 6.623$ N
	JR	AP	
		GO	

$\Delta L \leq \dfrac{6.623}{660} \cong 10$ mm, adotado 50 mm

11.4.4.4 - Diagonal

Barras	AD	BJ	$N = -62.486$ N (compressão)
	DM	IQ	
	EM	IP	$N_d = 1,4 \cdot \dfrac{62.486}{2} = 43.740$ N
	GN	GP	

$\Delta L \geq \dfrac{43.740}{660} = 66$ mm, adotado 100 mm

11.5 — Cálculo das colunas

Será adotada 2 C 203,2 × 17,10 kg/m (Fig. 11.70)

$$\begin{vmatrix} A & = & 21{,}68 \text{ cm}^2 \\ I_x & = & 1.344{,}3 \text{ cm}^4 \\ I_y & = & 54{,}1 \text{ cm}^4 \\ W_x & = & 132{,}7 \text{ cm}^3 \\ W_y & = & 12{,}94 \text{ cm}^3 \\ r_x & = & 7{,}87 \text{ cm} \\ r_y & = & 1{,}42 \text{ cm} \end{vmatrix}$$

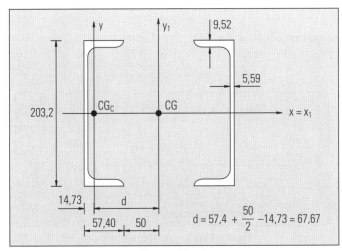

Figura 11.70

$A = 2A_1 = 2 \times 21{,}68 = 43{,}36 \text{ cm}^2$

$I_{x_1} = 2I_x = 2 \times 1.344{,}3 = 2.688{,}6 \text{ cm}^4$

$W_{x_1} = \dfrac{I_{x_1}}{\left(20{,}32/2\right)} = \dfrac{2.688{,}6}{\left(20{,}32/2\right)} = 264{,}6 \text{ cm}^3$

$r_{x_1} = \sqrt{\dfrac{I_{x_1}}{A}} = \sqrt{\dfrac{2.688{,}6}{43{,}36}} = 7{,}87 \text{ cm}$

$I_{y_1} = 2[I_x + A_1 d^2] = 2 \times [1.344{,}3 + 21{,}68 \times 6{,}767^2] = 4.674{,}1 \text{ cm}^4$

$W_{y_1} = \dfrac{I_{y_1}}{\left(5{,}74 + 5/2\right)} = \dfrac{4.567{,}2}{8{,}24} = 567{,}2 \text{ cm}^3$

$r_{y_1} = \sqrt{\dfrac{I_{y_1}}{A}} = \sqrt{\dfrac{4.674{,}1}{43{,}36}} = 10{,}38 \text{ cm}$

11.5.1 – Carregamento

As forças atuantes no topo das colunas são apresentadas na Tabela 11.8

Tabela 11.8 — Forças atuantes no topo das colunas

Apoio	Reação	Carregamento unitário (N)					Carregamento combinado (N)				
		PP	SC	Vento 1	Vento 2	PP+SC	PP + vento 1	PP + vento 2	PP+SC+ vento 1	PP+SC+ vento 2
A	Horizontal	—	—	1.231 →	2.415 →	—	1.231 →	2.415 →	1.231 →	2.415 →
	Vertical	22.800 ↑	15.048 ↑	23.597 ↓	12.180 ↓	37.848 ↑	797 ↓	10.620 ↑	14.251 ↑	25.668 ↑
B	Vertical	22.800 ↑	15.048 ↑	17.505 ↓	6.123 ↓	37.848 ↑	5.295 ↑	16.677 ↑	20.343 ↑	31.725 ↑

Estruturas metálicas

Forças atuantes no topo da coluna para dimensionamento

1) 37.848 N ↑
2) 31.725 N ↑;   2.415 N →

As forças oriundas do fechamento lateral são aplicadas conforme a Fig. 11.71, e valem:

F_x = 2.640 N →
F_y = 825 N ↓

O carregamento para dimensionamento das colunas é apresentado nas Figs. 11.72 e 11.73.

Peso do perfil 5,00 × 2 × 171   = 1.710
Ligações (10% perfil)   =   171
                          PP   ≅ 2.000 N

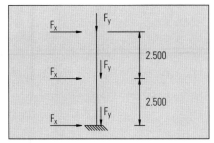

Figura 11.71

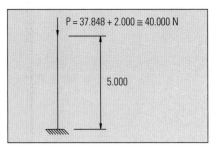

Figura 11.72 — Carregamento 1

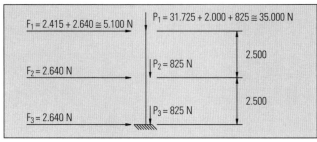

Figura 11.73 — Carregamento 2

11.5.2 – Dimensionamento das colunas

• Carregamento 1

N = 40.000 N (compressão)
adotado γ = 1,4

ND = γ N = 1,4 × 40.000 = 56.000 N

$$\lambda = \frac{kL}{r_{mín}} = \frac{0,7 \times 500}{7,87} = 44,47 < \lambda_{máx} = 200$$

$$\frac{b}{t} = \frac{164,8}{5,59} = 29,48 < \left(\frac{b}{t}\right)_{máx} = 42 \Rightarrow Q = 1,0$$

$$\bar{\lambda} = \frac{\lambda}{\pi}\sqrt{\frac{Qf_y}{E}} = \frac{\lambda}{\pi}\sqrt{\frac{1,0 \times 250 \times 10^6}{205 \times 10^9}} = 0,111\,\lambda$$

$\bar{\lambda} = 0,0111 \times 44,47 = 0,49 \rightarrow$ curva a $\rightarrow \rho = 0,926$

$\phi_c N_n = \phi_c\, Q\, A_g\, \rho\, f_y;\quad \phi_c = 0,9$
$\phi_c N_n = 0,9 \times 1,0 \times (43,36 \times 10^{-4}) \times 0,926 \times 250 \times 10^6$
$\phi_c N_n = 903.405$ N > Nd = 56.000 N

• Carregamento 2

$\begin{vmatrix} N = 35.000 + 825 + 825 = 36.650 \text{ N (compressão)} \\ M = 5.100 \times 5,00 + 2.640 \times 2,50 = 32.100 \text{ Nm} \\ V = 5.100 + 2.640 + 2.640 = 10.380 \text{ N} \end{vmatrix}$

Adotado γ = 1,4

N_d = 1,4 × 36.650 = 51.310 N
M_d = 1,4 × 32.100 = 44.940 Nm

Capítulo 11 — Projeto de um galpão com estrutura em aço

$N_d = 1,4 \times 36.650 = 51.310$ N
$M_d = 1,4 \times 32.100 = 44.940$ Nm
$V_d = 1,4 \times 10.380 = 14.532$ N

- **Resistência à compressão**

$$\frac{b}{t} = \frac{164,8}{5,59} = 29,48 < \left(\frac{b}{t}\right)_{máx} = 40 \Rightarrow Q = 1,0$$

Como visto anteriormente: $\phi_c N_n = 903.405$ N

- **Resistência à flexão**

Flambagem local da alma (FLA)

$$\lambda_a = \frac{h}{t_w} = \frac{203,2}{5,59} = 36,35$$

$$\lambda_{pa} = 1,75 \sqrt{\frac{E}{f_y}} = 1,75 \times \sqrt{\frac{205 \times 10^9}{250 \times 10^6}} = 50,11$$

$\lambda_a < \lambda_{pa}$ a coluna é compacta quanto à alma

$M_{n_a} = M_{Pl} = Z f_y$

$Z \cong 1,12\ W = 1,12 \times 132,7 = 148,62$ cm^3

$$M_{na} = \underset{\underset{\text{2 barras}}{\uparrow}}{2} \times \left(148,62 \times 10^{-6}\right) \times \left(250 \times 10^6\right) = 74.312 \text{ Nm}$$

Flambagem local da mesa (FLM)

$$\lambda_m = \frac{b}{t} = \frac{57,40}{9,52} = 6,02$$

$$\lambda_{pm} = 0,38 \sqrt{\frac{E}{f_y}} = 0,38 \times \sqrt{\frac{205 \times 10^9}{250 \times 10^6}} = 10,88$$

$\lambda_m < \lambda_{pm}$ a coluna é compacta quanto à mesa

$M_{n_a} = 74.312$ Nm

Flambagem lateral com torção (FLT)

$$\lambda_{Lt} = \frac{L_b}{r_y} = \frac{50}{1,42} = 35,21 \rightarrow \text{ travada com diagonais}$$

$$\lambda_{Lt} = \frac{L_b}{r_x} = \frac{500}{7,87} = 63,53$$

$$\lambda_{PLt} = 1,75 \sqrt{\frac{E}{f_y}} = 1,75 \times \sqrt{\frac{205 \times 10^9}{250 \times 10^6}} = 50,11$$

$$\lambda_{rLt} = \frac{0,707 C_b \beta_1}{M_{rLt}} \sqrt{1 + \sqrt{1 + \frac{4\beta_2}{C_b^2 \beta_1^2} M_{r_{LT}}^2}}$$

$$\beta_1 = \pi \sqrt{GE} \sqrt{I_T A}$$

$$\beta_2 = \frac{E\ C_w}{G\ I_T} \times \left(\frac{\pi}{r_y}\right)^2$$

Estruturas metálicas

$G = 0,385\ E$

$$I_T = \Sigma \frac{bt^3}{3} = 2 \times \left(5,74 \times \frac{0,952^3}{3}\right) + 18,41 \times \frac{0,559^3}{3} = 4,37\ cm^4$$

$$\beta_1 = \pi \times \sqrt{0,385} \times 205 \times 10^9 \times \sqrt{4,37 \times 10^{-8} \times 21,68 \times 10^{-4}} = 3.889.595,65\ Nm$$

$$\beta_2 = \frac{205 \times 10^9 \times 10^{-8}}{0,385 \times 205 \times 10^9 \times 4,37 \times 10^{-8}} \times \left(\frac{\pi}{1,42 \times 10^{-2}}\right)^2 = 29.092,49$$

$M_{r_{LT}} = (f_y - f_r)W; \qquad f_r = 115\ MPa$

$M_{r_{Lt}} = (250 - 115) \times 10^6 \times 132,7 \times 10^{-6} = 17.914\ Nm$

$C_b = 1,0$

$$\lambda_{r_{L:t}} = \frac{0,707 \times 1,0 \times 3.889.595,65}{17.914} \sqrt{1 + \sqrt{1 + \left(\frac{4 \times 29.092,49}{1,0^2 \times 3.889.595,65^2}\right) \times 17.914^2}}$$

$\lambda_{r_{Lt}} \cong 260$

$\lambda_{P_{LT}} < \lambda_{Lt} < \lambda_{r_{LT}}$ — coluna com elementos semicompactos

$$M_{n_{LT}} = M_{Pl} - (M_{Pl} - M_{rLT})\left(\frac{\lambda_{LT} - \lambda_{PLT}}{\lambda_{rLT} - \lambda_{PLT}}\right)$$

$M_{Pl} = Z\ f_y = 74.312\ Nm$

$M_{rLT} = 17.914\ Nm$

$$M_{nLT} = 74.312 - (74.312 - 17.914)\left(\frac{63,53 - 50,11}{260 - 50,11}\right)$$

$M_{nLT} = 70.706\ Nm$

Portanto a resistência ao momento fletor será:

$$\phi M_n = 0,9 \times 70.706 \times \underset{\underset{\text{2 peças}}{\uparrow}}{2} = 127.270\ Nm$$

Verificação do esforço combinado (NB-14 - item 5.6.1.3):

$$\frac{Nd}{\phi N_n} + \frac{Md}{\phi_b N_n} \leq 1,0$$

$$\frac{51.310}{903.405} + \frac{44.940}{127.270} = 0,05 + 0,35 = 0,40 < 1,0$$

• **Resistência ao cisalhamento**

$$\lambda_a = \frac{h}{t_w} = \frac{203,2}{5,59} = 36,35$$

$$\lambda_{PV} = 1,08\sqrt{\frac{kE}{f_y}} = 1.08 \times \sqrt{\frac{5,34 \times 205 \times 10^9}{250 \times 10^6}} = 71,46$$

$\lambda_a < \lambda_{PV}$ — a coluna é compacta quanto ao cisalhamento

$V_n = V_{Pl} = 0,6\ A_w\ f_y$

$$A_w = dt_w = 20,32 \times 0,559 \times \underset{\underset{\text{2 barras}}{\uparrow}}{2} = 22,71\ cm^2$$

$V_n = 0,6 \times (22,71 \times 10^{-4}) \times (250 \times 10^6) = 340.650\ N$

$\phi_v\ V_n = 0,9 \times 340.650 = 306.585\ N$

$\phi_v\ V_n > \gamma_v = 14.532\ N$

• **Travejamento**

Será adotado travejamento em arranjo simples, onde:

$$\frac{\ell}{r_{mín}} \leq \frac{\lambda}{2}$$

$$\ell \leq \frac{44,47}{2} \times 1,42 = 31 \text{ cm} = 310 \text{ mm}$$

adotado: $\ell = \frac{5.000}{17} \cong 294$ mm

11.5.3 – Dimensionamento da base das colunas

$\begin{vmatrix} N_d = 51.310 \text{ N} \\ M_d = 44.940 \text{ Nm} \\ V_d = 14.532 \text{ N} \end{vmatrix}$

11.5.3.1 - Cálculo da placa de base

Serão adotados chumbadores com d = 25 mm. As dimensões de pré-dimensionamento são apresentadas na Fig. 11.74.

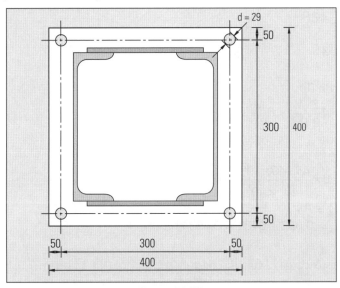

Figura 11.74

• **Disposições construtivas**

  ○ Entre chumbadores: 3d = 3 × 25 = 75 mm < 300 mm
  ○ Chumbadores à borda (NB-14 - Tabela 18): 44 mm < 50 mm

• **Pressão da placa de base no concreto do bloco de fundação**

$f_{ck} = 20$ MPa $= 2,0$ kN/cm^2
$N_d = 51.310$ N

  ○ Pressão de cálculo na placa de base:

  – Devido à força normal

$$P = \frac{N_d}{\text{área da placa}} = \frac{51.310}{40 \times 40} = 32 \text{ N/cm}^2 = 0,032 \text{ kN/cm}^2$$

– Devido ao momento aplicado

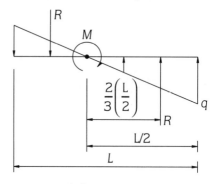

$$M = 2R\frac{2}{3}\left(\frac{L}{2}\right)$$

$$M = 2R\frac{L}{3} \Rightarrow R = \frac{3}{2}\frac{M}{L} \qquad \ldots(I)$$

mas:

$$\frac{q\left(L/2\right)}{2} = R$$

$$q\frac{L}{2} = 2R$$

$$q = 4\frac{R}{L} \qquad \ldots(II)$$

Com (I) em (II):

$$q = 4\frac{3}{2}\frac{M}{L \cdot L} = 6\frac{M}{L^2}$$

Portanto:

$$q = 6 \times \frac{44.940 \times 10^2}{40^2 \times 40} = 421 \text{ N/cm}^2 = 0421 \text{ kN/cm}^2$$

$P_{total} = P + q$
$P_{total} = 0{,}032 + 0421 = 0{,}453 \text{ kN/cm}^2$

○ Resistência de cálculo do concreto sob a placa (NB-14 - item 7.6.1.4):

$$R_n = 0{,}7\, f_{ck}\sqrt{\frac{A_2}{A_1}} \leq 1{,}40\, f_{ck}; \quad \phi = 0{,}7$$

A_2 = Área efetiva da superfície = 40 × 40 = 1.600 cm²
A_2 — será considerada a dimensão do bloco
A_1 = Área da chapa de aço = 40 × 40 = 1.600 cm²

$$R_n = 0{,}7 \times 2{,}0 \times \sqrt{\frac{1.600}{1.600}} = 1{,}4 \text{ kN/cm}^2 < 1{,}4 \times 2{,}0 = 2{,}8 \text{ kN/cm}^2$$

$\phi\, R_n = 0{,}7 \times 1{,}4 = 0{,}98 \text{ kN/cm}^2 > P = 0{,}453 \text{ kN/cm}^2$

○ Flexão da placa de base devido à compressão do concreto
Será adotado uma faixa de 1 cm de largura

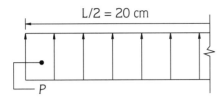

$$M_{d_{máx}} = \frac{PL^2}{2} + M_d = \frac{(0,032 \times 1)(20)^2}{2} + \frac{(44.490 \times 10^2)10^{-3}}{40}$$

$M_{dmáx} = 118,75$ kN cm/cm

Será adotada a espessura de 15 mm para a placa de base
$M_n = Z f_y \leq 1,25 \, W \, f_y$
$f_y = 250$ MPa $= 25$ kN/cm²; $\phi = 0,9$

Seção transversal unitária da chapa de base

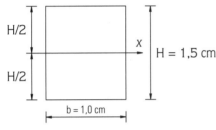

$$Z = 2\left[\left(\frac{H}{2}b\right)\frac{H/2}{2}\right] = \frac{H^2 b}{4}$$

$$W = \frac{I}{H/2} = \frac{bH^3/12}{H/2} = \frac{H^2 b}{6}$$

Portanto:
$$M_n = \frac{1,5^2 \times 1,0}{4} \times 25 = 14 \text{ kNcm/cm} < 1,25 \times \left(\frac{1,5^2 \times 1,0}{6}\right) \times 25 = 11,7 \text{ kNcm/cm}$$

então:

$M_n = 11,7$ kN cm/cm
$\phi \, M_n = 0,9 \times 11,7 = 10,54$ kN cm/cm $< N_{dmáx}$

Deve-se colocar nervuras para poder resistir ao momento fletor atuante. Serão adotadas nervuras com espessura de 9 mm.

Fazendo:

$\phi \, N_n \leq M_{dmáx}$

$M_{dmáx} = 118,75 \times 40 = 4.750$ kN cm

$$\phi \, N_n = 0,9 \times 1,25 \times \left(\frac{H^2 \times 0,9}{6}\right) \times \underbrace{3}_{\text{três nervuras}} \times 25 = 12,65 H^2 \text{ kN cm}$$

Portanto:

12,65 H² ≥ 4.750

H ≥ 19,37 cm, adotado H = 20 cm (Fig. 11.75)

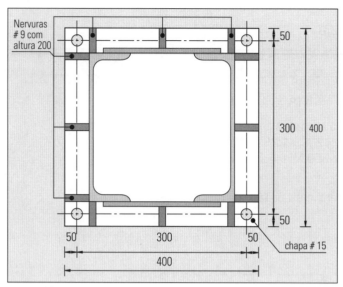

Figura 11.75

11.5.3.2 - Verificação dos chumbadores

$d = 25$ mm

$f_y = 250$ MPa; $f_u = 400$ MPa

- **Resistência de cálculo na seção bruta**

$$\phi_t N_n = \phi_t A_g f_y; \quad \phi_t = 0,9$$

$$A_g = \frac{\pi d^2}{4} = \frac{\pi \times 2,5^2}{4} = 4,90 \text{ cm}^2$$

$$\phi_t N_n = 0,9 \times (4,90 \times 10^{-4}) \times (250 \times 10^6) = 110.250 \text{ N}$$

- **Resistência de cálculo na seção rosqueada**

$$\phi_t R_{nt} = \phi_t \, 0,75 \, A_p \, f_u; \quad \phi_t = 0,65$$

$$\phi_t R_{nt} = 0,65 \times (0,75 \times 4,90 \times 10^{-4}) \times (400 \times 10^6) = 95.550 \text{ N}$$

$$R_d = \frac{3}{2}\frac{M_d}{L} = \frac{3}{2} \times \frac{4.750}{40} = 178,125 \text{ kN}$$

Para cada chumbador

$$\frac{R_d}{2} = \frac{178,125}{2} \cong 89 \text{ kN}$$

$$\frac{R_d}{2} = 89 \text{ kN} < \phi_t R_{nt} = 95,55 \text{ kN}$$

O comprimento dos chumbadores é função de sua aderência ao concreto.

11.5.3.3 - Verificação do esmagamento da chapa de base pela coluna

$\phi R_n = \phi \alpha A_b f_u;$ $\phi = 0{,}75;$ $\alpha = 3{,}00$

$\phi R_n = 0{,}75 \times 3 \times (2 \times 21{,}68 \times 10^{-4}) \times (400 \times 10^6) = 3.902.400$ N

$R_d = 178.125$ N $< \phi R_n = 3.902.400$ N

11.5.3.4 - Dimensionamento da barra de cisalhamento

$H_d = V_d = 14.532$ N $= 14{,}5$ kN

A barra de cisalhamento é apresentada na Fig. 11.76.

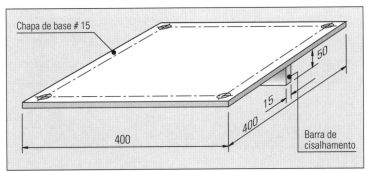

Figura 11.76

- **Pressão de cálculo da barra sobre o concreto do bloco de fundação**

$$P_d = \frac{H_d}{A} = \frac{14{,}5}{40 \times 5} = 0{,}0725 \text{ kN/cm}^2$$

$$R_n = 0{,}7 f_{ck} \sqrt{\frac{A_2}{A_1}}; \quad \phi = 0{,}7$$

$$\phi R_n = 0{,}7 \times 0{,}7 \times 2{,}0 \times \sqrt{\frac{40 \times 5}{40 \times 5}} = 0{,}98 \text{ kN/cm}^2 > P_d$$

- **Cisalhamento da barra**

$$F_v = \frac{14{,}5}{1{,}5 \times 40} = 0{,}24 \text{ kN/cm}^2$$

$\phi_v 0{,}6 f_y = 0{,}9 \times 0{,}6 \times 25 = 13{,}5$ kN/cm$^2 > F_v$

- **Resistência à flexão da barra de cisalhamento**

$$M_d = H_d \times \frac{5}{2} = 14{,}5 \times \frac{5}{2} = 36{,}25 \text{ kN cm}$$

$M_n = Z f_y \leq 1{,}25 W f_y; \quad \phi = 0{,}9$

$$Z = \frac{H^2 b}{4} = \frac{1{,}5^2 \times 40}{4} = 22{,}5 \text{ cm}^3$$

$$W = \frac{H^2 b}{6} = \frac{1{,}5^2 \times 40}{6} = 15 \text{ cm}^3$$

$M_n = 22{,}5 \times 25 = 562{,}5$ kN cm $< 1{,}25 \times 15 \times 25 = 468{,}75$ kN cm

então:

$M_n = 468{,}75$ kN cm
$\phi M_n = 0{,}9 \times 468{,}75 = 421{,}875$ kN cm $> M_d = 36{,}25$ kN cm

11.6 — Contraventamento do galpão

11.6.1 – Contraventamento no plano da cobertura

- Ação frontal do vento na parede do oitão

    Coeficiente de pressão (Cpe) e de forma externas (Tabela 10,1)

    - C_e (a = 90°) (Fig. 11.77)

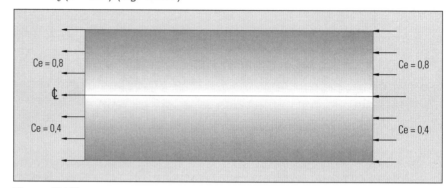

Figura 11.77

- C_e (a = 0°) (Fig. 11.78)

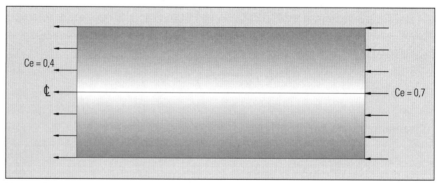

Figura 11.78

Coeficiente de pressão (C_{pi}) e de forma internas

- C_i (+ 0,2) (Fig. 11.79)

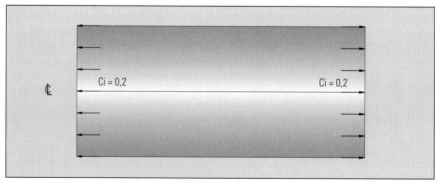

Figura 11.79

- C_i (− 0,3) (Fig. 11.80)

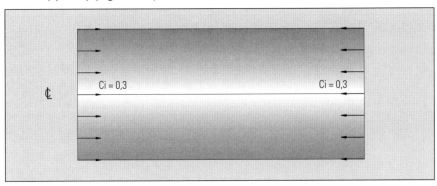

Figura 11.80
Combinações

a) CE (α = 90°) + C_i (+ 0,20) (Fig. 11.81)

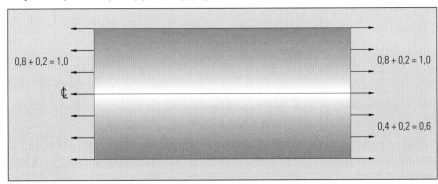

Figura 11.81

b) C_e (α = 90°) + C_i (− 0,30) (Fig. 11.82)

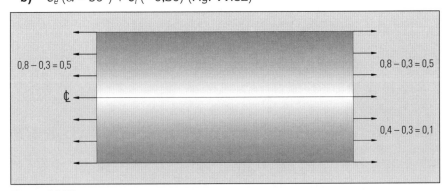

Figura 11.82

c) C_e (α = 0°) + C_i (+ 0,20) (Fig. 11.83)

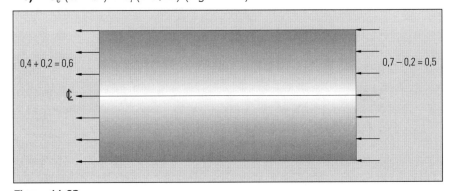

Figura 11.83

d) C_e (a = 0°) + C_i (− 0,30) (Fig. 11.84)

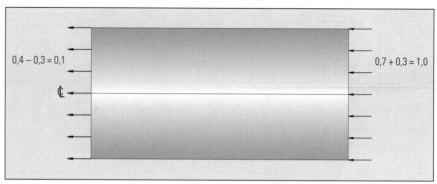

Figura 11.84

Portanto, será adotado para o fechamento frontal o valor de 1,0 (conforme apresentado em 11.2.3.1).

Então:

carga = q (C_e + C_i) (área de influência)
carga = 0,32 (1,0) = 0,32 kN/m²

$$q_v = 0,32 \times 10^3 \times \left(2,50 \times \frac{5,00}{2}\right) = 2.000 \text{ N}$$

Deve-se contraventar o banzo superior no plano da cobertura. Será constituida uma viga de travamento formada pelo banzo superior da tesoura, uma linha de terças reforçada e diagonais cruzadas (Fig. 11.85).

Capítulo 11 — Projeto de um galpão com estrutura em aço

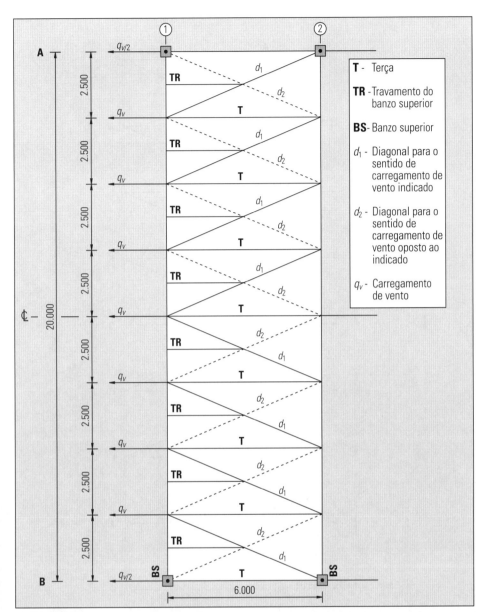

Figura 11.85

- **Cálculo dos esforços nas barras**

Será considerado para efeito estrutural uma viga treliçada apoiada nos pilares A e B (Fig. 11.86).

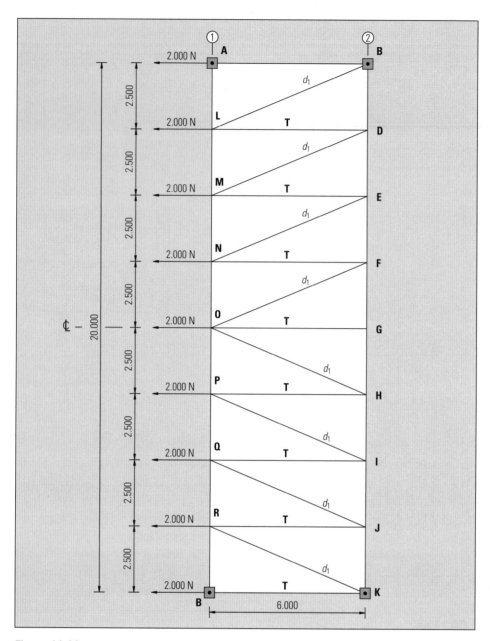

Figura 11.86

O cálculo dos esforços nas barras pode ser feito pelo método dos nós; assim obtem-se os valores apresentados na Tabela 11.9.

Capítulo 11 — Projeto de um galpão com estrutura em aço · 209

Tabela 11.9 — Esforços nas barras para o carregamento de dimensionamento do contraventamento no plano da cobertura

Posição		Barra	Esforço (N)	Tipo
Banzo superior	Eixo 1	AL BR	0	—
		LM QR	2.917	Tração
		MN PQ	5.000	Tração
		NO OP	6.250	Tração
Banzo inferior	Eixo 2	CD JK	− 2.917	Compressão
		DE IJ	− 5.000	Compressão
		EF HI	− 6.250	Compressão
		FG GH	− 6.667	Compressão
Terça		AC BK	− 7.000	Compressão
		DL JR	− 5.000	Compressão
		EM IQ	− 3.000	Compressão
		FN HP	− 1.000	Compressão
		GO	0	—
Diagonal		CL KR	7.583	Tração
		DM JQ	5.417	Tração
		EN IP	3.250	Tração
		FO HO	1.083	Tração

$RA = RB = 8.000 \ N \rightarrow$

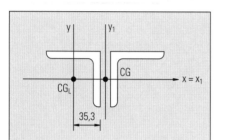

Figura 11.87

- Dimensionamento das barras de contraventamento

    No caso das barras do banzo superior das tesouras e terças, os esforços normais resultantes são de segunda ordem. Portanto, serão apenas dimensionadas as diagonais de contraventamento.

    $L = 6.500$ mm
    $Nd = 1,4 \times 7.583 = 10.616$ N
    Adotada 2 **L** 127 × 9,53 (Fig. 11.87) (2 cantoneiras dispostas lado a lado)

    $$\begin{vmatrix} A &= 23,30 \text{ cm}^2 \\ I_x = I_y &= 362 \text{ cm}^4 \\ W_x = W_y &= 39 \text{ cm}^3 \\ r_x = r_y &= 3,94 \text{ cm} \\ r_z &= 2,51 \text{ cm} \end{vmatrix}$$

    $$\lambda = \frac{kL}{r_{mín}} = \frac{1,0 \times 650}{3,94} = 164 < \lambda_{máx} = 200$$

    $N_n = A_g f_y; \quad \phi_t = 0,9$

    $\phi_t N_n = 0,9 \times (2 \times 23,30 \times 10^{-4}) \times (250 \times 10^6) = 1.048.500$ N > Nd

    Para a ligação, serão adotados parafusos ASTM A307:
    $f = {}^5/_8" \cong 15$ mm

- Disposição construtiva dos parafusos (Fig. 11.88)

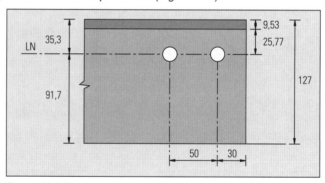

Figura 11.88

Distâncias

- entre parafusos: $3d = 3 \times 15 = 45$ mm, adotado 50 mm
- parafuso à aba: $d = 15$ mm, adotado 25,77 mm para poder encaixar a cabeça do parafuso e coincidir a linha de perfuração com a projeção da linha neutra da cantoneira.
- Cisalhamento nos parafusos

    $f_v = 0,6; \qquad A_e = 0,7 A_p; \qquad f_u = 415$ MPa

    $R_{nv} = A_e \tau_u; \qquad \tau_u = 0,6 f_u; \qquad A_p = \dfrac{\pi d^2}{4}$

    $A_p = \dfrac{\pi}{4} \times 1,5^2 = 1,76$ cm^2

Capítulo 11 — Projeto de um galpão com estrutura em aço

$A_e = 0,7 \times 1,76 = 1,23 \text{ cm}^2$

$\phi_v R_{nv} = \underset{\text{cisalhamento duplo}}{\underline{2}} \times 0,6 \times (1,23 \times 10^{-4}) \times (0,6 \times 415 \times 10^6) = 36.752 \text{ N}$

Número de parafusos $\rightarrow n = \dfrac{N_d}{\phi_v R_{nv}} = \dfrac{10.616}{36.752} \cong 1 \text{ parafuso}$

Adotado 2 parafusos

- Pressão de contato

$\phi = 0,75;$ $\qquad R_n = \alpha \, A_b \, f_u;$ $\qquad A_b = t \, d$

  ○ entre dois furos consecutivos

$\alpha_s = \left(\dfrac{s}{d}\right) - \eta_1 \leq 3,0$

$\alpha_s = \left(\dfrac{50}{15}\right) - 0,5 = 2,83$

  ○ entre furo e borda

$\alpha_e = \left(\dfrac{e}{d}\right) - \eta_2 \leq 3,0$

$\alpha_e = \left(\dfrac{30}{15}\right) - 0 = 2,00$

Portanto: $\alpha = 2,00$

$\phi R_n = 0,75 \times 2,0 \times (\underset{\text{espessura da chapa de Gusset}}{\underline{0,635 \times 1,5 \times 10^{-4}}}) \times (400 \times 10^6)$

$\phi R_n = 57.150 \text{ N}$

2 parafusos $\rightarrow n \, \phi \, R_n = 2 \times 57.150 = 114.300 \text{ N} > N_d = 10.616 \text{ N}$

- Verificação de seção com furos

$\phi_t = 0,75;$ $\qquad N_n = A_e \, f_u$
Área do furo $= d' \, t$
$d' = 15 + 3,5 \text{ mm} \cong 19 \text{ mm}$
Área do furo $= 19 \times 0,635 = 1,20 \text{ cm}^2$
$A_n = (12,7 \times 0,635) - 1,20 = 6,86 \text{ cm}^2$
$C_t = 1,00$
$A_e = C_t \, A_n = 6,86 \text{ cm}^2$
$\phi_t N_n = 0,75 \times (6,86 \times 10^{-4}) \times (400 \times 10^6) = 205.800 \text{ N} > N_d.$

As diagonais (d_2) e as barras de travamento (TR) serão consideradas construtivamente feitas conforme as diagonais (d_1).

- Espaçamento dos calços

$\dfrac{\ell}{r_{\text{mín}}} \leq \dfrac{\lambda_{\text{conjunto}}}{2}$

$\ell \leq \dfrac{164}{2} \times 2,51 = 205,82 \text{ cm} \cong 2.060 \text{ mm}$

Adotado: $\ell = \dfrac{6.500}{4} = 1.625 \text{ mm}$

11.6.2 – Contraventamento vertical

Esse contraventamento será feito conforme a Fig. 11.89.

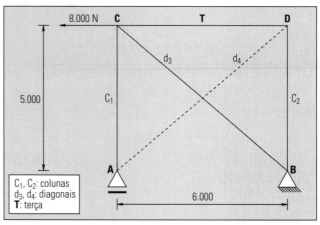

Figura 11.89

- Cálculo dos esforços nas barras

Para o cálculo dos esforços nas barras não será considerada a diagonal (d_4) como trabalhando para o esforço indicado. Tem-se como esforços:

$$\begin{array}{l} T = 0 \\ d_3 = 10.410 \text{ N (tração)} \\ C_1 = -6.667 \text{ N (compressão)} \\ C_2 = 0 \\ R_A = 6.667 \text{ N} \uparrow \\ R_B = 8.000 \text{ N} \rightarrow \\ 6.677 \text{ N} \downarrow \end{array}$$

Os valores das colunas são considerados de 2.ª grandeza.

- Dimensionamento das diagonais do contraventamento vertical.

$L = 7.810$ mm
$N_d = 1,4 \times 10.410 = 14.574$ N
Serão adotadas 2 **L** 127 × 9,53 (Fig. 11.90) (2 cantoneiras opostas pelo vértice)

$$\begin{array}{ll} A & = 23,30 \text{ cm}^2 \\ I_x = I_y & = 362 \text{ cm}^4 \\ W_x = W_y & = 39 \text{ cm}^3 \\ r_x = r_y & = 3,94 \text{ cm} \\ r_z & = 2,51 \text{ cm} \end{array}$$

$$r_{min_{conjunto}} = \sqrt{2r_x^2 - r_z^2}$$

$$r_{min_{conjunto}} = \sqrt{2 \times 3,94^2 - 2,51^2} = 4,97 \text{ cm}$$

$$\lambda = \frac{kL}{r_{min}} = \frac{1,0 \times 781}{4,97} = 157 < \lambda_{máx} = 200$$

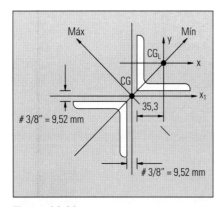

Figura 11.90

Seguindo os cálculos feitos anteriormente para o contraventamento no plano da cobertura:

- Tração na barra:

$$\phi_t N_n = 1.048.500 \text{ N} > Nd = 14.574 \text{ N}$$

- Cisalhamento nos parafusos:
$$\phi_v R_{nv} = 73.504 \text{ N} > Nd$$

- Pressão de contato:
$$n \phi R_n = 114.300 \text{ N} > Nd$$

- Seção com furos:
$$\phi_t N_n = 205.800 \text{ N} > Nd$$

- Espaçamento dos calços

$$\frac{\ell}{r_{mín}} \leq \frac{\lambda_{conjunto}}{2}$$

$$\ell \leq \frac{157}{2} \times 2,51 = 197 \text{ cm} \cong 1.970 \text{ mm}$$

adotado: $\ell = \dfrac{7.810}{4} = 1.953$ mm

11.7 — Dimensionamento das calhas

Para o dimensionamento de calhas e condutores será utilizado o apêndice sobre águas pluviais (Apêndice C).

$$\text{Área de influência do telhado} = 3,00 \times \frac{20,00}{2} = 30 \text{ m}^2$$

As calhas terão caimento para os dois lados conforme apresentado na Fig.a 11.91.

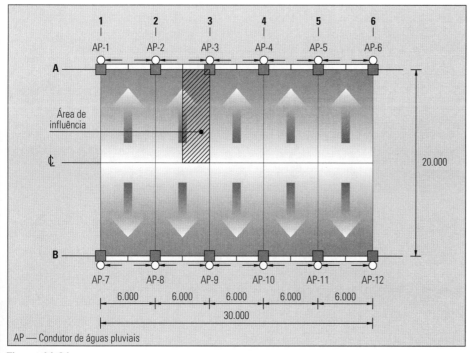

Figura 11.91

Para a cidade de Manaus será adotada a precipitação de 180 mm/h × m²; será utilizada calha retangular.

$$\text{Relação} \rightarrow \frac{180}{150} = 1,2$$

Para utilizar a tabela do Apêndice, deve-se procurar a área $A_t \leq 30 \times 1{,}2 = 36$ m².

Portanto:

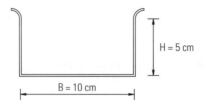

Área de telhado coberta: 65 m²

Queda total da calha: $0{,}5 \times 3{,}0 = 1{,}5$ cm

Para os condutores verticais tem-se:

$$\text{Área de influência do telhado} = 6{,}00 \times \frac{20{,}00}{2} = 60 \text{ m}^2$$

$$A_t \leq 1{,}2 \times 60 = 72 \text{ m}^2$$

Tem-se como diâmetro do condutor vertical:

$D = 75$ mm → Área coberta = 130 m²

PROJETO DE UMA COBERTURA EM SHED

Capítulo 12

12.1 — Dados do projeto

- Cobertura metálica em Shed ou Dente de Serra. (Fig. 12.1)
  Obs.: A construção em Shed iniciou-se nas fábricas de tecidos da Inglaterra. O Shed possibilita a eliminação de colunas internas, oferece iluminação e ventilação naturais.
- As colunas são de concreto e encontram-se prontas no local, exceto o topo das mesmas, incluindo os consolos, havendo portanto liberdade de detalhamento dos chumbadores dos apoios das vigas mestras (f_{ck} = 20 MPa).
- Os fechamentos das faces transversais são de alvenaria, dispensando-se as treliças nas extremidades da construção.
- A relação de permeabilidade da construção não é bem definida. Pode haver aberturas para a passagem de veículos, conforme a necessidade operacional da indústria.
- A cobertura será em telhas de aço, pesando 50 N/m².
- A inclinação do telhado é ϕ = 15° (27%).
- Os perfis deverão ser laminados, ASTM - A36.
- Os parafusos das ligações serão comuns, ASTM A-307.
- O eletrodo para solda será E60 XX AWS.

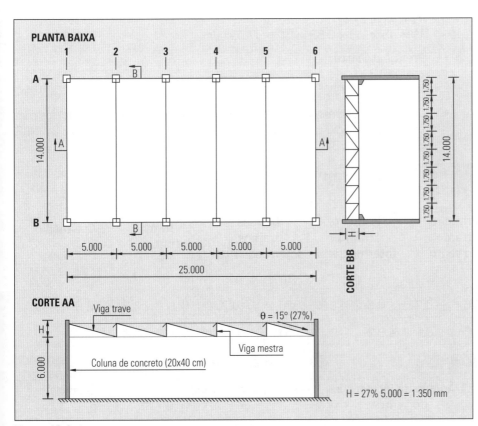

Figura 12.1

Estruturas metálicas

- Será adotada a sobrecarga mínima para cobertura comuns, 025 kN/m² em projeção horizontal (NB-14 - item B-3.6.1). Isso significa um empoçamento de água pluvial de 2,5 cm de altura em 1 m² de área.

- Local: Cidade de São Paulo.

- Rugosidade do local: 4.

- Pé direito: 6 m.

- Largura da construção: 14 m.

- Será utilizada uma talha com capacidade de 20 kN, sendo seu peso próprio 0,7 kN, fixada no nó central do banzo inferior das vigas mestras.

12.2 — Carregamentos

12.2.1 – Cálculo da ação do vento

O cálculo será feito segundo a NBR 6123 - Forças devidas ao vento em edificações.

Cidade de São Paulo $\Rightarrow$ Velocidade básica do vento = 45 m/s

- Fator topográfico: $S_1 = 1,0$

- Fator de rugosidade: S_2
  Rugosidade = 4
  Classe da edificação = B
  $S_2 = b\,F_r\,(z/10)^P$

  $\left. \begin{array}{l} b = 0,85 \\ P = 0,125 \\ F_r = 0,98 \end{array} \right\}$ $z = 6$ m, até $z = 6 + 1,35 = 7,35$ m
  Para $z = 10$ m $\Rightarrow S_2 = 0,83$

- Fator estatístico: $S_3 = 1,0$

- Velocidade característica do vento:
  $V_k = V_0\,S_1\,S_2\,S_3$
  $V_k = 45 \times 1,0 \times 0,83 \times 1,0 = 37,35$ m/s

- Pressão dinâmica:
  $q = 0,613\,V_k^2$
  $q = 0,613 \times 37,35^2 = 0,86$ kN/m²

- Coeficientes de pressão (CPe) e de forma externa para telhados multiplos com uma água vertical, de tramas iguais (Tabelas 12.1 e 12.2 e Fig. 12.2) (NBR 6123 - Tabela 33).

Tabela 12.1										
		C_e							Cpe médio	
Inclinações do telhado θ	Ângulo de incidência α	Primeiro tramo do vento		Primeiro tramo intermediário		Demais tramos intermediários		Último tramo			
		a*	b*	c*	d*	m*	n*	x*	z*	▨	▨
15°	0°	+ 0,6	− 0,7	− 0,6	− 0,2	+ 0,1	− 0,2	+ 0,1	− 0,3	− 2,0	− 1,5
	180°	− 0,2	− 0,1	− 0,2	− 0,1	− 0,2	− 0,2	− 0,5	− 0,2		

Tabela 12.2				
Ângulo de incidência do vento α	Inclinação do telhado θ	C_e na distância		
		b_1	b_2	b_3
90°	15°	− 0,8	− 0,6	− 0,2

Capítulo 12 — Projeto de uma cobertura em Shed

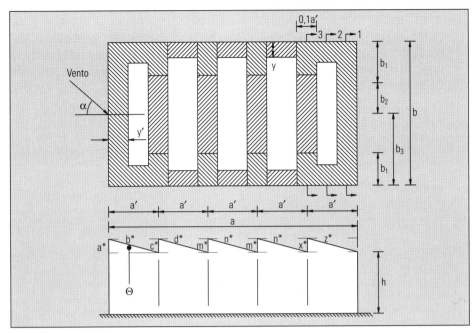

Figura 12.2

$$h = 6\text{ m} \atop 0,1 \times b = 0,1 \times 14 = 1,4\text{ m}} \Big\} y = 1,4\text{ m}$$

$$h = 6\text{ m} \atop 0,1 \times b = 1,4\text{ m} \atop 0,25 \times a' \times 0,25 \times 5 = 1,25\text{ m}} \Big\} y' = 1,25\text{ m}$$

$$b_1 = b_2 = h = 6\text{ m}$$

Seção 1 ($\alpha = 0°$)

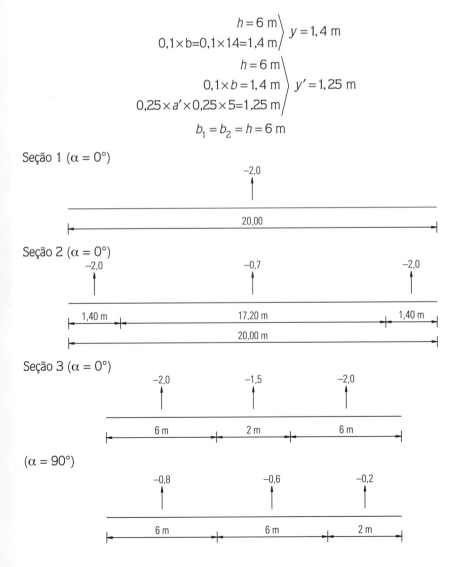

Seção 2 ($\alpha = 0°$)

Seção 3 ($\alpha = 0°$)

($\alpha = 90°$)

- Coeficientes de pressão (C_{Pi}) e de forma internos

  Os fechamentos do galpão serão em alvenaria. Como simplificação desse estudo, embora existam portões, será desprezada a possibilidade de existência de uma abertura principal em qualquer face da construção quando houver vento forte. Nesse caso (NBR 6123 - item 6.2.5):

  a) Duas faces opostas igualmente permeáveis; as outras faces impermeáveis:
  $C_{Pi} = + 0{,}20$ – vento perpendicular a uma face permeável
  $C_{Pi} = - 0{,}3$ – vento perpendicular a uma face impermeável

  b) Quatro faces igualmente permeáveis:
  $C_{Pi} = - 0{,}3$ ou $C_{Pi} = 0$

  Portanto:

  a)

  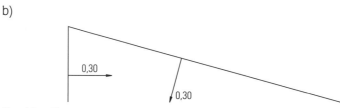

  b)

  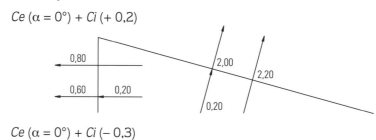

- Combinação

  $Ce\ (\alpha = 0°) + Ci\ (+ 0{,}2)$

  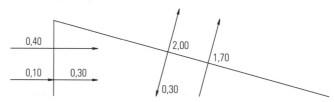

  $Ce\ (\alpha = 0°) + Ci\ (- 0{,}3)$

  O carregamento devido ao vento adotado é apresentado na Fig. 12.3.

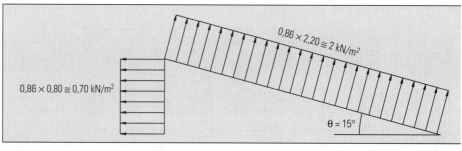

Figura 12.3

12.2.2 – Carregamento nas telhas da cobertura

Telhas: Altura da onda = 40 mm
Espessura = 0,50 mm
Peso ≅ 50 N/m²

Peso próprio   PP = 50 N/m²
Sobrecarga   SC = 250 N/m²
                           total = 300 N/m²

- **Combinações de carregamento**
  Carregamento 1 = PP + SC = 300 N/m²
  Carregamento 2 = PP + Vento = –1.700 N/m²

Para o carregamento de 1.700 N/m² (170 kg/m²) e para uma flecha máxima de L/200 o fabricante da telha fornece o vão máximo entre as terças de 1,80 m.

Adotado: vão = 1,75 m entre as vigas mestras

12.2.3 – Carregamentos nas terças

Será estimada a carga de 60 N/m² para o peso próprio de terças e correntes. As medidas geométricas das barras da viga mestra são apresentadas na Fig. 12.4.

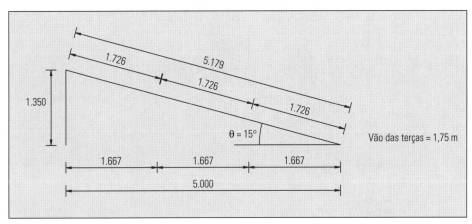

Figura 12.4

PP (terças + correntes) = 60 × 1,726 = 103,56
PP (telhas)   = 50 × 1.726 =   86,30
                                  Total = 200 N/m

SC (sobre carga)   = 250 × 1,667 =   450 N/m
Vento   = – 2.000 × 1,726 = –3.452 N/m

- **Combinação de carregamentos** (Fig. 12.5)

Cargas verticais: Peso próprio e sobrecarga
Carga ortogonal ao plano da cobertura: Vento

$$(PP+SC) \begin{cases} q_x = (200+450) \times \cos 15° \approx 630 \text{ N/m} \\ q_y = (200+450) \times \text{sen } 15° \approx 170 \text{ N/m} \end{cases}$$

$$(PP+\text{vento}) \begin{cases} q_x = 200 \times \cos 15° - 3.452 \approx -3.260 \text{ N/m} \\ q_y = 200 \times \text{sen } 15° \approx 52 \text{ N/m} \end{cases}$$

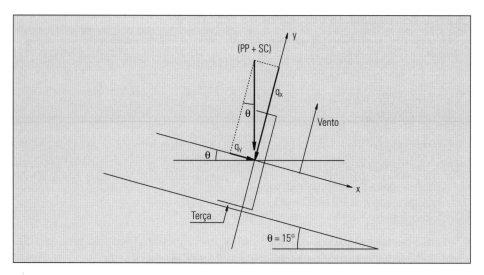

Figura 12.5

- **Esforços internos solicitantes**

As terças serão consideradas biapoiadas nas vigas trave e travadas lateralmente no sentido do eixo x através de correntes (barras redondas).

$$(PP+SC) \begin{cases} M_x = \dfrac{q_x \times L^2}{8} = 630 \times \dfrac{1{,}75^2}{8} \cong 245 \text{ Nm} \\ M_y = \dfrac{q_y \times L^2}{8} = 170 \times \dfrac{\left(\dfrac{1{,}75}{2}\right)^2}{8} \cong 17 \text{ Nm} \end{cases}$$

$$(PP+\text{vento}) \begin{cases} M_x = 3.620 \times \dfrac{1{,}75^2}{8} \cong 1.250 \text{ Nm} \\ M_y = 52 \times \dfrac{\left(\dfrac{1{,}75}{2}\right)^2}{8} \cong 5 \text{ Nm} \end{cases}$$

$$V_{\text{máx}} = 3.260 \times \dfrac{1{,}75}{2} \cong 2.853 \text{ N}$$

12.3 — Dimensionamento das terças e correntes

As terças, em geral, têm altura (d) variando entre:

$$\dfrac{L}{40} = \dfrac{1.750}{40} \cong 44 \text{ mm} \leq d \leq \dfrac{L}{60} = \dfrac{1.750}{60} = 30 \text{ mm}$$

Adotada: **C** 76,2 × 6,11 kg/m (Fig. 12.6)

$$\begin{array}{|l} A = 7{,}78 \text{ cm}^2 \\ I_x = 68{,}90 \text{ cm}^4 \\ w_x = 18{,}10 \text{ cm}^3 \\ r_x = 2{,}98 \text{ cm} \\ I_y = 8{,}20 \text{ cm}^4 \\ w_y = 3{,}32 \text{ cm}^3 \\ r_y = 1{,}03 \text{ cm} \end{array}$$

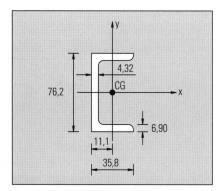

Figura 12.6

Capítulo 12 — Projeto de uma cobertura em Shed

12.3.1 – Verificação das terças

Momento fletor resistente

- **Eixo de maior inércia (x)**

  - Verificação da flambagem local da alma

$$\lambda_a = \frac{h}{t_w} = \frac{62,4}{4,32} = 14,44$$

$$\lambda_{pa} = 3,5 \times \sqrt{\frac{E}{f_y}} = 3,5 \times \sqrt{\frac{205 \times 10^9}{250 \times 10^6}} = 100,22$$

$\lambda_a < \lambda_{pa}$ a viga é compacta quanto à alma.
$$M_{n_a} = M_{Pl} = Z_x\, f_y.$$

Para o perfil simétrico $[$ $\rightarrow$ $Z_x \cong 1,12\, W_x$
$$Z_x \cong 1,12 \times 18,10 = 20,27 \text{ cm}^3$$
$$M_{n_a} = 20,27 \times 10^{-6} \times 250 \times 10^6 = 5.067 \text{ Nm}$$

  - Verificação da flambagem local da mesa
$$\lambda_m = \frac{b}{t_f} = \frac{35,8}{6,90} = 5,19$$

$$\lambda_{pm} = 0,38 \times \sqrt{\frac{E}{f_y}} = 0,38 \times \sqrt{\frac{205 \times 10^9}{250 \times 10^6}} = 10,88$$

$\lambda_m < \lambda_{pm}$ é compacta quanto à mesa
$$M_{n_m} = M_{Pl} = 5.067 \text{ Nm}$$

  - Verificação da flambagem lateral com torção
$L_b = 0$. É travada nas telhas
$$M_{n_{LT}} = M_{Pl} = 5.067 \text{ Nm}$$

- **Eixo de menor inércia (y)**

  - Verificação da flambagem local da alma

$$\lambda_a = \frac{b}{t} = \frac{35,8}{6,9} = 5,19$$

$$\lambda_{pa} = 0,38 \times \sqrt{\frac{E}{f_y}} = 10,88$$

$\lambda_a < \lambda_{pa}$ é compacta quanto à alma
$$M_{n_a} = M_{Pl} = Z_y\, f_y$$
$$Z_y \cong 1,12\, W_y = 1,12 \times 3,32 = 3,71 \text{ cm}^3$$
$$M_{n_a} = 3,71 \times 10^{-6} \times 250 \times 10^6 = 927 \text{ Nm}$$

  - Verificação da flambagem local da mesa

$$\lambda_m = \frac{h}{t_w} = \frac{62,4}{4,32} = 14,44$$

$$\lambda_{pm} = 1,12 \times \sqrt{\frac{E}{f_y}} = 1,12 \times \sqrt{\frac{205 \times 10^9}{250 \times 10^6}} = 32,07$$

$\lambda_m < \lambda_{pm}$ é compacta quanto à alma
$$M_{n_m} = M_{Pl} = 927 \text{ Nm}$$

- Verificação da flambagem lateral com torção

  $L_b = 0$ — travada nas telhas
  $$M_{n_{LT}} = M_{Pl} = 927 \text{ Nm}$$

- **Verificação do esforço combinado** (NB 14 - item 5.6.1.3)

$$\frac{M_{dx}}{\phi_b M_{nx}} + \frac{M_{dy}}{\phi_b M_{ny}} \le 1,0$$

Carregamento: (PP + SC)
$$\frac{1,4 \times 245}{0,9 \times 5.067} + \frac{1,4 \times 17}{0,9 \times 927} = 0,08 + 0,03 = 0,11 < 1,00$$

Carregamento: (PP + vento)
$$\frac{1,4 \times 1.250}{0,9 \times 5.067} + \frac{1,4 \times 5}{0,9 \times 927} = 0,38 + 0,01 = 0,39 < 1,00$$

- **Verificação do cisalhamento**

$$\lambda_a = \frac{h}{t_w} = \frac{62,4}{4,32} = 14,44$$

$$\lambda_{pv} = 1,08 \sqrt{\frac{k\,E}{f_y}} = 1,08 \times \sqrt{\frac{5,34 \times 205 \times 10^9}{250 \times 10^6}} = 71,47$$

$\lambda_a < \lambda_{pv}$ é compacta para o cisalhamento
$V_n = V_{Pl} = 0,6\, A_w\, f_y$
$A_w = d\, t_w = 7,62 \times 0,432 = 3,29 \text{ cm}^2$
$V_n = 0,6 \times (3,29 \times 10^{-4}) \times 250 \times 10^6 = 49.350 \text{ N}$
$\phi_v V_n = 0,9 \times 49.350 = 44.415 \text{ N} > \gamma V = 1,4 \times 2.853 = 3.994 \text{ N}$

- **Verificação da flecha máxima**

Flecha admissível $= \dfrac{L}{180} = \dfrac{1.750}{180} = 9,72$ mm

Flecha $= \dfrac{5}{384} \dfrac{q\,L^4}{EI} = \dfrac{5}{384} \times \dfrac{630 \times 1,75^4}{205 \times 10^9 \times 68,90 \times 10^{-8}} = 0,0005$ m $= 0,54$ mm $< 9,72$ mm

12.3.2 – Verificação dos tirantes

Os tirantes são barras redondas com roscas nas extremidades (Fig. 12.7). A combinação crítica de carregamentos é: carga permanente + sobrecarga

$N_d = \gamma_g \times$ (carga permanente) $+ \gamma_q \times$ (sobrecarga)
$\gamma_g = 1,3; \quad \gamma_q = 1,4$

Carga permanente: $q_y = 200 \times \text{sen } 15° \cong 52$ N/m
Sobrecarga: $q_y = 450 \times \text{sen } 15° \cong 120$ N/m

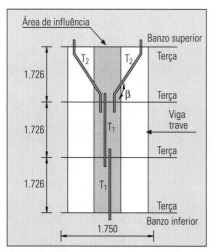

Figura 12.7

Capítulo 12 — Projeto de uma cobertura em Shed

- Tirante T_1

$$N_{d1} = 2 \times \left(1,3 \times 52 \times \frac{1,75}{2} + 1,4 \times 120 \times \frac{1,75}{2}\right) \cong 413 \text{ N}$$

- Tirante T_2

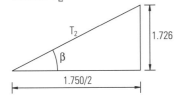

$$T_2 \sqrt{1.726^2 + \left(\frac{1.726}{2}\right)^2} \cong 1.930 \text{ mm}$$

$$\text{sen } \beta = \frac{1.726}{1.930} = 0,89$$

$$N_{d2} = 3 \frac{\left(1,3 \times 52 \times \frac{1,75}{2} + 1,4 \times 120 \times \frac{1,75}{2}\right)}{2 \times \text{sen } \beta}$$

$$N_{d2} = \frac{309,23}{0,89} = 348 \text{ N}$$

- Resistência de cálculo dos tirantes

$d = 12$ mm - ASTM A36

– Seção bruta

$\phi_t N_n = \phi_t A_g f_y; \quad \phi_t = 0,9$

$$\phi_t N_n = 0,9 \times \pi \times \frac{(1,27 \times 10^{-2})^2}{4} \times 250 \times 10^6 = 28.502 \text{ N}$$

– Seção rosqueada

$\phi_t R_{n_t} = 0,75 A_p f_u; \quad \phi = 0,65$

$$\phi_t R_{n_t} = 0,65 \times 0,75 \times \frac{\pi}{4}(1,27 \times 10^{-2})^2 \times 400 \times 10^6$$

$$\phi_t R_{n_t} = 24.702 \text{ N}$$

Portanto:

$\phi_t R_{nt} = 24.702$ N $> N_{d1} = 413$ N

- Verificação da estimativa do carregamento

Terça → PP = 6,11 kg/m = 61,1 N/m

$$\text{Carga distribuída} = \frac{61,1}{1 \times 1,726} \cong 35,40 \text{ N/m}^2$$

Corrente → PP = 0,96 kg/m = 9,6 N/m

$$\text{Carga distribuída} = \frac{9,6 \times (2 \times 1,726 + 2 \times 1,93)}{(3 \times 1,726) \times 1,75} \cong \underline{3,66 \text{ N/m}^2}$$

$$\text{Total} \cong 40 \text{ N/m}^2$$

O carregamento total 40 N/m² < 60 N/m² que foi o valor adotado.

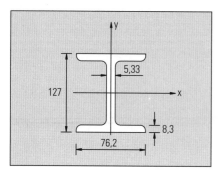

Figura 12.8

12.4 — Cálculo da viga trave

Adotada: I 127 × 14,8 kg/m (Fig. 12.8)

$$\begin{cases} A = 18,8 \text{ cm}^2 \\ I_x = 511 \text{ cm}^4 \\ w_x = 80,4 \text{ cm}^3 \\ r_x = 5,21 \text{ cm} \\ I_y = 50,2 \text{ cm}^4 \\ w_y = 13,32 \text{ cm}^3 \\ r_y = 1,63 \text{ cm} \end{cases}$$

Peso próprio = 148 N/m
(contraventamento + correntes) ≅ 55 N/m
total = 203 N/m

- **Cargas das terças:**
Como visto anteriormente

$$(PP + SC) \begin{cases} q_x = 630 \text{ N/m} \\ q_y = 170 \text{ N/m} \end{cases}$$

$$(PP + \text{vento}) \begin{cases} q_x = 3.260 \text{ N/m} \\ q_y = 52 \text{N/m} \end{cases}$$

Então:

$$(PP + SC) \begin{cases} P_x = 630 \times \dfrac{1,75}{2} \cong 552 \text{ N} \\ P_y = 170 \times \dfrac{1,75/2}{2} \cong 75 \text{ N} \end{cases}$$

$$(PP + \text{vento}) \begin{cases} P_x = -3.260 \times \dfrac{1,75}{2} \cong -2.853 \text{ N} \\ P_y = 52 \times \dfrac{1,75/2}{2} \cong 23 \text{ N} \end{cases}$$

- Carregamento 1 (PP + SC) (Fig. 12.9)

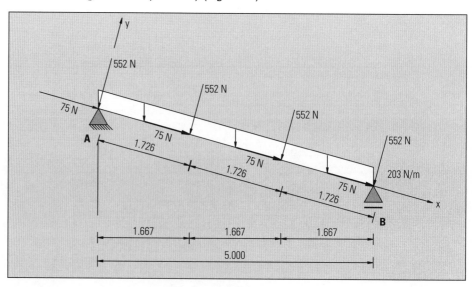

Figura 12.9

- Carregamento 2 (PP + vento) (Fig. 12.10)

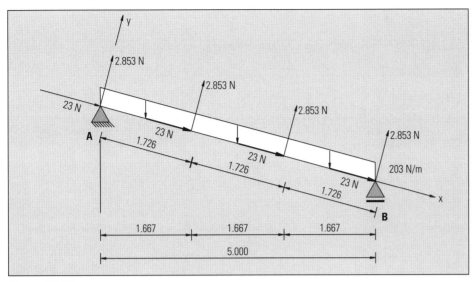

Figura 12.10

- **Cálculo dos esforços solicitantes**

  Projeção do carregamento distribuído

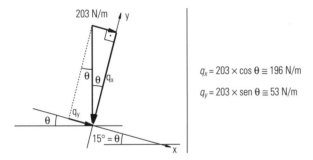

$q_x = 203 \times \cos \theta \cong 196 \text{ N/m}$

$q_y = 203 \times \text{sen } \theta \cong 53 \text{ N/m}$

12.4.1 – Esforços atuantes na viga trave

Caso 1 (Fig. 12.11)

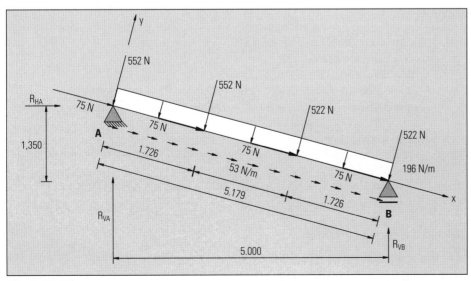

Figura 12.11

Cálculo das reações de apoio

$\Sigma M_A = 0$ ↻(+)

$552 \times (1{,}726 + 2 \times 1{,}726 + 3 \times 1{,}726) + 196 \times \dfrac{5{,}179^2}{2} - R_{V_B} \times 5{,}0 = 0$

$R_{V_B} = 1.669 \text{ N} \uparrow$

$\Sigma H = 0 \to (+)$

$\cos 15° \times [4 \times 75 + 53 \times 5{,}179] + \text{sen } 15°[-4 \times 552 - 196 \times 5{,}179] + R_{H_A} = 0$

$554{,}91 = 834{,}19 + R_{H_A} = 0$

$R_{H_A} = 279{,}28 \text{ N} \to$

$\Sigma M_B = 0$ ↻(+)

$-552 \times [1{,}726 + 2 \times 1{,}726 + 3 \times 1{,}726] - 196 \times \dfrac{5{,}179^2}{2} + 279{,}28 \times 1{,}35 + R_{V_A} \times 5 = 0$

$R_{V_A} = 1.593{,}61 \text{ N} \uparrow$

Cálculo das forças normais

0 < x < 1,726 m (Fig. 12.12)

$N = 53 \times x + 75 - 432$
$N = 53x - 357$
$x = 0 \to N = -357$ N (compressão)
$x = 1{,}726$ m $\to N = 53 \times 1{,}726 - 357 = -266$ N (compressão)

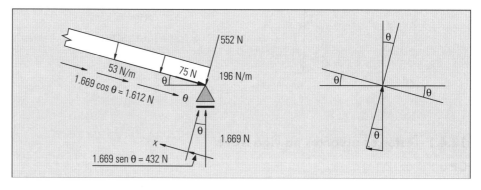

Figura 12.12

1,726 m < x < 3,452 m (Fig. 12.13)
$N = 53 \times x + 2{,}75 - 432$
$N = 53 \times x - 282$
$x = 1{,}726$ m $\to N = 53 \times 1{,}726 - 282 = -191$ N (compressão)
$x = 3{,}452$ m $\to N = 53 \times 3{,}452 - 282 = -99$ N (compressão)

3,452 m < x < 5,179 m (Fig. 12.14)
$N = 53 \times x + 3{,}75 - 432$
$N = 53 \times x - 207$
$x = 3{,}452$ m $\to N = 53 \times 3{,}452 - 207 = -24$ N (compressão)
$x = 5{,}179$ m $\to N = 53 \times 5{,}179 - 207 = 67$ N (tração)

Cálculo das forças cortantes

0 < x < 1,726 m (Fig. 12.12)

$V = 196 \times x + 552 - 1.612$
$V = 196 \times x - 1.060$

Figura 12.13

Figura 12.14

$x = 0 \rightarrow V = -1.060$ N

$x = 1,726$ m $\rightarrow V = 196 \times 1,726 - 1.060 = -722$ N

1.726 m $< x <$ 3,452 m (Fig. 12.13)

$V = 196 \times x + 2 \times 552 - 1.612$

$V = 196 \times x - 508$

$x = 1.726$ m $\rightarrow V = 106 \times 1,726 - 508 = -170$ N

$x = 3.452$ m $\rightarrow V = 106 \times 3.452 - 508 = \quad 168$ N

3.452 m $< x <$ 5,179 m (Fig. 12.14)

$V = 196 \times x + 3.552 - 1.612$

$V = 196 \times x + 44$

$x = 3.452$ m $\rightarrow V = 196 \times 3,452 + 44 = \quad 721$ N

$x = 5,179$ m $\rightarrow V = 196 \times 5,179 + 44 = 1.059$ N

Cálculo dos momentos fletores

$0 < x < 1,726$ m (Fig. 12.12)

$$M = (1.612 - 552) \times x - 196 \times \frac{x^2}{2}$$

$M = 1.060 \times x - 98 \times x^2$

$x = 0 \rightarrow M = 0$

$x = 1,726$ m $\rightarrow M = 1.060 \times 1,726 - 98 \, (1,726)^2 = 1.538$ Nm

$1,726$ m $< x <$ 3,452 m (Fig. 12.13)

$$M = (1,612 - 552) \times x - 552 \times (x - 1,726) - 196 \times \frac{x^2}{2}$$

$M = 1.060 \times x - 552 \times (x - 1,726) - 98 \times x^2$

$x = 1,726$ m $\rightarrow M = 1.060 \times 1,726 - 552 \times (1,726 - 1,726) - 98 \times (1,726)^2 =$

$= 1.528$ Nm

$x = 3,452$ m $\rightarrow M = 1.060 \times 3,452 - 552 \times (3,452 - 1,726 - 98 \times (3.452)^2 =$

$= 1.539$ Nm

$M_{máx} \rightarrow V = 0 = 196 \times x - 508$

$x = 2,592$ m

$M_{máx} = 1.060 \times (2.592) - 552 \times (2,592 - 1,726) - 98 \times (2,592)^2 =$

$= 1.611$ Nm

$3,452$ m $< x <$ 5,179 m (Fig. 12.14)

$$M = (1.612 - 552) \times x - 552 \times (x - 1,726) - 552 \times (x - 3,452) - 196 \times \frac{x^2}{2}$$

$M = 1.060 \times x - 552 \times (x - 1,726) - 552 \times (x - 3,452) - 98 \times x^2$

$x = 3.452$ m $\rightarrow M = 1.539$ Nm

$x = 5,179$ m $\rightarrow M = 1.060 \times 5,179 - 552 \times (5,179 - 1,726) - 552 \times$

$\times (5,197 - 3,452) - \times 98 \times 5,179^2$

$M = 0$

Caso 2 (Fig 12.15)

Cálculo das reações de apoio

$\Sigma M_a = 0 \quad \left(\!\!\left(+\right)\!\!\right)_{\downarrow}$

$-2.853 \times (1,726 + 2 \times 1,726 + 3 \times 1,726) + 196 \times \dfrac{5,179^2}{2} + R_{V_B} \times 5,0 = 0$

$R_{V_B} = 5.383$ N$\downarrow$

$\Sigma H = 0 \rightarrow (+)$

$\cos 15° \times (4 \times 23 + 53 \times 5,179) + \text{sen } 15 \times (4 \times 2.853 - 196 \times 5,179) - R_{H_A} = 0$

$354 + 2.690,92 - R_{H_A} = 0$

$R_{H_A} = 3.044,92$ N ←

$\Sigma M_B = 0$ ⟲(+)

$2.853 \times [1,726 + 2 \times 1,726 + 3 \times 1,726] - 196 \times \dfrac{5,179^2}{2} - 3.044,92 \times 1,35 - R_{V_A} \times 5 = 0$

$R_{V_A} = 4.561,29$ N ↓

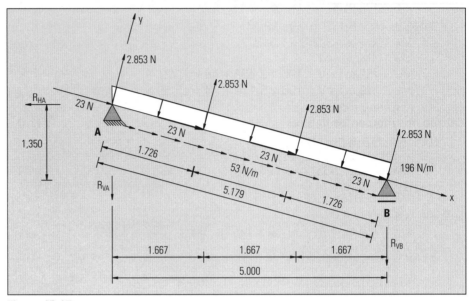

Figura 12.15

Cálculo das forças normais

$0 < x < 1,726$ m (Fig. 12.16)
$N = 53 \times x + 23 + 1.393$
$N = 52 \times x + 1.416$
$x = 0 \rightarrow N = 1.416$ N (tração)
$x = 1,726$ m $\rightarrow N = 52 \times 1,726 + 1.416 = 1.507$ N (tração)

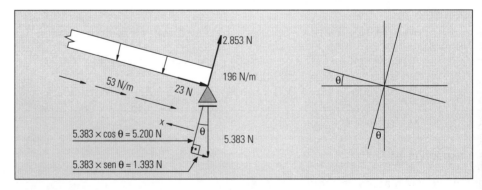

Figura 12.16

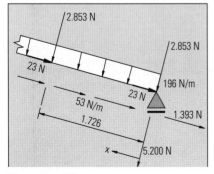

Figura 12.17

$1,726$ m $< x < 3.452$ m (Fig.12.17)
$N = 53 \times x + 2 \times 23 + 1.393$
$N = 53 \times x + 1.439$
$x = 1,726$ m $\rightarrow N = 53 \times 1,726 + 1.439 = 1.530$ N (tração)
$x = 3,452$ m $\rightarrow N = 53 \times 3,452 + 1.439 = 1.622$ N (tração)

3,452 m < x < 5,179 m (Fig. 12.18)
N = 53 × x + 3 × 23 + 1.393
N = 53 × x + 1.462
x = 3,452 m → N = 53 × 3,452 + 1.462 = 1.645 N (tração)
x = 5,179 m → N = 53 × 5,179 + 1.462 = 1.736 N (tração)

Cálculo das forças cortantes

0 < x < 1,726 m (Fig. 12.16)
V = 196 × x – 2.853 + 5.200
V = 196 × x + 2.347
x = 0 → V = 2.347 N
x = 1,726 m → V = 196 × 1,726 + 2.347 = 2.685 N

1,726 m < x < 3,452 m (Fig. 12.17)
V = 196 × x – 2.853 × 2 + 5.200
V = 196 × x – 506
x = 1,726 m → V = 196 × 1,726 – 506 = –168 N
x = 3,452 m → V = 196 × 3.452 – 506 = 171 N

3.452 m < x < 5,179 m (Fig. 12.18)
V = 196 × x – 2.853 × 3 + 5.200
V = 196 × x – 3.359
x = 3,452 m → V = 196 × 3,452 – 3.359 = –2.682 N
x = 5,179 m → V = 196 × 5,179 – 3.359 = –2.344 N

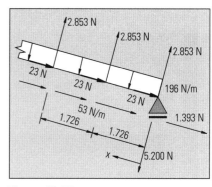

Figura 12.18

Cálculo dos momentos fletores

0 < x < 1,726 m (Fig. 12.16)

$$M = (2.853 - 5.200) \times x - 196 \times \frac{x^2}{2}$$

$M = -2,347 \times x - 98 \times x^2$
$x = 0 \to M = 0$
$x = 1,726$ m $\to M = -2.347 \times 1,726 - 98 \times (1.726)^2 = -4.343$ Nm

1,726 m < x < 3,452 m (Fig. 12.17)

$$M = (2.853 - 5.200) \times x + 2.853 \times (x - 1.726) - 196 \times \frac{x^2}{2}$$

$M = -2,347 \times x + 2.853 \times (x - 1,726) - 98 \times x^2$
$x = 1,726$ m $\to M = -2.347 \times 1,726 + 2.853 \times (1,726 - 1,726) - 98 \times$
$\times (1,726)^2$
$M = -4.343$ Nm
$x = 3,452$ m $\to M = -2.347 \times 3,452 + 2.853 \times (3,452 - 1,726) - 98 \times$
$\times (3,452)^2$
$M = -4.345$ Nm
$M_{máx} \to V = 0 = 196 \times x - 506$
$x = 2,582$ m
$M_{máx} = -2.347 \times 2,582 + 2.853 \times (2,582 - 1,726) - 98 \times (2,582)^2$
$M_{máx} = -4.271$ Nm

3,452 m < x < 5,179 m (Fig. 12.18)

$$M = (2.853 - 5.200) \times x + 2.853 \times (x - 1,726) + 2.953 \times (x - 3,452) - 196 \times \frac{x^2}{2}$$

$M = -2.347 \times x + 2.853 \times (x - 1,726) + 2.853 \times (x - 3,452) - 98 \times x^2$
$x = 3,452 \to M = -4.345$ Nm
$x = 5,179 \to M = -2.347 \times 5,179 + 2.853 \times (5,179 - 1,726) + 2.853$
$(5,179 - 3,452) - 98 \times 5,179^2$
$M = 0$

Estruturas metálicas

12.4.2 – Verificação da viga trave

Para o dimensionamento da viga trave serão utlizados os esforços máximos apresentados na Tabela 12.3.

Tabela 12.3 — Valores resultantes dos carregamentos					
Carregamento	Reação (N)			Esforços solicitantes	
	R_{H_A}	R_{H_A}	R_{H_B}	N (N)	V (N)	M (Nm)
PP + SC	279→	1.594↑	1.669↑	–357 +67	1.060	1.611
PP + vento	3.045←	4.561↓	5.383↓	+1.736	2.685	4.345

12.4.2.1 – Resistência à flexão

- **Flambagem local da alma**

$$\lambda_a = \frac{h}{t_w} = \frac{110,4}{5,33} = 20,71$$

$$\lambda_{Pa} = 3,5 \times \sqrt{\frac{E}{f_y}} = 3,5 \times \sqrt{\frac{205 \times 10^9}{250 \times 10^6}} = 100,22$$

$\lambda_a < \lambda_{pa}$, a viga é compacta quanto à alma
$$M_{n_a} = M_{Pl} = Z_x \, f_y$$

Para o perfil simétrico $\mathbf{I} \rightarrow Z_x \cong 1,12 \, W_x$
$Z_x \cong 1,12 \times 80,4 = 90,05 \text{ cm}^3$
$M_{n_a} = 90,05 \times 10^{-6} \times 250 \times 10^6 = 22.512 \text{ Nm}$

- **Flambagem local da mesa**

$$\lambda_m = \frac{b_f / 2}{t_f} = \frac{76,2 / 2}{8,3} = 4,59$$

$$\lambda_{pm} = 0,38 \times \sqrt{\frac{E}{f_y}} = 0,38 \times \sqrt{\frac{205 \times 10^9}{250 \times 10^6}} = 10,88$$

$\lambda_m < \lambda_{pm}$ é compacta quanto à mesa
$$M_{n_m} = M_{Pl} = 22.512 \text{ Nm}$$

- **Flambagem lateral com torção**

$L_b = 1.726 \text{ mm}$

$$\lambda_{Lt} = \frac{L_b}{r_y} = \frac{172,6}{1,63} = 105,89$$

$$\lambda_{pLt} = 1,75 \times \sqrt{\frac{E}{f_y}} = 1,75 \times \sqrt{\frac{205 \times 10^9}{250 \times 10^6}} = 50,11$$

$L_{pLt} = \lambda_{pLt} \, r_y = 50,11 \times 1,63 = 81,68 \text{ cm}$

$$\lambda_{pLt} = \frac{0,707 \, C_b \, \beta_1}{M_{r_{Lt}}} \times \sqrt{1 + \sqrt{1 + \frac{4\beta_2}{C_b^2 \beta_1^2} M_{r_{Lt}}^2}}$$

$L_{r_{LT}} = \lambda_{r_{LT}} \, r_y$
$\beta_1 = \pi \sqrt{GE} \sqrt{I_t A_g}$

$G = 0,385\ E$

$M_{r_{l,T}} = (f_y - f_r)\ w_x;\quad f_r = 115\ \text{MPa}$

$I_t = \Sigma \dfrac{bt^3}{3}$

$I_t = 2\times\left[\dfrac{7,61-0,83^3}{3}\right]+\dfrac{11,04\times 0,533^3}{3} = 3,46\ \text{cm}^4$

$\beta_1 = \pi\sqrt{0,385\ E\ E}\sqrt{I_t A_y} = \pi 0,6205\times E\sqrt{I_t A_g}$

$\beta_1 = \pi\times 0,6205\times 205\times 10^9\times\sqrt{3,46\times 10^{-8}\times 18,8\times 10^{-4}} = 3.233.016,24\ \text{Nm}$

$\beta_2 = \dfrac{\pi^2 E}{4G}\dfrac{A_g(d-t_f)^2}{I_t} = 6,415\dfrac{A_g(d-t_f)^2}{I_t}$

$\beta_2 = 6,415\times\dfrac{18,8\times 10^{-4}(12,7\times 10^{-2}-0,83\times 10^{-2})^2}{3,46\times 10^{-8}} = 4.911,11$

$C_b = 1,0$

$M_{r_{l,T}} = (250 - 115)\times 10^6\times 80,4\times 10^{-6} = 10.854\ \text{Nm}$

$\lambda_{rLt} = \dfrac{0,707\times 1,0\times 3\times 223,016,24}{10.854}\sqrt{1+\sqrt{1+\dfrac{4\times 4711,11}{1,0^2\times 3\times 223.016,24^2}\times 10.854^2}}$

$\lambda_{r_{LT}} = 304,65$

$\lambda_{p_{LT}} < \lambda_{LT} < \lambda_{r_{LT}}$

$M_{n_{Lt}} = M_{P_{Lt}} - (M_{P_{Lt}} - M_{r_{Lt}})\left(\dfrac{\lambda_{Lt}-\lambda_{P_{Lt}}}{\lambda_{r_{Lt}}-\lambda_{P_{Lt}}}\right)$

$M_{P_{LT}} = Z_x f_y = 90,05\times 10^{-6}\times 250\times 10^6 = 22.512\ \text{Nm}$

$Z_x \cong 1,12\ W_x = 1,12\times 80,4 = 90,05\ \text{cm}^3$

$M_{nLt} = 22.512 - (22.512 - 10.854)\times\left(\dfrac{105,89-50,11}{304,65-50,11}\right)$

$M_{n_{LT}} = 22.512 - 2.554 = 19.958\ \text{Nm}$

Portanto, $M_n = 19.958\ \text{Nm}$

$M_d = \gamma\ M = 1,4\times 4.345 = 6.083\ \text{Nm} < \phi\ N_n = 0,9\times 199,58 = 17.962\ \text{Nm}$

Como a viga tem resistência muito maior que a necessária, será adotado um perfil mais leve:

I 101,6 × 11,4 kg/m (Fig. 12.19)

$\begin{array}{ll} P = & 11,40\ \text{kg/m} \\ A = & 14,50\ \text{cm}^2 \\ I_x = & 252\ \text{cm}^4 \\ w_x = & 49,70\ \text{cm}^3 \\ r_x = & 4,17\ \text{cm} \\ I_y = & 31,70\ \text{cm}^4 \\ w_y = & 9,40\ \text{cm}^3 \\ r_y = & 1,48\ \text{cm} \end{array}$

- **Verificação da flambagem local da alma**

$\lambda_a = \dfrac{h}{t_w} = \dfrac{86,80}{4,83} = 17,97$

$\lambda_{pa} = 3,5\times\sqrt{\dfrac{E}{f_y}} = 3,5\times\sqrt{\dfrac{205\times 10^9}{250\times 10^6}} = 100,22$

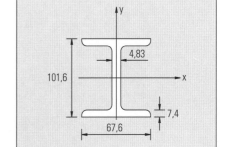

Figura 12.19

Estruturas metálicas

$\lambda_a < \lambda_{pa}$ é compacta quanto à alma
$$M_{n_a} = M_{Pl} = Z_x\, f_y$$

Para o perfil simétrico $\mathbf{I} \rightarrow Z_x \cong 1,12\, W_x$
$$Z_x \cong 1,12 \times 49,7 = 55,66\ cm^3$$
$$M_{n_a} = 55,66 \times 10^{-6} \times 250 \times 10^6 = 13.915\ Nm$$

- **Verificação da flambagem local da mesa**

$$\lambda_m = \frac{b_f / 2}{t_f} = \frac{67,6 / 2}{7,4} = 4,56$$

$$\lambda_{pm} = 0,38 \times \sqrt{\frac{E}{f_y}} = 0,38 \times \sqrt{\frac{205 \times 10^9}{250 \times 10^6}} = 10,88$$

$\lambda_m < \lambda_{pm}$ é compacta quanto à mesa
$$M_{n_m} = M_{Pl} = 13.915\ Nm$$

- **Verificação da flambagem lateral com torção**

$L_b = 1.726\ mm$

$$\lambda_{Lt} = \frac{L_b}{r_y} = \frac{172,6}{1,48} = 116,62$$

$$\lambda_{pLt} = 1,75 \times \sqrt{\frac{E}{f_y}} = 1,75 \times \sqrt{\frac{205 \times 10^9}{250 \times 10^6}} = 50,11$$

$$L_{P_{lt}} = \lambda_{P_{lt}}\, r_v = 50,11 \times 1,48 = 74,16\ cm$$

$$I_t = \Sigma \frac{bt^3}{3} = 2 \times \frac{6,76 \times 0,74^3}{3} + \frac{8.68 \times 0,483^3}{3} = 2,15\ cm^4$$

$$\beta_1 = \pi\, 0,6205\, E\, \sqrt{I_t A_g} = \pi \times 0,6205 \times 105 \times 10^9 \times \sqrt{2,15 \times 10^{-8} \times 14,5 \times 10^{-4}}$$

$\beta_1 = 2.231.252,65\ Nm$

$$\beta_2 = 6,415 \frac{A_g (d - t_f)^2}{I_t} = 6.415 \times \frac{14,5 \times 10^{-4} \times (10,16 \times 10^{-2} - 0,74 \times 10^{-2})^2}{2,14 \times 10^{-8}} = 3857$$

$C_b = 1,0$
$M_{r_{LT}}\, (f_y - f_r)\, W_x;\quad f_r = 115\ MPa$
$M_{r_{lt}} = (250 - 115) \times 10^6 \times 49,7 \times 10^{-6} = 6.709\ Nm$

$$\lambda_{rLt} = \frac{0,707 C_b \beta_1}{M_{r_{Lt}}} \sqrt{1 + \sqrt{1 + \frac{4\beta_2}{C_b^2 \beta_1^2} M_{r_{Lt}}^2}}$$

$$\lambda_{rLt} = \frac{0,707 \times 1,0 \times 2.231 \times 252,65}{6.709} \times \sqrt{1 + \sqrt{1 + \frac{4 \times 3.857}{1,0^2 \times 2.231 \times 252,65^2} \times 6.709^2}}$$

$\lambda_{r_{LT}} = 338,08$
$M_{P_{LT}} = Z_x\, f_y = 55,66 \times 10^{-6} \times 250 \times 10^6 = 13.915\ Nm$

$$M_{n_{Lt}} = M_{p_{Lt}} - (M_{p_{Lt}} - M_{r_{Lt}}) \left(\frac{\lambda_{Lt} - \lambda_{p_{Lt}}}{\lambda_{r_{Lt}} - \lambda_{p_{Lt}}} \right)$$

$$M_{n_{Lt}} = 13.915 - (13.915 - 6.709) \times \left(\frac{116,62 - 50,11}{338,08 - 50,11} \right) \cong 12.250\ Nm$$

Portanto:
$$M_n = 12.250\ Nm \rightarrow \phi\, N_n = 0,9 \times 12.250 = 11.025\ Nm$$

12.4.2.2 – Resistência à força normal

$$\Rightarrow \text{direção } x: \ \lambda_x = \frac{kL_x}{r_x} = \frac{1,0 \times 517,8}{4,17} = 124$$

$$\Rightarrow \text{direção } y: \ \lambda_y = \frac{kL_y}{r_y} = \frac{1,0 \times 172,6}{1,48} = 116$$

$$\frac{b}{t} = \frac{b_f/2}{t_f} = \frac{67.6/2}{7,4} = 4,56 < \left(\frac{b}{t}\right)_{máx} = 8,5 \Rightarrow Q = 1,0$$

$$\bar{\lambda} = \frac{\lambda}{\pi}\sqrt{\frac{Qf_y}{E}} = 0,0111\lambda = 0,0111 \times 124 = 1,37 \rightarrow \text{curva } b \rightarrow \rho = 0,396$$

$N_n = \rho Q \, N_y = \rho Q \, Ag \, f_y; \quad \phi_c = 0,90$

$\phi_c \, N_n = \phi_c \, A_y \, f_y = 0,90 \times 0,396 \times 1,0 \times (24,5 \times 10^{-4}) \times (250 \times 10^6)$

$\phi_c \, N_n = 129.195 \ Nm$

12.4.2.3 – Efeito combinado de momento fletor e força normal
(NB 14 - item 5.6.1.3)

$$\frac{N_d}{\phi N_n} + \frac{M_x}{\phi_b M_{n_x}} \leq 1,0$$

$$\frac{1,4 \times 1.736}{129.195} + \frac{1,4 \times 4.345}{11,025} = 0,02 + 0,55 = 0,57 < 1,0$$

12.4.2.4 – Verificação do cisalhamento

$$\lambda_a = \frac{h}{t_w} = \frac{86,80}{4,83} = 17,97$$

$$\lambda_{pv} = 1,08\sqrt{\frac{kE}{f_y}} = 1,08\sqrt{\frac{5,34 \times 205 \times 10^9}{250 \times 10^6}} = 71,46$$

$$\frac{a}{h} = \frac{1.726}{86,8} = 19,88 \rightarrow k = 5,34$$

$\lambda_a < \lambda_{pv}$ a viga é compacta quanto à resistência ao cisalhamento

$V_n = V_{Pl}; \quad \phi_v = 0,9$

$V_{Pl} = 0,6 \, A_w \, f_y = 0,6 \, (d \, t_w) \, f_y$

$\phi_v \, V_{Pl} = 0,9 \times 0,6 \times (10,16 \times 0,483 \times 10^{-4}) \times 250 \times 10^6$

$\phi_v \, V_{Pl} = 66.248 \ N$

$V_d = 1,4 \times 5.383 = 7.536 < \phi_v \, V_{Pl}$

12.4.2.5 – Verificação da flecha

$$\delta_{máx} = \frac{L}{180} = \frac{5.178}{180} = 28,76 \ mm$$

$$\delta = \frac{1}{E \, I} \times \left[\frac{5}{384}qL^4 + \frac{Pab}{27L}(a+2b)\sqrt{3\,a\,(a+2b)} + \frac{Pab}{27L}(b+2\,a)\sqrt{3\,b\,(b+2a)} \right]$$

$$\delta = \frac{1}{205 \times 10^9 \times 252 \times 10^{-8}} \times \left[\frac{5}{384} \times 196 \times 5,178^4 + \right.$$

$$\left. + \frac{2.853 \times 1,726 \times 3,452}{27 \times 5,178}(1,726 + 6,904) \times \sqrt{3 \times 1,726\,(1,726 + 6,904)} \right] +$$

$$+ \frac{2.853 \times 1,726 \times 3,452}{27 \times 5,178}(1,726 + 6,904) \times \sqrt{3 \times 1,726\,(1,726 + 6,904)}$$

$\delta = 0,0307 \ m = 30,70 \ mm$

$\delta \cong \delta_{máx}$

12.5 — Cálculo da viga mestra

Estimativa do peso próprio da viga treliçada pela fórmula de Pratt:

$$g_t = 23 \times (1 + 0,33\ L) = 23 \times (1 + 0,33 \times 14) \cong 130\ N/m^2$$

Adotado $\quad\quad\quad g_T = 150\ N/m^2$
Contraventamento $\quad g_c = \underline{\ 10\ N/m^2}$

Peso próprio da estrutura $g\ \ = 160\ N/m^2$

Talha

Carga: 20.000 N
PP: $\underline{\ \ 700\ N}$

Total: 20.700 N

Majoração da carga (NB 14 - Anexo B - item B.3.5.1.1)

$P_T = 20.700 \times 1,20 \cong 25.000\ N$

12.5.1 – Carregamento no plano da viga mestra

- Carregamento 1 (PP + SC + talha) (Fig. 12.20)

$P_1 = 160 \times 1,75/2 \times 5 + 1.669/2 \cong 1.550\ N$
$P_2 = 160 \times 1,75 \times 5,00 + 1.669 \cong 3.100\ N$
$P_3 = 3.100 + 25.000 = 28.100\ N$

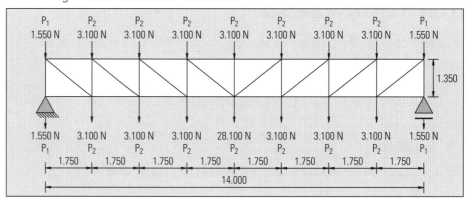

Figura 12.20

- Carregamento 2 (PP + vento) (Fig. 12.21)

$$P_1 = 160 \times \frac{1,75}{2} \times 5,00 - \frac{5.383}{2} \cong -2.000\ N$$
$P_2 = 160 \times 1,75 \times 5,00 - 5.383 \cong -4.000\ N$

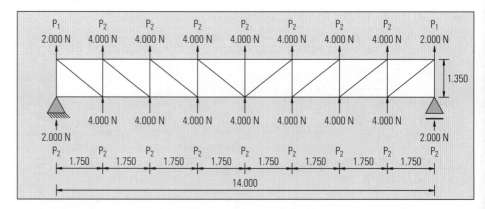

Figura 12.21

Cálculo dos esforços solicitantes

- Carregamento 1 (PP + SC + talha) (Fig. 12.22)

$$\text{tg}\theta = \frac{1.350}{1.750} = 0,7714 \rightarrow \theta = 37,6476°$$

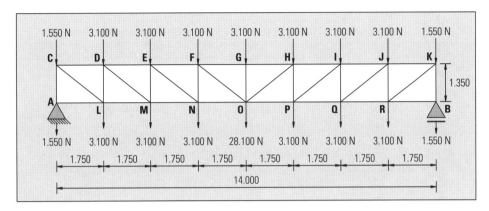

Figura 12.22

O cálculo dos esforços normais pode ser feito pelo método dos nós, pelo qual obtem-se os valores apresentados na Tabela 12.4.

- Carregamento 2 (PP + vento) (Fig. 12.23)

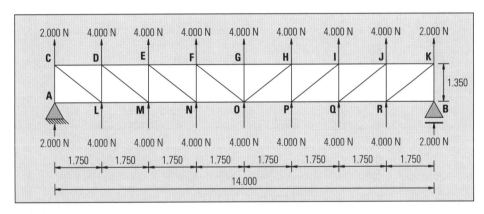

Figura 12.23

O cálculo dos esforços normais pode ser feito, também, pelo método dos nós, pelo qual obtem-se os valores apresentados na Tabela 12.5.

236   Estruturas metálicas

Tabela 12.4 — Resumo dos esforços nas barras para o carregamento: (PP + SC + talha)			
Posição	**Barra**	**Esforço (N)**	**Tipo**
Banzo superior	CD JK	– 44.330	Compressão
	DE IJ	– 80.630	Compressão
	EF HI	–10.890	Compressão
	FG GH	–12.910	Compressão
Banzo inferior	AL BR	0	—
	LM QR	44.330	Tração
	MN PQ	80.630	Tração
	NO OP	108.900	Tração
Diagonal	CL KR	55.990	Tração
	DM JQ	45.840	Tração
	EN IP	35.690	Tração
	FO HO	25.540	Tração
Montante	AC BK	– 35.750	Compressão
	DL JR	– 31.100	Compressão
	EM IQ	– 24.900	Compressão
	FN HP	– 18.700	Compressão
	GO	– 3.100	Compressão

$R_{V_A} = R_{V_B} = 37.300 \text{ N} \uparrow$

Capítulo 12 — Projeto de uma cobertura em Shed

Tabela 12.5 — Resumo dos esforços nas barras para o carregamento: (PP + vento)			
Posição	Barra	Esforço (N)	Tipo
Banzo superior	CD JK	36.300	Tração
	DE IJ	62.220	Tração
	EF HI	77.780	Tração
	FG GH	82.960	Tração
Banzo inferior	AL BR	0	—
	LM QR	– 36.300	Compressão
	MN PQ	– 62.220	Compressão
	NO OP	– 77.780	Compressão
Diagonal	CL KR	– 45.480	Compressão
	DM JQ	– 32.740	Compressão
	EN IP	– 19.650	Compressão
	FO HO	– 6.549	Compressão
Montante	AC BK	30.000	Tração
	DL JR	24.000	Tração
	EM IQ	16.000	Tração
	FN HP	8.000	Tração
	GO	4.000	Tração

$R_{V_A} = R_{V_B} = 32.000 \text{ N} \downarrow$

A Tabela 12.6 apresenta o resumo dos esforços máximos nas barras para os carregamentos.

Tabela 12.6 — Resumo dos esforços máximos nas barras			
Posição	Barra	Esforço (N)	Tipo
Banzo superior	CD JK DE IJ EF HI FG GH	–80.630 82.960	Compressão Tração
Banzo inferior	AL BR LM QR MN PQ NO OP	108.900 –77.780	Tração Compressão
Diagonal	CL KR DM JQ	55.990 –45.840	Tração Compressão
	EN IP FO HO	35.690 –19.650	Tração Compressão
Montante	AC BK DL JR EM IQ	–35.750 30.000	Compressão Tração
	FN HP GO	–18.700 8.000	Compressão Tração

$R_{V_A} = R_{V_B} = 37.300$ N↑ caso 1 (PP + SC + talha)
$R_{V_A} = R_{V_B} = 32.000$ N↓ caso 2 (PP + vento)

12.5.2 – Dimensionamento das barras

- **Banzo superior** (Fig. 12.24) (2 cantoneiras dispostas lado a lado)

  Barras: CD   DE   EF   JK
           FG   IJ   HI   GH

  Adotada: 2 **L** 101,6 × 9,81 kg/m (Fig. 12.25)

  $P = 9,81$ kg/m
  $A = 12,51$ cm^2
  $I_x = I_y = 125$ cm^4
  $w_x = w_y = 16,4$ cm^3
  $r_x = r_y = 3,17$ cm
  $r_z = 2,0$ cm
  $L = 1.750$ mm

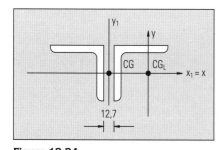

Figura 12.24

- Compressão

$$\lambda = \frac{kL}{r_{mín}} = \frac{1,0 \times 1,75}{3,17} = 55,20 < \lambda_{máx} = 200$$

$$\frac{b}{t} = \frac{101,6}{6.35} = 16 \leq \left(\frac{b}{t}\right)_{máx} = 16 \Rightarrow Q = 1,0$$

$$\bar{\lambda} = \frac{\lambda}{\pi}\sqrt{\frac{Qf_y}{E}} = \frac{\lambda}{\pi} \times \sqrt{\frac{1,0 \times 250 \times 10^6}{205 \times 10^9}} = 0,0111 \times \lambda$$

$N_n = \rho\ Q\ N_y = \rho\ Q\ A_g\ f_y;\quad \phi_c = 0,90$
$\phi\ N_n = 0,9 \times 0,776 \times 1,0 \times (2 \times 12,51 \times 10^{-4}) \times (250 \times 10^6) = 436.849\ N$

Essa resistência é muito maior que o esforço atuante.

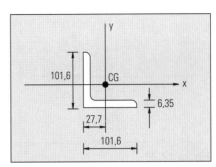

Figura 12.25

Adotada: 2 **L** 63,50 × 6,10 kg/m (Fig. 12.26)

$$\begin{vmatrix} P & = & 6,10\ \text{kg/m} \\ A & = & 7,67\ \text{cm}^2 \\ I_x = I_y & = & 29\ \text{cm}^4 \\ w_x = w_y & = & 6,4\ \text{cm}^3 \\ r_x = r_y & = & 1,96\ \text{cm} \\ r_z & = & 1,24\ \text{cm} \\ L & = & 1.750\ \text{mm} \end{vmatrix}$$

$$\lambda = \frac{kL}{r_{mín}} = \frac{1,0 \times 175}{1,96} = 89,28 < \lambda_{máx} = 200$$

$$\frac{b}{t} = \frac{63,50}{6,35} = 10 < \left(\frac{t}{b}\right)_{máx} = 16 \Rightarrow Q = 1,0$$

$\bar{\lambda} = 0,0111 \times \lambda = 0,0111 \times 89,28 = 0,991 \to$ curva $C \to \rho = 0,542$

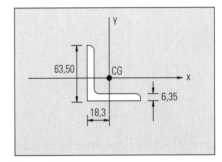

Figura 12.26

$\phi_c\ N_n = \phi_c\ \rho\ Q\ A_g\ f_y = 0,9 \times 0,542 \times 1,0 \times (2 \times 7,67 \times 10^{-4}) \times$
$\hspace{6cm} \times (250 \times 10^6)$

$\phi_c\ N_n = 187.071\ N$

$N_d = \gamma\ N = 1,3 \times 44.330 = 62.062\ N < \phi_c\ N_n$

Afastamento das chapas espaçadoras (Fig. 12.27)

$$\frac{\ell}{r_{mín}} \leq \frac{\lambda_{conjunto}}{2}$$

$$\ell \leq \frac{89,28}{2} \times 12,4 = 553\ \text{mm}$$

adotado

$$\ell = \frac{L}{3} = \frac{1.750}{4} \cong 438\ \text{mm}$$

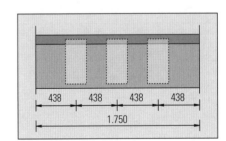

Figura 12.27

- Tração

Na área bruta:

$N_n = A_g\ f_y;\quad \phi_t = 0,9$
$\phi_t\ N_n = 0,9 \times (2 \times 7,67 \times 10^{-4}) \times (250 \times 10^6) = 345.150\ N$
$N_d = \gamma\ N = 1,4 \times 82.960 = 116.144\ N < \phi_t\ N_n$

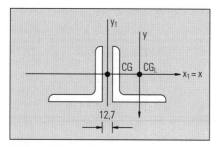

Figura 12.28

- **Banzo inferior** (Fig. 12.28) (2 cantoneiras dispostas lado a lado)

    Barras: AL   BR
             LM   QR
             MN   PQ
             NO   OP

    Adotada: 2 **L** 63,50 × 6,10 kg/m (Fig. 12.26)

    ■ Compressão

    Como visto para o banzo superior
    $\phi_c N_n = 187.071$ N
    $N_d = \gamma N = 1,4 \times 77.780 = 108.892 < \phi_c N_n$

    Adotar o mesmo afastamento entre os espaçadores
    $\lambda_1 = 438$ mm

    ■ Tração

    Como visto para o banzo superior
    $\phi_t N_n = 345.150$ N
    $N_d = \gamma N = 1,4 \times 108.900 = 152.460$ N $< \phi_t N_n$

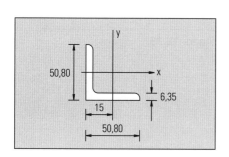

Figura 12.29

- **Diagonais** (Fig. 12.29) (2 cantoneiras opostas pelo vértice)

    Barras: CL   KR
             DM   JQ

    $L = \sqrt{1.350^2 + 1.750^2} \cong 2.210$ mm

    Adotada: 2 **L** 50,80 × 4,74 kg/m (Fig. 12.30)

    $\begin{vmatrix} P & = & 4,74 \text{ kg/m} \\ A & = & 6,06 \text{ cm}^2 \\ I_x = I_y & = & 14,6 \text{ cm}^4 \\ w_x = w_y & = & 4,10 \text{ cm}^3 \\ r_x = r_y & = & 1,55 \text{ cm} \\ r_z & = & 0,99 \text{ cm} \end{vmatrix}$

    $r_{z_1} = \sqrt{2r_x^2 - r_z^2}$
    $r_{z_1} = \sqrt{2 \times 1,55^2 - 0,99^2} = 1,95$ cm

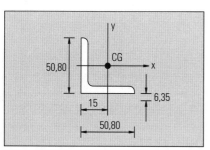

Figura 12.30

    ■ Compressão

    $\lambda = \dfrac{kL}{r_{mín}} = \dfrac{1,0 \times 221}{1,95} = 113,33 < \lambda_{máx} = 200$

    $\dfrac{b}{t} = \dfrac{50,80}{6,35} = 8 < \left(\dfrac{t}{b}\right)_{máx} = 16 \Rightarrow Q = 1,0$

    $\bar{\lambda} = 0,0111 \times \lambda = 0,0111 \times 113,33 = 1,258 \rightarrow$ curva $C \rightarrow \rho = 0,412$

    $\phi_c N_n = \phi_c \rho Q A_g f_y = 0,9 \times 0,412 \times 1,0 \times (2 \times 6,06 \times 10^{-4}) \times$
    $\times (250 \times 10^6)$

    $\phi_c N_n = 112.352$ N
    $N_d = \gamma N = 1,4 \times 45.840 = 64.176$ N $< \phi_c N_n$

Afastamento das chapas espaçadoras

$$\frac{\ell}{r_{mín}} \leq \frac{\lambda_{conjunto}}{2}$$

$$\ell \leq \frac{113,33}{2} \times 9,9 \cong 560 \text{ mm}$$

Adotado: $\ell = \frac{2.210}{4} \cong 553 \text{ mm}$

- Tração

Na área bruta:

$\phi_t N_n = \phi_t A_g f_y$
$\phi_t N_n = 0,9 \times (2 \times 6,06 \times 10^{-4}) \times (250 \times 10^6) = 272.700 \text{ N}$
$N_d = \gamma N = 1,4 \times 55.990 = 78.386 \text{ N} < \phi_t N_n$

Barras: EN   IP
         FD   HO

Adotada: 2 **L** 31,75 × 2,86 kg/m (Fig. 12.31)

$\begin{vmatrix} P & = 2,86 \text{ kg/m} \\ A & = 3,62 \text{ cm}^2 \\ I_x = I_y & = 3,33 \text{ cm}^4 \\ w_x = w_y & = 1,47 \text{ cm}^3 \\ r_x = r_y & = 0,94 \text{ cm} \\ r_z & = 0,61 \text{ cm} \end{vmatrix}$

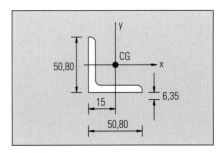

Figura 12.31

$r_{z_1} = \sqrt{2r_x^2 - r_z^2}$

$r_{z_1} = \sqrt{2 \times 0,94^2 - 0,61^2} = 1,18 \text{ cm}$

- Compressão

$\lambda = \frac{kL}{r_{mín}} = \frac{1,0 \times 221}{1,18} = 187,29 < \lambda_{máx} = 200$

$\frac{b}{t} = \frac{31,75}{6,35} = 5 < \left(\frac{b}{t}\right)_{máx} = 16 \rightarrow Q = 1,0$

$\bar{\lambda} = 0,0111 \times \lambda = 0,0111 \times 187,29 = 2,0789 \rightarrow$ curva $C \rightarrow \rho = 0,189$

$\phi_c N_n = \phi_c \rho Q A_g f_y$
$\phi_c N_n = 0,9 \times 0,189 \times 1,0 \times (2 \times 3,62 \times 10^{-4}) \times (250 \times 10^6)$
$\phi_c N_n = 30.788 \text{ N}$
$N_d = \gamma N = 1,4 \times 19.650 = 27.510 \text{ N} < \phi_c N_n$

Afastamento das chapas espaçadoras

$$\frac{\ell}{r_{mín}} \leq \frac{\lambda_{conjunto}}{2}$$

$$\ell \leq \frac{187,29}{2} \times 6,1 = 571 \text{ mm}$$

adotado: $\ell = \frac{2.210}{4} \cong 553 \text{ mm}$

- Tração

  ◦ Na área bruta:

$\phi_t N_n = \phi_t A_g f_y$
$\phi_t N_n = 0,9 \times (2 \times 3,62 \times 10^{-4}) \times (250 \times 10^6) = 162.900 \text{ N}$
$N_d = \gamma N = 1,4 \times 35.690 = 49.966 \text{ N} < \phi_t N_n$

Estruturas metálicas

- **Montantes** (Fig. 12.29) (2 cantoneiras opostas pelo vértice)

   $L = 1.350$ mm

   Barras: AC   BK
             DL   JR
             EM   IQ

Adotada: 2 **L** 50,80 × 4,74 kg/m (Fig. 12.30)

- ■ Compressão

$$\lambda = \frac{kL}{r_{mín}} = \frac{1,0 \times 135}{1,95} = 69,23 < \lambda_{máx} = 200$$

$$\bar{\lambda} = 0,0111 \times \lambda = 0,0111 \times 69,23 = 0,768 \rightarrow \text{curva } C \rightarrow \rho = 0,674$$

$$\phi_c N_n = \phi_c \rho \, Q \, A_g \, f_y = 0,9 \times 0,674 \times 1,0 \times (2 \times 6,06 \times 10^{-4}) \times$$
$$\times (250 \times 10^6)$$

$\phi_c N_n = 183.799$ N
$N_d = \gamma \, N = 1,4 \times 35.750 = 50.050$ N $< \phi_c N_n$

Afastamento das chapas espaçadoras

$$\frac{\ell}{r_{mín}} \leq \frac{\lambda_{conjunto}}{2}$$

$$\ell \leq \frac{93,10}{2} \times 9,9 = 460 \text{ mm}$$

adotado: $\ell = \dfrac{1.350}{3} = 450$ mm

- ■ Tração

   Na área bruta:

$\phi_t N_n = \phi_t A_g \, f_y$
$\phi_t N_n = 0,9 \times (2 \times 6,06 \times 10^{-4}) \times (250 \times 10^6) = 272.700$ N
$N_d = \gamma \, N = 1,4 \times 30.000 = 42.000$ N $< \phi_t N_n$

   Barras: FN   HP
             GO

Adotada: 2 **L** 31,75 × 2,86 kg/m (Fig. 12.31)

- ■ Compressão

$$\lambda = \frac{kL}{r_{mín}} = \frac{1,0 \times 135}{1,18} = 114,40 < \lambda_{máx} = 200$$

$$\bar{\lambda} = 0,0111 \times \lambda = 0,0111 \times 114,40 = 1,2698 \rightarrow \text{curva } C \rightarrow \rho = 0,408$$

$\phi_c N_n = \phi_c \rho \, Q \, A_y \, f_y$
$\phi_c N_n = 0,9 \times 0,408 \times 1,0 \times (2 \times 3,62 \times 10^{-4}) \times (250 \times 10^6)$
$\phi_c N_n = 66.463$ N
$N_d = \gamma \, N = 1,4 \times 18.700 = 26.180$ N $< \phi_c N_n$

Afastamento das chapas espaçadoras:

$$\frac{\ell}{r_{mín}} \leq \frac{\lambda_{conjunto}}{2}$$

$$\ell \leq \frac{114,40}{2} \times 6,1 \cong 348 \text{ mm}$$

adotado: $\ell = \dfrac{1.350}{4} \cong 338$ mm

- Tração

  Na área bruta:

  $\phi_t N_n = \phi_t A_g f_y$
  $\phi_t N_n = 0{,}9 \times (2 \times 3{,}62 \times 10^{-4}) \times (250 \times 10^6) = 162.900$ N
  $N_d = \gamma N = 1{,}4 \times 8.000 = 11.200$ N $< \phi_t N_n$

12.5.3 – Cálculos das ligações

- **Banzo superior**

  Barras: CD   JK
           DE   IJ
           EF   HI
           FG   GH

  2 L 63,50 × 6,10 kg/m (Fig. 12.26)

  $N_d = 1{,}4 \times 82.960 \cong 116.144$ N

  Adotados parafusos ASTM A307: $d = {}^5/_8" \cong 15$ mm

- Disposições contrutivas dos parafusos (Fig. 12.32)

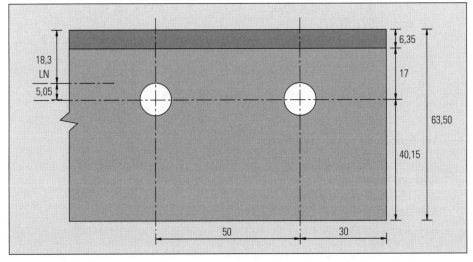

Figura 12.32
Distâncias

  - entre parafusos: $3d = 3 \times 15 = 45$ mm, adotada 50 mm
  - parafuso à borda: (NB 14 - tabela 18): 29 mm, adotada 30 mm
  - parafuso à aba: $d = 15$ mm, adotada 17 mm, para poder encaixar a cabeça do parafuso.

- Cisalhamento nos parafusos

  $\phi_v = 0{,}6;\quad A_e = 0{,}7\, A_p;\quad f_u = 415$ MPa
  $R_{n_v} = A_e\, \tau_u;\quad \tau_u = 0{,}6\, f_u$

  $A_p = \dfrac{\pi\, d^2}{4}$

  $A_p = \dfrac{\pi}{4} \times 1{,}5^2 = 1{,}76$ cm^2

  $A_e = 0{,}7 \times 1{,}76 = 1{,}23$ cm^2
  $\phi_v R_{n_v} = 0{,}6 \times (1{,}23 \times 10^{-4}) \times (0{,}6 \times 415 \times 10^6) = 18.376$ N

$$\text{Número de parafusos} \rightarrow n = \frac{N_d}{2 \times \phi_v \times R_{n_v}} = \frac{116.144}{2 \times 18.376} \cong 4 \text{ parafusos}$$

cisalhamento duplo

- **Pressão de contato**

$\phi = 0,75; \quad R_n = \alpha\, A_b\, f_u; \quad A_b = t\, d$

- **Entre dois furos consecutivos**

$$\alpha_s = \left(\frac{S}{d}\right) - \eta_1 \leq 3,0$$

$$\alpha_s = \left(\frac{50}{15}\right) - 0,5 = 2,83$$

- **Entre furo e borda**

$$\alpha_e = \left(\frac{e}{d}\right) - \eta_2 \leq 3,0$$

$$\alpha_e = \left(\frac{30}{15}\right) - 0 = 2,00$$

Portanto: $\alpha = 2,00$
$\phi R_n = 0,75 \times 2,00 \times (0,635 \times 1,5 \times 10^{-4}) \times (400 \times 10^6)$
$\phi R_n = 57.150$ N
4 parafusos $\rightarrow n\, \phi\, R_n = 4 \times 57.150 = 228.600$ N, em cada cantoneira.
$N_d = 116.144$ N

Em cada cantoneira: $\dfrac{N_d}{2} = \dfrac{116.144}{2} = 58.072$ N $< n\, \phi\, R_n$

- **Verificação da seção com furos**

$\phi_t = 0,75; \quad N_n = A_e\, f_u$
Área do furo $= d'\, t$
$d' = 15 + 3,5$ mm $\cong 19$ mm
Área do furo $= 1,9 \times 0,635 = 1,20$ cm^2
$A_n = A_g -$ Área do furo $= 7,67 - 1,20 = 6,47$ cm^2
$C_t = 0,75$
$A_e = C_t\, A_n = 0,75 \times 6,47 = 4,85$ cm^2
$\phi_t\, N_n = 0,75 \times (4,85 \times 10^{-4}) \times (400 \times 10^6) = 145.500$ N

em uma cantoneira $\dfrac{N_d}{2} = \dfrac{116.144}{2} = 58.072$ N $< \phi_t\, N_n$

Portanto, a ligação típica do banzo superior é apresentada na Figura 12.33

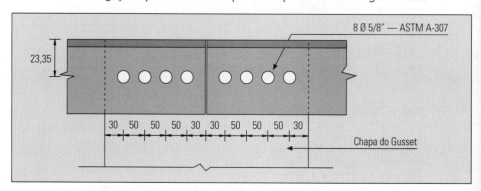

Figura 12.33

- **Banzo inferior**

    Barras: AL   BR
             LM   QR
             MN   PQ
             NO   OP

    2 **L** 63,50 × 6,10 kg/m (Fig. 12.26)
    $N_d = 1,4 \times 108.900 = 152.460$ N
    Adotados parafusos d = $^5/_8$" = 15 mm

    Número de parafusos → $n = \dfrac{N_d}{2\,\phi_v\,R_{n_v}} = \dfrac{152.360}{2 \times 18.376} \cong 5$ parafusos

    - Pressão de contato

    5 parafusos → $n\,\phi\,R_n = 5 \times 57.150 = 285.750$ N.

    Em cada cantoneira → $\dfrac{N_d}{2} = \dfrac{152.460}{2} = 76.230$ N $< n\,\phi\,R_n$

    - Verificação da seção com furos

    $\dfrac{N_d}{2} = 76.230 \ N < \phi_t\,N_n = 145.500 \ N$

    Portanto, serão mantidas as mesmas disposições adotadas para o banzo superior. A ligação típica do banzo inferior é apresentada na Figura 12.34.

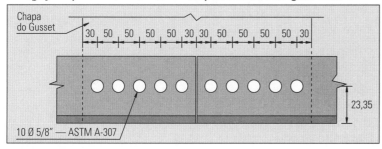

Figura 12.34

- **Diagonais**

    Barras: CL   KR
             DM   JQ

    2 **L** 50,80 × 4,74 kg/m (Fig. 12.30)
    $N_d = \gamma\,N = 1,4 \times 55.990 = 78.386$ N

    Adotados parafusos ASTM A307: $d = \tfrac{1}{2}" \cong 13$ mm

    - Disposições construtivas dos parafusos (Fig.12.35)

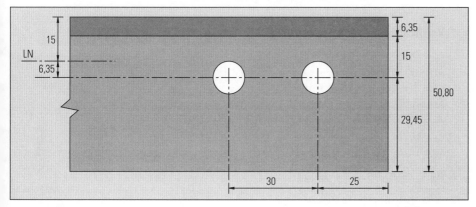

Figura 12.35

Distâncias

- ○ entre parafusos: 3d = 3,13 = 26 mm, adotada 30 mm.
- ○ parafusos à borda: (NB 14 - tabela 18): 22 mm, adotada 25 mm.
- ○ parafusos à aba: d = 13 mm, adotada 15 mm para poder encaixar a cabeça do parafuso.

■ Cisalhamento nos parafusos

$$R_{n_v} = A_e \ \tau_u; \quad \tau_u = 0,6 \ f_u; \quad A_p = \frac{\pi d^2}{4}$$

$\phi_r = 0,6; \quad A_e = 0,7 \ A_p; \quad f_u = 415 \text{ MPa}$

$$A_p = \frac{\pi}{4} \times 1,3^2 = 1,32 \ cm^2$$

$A_e = 0,7 \times A_p = 0,7 \times 1,32 = 0,92 \text{ cm}^2$

$\phi_v \ R_{n_v} = 0,6 \times (0,92 \times 10^{-4}) \times (0,6 \times 415 \times 10^6) = 13.744 \text{ N}$

Número de parafusos $\rightarrow n = \dfrac{N_d / 2}{\phi_v R_{n_v}} \leftarrow$ 2 barras

$$n = \frac{78.386/2}{13.744} \cong 3 \text{ parafusos}$$

■ Pressão de contato

$\phi = 0,75; \quad R_n = \alpha \ A_b \ f_u; \quad A_b = td$

■ Entre dois furos consecutivos

$$\alpha_s = \left(\frac{S}{d}\right) - \eta_1 \leq 3,0$$

$$\alpha_s = \left(\frac{30}{13}\right) - 0,5 = 1,80$$

■ Entre furo e borda

$$\alpha_e = \left(\frac{e}{d}\right) - \eta_2 \leq 3,0$$

$$\alpha_e = \left(\frac{25}{13}\right) - 0 = 1,92$$

Portanto: α = 1,80

$\phi \ R_n = 0,75 \times 1,80 \times (0,635 \times 1,3 \times 10^{-4}) \times (400 \times 10^6)$

$\phi \ R_n = 44.577 \text{ N}$

3 parafusos → $n \ \phi \ R_n = 3 \times 44.577 = 133.731 \text{ N}$

$$\frac{N_d}{2} = \frac{78.386}{2} = 31.193 \, N < n \ \phi \ R_n$$

- **Verificação da seção com furos**

$\phi_t = 0,75; \quad N_n = A_e \ f_u$

Área do furo = d't

d' = 13 + 3,5 mm ≅ 17 mm

Área do furo = 1,7 × 0,635 ≅ 1,08 cm²

$A_n = A_g$ – Área do furo = 6,06 – 1,08 = 4,98 cm²

$C_t = 0,75$

$A_e = C_t \ A_n = 0,75 \times 4,98 = 3,73 \text{ cm}^2$

$\underline{\phi_t \ N_n} = 0,75 \times (3,73 \times 10^{-4}) \times (400 \times 10^6) = 111.900 \, N$

em uma cantoneira

$$\frac{N_d}{2} = \frac{78.386}{2} = 31.193 \ N < 111.900 \ N$$

Portanto, a ligação típica dessas barras é apresentado na Fig. 12.36

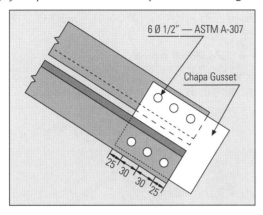

Figura 12.36

Barras: EN   IP
        FO   HO

2 **L** 31,75 × 2,86 kg/m (Fig. 12.31)

$N_d = \gamma \ N = 1,4 \times 35.690 = 49.966$ N
Adotados parafusos ASTM A307: ϕ = ½" = 13 mm.

- Disposições construtivas dos parafusos

    Distâncias (Fig. 12.37)

    ○ entre parafusos: $3d = 3,13 = 26$ mm, adotada 30 mm
    ○ parafusos à borda: (NB 14 - Tabela 18): 22 mm, adotada 25 mm.
    ○ parafusos à aba: $d = 13$ mm, adotada 15 mm para poder encaixar a cabeça do parafuso.

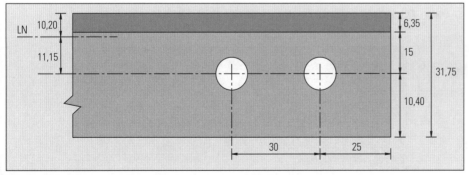

Figura 12.37

- Cisalhamento nos parafusos

    Número de parafusos $\rightarrow n = \dfrac{N_d/2}{\phi_v \ R_{n_v}} = \dfrac{\dfrac{49.966}{2}}{13.744} \cong 2$ parafusos

- Pressão de contato

    2 parafusos $\rightarrow n \ \phi \ R_n = 2 \times 44.577 = 89.154$ N

    $\dfrac{N_d}{2} = \dfrac{49.966}{2} = 24.983 \ N < n \ \phi \ R_n$

- Verificação da seção com furos

$A_n = A_g -$ Área do furo $= 3{,}62 - 1{,}08 = 2{,}54$ cm^2
$C_t = 0{,}75$
$A_e = C_t A_n = 0{,}75 \times 1{,}58 = 1{,}90$ cm^2
$\phi_t N_n = 0{,}75 \times (1{,}90 \times 10^{-4}) \times (400 \times 10^6) = 57.000$ N
com uma cantoneira

$$\frac{N_d}{2} = \frac{49.966}{2} = 24.983 \text{ N} < \phi_t N_n$$

A ligação típica dessas barras é apresentada na Fig. 12.38

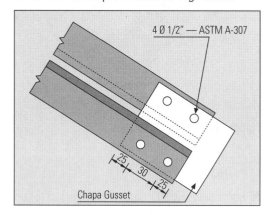

Figura 12.38

- **Montantes**

  Barras: AC   BK
           DL   JR
           EM   IQ

  $N_d = \gamma N = 1{,}4 \times 30.000 = 42.000$ N

  2 **L** 50,80 × 4,74 kg/m, (Fig. 12.30)

  Adotados parafusos ASTM A307: $d = \frac{1}{2}" = 13$ mm

  - Disposição construtiva dos parafusos (Fig. 12.39)

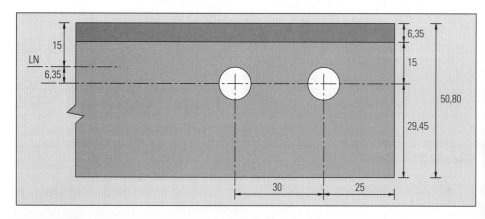

Figura 12.39

- Distâncias

  ○ entre parafusos: $3d = 3{,}13 = 26$ mm, adotada 30 mm.
  ○ parafusos à borda: (NB 14 - Tabela 18): 22 mm, adotada 25 mm.
  ○ parafusos à aba: $d = 13$ mm, adotada 15 mm para poder encaixar a cabeça do parafuso.

Capítulo 12 — Projeto de uma cobertura em Shed

- Cisalhamento nos parafusos

$$\text{Número de parafusos} \rightarrow n = \frac{N_d/2}{\phi_v\, R_{n_v}} = \frac{\frac{42.000}{2}}{13.744} \cong 2 \text{ parafusos}$$

- Pressão de contato

2 parafusos $\rightarrow n\, \phi\, R_n = 2 \times 44.577 = 89.154$ N

$$\frac{N_d}{2} = \frac{42.000}{2} = 21.000 \text{ N} < n\phi\, R_n$$

- Verificação da seção com furos

$$\frac{N_d}{2} = \frac{42.000}{2} = 21.000 \text{ N} < \phi_t\, N_n = 111.900 \text{ N}$$

Portanto, a ligação típica dessas barras é apresentada na Fig. 12.40.

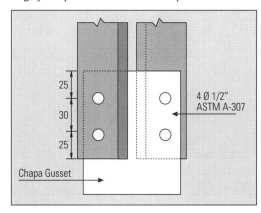

Figura 12.40

Barras: FN   HP
       GO

$N_d = \gamma\, N = 1,4 \times 8.000 = 11.200$ N

2 **L** 31,75 × 2,86 kg/m, (Fig. 12.31)

Adotados parafusos ASTM A307: $d = \frac{1}{2}" = 13$ mm.

- Disposição construtiva dos parafusos (Fig. 12.41)

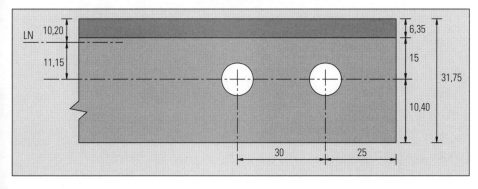

Figura 12.41

- Distâncias

  ○ entre parafusos: $3d = 3,13 = 26$ mm, adotada 30 mm.
  ○ parafusos à borda: (NB 14 - Tabela 18): 22 mm, adotada 25 mm.
  ○ parafusos à aba: $d = 13$mm, adotada 15 mm para poder encaixar a cabeça do parafuso.

- Cisalhamento nos parafusos

Número de parafusos → $n = \dfrac{N_d/2}{\phi_v R_{n_v}} = \dfrac{\dfrac{11.200}{2}}{13.744} \cong 1$ parafuso

Adotados 2 parafusos

- Pressão de contato

$\dfrac{N_d}{2} = \dfrac{11.200}{2} = 5.600 \text{ N} < n\phi\, R_n = 89.154 \text{ N}$

- Verificação da seção com furos

$\dfrac{N_d}{2} = \dfrac{11.200}{2} = 5.600 \text{ N} < \phi_t\, N_n = 57.000 \text{ N}$

Portanto a ligação típica dessas barras é apresentada na Fig. 12.42.

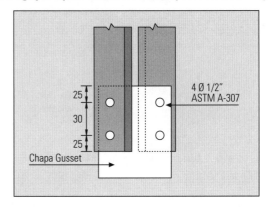

Figura 12.42

12.6 — Contraventamento das vigas mestras

Devemos contraventar o banzo superior no plano da cobertura. Deve-se constituir uma viga de contraventamento formada pelo banzo superior da viga mestra, uma linha de terças reforçadas, vigas trave e diagonais cruzadas (Fig. 12.43).

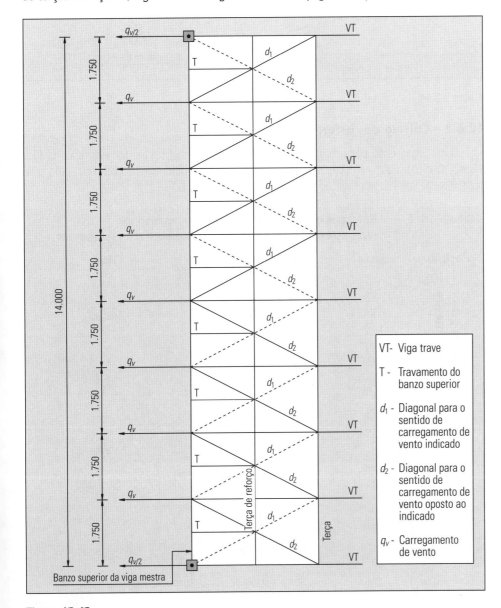

Figura 12.43

12.6.1 – Carregamento atuante no contraventamento

Conforme a Fig. 12.3, tem-se:

$$q_v = 0{,}70 \text{ kN/m}^2 = 700 \text{ N/m}^2$$

$$q_v = 700 \left(\frac{1{,}35}{2} \times 1{,}75 \right) \cong 850 \text{ N}$$

suas projeções serão:

$$q_{v_1} = q_v \cos 15° \cong 822 \text{ N}$$
$$q_{v_2} = q_v \operatorname{sen} 15° \cong 220 \text{ N}$$

A vista lateral da estrutura sujeita ao carregamento de vento é apresentada na Figura 12.44.

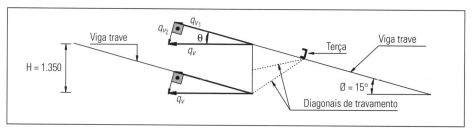

Figura 12.44

12.6.2 – Cálculo dos esforços nas barras

O carregamento para dimensionamento das diagonais (d_1) é apresentado na Fig. 12.45. O cálculo dos esforços nas barras pode ser feito pelo método dos nós, pelo qual obtem-se os valores apresentados na Tabela 12.7.

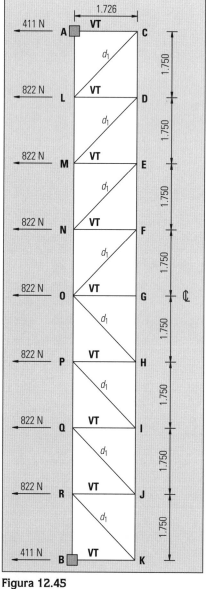

Figura 12.45

Tabela 12.7 —	Esforços nas barras para o carregamento de dimensionamento de contraventamento da viga mestra		
Posição	**Barra**	**Esforço (N)**	**Tipo**
Banzo superior da viga mestra	AL / BR	0	—
	LM / QR	2.800	Tração
	MN / PQ	4.900	Tração
	NO / OP	6.100	Tração
Terça	CD / JK	– 2.800	—
	DE / IJ	– 4.900	Compressão
	EF / HI	– 6.100	Compressão
	FG / GH	– 6.500	Compressão
Viga trave	AC / BK	– 2.800	Compressão
	DL / JR	– 2.000	Compressão
	EM / IQ	– 1.200	Compressão
	FN / HP	– 400	Compressão
	GO	0	—
Diagonal	CL / KR	4.000	Tração
	DM / JQ	2.800	Tração
	EN / IP	1.700	Tração
	FO / HO	600	Tração

$R_A = R_B = 3.288$ N↑

12.6.3 – Dimensionamento das barras de contraventamento

No caso do banzo superior da viga mestra, terças e vigas trave, os esforços normais resultantes são de segunda ordem. Serão dimensionadas as diagonais de contraventamento.

$L = 2.458$ mm

$N_d = 1,4 \times 4.000 = 5.600$ N

adotada

$L = 101,6 \times 9,81$ kg/m (Fig. 12.25)

$$\lambda = \frac{kL}{r_{mín}} = \frac{1,0 \times 245,8}{2,00} = 122,9 < \lambda_{máx} = 200$$

$N_n = A_g f_y; \quad \phi_t = 0,9$

$\phi_t N_n = 0,9 \times (7,67 \times 10^{-4}) \times (250 \times 10^6) = 172.575$ N $> N_d$

Para a ligação serão adotados parafusos:

ASTM A307: $d = 5/8" \cong 15$ mm

- Disposição construtiva dos parafusos (Fig. 12.46)

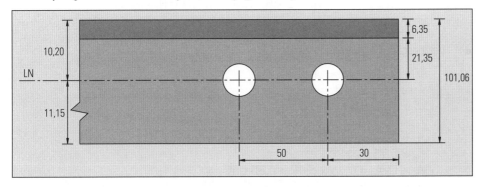

Figura 12.46

Distâncias

- entre parafusos: $3d = 3 \times 15 = 45$ mm, adotado 50 mm
- parafuso à borda: (NB14 - Tabela 18): 29 mm, adotado 30 mm
- parafuso à aba: $d = 15$ mm, adotado 21,35 mm, para poder encaixar a cabeça do parafuso e coincidir a linha de furação com a projeção da linha neutra da cantoneira.

- Cisalhamento nos parafusos

$\phi_v = 0,6; \quad A_e = 0,7\ A_p; \quad f_u = 415$ MPa

$R_{n_v} = A_e \tau_u; \quad \tau_u = 0,6\ f_u; \quad A_p = \dfrac{\pi d^2}{4}$

$A_p = \dfrac{\pi}{4} \times 1,5^2 = 1,76$ cm^2

$A_e = 0,7 \times 1,76 = 11,23$ cm^2

$\phi_v R_{n_v} = 0,6 \times (1,23 \times 10^{-4}) \times (0,6 \times 415 \times 10^6) = 18.376$ N

Número de parafusos $\rightarrow n = \dfrac{N_d}{\phi_v R_{n_v}} = \dfrac{5.600}{18.376} \cong 1$ parafuso | serão adotados 2 parafusos

- Pressão de contato

  $\phi = 0{,}75; \quad R_n = \alpha\, A_b\, f_u; \quad A_b = td$

  - Entre dois furos consecutivos

    $$\alpha_s = \left(\frac{s}{d}\right) - n_1 \leq 3{,}0$$

    $$\alpha_s = \left(\frac{50}{15}\right) - 0{,}5 = 2{,}83$$

  - Entre furo e borda

    $$\alpha_e = \left(\frac{e}{d}\right) - n_2 \leq 3{,}0$$

    $$\alpha_e = \left(\frac{30}{15}\right) - 0 = 2{,}0$$

  Portanto: $\alpha = 2{,}00$

  $\phi R_n = 0{,}75 \times 2{,}00 \times (0{,}635 \times 1{,}5 \times 10^{-4}) \times (400 \times 10^6)$
  $\phi R_n = 57.150$ N
  2 parafusos → $n\, \phi\, R_n = 2 \times 57.150 = 114.300$ N $> N_d$

- Verificação da seção com furos

  $\phi_t = 0{,}75; \quad N_n = A_e f_u$
  Área do furo = $d'\, t$
  $d' = 15 + 3{,}5$ mm $\cong 19$ mm
  Área do furo = $19 \times 0{,}635 = 1{,}20$ cm^2
  $A_n = A_g$ — Área do furo = $7{,}67 - 1{,}20 = 6{,}47$ cm^2
  $C_e = 0{,}75$
  $A_e = C_e A_n = 0{,}75 \times 6{,}47 = 4{,}85$ cm^2
  $\phi_t N_n = 0{,}75 \times (4{,}85 \times 10^{-4}) \times (400 \times 10^6) = 145.500$ N $> N_d$

Portanto, a ligação típica dessa diagonal de contraventamento é apresentada na Fig. 12.47.

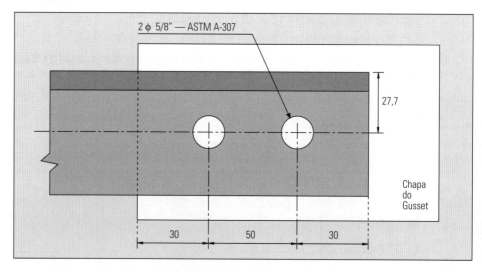

Figura 12.47

As diagonais (d_2) e o travamento do banzo inferior (T) serão construtivamente feitas conforme as diagonais (d_1). Serão executadas diagonais entre a terça de reforço e os nós do banzo inferior, bem como entre essa terça e os montantes em sua parte média. Essas diagonais terão as mesmas dimensões de (d_1).

12.7 — Dimensionamento dos apoios das vigas mestras sobre os consoles dos pilares de concreto

As reações de apoio para os diversos carregamentos são apresentadas na Tabela 12.8.

Tabela 12.8 — Reforços de apoio na viga mestra	
Carregamento	Reação de apoio (N)
PP + SC + Talha	37.300 ↑
PP + Vento	32.000 ↓
Vento na Viga-mestra	6.576 →

12.7.1 – Cálculo da placa de base

Serão adotados chumbadores com d = 19 mm. As dimensões de pré-dimensionamento são apresentadas na Fig. 12.48.

- Disposições construtivas
  - entre chumbadores: $3d = 3 \times 19 = 57$ mm < 200 mm
  - chumbador à borda: (NB14 - Tabela 18) = 32 mm < 50 mm

- Pressão da placa de base no concreto do console

$f_{ck} = 20$ MPa $= 2,0$ kN/cm²
$N_d = \gamma\, N = 1,4 \times 37.300 = 52.220$ N

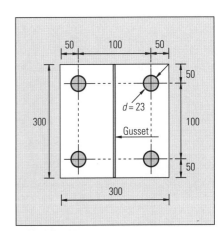

Figura 12.48

- Pressão de cálculo da placa de base:

$$P = \frac{N_d}{\text{Área da placa}} = \frac{52.220}{30 \times 30} = 58 \text{ N/cm}^2 = 0,058 \text{ kN/cm}^2$$

- Resistência de cálculo do concreto sob a placa (NB-14 item 7.6.1.4)

$$R_n = 0,7\, f_{ck} \sqrt{\frac{A_2}{A_1}} \leq 1,40\, f_{ck}; \quad \phi = 0,7$$

A_2 = Área efetiva da superfície de concreto = $30 \times 30 = 900$ cm²
  └── será considerada a dimensão do console

A_1 = Área da chapa de aço = $30 \times 30 = 900$ cm²

$$R_n = 0,7 \times 2,0 \times \sqrt{\frac{900}{900}} = 1,4 \text{ kN/cm}^2 < 1,4 \times 2,0 = 2,8 \text{ kN/cm}^2$$

$\phi\, R_n = 0,7 \times 1,4 = 0,98$ kN/cm² $> P = 0,058$ kN/cm²

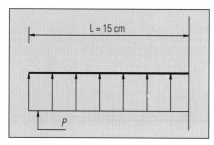

Figura 12.49

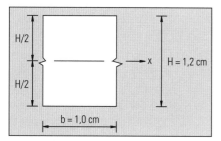

Figura 12.50

- Flexão da placa de base devido à compressão do contraventamento

  Será adotada uma faixa com 1 cm de largura (Fig. 12.49)

  $$M_{d_{máx}} = \frac{PL^2}{2}$$

  $$M_{d_{máx}} = \frac{(0,058 \times 1) \times (15)^2}{2} \cong 6,53 \text{ kNcm/cm}$$

  Será adotada a espessura de 12 mm para a placa de base (Fig. 12.50)

  $M_n = Z f_y \leq 1,25\ W\ f_y;\quad f_y = 250 \text{ MPa} = 25 \text{ kN/cm}^2;\quad \phi = 0,9$

  $$Z = 2\left[\left(\frac{H}{2} \times b\right)\frac{H/2}{2}\right] = \frac{H^2 \times b}{4}$$

  $$W = \frac{I}{H/2} = \frac{bH^3/12}{H/2} = \frac{H^2 \times b}{6}$$

  portanto:

  $$M_n = \frac{1,2^2 \times 1}{4} \times 25 = 9 \text{ kNcm/cm} < 1,25 \times \left(\frac{1,2^2 \times 1}{6}\right) \times 25 = 7,50 \text{ kNcm/cm}$$

  Então:
  $M_n = 7,5$ kNcm/cm
  $\phi M_n = 0,9 \times 7,5 = 6,75$ kNcm/cm $> M_d = 6,53$ kNcm/cm

- Verificação dos chumbadores

  $d = 19$ mm
  $f_y = 250$ MPa
  $f_u = 400$ MPa

  - Resistência de cálculo na seção bruta

    $\phi_t N_n = \phi_t A_g f_y;\quad \phi_t = 0,9$

    $A_g = \dfrac{\pi d^2}{4} = \dfrac{\pi \times 1,9^2}{4} = 2,83$ cm^2

    $\phi_t N_n = 9,9 \times (2,83 \times 10^{-4}) \times (250 \times 10^6) = 63.675$ N

  - Resistência de cálculo na seção rosqueada

    $\phi_t R_{n_t} = \phi_t 0,75\ A_p f_u;\quad \phi_t = 0,65$

    $\phi_t R_{n_t} = 0,65 \times (0,75 \times 2,83 \times 10^{-4}) \times (400 \times 10^6) = 55.185$ N

    $T_d = \gamma\ N = 1,4 \times 32.000 = 44.800$ N

    Como são 4 chumbadores:

    $$\frac{T_d}{4} = 11.200 \text{ N} < \phi_t R_{n_t}$$

    O comprimento do chumbador é função de sua aderência ao concreto.

- Verificação do esmagamento da chapa de Gusset na placa de base

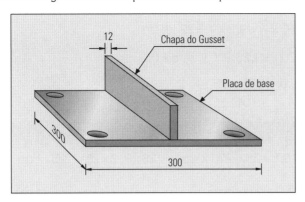

Figura 12.51

A Fig. 12.51 indica a posição da chapa de Gusset em relação à placa de base.

$\phi R_n = \phi \alpha A_b f_y;$ $\phi = 0{,}75;$ $\alpha = 3{,}00$
$\phi R_n = 0{,}75 \times 3 \times (1{,}2 \times 30 \times 10^{-4}) \times (400 \times 10^6) = 3.240.000$ N
$N_d = \gamma N = 1{,}4 \times 37.300 = 52.220$ N $< \phi R_n$

- Dimensionamento da barra de cisalhamento

$H_d = \gamma H = 1{,}4 \times 6.576 = 9.206$ N $= 9{,}2$ kN

A barra de cisalhamento é apresentada na Fig. 12.52.

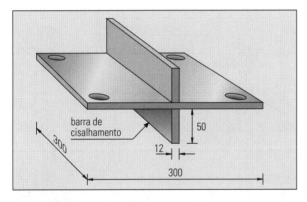

Figura 12.52

- Pressão de cálculo da barra sobre o concreto do console:

$$P_d = \frac{H_d}{A} = \frac{9{,}2}{30 \times 5} = 0{,}061 \text{ kN/cm}^2$$

$$R_n = 0{,}7\, f_{ck} \sqrt{\frac{A_2}{A_1}};\quad \phi = 0{,}7$$

$$\phi R_n = 0{,}7 \times 2{,}0 \times \sqrt{\frac{30 \times 5}{30 \times 5}} = 0{,}98 \text{ kN/cm}^2 > P_d$$

- Cisalhamento da barra:

$$F_v = \frac{9{,}2}{1{,}2 \times 30} = 0{,}26 \text{ kN/cm}^2$$

$\phi_v\, 0{,}6\, f_y = 0{,}9 \times (0{,}6 \times 25) = 13{,}5$ kN/cm² $> F_v$

- Resistência à flexão da barra de cisalhamento

$$M_d = H_d \times \frac{5}{2} = 9,2 \times \frac{5}{2} = 23 \text{ kN cm}$$

$$M_n = Z\, f_y \leq 1,25 W\, f_y; \quad \phi = 0,9$$

$$Z = \frac{H^2 b}{4} = \frac{1,2^2 \times 30}{4} = 10,8 \text{ cm}^3$$

$$W = \frac{H^2 b}{6} = \frac{1,2^2 \times 30}{6} = 7,2 \text{ cm}^3$$

$$M_n = 10,8 \times 25 = 270 \text{ kNcm} < 1,25 \times 7,2 \times 25 = 225 \text{ kNcm}$$

então: $M_n = 225$ kNcm

$\phi\, M_n = 0,9 \times 225 = 202,5$ kNcm $> M_d = 23$ kNcm

12.8 — Dimensionamento das calhas

Para o dimensionamento de calhas e condutores, iremos utilizar o apêndice sobre águas pluviais (apêndice C).

$$\text{Área de telhado} = 5,178 \times \frac{14,00}{2} \cong 36 \text{ m}^2$$

As calhas terão caimento para os dois lados, conforme apresentado na Fig. 12.53

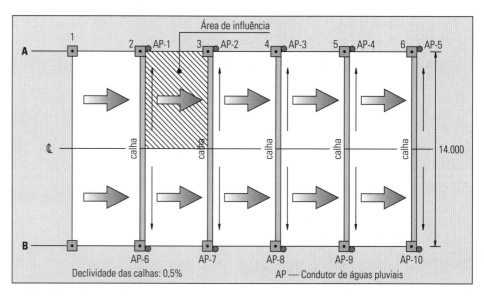

Figura 12.53

Para a cidade de São Paulo, será adotada a precipitação de 150 mm/h × m²

Calha retangular: $B = 10$ cm × $h = 5$ cm (Fig. 12.54)
Queda total: $0,5 \times 7,0 = 3,5$ cm
Área de telhado coberta: 65 m² > 36 m²
Condutores verticais → $d = 50$ mm

Pode-se adotar as calhas com quedas apenas para um lado, conforme a Fig.12.55.

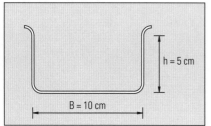

Figura 12.54

Neste caso tem-se:

Área do telhado: $5,178 \times 14,00 \cong 73$ m²
Calha retangular: $B = 15$ cm × = 7,5 cm (Fig. 12.56)

Queda total da calha: 0,5 × 14 = 7,0 cm

Área de telhado coberta: 193 m² > 73 m²
Condutores verticais → d = 75 mm

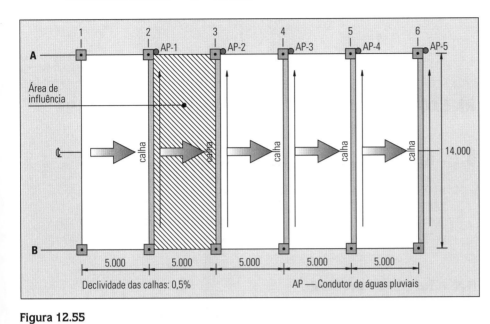

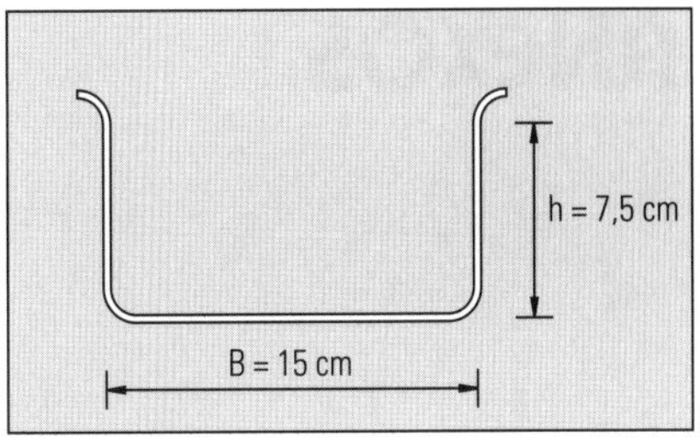

Figura 12.56

Figura 12.55

ANEXOS

ANEXO A — EXEMPLO DE DIMENSIONAMENTO DE TERÇAS

A.1 – Ações atuantes nas telhas da cobertura (Fig. A.1)

peso próprio (PP) -   40 N/m²
sobrecarga (SC) -   250 N/m² (Valor em projeção horizontal)
Vento (sucção) -   −1.500 N/m² (Este valor deverá ser verificado pela Norma de Vento)
Vento (pressão) -   150 N/m² (Este valor deverá ser verificado pela Norma de Vento)

A.2 – Terças e correntes

Terças (pp) -   6 L N/m² (Este valor deverá ser verificado após o dimensionamento; L = vão)
Correntes (pp) -   3 a 5 N/m² (O valor adotado deverá ser verificado após o dimensionamento)

A.3 – Carregamentos

Vão das Terças - L = 6,00 m
Distância entre Terças - 2,50 m

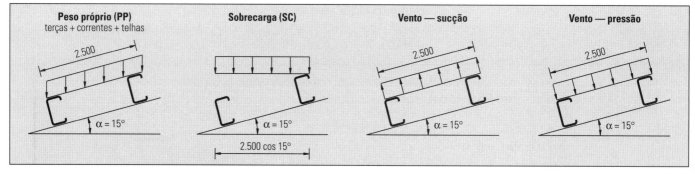

Figura A.1

A.4 – Cargas atuantes

Terças - 6 × 6 =   36 N/m²
Tirantes   4 N/m²
                   ―――――――
                   40 N/m²

(Terças + Tirantes) → 40 × 2,5 = 100 N/m
(Telhas) → 40 × 2,5 = 100 N/m
                      ―――――――――
(PP) = 200 N/m

- (SC) = 250 × (2,5 cos 15°)   = 604 N/m
- (Vento - Sucção) = −1500 × 2,5 = −3.750 N/m
- (Vento - Pressão) = 150 × 2,5   = 375 N/m

A.5 – Combinação das ações (Fig. A.2)

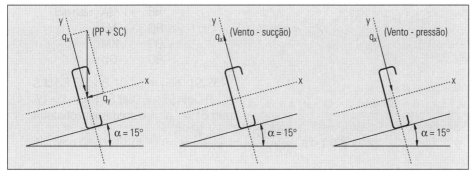

Figura A.2

$(PP + SC)$ | $q_x = (200 + 604)\cos 15° = 777$ N/m
$q_y = (200 + 604)\sen 15° = 208$ N/m

$(PP + \text{vento-sucção})$ | $q_x = 200 \cos 15° - 3.750 = -3557$ N/m
$q_y = 200 \sen 15° = 52$ N/m

$(PP + \text{vento-pressão})$ | $q_x = 200 \cos 15° + 375 = 570$ N/m
$q_y = 200 \sen 15° = 52$ N/m

- As terças serão consideradas biapoiadas nas vigas trave (Fig. A.3).
- As terças serão travadas lateralmente, no sentido XX, por um tirante de barra de aço redonda colocada no meio do vão (Fig. A.4).

$(PP + SC)$ | $M_x = 777 \times 6^2/8 = 3.497$ Nm
$M_y = 208 \times 3^2/8 = 234$ Nm

$(PP + \text{vento-sucção})$ | $M_x = 3.557 \times 6^2/8 = 16.006$ Nm
$My = 52 \times 3^2/8 = 59$ Nm

$(PP + \text{vento-pressão})$ | $M_x = 570 \times 6^2/8 = 2.565$ Nm
$M_y = 52 \times 3^2/8 = 59$ Nm

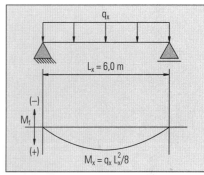

Figura A.3

A.6 — Perfil da terça

A.6.1 – Pré-dimensionamento

$$\frac{L}{40} \leq \text{altura} \leq \frac{L}{60}$$

600/40 = 150 mm; 600/60 = 100 mm

Adotado: Perfil canal de chapa dobrada enrijecido nas abas (Fig. A.5). Não é previsto pela Norma NB-14 o dimensionamento de perfis de chapa dobrada. Será adotado, então, o método de tensões admissíveis, coberto pela Norma P-NB-143.

Peso = 7,6 kg/m — $W_x = 43,4$ cm^3 — $W_y = 11,1$ cm^3 — $I_x = 325,6$ cm^4

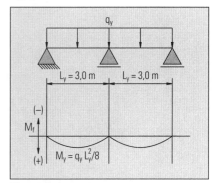

Figura A.4

A.6.2 – Verificação

$(PP + SC)$ | $fb_x = M_x/W_x = 349.700/43,4 = 8,1$ kN/cm^2
$fb_y = M_y/W_y = 23.400/11,1 = 2,1$ kN/cm^2

Aço 570 grau C → $f_y = 23$ kN/cm^2 → $0,6 f_y = 14$ kN/cm^2

$$\frac{fb_x}{0,6 f_y} + \frac{fb_y}{0,6 f_y} < 1,0$$

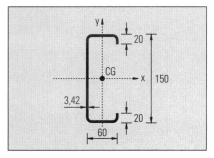

Figura A.5

$$8,1/14 + 2,1/14 = 10,2/14 = 0,72 < 1,0$$

(PP + vento-sucção) $\left| \begin{array}{l} fb_x = M_x/W_x = 1.600.600/43,4 = 36,88 \text{ kN/cm}^2 \\ fb_y = M_y/W_y = 5.900/11,1 = 0,53 \text{ kN/cm}^2 \end{array} \right.$

$$\frac{fb_x}{0,6\,f_y} + \frac{fb_y}{0,6\,f_y} < 1,33$$

$$36,88/14 + 0,53/14 = 37,41/14 = 2,67 >> 1,33 \text{ Não passa!}$$

Soluções: | - Trocar o perfil (aumentar a altura do perfil)
| - Diminuir o espaçamento entre as terças

Adotado: - **U** 250 × 85 × 25 × 2,65 - 9,32 kg/m

            - $W_x = 89 \text{ cm}^3$; $W_y = 18,4 \text{ cm}^3$; $I_x = 1.118 \text{ cm}^4$.

            - $fb_x = M_x/W_x = 1.600.600/89 = 17,98 \text{ kN/cm}^2$
            - $fb_y = M_y/W_y = 5900/11,1 = 0,32 \text{ kN/cm}^2$

$$17,98/14 + 0,32/14 = 18,3/14 = 1,3 < 1,33 \text{ ok.}$$

(PP + vento-pressão) $\left| \begin{array}{l} fb_x = M_x/W_x = 256.500/89 = 0,35 \text{ kN/cm}^2 \\ fb_y = M_y/Wy = 5.900/11,1 = 0,32 \text{ kN/cm}^2 \end{array} \right.$

$$0,35/14 + 0,32/14 = 0,67/14 = 0,05 < 1,33 \text{ ok.}$$

A.6.3 – Verificação da Flecha

$$\delta_{adm} = L/180 = 6.000/180 = 33,33 \text{ mm}$$

$$\delta = \frac{5q\,L^4}{384\,EI} = \frac{5 \times 777 \times 6^4}{384 \times 205 \times 10^9 \times 1.118,3 \times 10^{-8}} = 0,0057 \text{ m}$$

$$\delta = 5,7 \text{ mm} \le \delta_{adm} = 33,33 \text{ mm}$$

A.6.4 – Verificação da estimativa inicial de peso da terça

Peso da Terça - 9,32 kg/m
Peso médio da terça na cobertura:

$$93,2 \text{ N/m} /2,5 \text{ m} = 37,28 \text{ N/m}^2 \cong 36 \text{ N/m}^2 \text{ (valor adotado) ok.}$$

* Caso o valor seja muito maior deve-se verificar novamente os cálculos.

A.6.5 – Verificação do Cisalhamento da Alma

$$\tau_{máx} = \frac{V}{(h - 2e)e}$$

Onde: e - espessura da alma
         h - altura da alma

$$\tau_{máx} = (355,7 \times 6/2) / [(25 - 2 \times 0,265) \times 0,265] = 164,6 \text{ kgf/cm}^2$$

$$\tau_{adm} = \frac{4.500.000}{\left(\dfrac{h-2e}{e}\right)^2} = \frac{4.500.000}{\left(\dfrac{25 - 2 \times 0,265}{0,265}\right)^2} = 528 \text{ kgf/cm}^2$$

(P-NB - 143 - pág. 27) $\Rightarrow \tau_{máx} < \tau_{adm}$

A.5 — Verificação dos tirantes (Fig. A.6)

Solicitação de cálculo:

- combinação crítica: (pp) × 1,3 + (sc) × 1,4

Componentes segundo o plano das terças:

(PP): (40 + 40) × sen 15° = 20,7 N/m^2
(SC): 250 × sen 15° = 64,7 N/m^2

$$q = 20{,}7 \times 1{,}3 + 64{,}7 \times 1{,}4 = 117{,}49 \text{ N/m}^2$$

Tirante T$_1$:

$$N_1 = 117{,}49 \times [3 \times (2 \times 2{,}50)] = 1.762 \text{ N}$$

Tirante T$_2$:

$$N_2 = \{117{,}49 \times [3 \times 7{,}5]/2\} \times (3{,}905/2{,}500) = 2064 \text{ N}$$

Resistência de cálculo na seção bruta:

Aço A-36 → $d = 12$ mm → $f_y = 250$ MPa; $f_u = 400$ MPa.
$\phi_t N_n = \phi_t A_g f_y = 0{,}9 \times [\pi \times (12 \times 10^{-3})^2/4] \times 250 \times 10^6$
$\phi_t N_n \cong 25{,}4$ kN > 2,064 kN ok.

Resistência de cálculo na seção rosqueada:

$$\phi_t R_{nt} = \phi_t A_e f_u = \phi_t\, 0{,}75\, A_p f_u$$

$$\phi_t R_{nt} = 0{,}65 \times 0{,}75 \times [\pi \times (12 \times 10^{-3})^2/4] \times 400 \times 10^6$$

$$\phi_t R_{nt} \cong 22 \text{ kN} > 2{,}064 \text{ kN ok!}$$

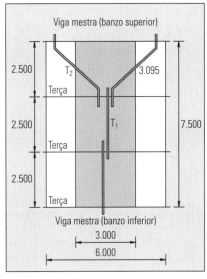

Figura A.6

ANEXO B — CONTRAVENTAMENTO DAS VIGAS MESTRAS EM SHED

Este contraventamento deve ser colocado ao longo das barras comprimidas, no plano da cobertura. Ele tem a função de limitar os comprimentos de flambagem dos banzos e absorver os esforços provenientes da ação do vento.

Deve-se constituir uma viga de travamento, formada pelo banzo superior da viga mestra, uma linha de terças reforçadas, vigas trave e diagonais cruzadas (Fig. B.1).

Para o carregamento de vento são consideradas somente as diagonais representadas com um traço contínuo. Se o sentido do carregamento de vento fosse invertido seriam consideradas somente as diagonais representadas com traço interrompido.

Fazer as peças de contraventamento (T, d_1 e d_2) em cantoneiras situadas abaixo do plano das terças (Fig. B.2).

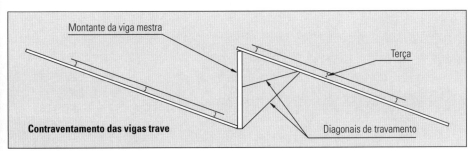

Figura B.2

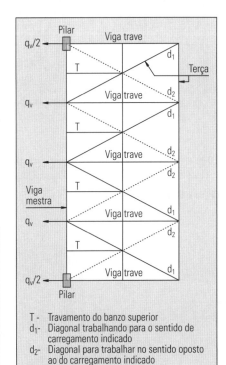

Figura B.1

Este contraventamento tem o objetivo de proporcionar estabilidade lateral para as vigas trave. Assim, tem-se uma viga treliçada composta pelas vigas trave, diagonais cruzadas e pelas terças. Os apoios e montantes de apoio dessas vigas de contraventamento são partes do banzo superior de uma viga mestra e banzo inferior de outra viga mestra. As outras vigas trave ficarão contraventadas por estarem ligadas com os pontos fixos do contraventamento através das terças.

Utilizar cantoneiras situadas abaixo do plano das terças. As Figs. B.3, B.4 e B.5 apresentam sistemas de contraventamento.

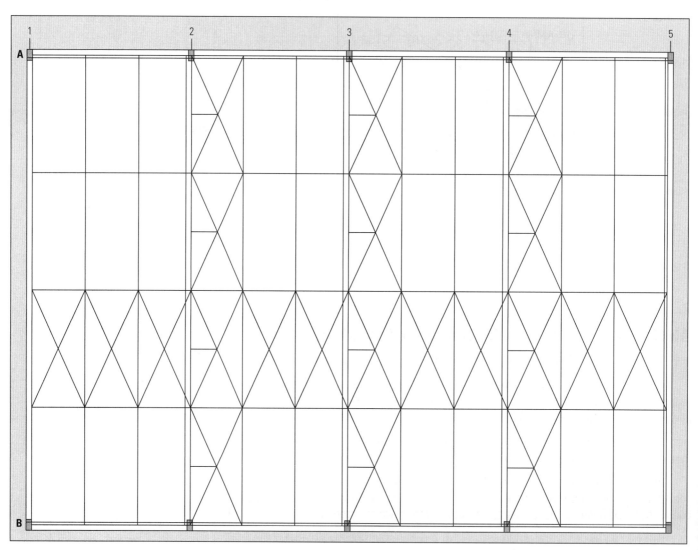

Figura B.3

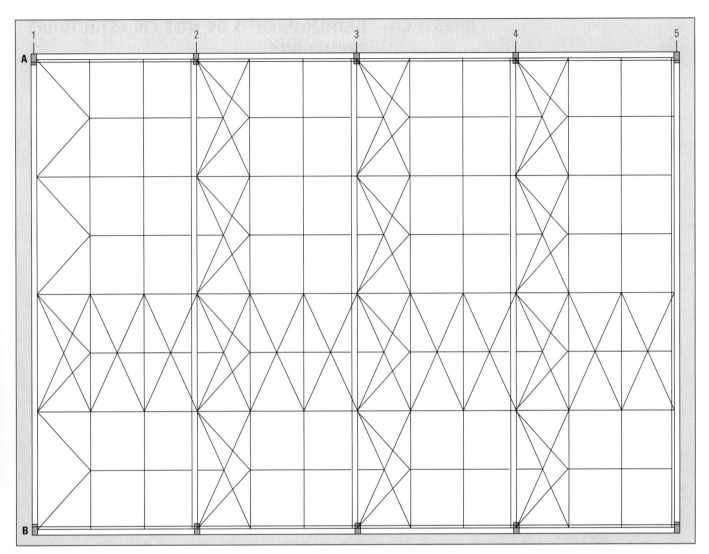

Figura B.4 — Planta baixa

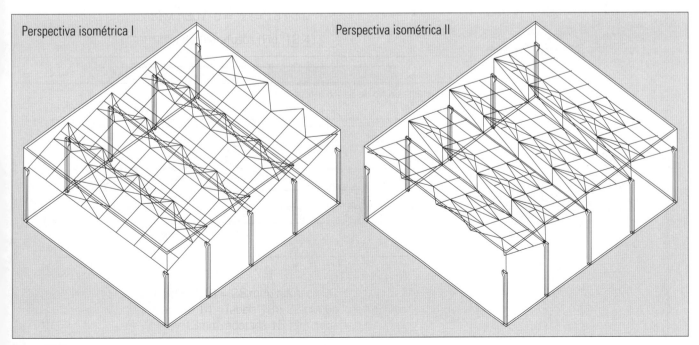

Figura B.5

ANEXO C — DETALHAMENTO DE NÓS EM ESTRUTURAS TRELIÇADAS

Fazer coincidir nos nós as linhas neutras de cada barra.

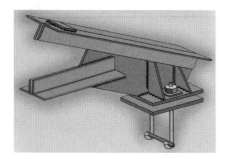

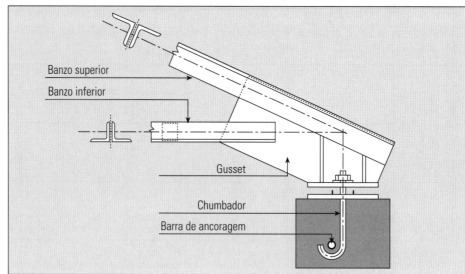

C.1 — Detalhe de Apoio de Tesoura

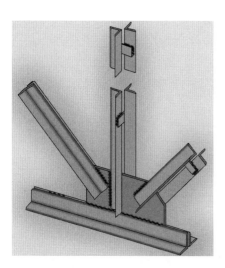

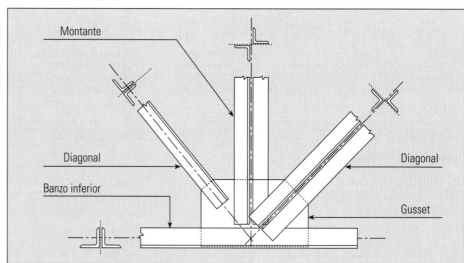

C.2 — Detalhe de Nó de Banzo Inferior

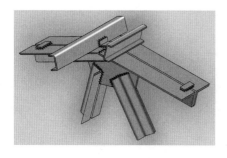

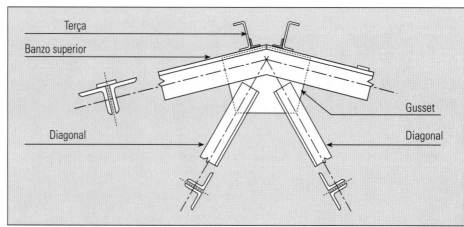

C.3 — Detalhe de Nó de Cumeeira

Anexos

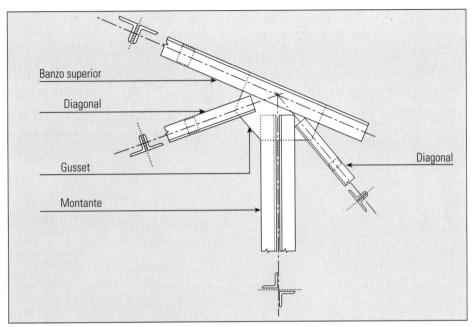
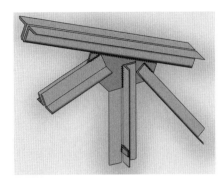

C.4 — Detalhe de Nó de Banzo Superior

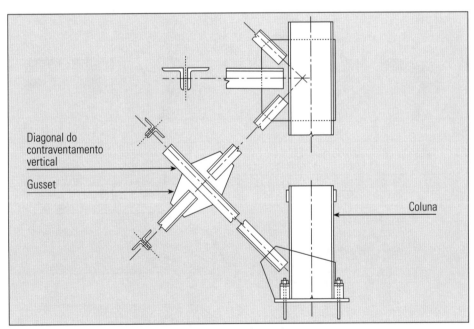
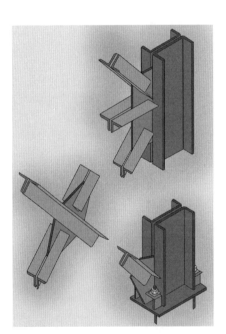

C.5 — Detalhe do contraventamento vertical nas colunas de aço

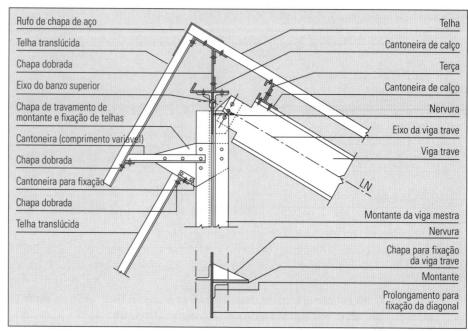

C.6 — Detalhe de ligação superior na viga mestra

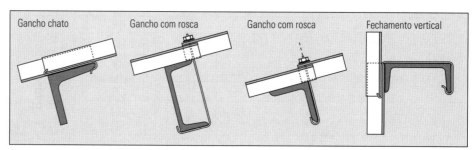

C.7 — Detalhes de fixação de ganchos

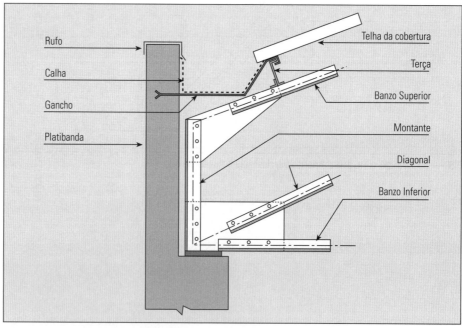

C.8 — Detalhe de colocação de calhas com platibanda

ANEXO D — TELHA DE AÇO

Telhas de aço zincado. Sobrecargas admissíveis, considerando a flecha e 2 apoios

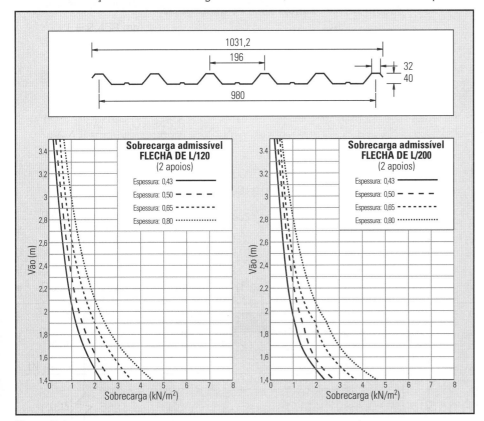

Figura D.1

Espessura (mm)	Peso (N/m²)
0,43	42,1
0,50	48,9
0,65	63,6
0,80	78,3

Telha sanduíche com lã de vidro

(Lã de vidro: peso 120 N/m³ e espessura de 50 mm)

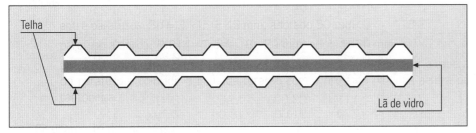

Figura D.2

ANEXO E — PERFIS LAMINADOS

Cantoneiras de abas iguais
Cantoneiras dupla de abas iguais
Perfil C
Perfil I
Perfil T
Barra chata
Barra redonda
Barra quadrada

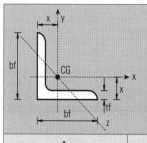

Tabela E.1 — Cantoneiras de abas iguais
Propriedades para dimensionamento

b_f		P	A	t_f		$I_x = I_y$	$W_x = W_y$	$r_x = r_y$	$r_{z\,min}$	x
pol	cm	kg/m	cm²	pol	cm	cm⁴	cm³	cm	cm	cm
1/2"	1,270	0,55	0,70	1/8"	0,317	0,10	0,11	0,37	0,25	0,43
5/8"	1,588	0,71	0,90	1/8"	0,317	0,20	0,19	0,47	0,32	0,51
3/4"	1,905	0,87	1,11	1/8"	0,317	0,36	0,27	0,57	0,38	0,59
7/8"	2,220	1,04	1,32	1/8"	0,317	0,58	0,38	0,66	0,46	0,66
		1,49	1,90	3/16"	0,476	0,79	0,54	0,66	0,48	0,74
1"	2,540	1,19	1,48	1/8"	0,317	0,83	0,49	0,79	0,48	0,76
		1,73	2,19	3/16"	0,476	1,25	0,66	0,76	0,48	0,81
		2,22	2,84	1/4"	0,635	1,66	0,98	0,76	0,48	0,86
1 1/4"	3,175	1,50	1,93	1/8"	0,317	1,67	0,82	0,97	0,64	0,89
		2,20	2,77	3/16"	0,476	2,50	1,15	0,97	0,61	0,97
		2,86	3,62	1/4"	0,635	3,33	1,47	0,94	0,61	1,02
1 1/2"	3,810	1,83	2,32	1/8"	0,317	3,33	1,15	1,17	0,76	1,07
		2,68	3,42	3/16"	0,476	4,58	1,64	1,17	0,74	1,12
		3,48	4,45	1/4"	0,635	5,83	2,13	1,15	0,74	1,19
1 3/4"	4,445	2,14	2,71	1/8"	0,317	5,41	1,64	1,40	0,89	1,22
		3,15	4,00	3/16"	0,476	7,50	2,30	1,37	0,89	1,30
		4,12	5,22	1/4"	0,635	9,57	3,13	1,35	0,86	1,35
		5,04	6,45	5/16"	0,794	11,20	3,77	1,32	0,86	1,41
2"	5,080	2,46	3,10	1/8"	0,317	7,91	2,13	1,60	1,02	1,40
		3,63	4,58	3/16"	0,476	11,70	3,13	1,58	1,02	1,45
		4,74	6,06	1/4"	0,635	14,60	4,10	1,55	0,99	1,50
		5,83	7,42	5/16"	0,794	17,50	4,91	1,53	0,99	1,55
		6,99	8,76	3/8"	0,952	20,00	5,73	1,50	0,99	1,63
2 1/2"	6,350	4,57	5,80	3/16"	0,476	23,00	4,91	1,98	1,24	1,75
		6,10	7,67	1/4"	0,635	29,00	6,40	1,96	1,24	1,83
		7,44	9,48	5/16"	0,794	35,00	7,87	1,93	1,24	1,88
		8,78	11,16	3/8"	0,952	41,00	9,35	1,91	1,22	1,93
3"	7,620	5,52	7,03	3/16"	0,476	40,00	7,21	2,39	1,50	2,08
		7,29	9,29	1/4"	0,635	50,00	9,50	2,36	1,50	2,13
		9,07	11,48	5/16"	0,794	62,00	11,60	2,34	1,50	2,21
		10,71	13,61	3/8"	0,952	75,00	13,60	2,31	1,47	2,26
		12,34	15,67	7/16"	1,111	83,00	15,60	2,31	1,47	2,31
		14,00	17,74	1/2"	1,270	91,00	18,00	2,29	1,47	2,36
4"	10,160	9,81	12,51	1/4"	0,635	125,00	16,40	3,17	2,00	2,77
		12,19	15,48	5/16"	0,794	154,00	21,30	3,15	2,00	2,84
		14,57	18,45	3/8"	0,952	183,00	24,60	3,12	2,00	2,90
		16,80	21,35	7/16"	1,111	208,00	29,50	3,12	1,98	2,95
		19,03	24,19	1/2"	1,270	233,00	32,80	3,10	1,98	3,00
		21,26	26,96	9/16"	1,429	254,00	36,10	3,07	1,98	3,07
		23,35	29,73	5/8"	1,588	279,00	39,40	3,05	1,96	3,12
5"	12,700	18,30	23,29	3/8"	0,952	362,00	39,50	3,94	2,51	3,53
		24,10	30,64	1/2"	1,270	470,00	52,50	3,91	2,49	3,63
		29,80	37,8	5/8"	1,588	566,00	64,00	3,86	2,46	3,76
		35,10	44,76	3/4"	1,905	653,00	73,80	3,81	2,46	3,86
6"	15,240	22,22	28,12	3/8"	0,952	641,00	57,40	4,78	3,02	4,17
		29,20	37,09	1/2"	1,270	828,00	75,40	4,72	3,00	4,27
		36,00	45,86	5/8"	1,588	1.007,00	93,50	4,67	2,97	4,39
		42,70	54,44	3/4"	1,905	1.173,00	109,90	4,65	2,97	4,52
		49,30	62,76	7/8"	2,222	1.327,00	124,60	4,60	2,97	4,62

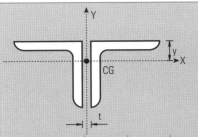

Tabela E.2 — Cantoneira dupla de abas iguais
Propriedades para dimensionamento

b_f		P	A	t_f	Eixo X-X				Raio de giração em relação ao eixo Y-Y - cm						
					I	W	r	y				t			
pol	cm	kg/m	cm²	pol	cm⁴	cm³	cm	cm	0	1/8"	3/16"	1/4"	5/16"	3/8"	1/2"
1/2"	1,27	1,10	1,40	1/8"	0,20	0,22	0,37	0,43	0,57	0,70	0,77	0,84	0,91	0,98	1,13
5/8"	1,58	1,42	1,80	1/8"	0,40	0,38	0,47	0,51	0,69	0,82	0,88	0,95	1,02	1,09	1,24
3/4"	1,905	1,74	2,22	1/8"	0,72	0,54	0,57	0,59	0,82	0,94	1,00	1,07	1,14	1,21	1,35
7/8"	2,223	2,08	2,64	1/8"	1,16	0,76	0,66	0,66	0,94	1,05	1,12	1,18	1,25	1,32	1,45
		2,98	3,80	3/16"	1,58	1,08	0,66	0,74	0,98	1,11	1,17	1,24	1,31	1,38	1,52
1"	2,54	2,38	2,96	1/8"	1,79	1,02	0,79	0,75	1,07	1,20	1,26	1,32	1,39	1,45	1,59
		3,46	4,38	3/16"	2,50	1,44	0,76	0,81	1,11	1,23	1,29	1,36	1,42	1,49	1,63
		4,44	5,68	1/4"	3,32	1,96	0,76	0,86	1,15	1,27	1,34	1,40	1,47	1,54	1,68
1 1/4"	3,175	3,00	3,86	1/8"	3,66	1,62	0,97	0,89	1,33	1,45	1,51	1,57	1,63	1,69	1,83
		4,40	5,54	3/16"	5,12	2,33	0,97	0,7	1,37	1,48	1,54	1,61	1,67	1,74	1,87
		5,72	7,24	1/4"	6,37	2,97	0,94	1,02	1,39	1,51	1,57	1,63	1,70	1,77	1,190
1 1/2"	3,81	3,66	4,64	1/8"	6,49	2,36	1,17	1,07	1,59	1,71	1,76	1,82	1,88	1,95	2,08
		5,36	6,84	3/16"	9,16	3,41	1,17	1,12	1,62	1,73	1,79	1,85	1,92	1,98	2,11
		6,96	8,90	1/4"	11,53	4,39	1,15	1,19	1,64	1,76	1,82	1,88	1,94	2,01	2,14
1 3/4"	4,445	4,28	5,42	1/8"	10,45	3,24	1,40	1,22	1,85	1,96	2,02	2,08	2,14	2,20	2,33
		6,30	8,00	3/16"	14,90	4,72	1,37	1,30	1,87	1,98	2,04	2,10	2,16	2,22	2,35
		8,24	10,44	1/4"	18,90	6,10	1,35	1,35	1,90	2,01	2,07	2,13	2,20	2,27	2,39
		10,08	12,90	5/16"	22,60	7,50	1,32	1,41	1,93	2,05	2,11	2,18	2,24	2,30	2,44
2"	5,08	4,92	6,20	1/8"	15,82	4,26	1,60	1,40	2,12	2,23	2,29	2,35	2,40	2,46	2,59
		7,26	9,16	3/16"	23,40	6,26	1,58	1,45	2,16	2,27	2,32	2,38	2,44	2,50	2,63
		9,48	12,12	1/4"	29,20	8,20	1,55	1,50	2,16	2,27	2,33	2,39	2,45	2,51	2,64
		11,66	14,84	5/16"	35,00	9,82	1,53	1,55	2,18	2,30	2,36	2,42	2,48	2,54	2,67
		13,98	17,52	3/8"	140,00	11,46	1,50	1,62	2,22	2,34	2,39	2,46	2,52	2,58	2,71
pol	cm	kg/m	cm²	pol	cm⁴	cm³	cm	cm	0	1/4"	5/16"	3/8"	1/2"	5/8"	3/4"
2 1/2"	6,35	9,14	11,60	3/16"	46,00	9,82	1,98	1,75	2,65	2,87	2,93	2,98	3,10	3,23	3,36
		12,20	15,34	1/4"	58,00	12,80	1,96	1,83	2,67	2,90	2,96	3,02	3,14	3,27	3,39
		14,88	18,96	5/16"	70,00	15,74	1,93	1,88	2,69	2,92	2,98	3,04	3,16	3,29	3,42
		17,56	22,32	3/8"	82,00	18,70	1,91	1,93	2,72	2,95	3,01	3,08	3,20	3,33	3,46
3"	7,62	11,04	14,06	3/16"	80,00	14,42	2,39	2,08	3,16	3,38	3,44	3,50	3,61	3,73	3,85
		14,58	18,58	1/4"	100,00	19,00	2,36	2,13	3,15	3,37	3,43	3,49	3,61	3,73	3,86
		18,14	22,96	5/16"	124,00	23,20	2,34	2,21	3,21	3,43	3,49	3,55	3,67	3,80	3,92
		21,42	27,22	3/8"	150,00	27,20	2,31	2,26	3,26	3,49	3,55	3,61	3,73	3,85	3,98
		24,68	31,34	7/16"	166,00	31,20	2,31	2,31	3,26	3,49	3,55	3,61	3,74	3,86	3,99
		28,00	35,48	1/2"	182,00	36,00	2,29	2,36	3,27	3,51	3,57	3,63	3,75	3,86	4,01
4"	10,16	19,62	25,02	1/4"	250,00	32,80	3,17	2,77	4,20	4,42	4,47	4,53	4,65	4,76	4,88
		24,38	30,95	5/16"	308,00	42,60	3,15	2,84	4,24	4,40	4,52	4,58	4,69	4,81	4,93
		29,14	36,90	3/8"	366,00	49,20	3,12	2,90	4,28	4,50	4,56	4,62	4,73	4,85	4,98
		33,60	42,70	7/16"	416,00	59,00	3,12	2,95	4,29	4,52	4,58	4,63	4,75	4,87	5,00
		38,06	48,38	1/2"	466,00	65,60	3,10	3,00	4,32	4,54	4,60	4,66	4,78	4,90	5,03
		42,52	53,92	9/16"	508,00	72,20	3,07	3,07	4,34	4,57	4,63	4,69	4,81	4,93	5,06
		46,70	59,46	5/8"	558,00	78,80	3,05	3,12	4,37	4,60	4,66	4,72	4,85	4,97	5,10
5"	12,7	36,60	46,58	3/8"	724,00	79,00	3,94	3,53	5,29	5,51	5,56	5,62	5,74	5,85	5,97
		48,20	61,28	1/2"	940,00	105,00	3,91	3,63	5,34	5,56	5,62	5,67	5,79	5,91	6,03
		59,60	75,60	5/8'	1132,00	128,00	3,86	3,76	5,40	5,62	5,68	5,74	5,86	5,98	6,09
		70,20	89,52	3/4"	1306,00	147,60	3,81	3,86	5,43	5,66	5,72	5,78	5,90	6,02	6,14
6"	15,24	44,44	56,24	3/8"	1282,00	114,80	4,78	4,17	6,34	6,55	6,61	6,66	6,77	6,89	7,00
		58,40	74,18	1/2"	1656,00	150,80	4,72	4,27	6,37	6,59	6,64	6,70	6,81	6,93	7,04
		72,00	91,72	5/8"	2014,00	187,00	4,67	4,39	6,42	6,64	6,70	6,76	6,87	6,99	7,11
		85,40	108,88	3/4"	2346,00	219,80	4,65	4,52	6,48	6,70	6,76	6,82	6,94	7,06	7,18
		98,60	125,52	7/8"	2654,00	249,20	4,60	4,62	6,52	6,75	6,81	6,86	6,98	7,10	7,22

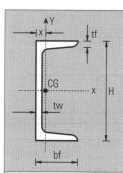

Tabela E.3 — Perfil C
Propriedades para dimensionamento

H		P	A	b_f	t_f	t_w	EIXO X-X			EIXO Y-Y			x	α
							I	W	r	I	W	r		
pol	cm	kg/m	cm²	cm	cm	cm	cm⁴	cm³	cm	cm⁴	cm³	cm	cm	-
3"	7,62	6,11	7,78	3,58	0,69	0,432	68,9	18,1	2,98	8,2	3,32	1,03	1,11	276
		7,44	9,48	3,80	0,69	0,655	77,2	20,3	2,85	10,3	3,82	1,04	1,11	293
		8,93	11,40	4,05	0,69	0,904	86,3	22,7	2,75	12,7	4,39	1,06	1,16	313
4"	10,16	7,95	10,10	4,01	0,75	0,457	159,5	31,4	3,97	13,1	4,61	1,14	1,16	252
		9,30	11,90	4,18	0,75	0,627	174,4	34,3	3,84	15,5	5,10	1,14	1,15	260
		10,80	13,70	4,37	0,75	0,813	190,6	37,5	3,73	18,0	5,61	1,15	1,17	273
6"	15,24	12,20	15,50	4,88	0,87	0,508	546,0	71,7	5,94	28,8	8,16	1,36	1,30	236
		15,60	19,90	5,17	0,87	0,798	632,0	82,9	5,63	36,0	9,24	1,34	1,27	250
		19,40	24,70	5,48	0,87	1,110	724,0	95,0	5,42	43,9	10,50	1,33	1,31	265
		23,10	29,40	5,79	0,87	1,420	815,0	107,0	5,27	52,4	11,90	1,33	1,38	279
8"	20,32	17,10	21,80	5,74	0,99	0,559	1.356,0	133,4	7,89	54,9	12,80	1,59	1,45	236
		20,50	26,10	5,95	0,99	0,770	1.503,0	147,9	7,60	63,6	14,00	1,56	1,41	245
		24,20	20,80	6,18	0,99	1,003	1.667,0	164,0	7,35	72,9	15,30	1,54	1,40	254
		27,90	35,60	6,42	0,99	1,237	1.830,0	180,1	7,17	82,5	16,60	1,52	1,44	264
		31,60	40,30	6,65	0,99	1,471	1.990,0	196,2	7,03	92,6	17,90	1,52	1,49	273

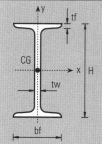

Tabela E.4 — Perfil I
Propriedades para dimensionamento

H		P	A	b_f	t_f	t_w	EIXO X-X			EIXO Y-Y			r_t	α
							I	W	r	I	W	r		
pol	cm	kg/m	cm²	cm	cm	cm	cm⁴	cm³	cm	cm⁴	cm³	cm	cm	-
3 "	7,62	8,45	10,80	5,92	0,66	0,432	105,1	27,6	3,12	18,9	6,41	1,33	1,45	433
		11,20	14,20	6,37	0,66	0,886	121,8	32,0	2,93	24,4	7,67	1,31	1,50	466
4"	10,16	11,40	14,50	6,76	0,74	0,483	252,0	49,7	4,17	31,7	9,40	1,48	1,63	418
		14,10	18,00	7,10	0,74	0,828	283,0	55,6	3,96	37,6	10,60	1,45	1,65	439
5"	12,70	14,80	18,80	7,62	0,83	0,533	511,0	80,4	5,21	50,2	13,20	1,63	1,83	420
		22,00	28,00	8,34	0,83	1,255	634,0	99,8	4,76	69,1	16,60	1,57	1,88	461
6"	15,24	18,50	23,60	8,46	0,92	0,584	919,0	120,6	6,24	75,7	17,90	1,79	2,00	426
		25,70	32,70	9,06	0,92	1,181	1095,0	143,7	5,79	96,2	21,20	1,72	2,06	456
8"	20,32	27,30	34,80	10,16	1,08	0,686	2400,0	236,0	8,30	155,0	30,50	2,11	2,39	456
		34,30	43,70	10,59	1,08	1,120	2700,0	266,0	7,86	179,0	33,90	2,03	2,41	474
10"	25,40	37,70	48,10	11,83	1,27	0,77	5081	399,8	10,34	287,2	49,16	2,46	—	—
		44,70	56,90	12,18	1,27	1,135	5556	437,8	9,93	316,3	52,44	2,36	—	—

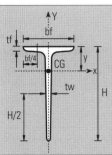

Tabela E.5 — Perfil T
Propriedades para dimensionamento

H		P	A	b_f	t_f	t_w	Eixo X-X			Eixo Y-Y			y
							I	W	r	I	W	r	
pol	mm	kg/m	cm²	mm	mm	mm	cm⁴	cm³	cm	cm⁴	cm³	cm	cm
5/8"	15,88	0,71	0,90	15,88	3,18	3,18	0,2	0,19	0,47	0,11	0,14	0,35	0,51
3/4"	19,05	0,89	1,13	19,05	3,18	3,18	0,36	0,27	0,57	0,19	0,20	0,41	0,59
7/8"	22,23	1,05	1,34	22,23	3,18	3,18	0,59	0,38	0,67	3,30	0,27	0,48	0,67
1"	25,40	1,21	1,54	25,40	3,18	3,18	0,90	0,50	0,77	0,44	0,35	0,54	0,75
1 1/4"	31,75	1,51	1,92	31,75	3,18	3,18	1,84	0,81	0,98	0,86	0,54	0,67	0,91
		2,20	2,80	31,75	4,76	4,76	2,56	1,16	0,96	1,29	0,82	0,68	0,97
		1,82	2,32	38,10	3,18	3,18	3,24	1,18	1,18	1,47	0,77	0,80	1,07
1 1/2"	38,10	2,67	3,40	38,10	4,76	4,76	4,56	1,70	1,16	2,22	1,17	0,81	1,13
		3,49	4,44	38,10	6,35	6,35	5,77	2,20	1,14	2,99	1,57	0,82	1,18
2"	50,80	3,62	4,61	50,80	4,76	4,76	11,33	3,12	1,57	5,24	2,06	1,07	1,45
		4,75	6,05	50,80	6,35	6,35	14,47	4,04	1,55	7,03	2,77	1,08	1,50

Tabela E.6 — Barra chata
Bitolas × peso aproximado (kg/m)

e \ a	pol	3/8"	1/2"	5/8"	3/4"	7/8"	1"	1 1/4"	1 1/2"	1 3/4"	2"	2 1/2"	3"	3 1/2"	4"
pol	mm \ mm	9,53	12,70	15,88	19,05	22,23	25,40	31,75	38,10	44,45	50,80	63,50	76,20	88,90	101,60
1 1/8"	3,18	0,24	0,32	0,40	0,48	0,56	0,63	0,79	0,95						
3/16"	4,76		0,48	0,59	0,71	0,83	0,95	1,19	1,42		1,90				
1/4"	6,35		0,63	0,79	0,95	1,11	1,27	1,58	1,90		2,53	3,17	3,80		5,06
5/16"	7,94						1,58	1,98	2,38		3,17	3,96	4,75		6,33
3/8"	9,53						1,90	2,38	2,85		3,80	4,75	5,70		7,60
1/2"	12,70					2,22	2,53	3,17	3,80		5,06	6,33	7,60		10,13
5/8"	15,88							4,75	5,54	6,33	7,91	9,50	11,08	12,66
11/16"	17,46													12,19	
3/4"	19,05										7,60	9,50	11,40	13,29	15,19
7/8"	22,23											11,08			
1"	2540											12,66	15,19		20,26

Tabela E.7 — Barra redonda

Bitolas (d)	P		A
polegada	mm	kg/m	cm²
1/4	6,35	0,25	0,32
5/16	7,94	0,39	0,50
3/8	9,53	0,56	0,71
1/2	12,70	0,99	1,27
9/16	14,29	1,26	1,61
5/8	15,88	1,56	1,99
1 1/16	17,41	1,88	2,39
3/4	19,05	2,24	2,85
7/8	22,23	3,05	3,88
1	25,40	3,98	5,07
1 1/8	28,58	5,04	6,42
1 1/4	31,75	6,22	7,92
1 5/16	33,34	6,85	8,73
1 3/8	34,93	7,52	9,58
1 7/16	36,51	8,21	10,46
1 1/2	38,10	8,95	11,40
1 9/16	39,69	9,71	12,37
1 5/8	41,28	10,51	13,39
1 3/4	44,45	12,18	15,52
1 13/16	46,04	13,07	16,65
1 7/8	47,63	13,99	17,82
2	50,80	15,91	20,27
2 1/16	52,39	16,99	21,64
2 1/8	53,98	17,96	22,89
2 1/4	57,15	20,14	25,65
2 3/8	60,33	22,44	28,59
2 7/16	61,91	23,63	30,10
2 1/2	63,50	24,86	31,67
2 5/8	66,68	27,40	34,92
2 3/4	69,85	30,08	38,32
2 7/8	73,03	32,88	41,89
3	76,20	35,80	45,60
3 1/16	77,79	37,31	47,53
3 1/8	79,38	38,84	49,49

Tabela E.8 — Barra quadrada

Bitolas (d)	P		A
polegada	mm	kg/m	cm²
5/16	7,94	0,50	0,64
3/8	9,53	0,71	0,90
1/2	12,70	1,26	1,61
5/8	15,88	1,97	2,51
3/4	19,05	2,85	3,63
7/8	22,23	3,88	4,94
1	25,40	5,04	6,42
1 5/16	33,34	8,56	10,90
1 1/2	38,10	11,35	14,46
1 3/4	44,45	15,27	19,45

ANEXO F — PERFIS SOLDADOS

Séries CS 200 - 400, 450 - 500 e 600 - 650

Séries CVS 200 - 450 e 500 - 650

Séries VS 200 - 550, 600 - 950 e 1.000 - 1.500

Abreviaturas usadas nas tabelas

- M massa nominal do perfil, não incluindo a solda
- A área da seção transversal
- d altura total
- t_w espessura da alma
- h altura da alma
- t_f espessura da mesa
- b_f largura da mesa
- X-X   (eixo) linha paralela à mesa que passa pelo centro de gravidade da seção transversal do perfil
- Y-Y   (eixo) linha perpendicular ao eixo X-X, que passa pelo centro de gravidade da seção transversal do perfil
- I_x momento de inércia em relação ao eixo X-X
- W_x módulo de seção em relação ao eixo X-X
- r_x raio de giração em relação ao eixo X-X
- I_y momento de inércia em relação ao eixo Y-Y
- W_y módulo de seção em relação ao eixo Y-Y
- r_y raio de giração em relação ao eixo Y-Y
- r_T raio de giração da seção formada pela mesa comprimida, mais 1/3 da área comprimida da alma, calculado em relação ao eixo situado no plano da alma
- I_T momento de inércia à torção
- e_c espessura do cordão de solda
- S superfície para pintura, por metro linear de perfil

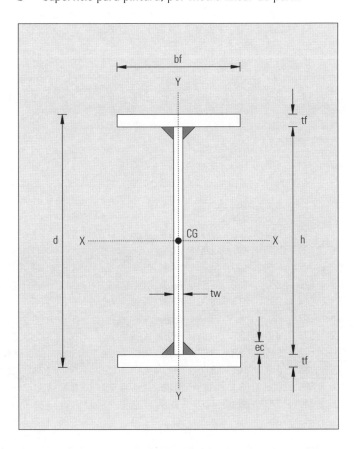

Estruturas metálicas

Tabela F.1 — Perfis soldados - Série VS

PERFIL	d mm	b_f mm	t_f mm	t_w mm	h mm	A cm²	I_x cm⁴	W_x cm³	r_x cm	Z_x cm³	I_y cm⁴	W_y cm³	r_y cm	Z_y cm³	rT cm	iT cm⁴	ec mm	U m²/m	P kg/m
200 x 19	200	120	6,3	4,75	187,4	24,0	1679	168	8,36	188	182	30,3	2,75	46,4	3,17	2,7	3	0,87	18,9
200 x 22	200	120	8,0	4,75	184,0	27,9	2017	202	8,50	225	231	38,4	2,87	58,6	3,23	4,8	5	0,87	21,9
200 x 25	200	120	9,5	4,75	181,0	31,4	2305	230	8,57	256	274	45,6	2,95	69,4	3,27	7,5	5	0,87	24,6
200 x 20	200	130	6,3	4,75	187,4	25,3	1797	180	8,43	200	231	35,5	3,02	54,3	3,45	2,9	3	0,91	19,8
200 x 23	200	130	8,0	4,75	184,0	29,5	2165	216	8,56	240	293	45,1	3,15	68,6	3,52	5,1	5	0,91	23,2
200 x 26	200	130	9,5	4,75	181,0	33,3	2477	248	8,63	274	348	53,5	3,23	81,3	3,55	8,1	5	0,91	26,1
200 x 21	200	140	6,3	4,75	187,4	26,5	1916	192	8,50	213	288	41,2	3,30	62,8	3,74	3,0	3	0,95	20,8
200 x 24	200	140	8,0	4,75	184,0	31,1	2312	231	8,62	255	366	52,3	3,43	79,4	3,80	5,5	5	0,95	24,4
200 x 28	200	140	9,5	4,75	181,0	35,2	2650	265	8,68	292	439	62,1	3,51	94,1	3,84	8,7	5	0,95	27,6
250 x 21	250	120	6,3	4,75	237,4	26,4	2775	222	10,3	251	182	30,3	2,62	46,7	3,10	2,9	3	0,97	20,7
250 x 24	250	120	8,0	4,75	234,0	30,3	3319	266	10,5	297	231	38,4	2,76	58,9	3,17	5,0	5	0,97	23,8
250 x 27	250	120	9,5	4,75	231,0	33,3	3787	303	10,6	338	274	45,6	2,85	69,7	3,22	7,7	5	0,97	26,5
250 x 23	250	140	6,3	4,75	237,4	28,9	3149	252	10,4	282	288	41,2	3.16	63,1	3,67	3,2	3	1,05	22,7
250 x 26	250	140	8,0	4,75	234,0	33,5	3788	303	10,6	336	366	52,3	3,30	79,7	3,74	5,6	5	1,05	26,3
250 x 30	250	140	9,5	4,75	231,0	37,6	4336	347	10,7	383	435	62,1	3.40	94,4	3,79	8,9	5	1,05	29,5
250 x 25	250	160	6,3	4,75	137,4	31,4	3524	282	10,6	313	430	53,8	3,70	82,0	4,24	3,5	3	1,13	24,7
250 x 29	250	160	8,0	4,75	234,0	36,7	4257	341	10,8	375	546	68,3	3.86	103,7	4,32	6,3	5	1,13	28,8
250 x 33	250	160	9,5	4,75	231,0	41,4	4886	391	10,9	429	649	81,1	3,96	122,9	4,36	10,0	5	1,13	32,5
300 x 23	300	120	6,3	4,75	287,4	28,8	4201	280	12,1	320	182	30,3	2.51	47,0	3,04	3,0	3	1,07	22,6
300 x 26	300	120	8,0	4,75	284,0	32,7	5000	333	12,4	376	231	38,4	2.66	59,2	3,12	5,1	5	1,07	25,7
300 x 29	300	120	9,5	4,75	281,0	36,1	5690	379	12,5	425	274	45,6	2,75	70,0	3,17	7,9	5	1,07	28,4
300 x 25	300	140	6,3	4,75	287,4	31,3	4744	316	12,3	357	288	41,2	3,04	63,4	3,60	3,4	3	1,15	24,6
300 x 28	300	140	8,0	4,75	284,0	35,9	5683	379	12,6	423	366	52,3	3,19	80,0	3,69	5,8	5	1,15	28,2
300 x 32	303	140	9,5	4,75	281,0	39,9	6492	433	12,7	480	435	62,1	3,30	94,7	3,74	9,0	5	1,15	31,4
300 x 27	300	160	6,3	4,75	287,4	33,8	5288	353	12,5	394	430	53,8	3,57	82,3	4,17	3,7	3	1,23	26,5
300 x 31	300	160	8,0	4,75	284,0	39,1	6365	424	12,8	470	546	68,3	3,74	104,0	4,26	6,5	5	1,23	30,7
300 x 34	300	160	9,5	4,75	281,0	43,7	7294	486	12,9	535	649	81, 1	3,85	123,2	4,31	10,2	5	1,23	34,3
300 x 33	300	180	8,0	4,75	284,0	42,3	7047	470	12,9	516	778	86,4	4,29	131,2	4,83	7,2	5	1,31	33,2
300 x 38	300	180	9,5	4,75	281,0	47,5	8096	540	13,0	591	924	103	4,41	155,5	4,89	11,3	5	1,31	37,3
350 x 26	350	140	6,3	4,75	337,4	33,7	6730	385	14,1	438	288	41,2	2,93	63,6	3,54	3,6	3	1,25	26,4
350 x 30	350	140	8,0	4,75	334,0	38,3	8026	459	14,5	516	366	52,3	3,09	80,3	3,64	6,0	5	1,25	30,0
350 x 34	350	140	9,5	4,75	331,0	42,3	9148	523	14,7	583	435	62,1	3,21	95,0	3,69	9,2	5	1,25	33,2
350 x 28	350	160	6,3	4.75	337,4	36,2	7475	427	14.4	482	430	53,8	3,45	82,5	4,11	3,9	3	1,33	28,4
350 x 33	350	160	8,0	4,75	334,0	41,5	8962	512	14,7	570	546	68,3	3,63	104,3	4,21	6,7	5	1,33	32,6
350 x 36	350	160	9,5	4,75	331,0	46,1	10249	586	14 9	648	649	81,1	3,75	123,5	4,27	10,4	5	1,33	36,2
350 x 31	350	180	6,3	4,75	337,4	38,7	8219	470	14,6	525	613	68,1	3,98	104,0	4,68	4,2	3	1,41	30,4
350 x 35	350	180	8,0	4,75	334,0	44,7	9898	566	14,9	625	778	86,4	4,17	131,5	4.78	7,4	5	1,41	35,1
353 x 39	350	180	9,5	4,75	331,0	49,9	11351	649	15,1	712	924	103	4,30	155,8	4,84	11,5	5	1,41	39,2
350 x 38	350	200	8,0	4,75	334,0	47,9	10834	619	15,0	680	1067	107	4,72	161,9	5,35	8,0	5	1,49	37,6
350 x 42	350	200	9,5	4,75	331,0	53,7	12453	712	15,2	777	1267	127	4,86	191,3	5,41	12,6	5	1,49	42,2
400 x 28	400	140	6,3	4,75	387,4	36,0	9137	457	15,9	525	288	41,2	2,83	63,9	3,48	3,7	3	1,35	28,3
400 x 32	400	140	8,0	4,75	384,0	40,6	10848	542	16,3	614	366	52,3	3,00	80,6	3,58	6,2	5	1,35	31,9
400 x 35	400	140	9,5	4,75	381,0	44,7	12332	617	16,6	692	435	62,1	3,12	95,2	3,65	9,4	5	1,35	35,1
400 x 30	400	160	6,3	4,75	387,4	38,6	10114	506	16,2	575	430	53,8	3,34	82,8	4,04	4,1	3	1,43	30,3
400 x 34	400	160	8,0	4,75	384,0	43,8	12077	604	16,6	677	546	68,3	3,53	104,6	4,15	6,9	5	1,43	34,4
400 x 38	400	160	9,5	4,75	381,0	48,5	13781	689	16,9	766	649	81,1	3,66	123.7	4,22	10,5	5	1,43	38,1
400 x 33	400	180	6,3	4,75	387,4	41,1	11091	555	16,4	625	613	68,1	3,86	104,2	4.61	4,4	3	1,51	32,2
400 x 37	400	180	9,0	4,75	384,0	47,0	13307	665	16,8	740	778	86,4	4,07	131,8	4,72	7,5	5	1,51	36,9
400 x 41	400	180	9,5	4,75	381,0	52,3	15230	761	17,1	840	924	103	4,20	156,0	4.79	11,7	5	1,51	41,1

Tabela F.1 — Perfis soldados - Série VS (continuação)

PERFIL	Dimensões					A	Eixo X-X				Eixo Y-Y				rT	iT	ec	U	P
	d mm	b_f mm	t_f mm	t_w mm	h mm	cm²	I_x cm⁴	W_x cm³	r_x cm	Z_x cm³	I_y cm⁴	W_y cm³	r_y cm	Z_y cm³	cm	cm⁴	mm	m²/m	kg/m
400 x 40	400	200	8,0	4,75	384,0	50,2	14536	727	17,0	802	1067	107	4,61	162,2	5,29	8,2	5	1,59	39,4
400 x 44	400	200	9,5	4.75	381,0	56,1	16679	834	17.2	914	1267	127	4,75	192,1	5,36	12,8	5	1,99	44,0
200 x 27	200	140	8,0	6,3	184,0	34,0	2393	239	8,39	268	366	52,3	3,28	80,2	3,73	6,4	5	0,95	26,7
200 x 30	200	140	9,5	6,3	181,0	38,0	2727	273	8,47	305	435	62,1	3,38	94,9	3,78	9,6	5	0 95	29,8
250 x 32	250	160	8,0	6,3	234,3	40,3	4422	354	10,5	396	547	68,3	3,68	104,7	4,23	7,5	5	1,13	31,7
290 x 35	250	160	9,5	6.3	231,0	45,0	5045	404	10,6	450	649	81,1	3,80	123,9	4,29	11,1	5	1,13	35,3
300 x 37	300	180	8,0	6,3	284.0	46,7	7343	490	12,5	548	778	86,5	4,08	132,4	4,73	8,6	5	1,31	36,7
300 x 41	300	180	9,5	6,3	281,0	51,9	8383	559	12,7	621	924	103	4,22	156,7	4,S0	12,7	5	1,31	40,7
350 x 46	350	200	9,5	6.3	331,0	58,9 1	12921	738	14,8	820	1267	127	4,64	193,3	5,31	14,3	5	1,49	46,2
*400 x 49	400	200	9,5	6,3	381,0	62,0	17393	870	16,8	971	1267	127	4,52	193,8	5,25	14,7	5	1,59	48,7
*400 x 58	400	200	12,5	6,3	375,0	73,6	21545	1077	17,1	1190	1667	167	4,76	253,7	5,37	29,3	5	1,59	57,8
*400 x 68	400	200	16,0	6,3	368,0	87,2	26223	1311	17,3	1442	2134	213	4,95	323,7	5,45	57,8	6	1,59	68,4
*400 x 78	400	200	19,0	6,3	362,0	98,8	30094	1505	17,5	1654	25 34	253	5,06	383,6	5,51	94,6	6	1,59	77,6
*450 x 51	450	200	9,5	6,3	431,0	65,2	22640	1006	18,6	1130	1268	127	4,41	194,3	5,19	15,1	5	1,69	51,1
*450 x 60	450	200	12,5	6,3	425,0	76,8	27962	1243	19,1	1378	1668	167	4,66	254,2	5,32	29,7	5	1,69	60,3
*450 x 71	450	200	16,0	6,3	418,0	90,3	33985	1510	19,4	1664	2134	213	4,86	324,1	5,41	58,2	6	1,69	70,9
*450 x 80	450	200	19,0	6,3	412,0	102,0	389139	1733	19,6	I905	2534	253	4,99	384,1	5,47	95,0	6	1,69	80,0
*500 x 61	500	250	9,5	6,3	481,0	77,8	34416	1377	21,0	1529	2475	198	5,64	301,6	6,55	18,4	5	1,99	61,1
*500 x 73	500	250	12,5	6,3	475,0	92,4	42768	1711	21,5	1879	3256	260	5,94	395,3	6,70	36,6	6	1,99	72,6
*500 x 86	500	250	16,0	6,3	468,0	109,5	52250	2090	21,8	2281	4168	333	6,17	504,6	6,81	72,3	6	1,99	85,9
*500 x 97	500	250	19,0	6,3	462,0	124,1	60154	2406	22,0	2621	4949	396	6,31	598,3	6,87	118	6	1,99	97,4
*550 x 64	550	250	9,5	6,3	531,0	81,0	42556	1547	22,9	1728	2475	198	5,53	302,1	6,50	18,8	5	2,09	63,5
*550 x 75	550	250	12,5	6,3	525,0	95,6	52747	1918	23,5	2114	3256	261	5,84	395,8	6,65	37,0	5	2,09	75,0
*550 x 88	550	230	16,0	6,3	518,0	112,6	64345	2340	23,9	2559	4168	333	6,08	505,1	6,77	72,7	6	2,09	88,4
*550 x I00	550	250	19,00	6,3	512,0	127,3	74041	2692	24,1	2935	4949	39	6,24	598,8	6,84	119	6	2,09	99,9
*600 x 95	600	300	12,5	8,0	575,0	121,0	77401	2580	25,3	2864	5627	375	6,82	571,7	7,89	49,1	5	2,38	95,0
*600 x 111	600	300	16,0	8,0	568,0	141,4	94091	3136	25,8	3448	7202	480	7,14	729,1	8,05	91,9	6	2,38	111,0
*600 x 125	600	300	19,0	8,0	962,0	159,0	108073	3602	26,1	3943	8552	570	7,33	864,0	8,14	147	6	2,38	124,8
*600 x 140	600	300	22,4	8,0	555,2	178,8	123562	4119	26,3	4498	10082	672	7,51	1017	8,22	235	8	2,38	140,4
*600 x 152	600	300	25,0	8,0	350 0	194,0	135154	4505	26,4	4918	11252	750	7,62	1134	8,27	322	8	2,38	152,3
*650 x 98	650	300	12,5	8,0	625,0	125,0	92487	2846	27,2	3172	5628	375	6,71	572,5	7,83	49,9	5	2,48	98,1
* 650 x 114	650	300	16,0	8,0	618,0	145,4	112225	3453	27,8	3807	7203	480	7,04	729,9	8,00	92,7	6	2,48	114,2
* 650 x 128	650	300	19,0	8,0	612,0	153,0	123792	3963	28,1	4346	8553	570	7,24	864,8	8,10	148	6	2,48	127,9
*650 x 144	650	300	22,4	8,0	605,2	182,8	147178	4529	28,4	4950	10083	672	7,43	1018	8,18	235	8	2,48	143,5
*650 x155	650	300	25,0	8,0	600,0	198,0	160963	4953	28,5	5408	11253	750	7,54	1135	8,23	323	8	2,48	155,4
*700 x105	700	320	12,5	8,0	675,0	134,0	115045	3287	29,3	3661	6830	427	7,14	650,8	8,35	53,4	5	2,66	105,2
*700 x122	700	320	16,0	8,0	668,0	155,8	139665	3990	29,9	4395	8741	546	7,49	829,9	8,53	99,1	6	2,66	122,3
*700 x 137	700	320	19,0	8,0	662,0	174,6	160361	4582	30,3	5017	10379	649	7,71	983,4	8,63	158	6	2,66	137,0
*700 x 154	700	320	22,4	8,0	655,2	195,8	183368	5239	30,6	5716	12236	765	7.91	1157	8,72	251	8	2,66	153,7
*700 x 166	700	320	25,0	8,0	650,0	212,0	200642	5733	30,8	6245	13656	854	8,03	1290	8,77	345	8	2,66	166,4
*750 x 108	750	320	12,5	8,0	725,0	138,0	134197	3579	31,2	4001	6830	427	7,03	651,6	8,29	54,3	5	2,76	108,3
*750 x 125	750	320	16,0	8,0	718,0	IS9,8	162620	4337	31,9	4789	8741	546	7,40	830,7	8,48	99,9	6	2,76	125,5
*750 x 140	750	320	I9,0	8,0	712,0	178,6	186545	4975	32,3	5458	10380	649	7,62	984,2	8,59	159	6	2,76	140,2
*750 x 157	750	320	22,4	8,0	705,2	199,8	213178	5685	32,7	6210	12236	765	7,83	1158	8.69	252	8	2,76	156,8
*750 x 170	750	320	25,0	8,0	700,0	216,0	233200	6219	32,9	6780	13656	854	7,95	1291	8,74	346	8	2,76	169,6
*800 x 111	800	320	12,5	8,0	775,0	142,0	155074	3877	33,0	4351	6830	427	6,94	652,4	8,24	55,1	5	2,86	111,5
*800 x 129	800	320	16,0	8,0	768,0	163,8	187573	4689	33,8	5194	8741	546	7,30	831,5	8,43	101	6	2,86	128,6
*800 x 143	800	320	19,0	8,0	762 ,0	1 82,6	214961	5 3 74	34,3	59 10	10380	649	7, 54	985 ,0	8, 5 5	160	6	2,86	143,3
*800 x 160	800	320	22,4	8,0	755,2	203,8	245485	6137	34,7	6714	12237	765	7,75	1159	8,65	253	8	2,86	160,0

278 Estruturas metálicas

Tabela F.1 — Perfis soldados - Série VS (continuação)

PERFIL	d mm	b_f mm	t_f mm	t_w mm	h mm	A cm²	I_x cm⁴	W_x cm³	r_x cm	Z_x cm³	I_y cm⁴	W_y cm³	r_y cm	Z_y cm³	rT cm	iT cm⁴	ec mm	U m²/m	P kg/m
*800 x 173	800	320	25,0	8.0	750,0	220,0	268458	6711	34,9	7325	13657	854	7,88	1292	8,71	347	8	2,86	172,7
*850 x 120	850	350	12,5	8,0	825,0	153,5	190878	4491	35,3	5025	8936	511	7,63	778,8	9,03	59,9	5	3,08	120,5
*850 x 139	850	350	16,0	8,0	818,0	177,4	231269	5442	36,1	6009	11437	654	8,03	993,1	9,24	110	6	3,08	139,3
*850 x 155	850	350	I9,0	8,0	812,0	198,0	265344	6243	36,6	6845	13581	776	8,28	1177	9,37	174	6	3,08	155,4
* 850 x 174	850	350	22,4	8,0	805,2	221,2	303358	7138	37,0	7785	16010	915	8,51	1385	9,48	276	8	3,08	173,7
* 350 x 188	850	350	25,0	8,0	800,0	239,0	331998	7812	37,3	8499	17868	1021	8,65	1544	9,54	379	8	3,08	187,6
*900 x 124	900	350	12,5	8,0	875,0	157,5	216973	4822	37,1	5414	8936	511	7,53	779,6	8,98	60,7	5	3,18	123,6
*900 x 142	900	350	16,0	8,0	868,0	181,4	262430	5832	38,0	6457	11437	654	7,94	993,9	9,20	111	6	3,18	142,4
*900 x 159	900	350	19,0	8,0	862,0	202,0	300814	6685	38,6	7345	13581	776	8,20	1178	9,33	175	6	3,18	158,5
*900 x 177	900	350	22,4	8,0	855,2	225,2	3436,74	7637	39,1	8343	16010	915	8,43	1386	9,44	277	6	3,18	176,8
*900 x 191	900	350	25,0	8,0	850,0	243,0	375994	8355	39,3	9101	17868	1021	8,58	1545	9,51	380	8	3,18	190,8
*950 x 127	950	350	12,5	8,0	925,0	161,5	245036	5159	39,0	5813	8936	511	7,44	780,4	8,92	61,6	5	3,28	126,9
*950 x 146	950	350	16,0	8,0	918,0	185,4	295858	6229	39,9	6916	11437	654	7,85	994,7	9,15	112	6	3,28	145,6
*950 x 162	950	350	19,0	23,0	912,0	206,0	338808	7133	40,6	7855	13581	776	8,12	1178	9,29	176	6	3,28	161,7
*950 x 180	950	350	22,4	8,0	905.2	229,2	386806	8143	41,1	8911	16011	915	8,36	1386	9,41	278	8	3,28	179 9
*950 x 194	950	350	25,0	8,0	900,0	247,0	423027	8906	41,4	9714	17868	I021	8,51	1546	9,48	380	8	3,28	193,9
*1000x140	1000	400	12,5	8,0	975,0	178,0	305593	6112	41,4	6839	13337	667	8,661	1016	10,3	68,9	5	3,58	139,7
*1000x161	1000	400	16,0	8,0	968,0	205,4	370339	7407	42,5	8172	17071	854	9,12	1295	10,5	126	6	3,58	161,3
*1000x180	1000	400	19,0	8,0	962,0	229,0	425095	8502	43,1	9306	20271	1014	9,41	1535	I0,7	200	6	3.58	179,7
*1000x201	1000	400	22,4	8,0	955,2	255,6	486331	9721	43,6	10584	23897	1195	9,67	1807	10,8	316	8	3,58	200,7
*1000x217	1000	400	25,0	8,0	950,0	276,0	532575	10652	43,9	11555	26671	1334	9,83	2015	10,9	433	8	3.58	216,7
*1000x150	1000	400	12,5	9,5	1075	202,1	394026	7164	44,2	8182	13341	667	8,12	1024	9,97	83,2	5	3,78	158,7
* 1100x180	1100	400	16,0	9,5	1068	229,5	472485	8591	45,4	9647	17074	854	8,63	1304	10,3	140	6	3,78	180,1
*1100x199	1100	400	19,1	9,5	1062	252,9	538922	9799	46,2	10894	20274	1014	8,95	1544	10,4	214	6	3,78	198,5
*1100x219	1100	400	22,4	9,5	1055	279,4	613316	11151	46,8	12300	23901	1195	9,25	1816	10,6	331	8	3,78	219,4
*1100x235	1100	400	25,0	9,5	1050	299,8	69502	12174	47,3	13368	26674	1334	9,43	2024	10,7	447	8	3,78	235,2
*1200x200	1200	450	16,0	9,5	1168	255,0	630844	10514	49,7	11765	24308	1080	9,76	1646	11,6	157	6	4,18	200,1
*1200x221	1200	450	19,0	9,5	1162	281,4	720573	12009	50,6	13304	28865	1283	10,1	1950	11,8	240	6	4,18	220,9
*1200x244	1200	450	22,4	9,9	1155	311.3	821045	13684	51,4	19040	34028	15]2	10,5	2294	12,0	371	8	4,18	244,4
*1200x262	1200	450	25,0	9,5	1150	334.3	891121	14952	51,8	16360	37977	1688	10,7	2557	12,1	502	8	4,18	262,4
*1200x307	1200	450	31,5	9,5	1137	391.5	1084322	18072	52,6	1 9634	47849	2127	11,1	3215	12,2	971	8	4,18	307,3
*1300x237	1300	450	16,0	12,5	1268	302.5	805914	12399	51,6	14269	24321	1081	8,97	1670	11,1	206	6	4,38	237,5
*1300x258	1300	450	19,0	12,5	1262	328.8	910929	14014	52,6	15930	28877	283	9,37	1973	11,4	289	8	4,38	258,1
*1300x281	1300	450	22,4	12,5	1255	358,5	1028744	15827	53,6	17802	34040	1513	9,74	2317	11,6	420	8	4,38	281,4
*1300x299	1300	450	25,0	12,5	1250	381,3	1117982	17200	54,2	19227	37989	1688	9,98	2580	11,7	552	8	4,38	299,3
*1300x344	1300	450	31,5	12,5	1237	438,1	1337847	20582	55,3	22763	47861	2127	10,5	3238	12,0	1020	8	4,38	343,9
*1400x260	1400	500	16,0	12,5	1368	331,0	1032894	14756	55,3	16920	33396	1334	10,0	2053	12,4	227	6	4,78	259.8
*1400x283	1400	500	19,0	12,5	1362	360,3	1169143	16702	57,0	18917	39606	1584	10,5	2428	12,7	319	6	4,78	282,8
*1400x309	1400	500	22,4	12,5	1355	393,4	1322113	8887	58,0	21168	46689	1868	10,9	2853	12,9	464	8	4.78	308,8
*1400x329	1400	500	25,0	12,5	1350	418,8	1438060	20544	58,6	22883	52105	2084	11,2	3178	13,0	610	8	4,78	328,7
*1400x378	1400	500	31,5	12,5	1337	482,1	1724041	24629	59,8	27140	65647	2626	11,7	3990	13,3	1131	8	4,78	378,5
*1400x424	1400	500	37,5	12,5	1325	540,6	1983133	28330	60,6	31033	78147	3126	12,0	4739	13,5	1847	8	4,78	424,4
**1400x474	1400	500	44,0	12,5	1312	604,0	2258570	32265	61,2	35211	91688	3668	12,3	5551	13,6	2928	10	4,78	474, 1
*1500x270	1500	500	16,0	12,5	1468	343,5	1210476	16140	59,4	18606	33357	1334	9,85	2057	12,3	233	6	4,98	269,6
*1500x293	1500	500	19,0	12,5	1462	372,8	1367419	18232	60,6	20749	39607	1584	10,3	2432	12,6	325	6	4,98	292,6
*1500x319	1500	500	22,4	12,5	1455	405,9	1543737	20583	61,7	23167	46690	1868	10,7	2857	12,8	471	8	4,98	318,6
*1500x339	1500	500	25,0	12,5	1450	431,3	1677461	22366	62,4	25008	52107	2084	11,0	3182	13,0	617	8	4,98	338,5
*1500x388	1500	500	31,5	12,5	1437	494,6	2007598	26768	63,7	29582	65648	2626	11,5	3994	13,2	1137	8	4,98	388,3
*1500x434	1500	500	37,5	12,5	1425	553,1	2307085	30761	64,6	33768	78148	3126	11,9	4743	13,4	1853	8	4,98	434,2

Tabela F.1 — Perfis soldados - Série VS (continuação)

PERFIL	Dimensões d mm	b_f mm	t_f mm	t_w mm	h mm	A cm²	Eixo X-X I_x cm⁴	W_x cm³	r_x cm	Z_x cm³	Eixo Y-Y I_y cm⁴	W_y cm³	r_y cm	Z_y cm³	rT cm	iT cm⁴	ec mm	U m²/m	P kg/m
**1500x484	1500	500	44,0	12,5	1412	616,5	2625886	35012	65,3	38262	91690	3668	12,2	5555	13,6	2934	10	4,98	484,0
1600 x 328	1600	500	22.4	12,5	1555	418,4	1785655	22321	65,3	25227	46692	1868	10,6	2861	12,7	477	8	5,18	328,4
1600 x 348	1600	500	25,0	12,5	1550	443,8	1938424	24230	66,1	27195	52109	2084	10,8	3186	12,9	623	8	5,18	348,3
1600 x 398	1600	500	31,5	12,5	1537	507,1	2315887	28949	67,6	32086	65650	2626	11,4	3998	13,2	1144	8	5,18	398,1
1600 x 444	1600	500	37,5	12,5	1525	565,6	2658693	33234	68,6	36564	78150	3126	11,8	4747	13,3	1860	8	5,18	444,0
1700 x 338	1700	500	22.4	12,5	1655	430,9	2048493	24100	68,9	27351	46694	1868	10,4	2865	12,6	484	8	5,38	338,3
1700 x 358	1700	500	25,0	12,5	1650	456,3	2221576	26136	69,8	29445	52110	2084	10,7	3189	12,8	630	8	5,38	358,2
1700 x 408	1700	500	31,5	12,5	1637	519,6	2649532	31171	71,4	34653	65652	2626	11,2	4001	13,1	1151	8	5,38	407,9
1700 x 454	1700	500	37,5	12,5	1625	578,1	3038582	35748	72,5	39424	78151	3126	11,6	4751	13,3	1866	8	5,38	453,8
1800 x 348	1800	500	22.4	12,5	1755	443,4	2332876	25921	72,5	29536	46695	1 868	10,3	2869	12,5	490	8	5,58	348,1
1800 x 368	1800	500	25,0	12,5	1750	468,8	2527539	28084	73,4	31758	52112	2084	10,5	3193	12,7	636	8	5,58	368,0
1800 x 4] 8	1800	500	31,5	12,5	1737	532,1	3009158	33435	75,2	37283	65653	2626	11,1	4005	13,0	1157	8	5,58	417,7
1800 x 464	1800	500	37,5	12,5	1725	590,6	3447378	383Q4	76,4	42346	78153	3126	11,5	4755	13,2	1873	8	5,58	463,6
1800 x 416	1800	500	25,0	16,0	1750	530,0	2683854	29821	71,2	34437	52 143	2086	9,92	3237	12,3	763	8	5,57	416, 1
1800 x 465	1800	500	31,5	16,0	1737	592,9	3162016	35134	73,0	39923	65684	2627	10,5	4049	12,7	1283	8	5,57	465,4
1800 x 511	1800	500	37,5	16,0	1725	651,0	3597089	39968	74,3	44949	78184	3127	11,0	4798	12,9	1999	8	5,57	511,0
1900 x 429	1900	500	25,0	16,0	1850	546,0	3041613	32017	74,6	37127	52146	2086	9,77	3243	12,2	777	8	5,77	428,6
1900 x 478	1900	500	31,5	16,0	1837	608,9	3576198	37644	76,6	42927	65688	2628	10,4	4055	12,6	1297	8	5,77	478,0
1900 x 524	1900	500	37,5	16,0	1825	667,0	4062991	42768	78,0	48244	78187	3127	10,8	4804	12,9	2012	8	5,77	523,6
1900 x 573	1900	500	44,0	16,0	1812	729,9	4583175	48244	79,2	53965	91729	3669	11,2	5616	13,1	3093	10	5,77	573,0
2000 x 461	2000	550	25,0	16,0	1950	587,0	3670473	36705	79,1	42366	69389	2523	10,9	3906	13,5	843	8	6,17	460,8
2000 x 515	2000	550	31,5	16,0	1937	656,4	4326007	43260	81,2	49112	87413	3179	11,5	4888	13,9	1415	8	6,17	5153
2000 x 566	2000	550	37,5	16,0	1925	720,5	4923357	49234	82,7	55299	104050	3784	12,0	5795	14,2	2202	8	6,17	563,6
2000 x 620	2000	550	44,0	16,0	1912	789,9	5562134	55621	83,9	61958	122074	4439	12,4	6777	14,4	3391	10	6,17	620,1
2200 x 486	2200	550	25,0	16,0	2150	619,0	4577565	41614	86,0	48396	69396	2524	10,6	3919	13,3	870	8	6,57	485,9
2200 x 540	2200	550	31,5	16,0	2137	688,4	5374959	48863	88,4	55836	87420	3179	11 ,3	4901	13,8	1442	8	6,57	540.4
2200 x 591	2200	550	37,5	16,0	2125	752,5	6102454	55477	90,1	62664	104057	3784	11,8	5808	14,1	2229	8	6,57	590,7
2200 x 645	2200	550	44,0	16,0	2112	821,9	6881357	62558	91,5	70017	122080	4439	12,2	6790	14,3	3418	10	6,57	645,2
2400 x 531	2400	600	25,0	16,0	2350	676,0	5961008	49675	93,9	57715	90080	3003	11,5	4650	14,5	949	8	7,17	530,7
2400 x 590	2400	600	31,5	16,0	2337	751,9	7003391	58362	96,5	66611	113480	3783	12 ,3	5820	15,0	1574	8	7,17	590,3
2400 x 645	2400	600	37,5	16,0	2325	822,0	7955353	66295	98,4	74779	135079	4503	12,8	6899	15,3	2432	8	7,17	645,3
2400 x 705	2400	600	44,0	16,0	2312	897,9	8975615	74797	100	83580	158479	5283	13,3	8068	15,6	3729	10	7,76	704,9
2500 x 640	2500	700	25,0	19,0	2450	815,5	7688574	61509	97,1	71824	143057	4087	13,2	6346	16,8	1295	8	7,76	640,2
2500 x 710	2500	700	31.5	19,0	2437	904,0	9010041	72080	99,8	82641	180214	5149	14,1	7937	17,4	2023	8	7,76	709,7
2500 x 774	2300	700	37,5	19,0	2425	985,8	10217407	81739	102	92574	214514	6129	14,8	9406	17,8	3024	8	7,76	773,8
2500 x 843	2500	700	44,0	19,0	2412	1074	11511972	92096	104	103279	251671	7191	15,3	10998	18,1	4537	10	7,76	843,3

* Perfis normalizaclos pela ABNT.   ** Perfis normalizados pela ABNT com alteração da espessura da mesa conforme padronização de chapas na Usiminas Mecânica.

280 Estruturas metálicas

Tabela F.2 — Perfis soldados - Série CVS

PERFIL	Dimensões					A	Eixo X-X				Eixo Y-Y				rT	iT	ec	U	P
	d mm	b_f mm	t_f mm	t_w mm	h mm	cm²	I_x cm⁴	W_x cm³	r_x cm	Z_x cm³	I_y cm⁴	W_y cm³	r_y cm	Z_y cm³	cm	cm⁴	mm	m²/m	kg/m
*300 x 47	300	200	9,5	8,0	281,0	60,5	9499	633	12,5	710	1268	127	4,58	194,5	5,28	16,4	5	1.38	47.5
*300 x 57	300	200	12,5	8,0	275,0	72,0	11725	782	12,8	870	1668	167	4,81	254,4	5,39	30,9	5	1,38	56,5
*300 x 67	300	200	16,0	8,0	268,0	85,4	14202	947	12,9	1052	2134	213	5,00	324,3	5,48	59,5	6	1,38	67,1
*300 x 70	300	200	16,0	9,5	268,0	89,5	14442	963	12,7	1079	2135	214	4,89	326,0	5,43	62,7	6	1,38	70,2
*300 x 79	300	200	19,0	9,5	262,0	100,9	16449	1097	12,8	1231	2535	254	5,01	385,9	5,48	99,5	6	1,38	79,2
*300 x 85	300	200	19,0	12,5	262,0	108,8	16899	1127	12,5	1282	2538	254	4,83	390,2	5,40	110	6	1,38	85,4
*300 x 95	300	200	22,4	12,5	255,2	121,5	19031	1269	12,5	1447	2991	299	4,96	458,0	5,46	168	8	1,38	95,4
*300 x 55	300	250	9,5	8,0	281,0	70.0	11504	767	12,8	848	2475	198	5,95	301,4	6,71	19,2	5	1,58	54.9
*300 x 66	300	250	12,5	8,0	275,0	84,5	14310	954	13,0	1050	3256	261	6,2	395,0	6,83	37,5	5	1,58	66,3
*300 x 80	300	250	16,0	8,0	268,0	101,4	17432	1162	13,1	1280	4168	333	6,41	504,3	6,91	73,1	6	1,58	79,6
*300 x 83	300	250	16,0	9,5	268,0	105,5	17672	1178	12,9	1307	4169	333	6,29	506,0	6,86	76,4	6	1,58	82,8
*300 x 94	300	250	19,0	9,5	262,0	119,9	20206	1347	13,0	1498	4950	396	6,43	599,7	6,92	122	6	1,58	94,1
*300 x 100	300	250	19,0	12,5	262,0	127,8	20665	1377	12,7	1549	4952	396	6,23	604,0	6,84	133	6	1,58	100,3
*300 x 113	300	250	22,4	12,5	255,2	143,9	23355	1557	12,7	1758	5837	467	6,37	710,0	6,90	205	8	1,58	113,0
*350 x 73	350	250	12,5	9,5	325,0	93,4	20524	1173	14,8	1306	3258	261	5,91	398,0	6,69	42,2	5	1,68	73,3
*350 x 87	350	250	16,0	9,5	318,0	110,2	24874	1421	15,0	1576	4169	334	6,15	507,2	6.80	77,8	6	1,68	86,5
*350 x 98	350	250l	19,0	9,5	312,0	124,6	28454	1626	15,1	1803	4950	396	6,30	600,8	6,87	124	6	1,68	97,8
*3S0 x 105	350	250	19,0	12,5	312,0	134,0	29213	1669	14,5	1876	4953	396	6,08	605,9	5,77	136	8	1,68	lOS,2
*350 x 118	350	250	22,4	12,5	305,2	150,2	33058	1889	14,8	2126	5838	467	6,24	711,9	6,84	209	8	1,68	117,9
*350 x 128	350	250	25,0	12,5	300,0	162,5	35885	2051	14,3	2313	6315	521	6,33	793,0	6,88	2S2	8	1,68	127,6
*350 x 136	350	250	25,0	16,0	300,0	173,0	36673	2096	14,6	2391	6521	522	6,14	800,5	6,80	305	8	1,67	135,8
400 x 82	400	300	12,5	8,0	375,0	105,0	31680	1 584	17,4	1734	5627	375	7,32	568,5	8,14	45,7	5	1,98	82,4
*400 x 87	400	300	12,5	9,5	375,0	110,6	32339	1617	17,1	1787	5628	375	7,13	571,0	8,05	50,1	5	1,98	86,8
*400 x 103	400	300	16,0	9,5	368,0	131,0	39355	1968	17,3	2165	7203	480	7,42	728,3	8,18	92,0	6	1,98	102,8
*400 x 116	400	300	19,0	9,5	362,0	148,4	45161	2258	17,4	2483	8553	570	7,59	863,2	8,26	148	6	1,98	116,5
*400 x 125	400	300	19,0	12,5	362,0	159,3	46347	2317	17,1	2581	8556	570	7,33	869,1	8,14	162	6	1,98	125,0
*400 x 140	400	300	22,4	12,5	355,2	178,8	52632	2632	17,2	2932	10086	672	7,51	1022	8,22	249	8	1,98	140,4
*400 x 152	400	300	25,0	12,5	350,0	193,8	57279	2864	17,2	3195	11256	750	7,62	1139	8,27	337	8	1,98	152,1
*400 x 162	400	300	25,0	16,0	350,0	206,0	58529	2926	16,9	3303	11262	751	7,39	1147	8,17	364	8	1,97	161,7
*450 x 116	450	300	16,0	12,5	418,0	148,3	52834	2348	18,9	2629	7207	480	6,97	736,3	7,97	110	6	2,08	116,4
*450 x 130	450	300	19,0	12,5	412,0	165,5	60261	2678	19,1	2987	8557	570	7,19	871,1	8,07	165	6	2,08	129,9
*450 x 141	450	300	19,0	16,0	41 2,0	179,9	62301	2769	18,6	3136	8564	571	6,90	881,4	7,93	196	6	2,07	141,2
*450 x 156	450	300	22,4	16,0	405,2	199,2	70362	3127	18,8	3530	10094	673	7,12	1034	8,04	283	8	2,07	156,4
*450 x 168	450	300	25,0	16,0	400,0	214,0	76346	3393	18,9	3828	11264	751	7,25	1151	8,10	371	8	2,07	168,0
*450 x 177	450	300	25,0	19,0	400,0	226,0	77946	3464	18,6	3948	11273	752	7,06	1161	8,01	410	8	2,06	177,4
*450 x 188	450	300	25,0	22,4	400,0	239,6	79759	3545	18,1	4084	11287	752	6,86	1175	7,91	472	8	2,06	188,1
*450 x 206	450	300	31,5	19,0	387,0	262,5	92088	4093	18,7	4666	14197	946	7,35	1452	8,15	721	8	2,06	206,1
*450 x 216	450	300	315	22,4	387,0	275,7	93730	4166	18,4	4794	14211	947	7,18	1466	8,07	782	8	2,06	216,4
500 x 123	500	350	16,0	9,5	468,0	156,5	73730	2949	21,7	3231	11437	654	8.55	990,6	9,50	109	6	2,38	122,8
*500 x 134	500	350	16,0	12,5	468,0	170,5	76293	3052	21,2	3395	11441	654	8,19	998,3	9,33	127	6	2,38	133,8
*500 x 150	500	350	19,0	12,5	462,0	190,8	87240	3490	21,4	3866	13585	776	8.44	1182	9,44	191	6	2,38	149,7
*500 x 162	500	350	19,0	16,0	462,0	206,9	90116	3605	20,9	4052	13593	777	8.11	1193	9,28	226	6	2,37	162,4
*500 x 180	500	350	22,4	16,0	455,2	229,6	102058	4082	21,1	4573	16022	916	8,35	1401	9,40	327	8	2,37	180,3
*500 x 194	500	350	25,0	16,0	450,0	247,0	110952	4438	21,2	4966	17880	1022	851	1560	9,48	429	8	2,37	193,9
*500 x 204	500	350	25,0	19,0	450,0	260,5	113230	4529	20,8	5118	17890	1022	8,29	1572	9,37	473	8	2,36	204,5
*500 x 217	500	350	25,0	22,4	450,0	275,8	115812	4632	20,5	5290	17907	1023	8,06	1588	9,26	543	8	2,36	216,5
*500 x 238	500	350	31,5	19,0	437,0	303,5	134391	5376	21,0	6072	22534	1288	8,62	1969	9,53	836	8	2,36	238,3
*500 x 250	500	350	31,5	22,4	437,0	318,4	136755	5470	20,7	623S	22550	1289	8,42	1984	9,43	905	8	2,36	249,2
*500 x 259	500	350	31,5	25,0	437,0	329,8	138564	5543	20,5	6359	22566	1290	8,27	1998	9,36	973	8	2,35	258,9

Anexos **281**

Tabela F.2 — Perfis soldados - Série CVS (continuação)

PERFIL	Dimensões					A	Eixo X-X				Eixo Y-Y				rT	iT	ec	U	P
	d mm	b_f mm	t_f mm	t_w mm	h mm	cm²	I_x cm⁴	W_x cm³	r_x cm	Z_x cm³	I_y cm⁴	W_y cm³	r_y cm	Z_y cm³	cm	cm⁴	mm	m²/m	kg/m
*500 x 281	500	350	37,5	22,4	425,0	357,7	155013	6201	20,8	7082	26837	1534	8,66	2370	9,55	1404	8	2,36	280,8
**500x314	500	350	44,0	22,4	412,0	400,3	173662	6946	20,8	7973	31480	1799	8,87	2747	9,64	2159	10	2,36	314,2
*S50 x 184	550	400	19,0	16,0	512,0	233,9	125087	4549	23,1	5084	20284	1014	9,31	1553	10,6	255	6	2,67	183,6
*550 x 204	550	400	22,4	16,0	505,2	260,0	141973	5163	23,4	5748	23911	1196	9,59	1824	10,8	372	8	2,67	204,1
*550 x 220	550	400	25,0	16,0	500,0	280,0	154583	5621	23,5	6250	26684	1334	9,76	2032	10,8	488	8	2,67	219,8
*550 x 232	550	400	25,0	19,0	500,0	295,0	157708	5735	23,1	6438	26695	1335	9,51	2045	10,7	537	8	2,66	231,6
*550 x 245	550	400	25,0	22,4	500,0	312,0	161250	5864	22,7	6650	26713	1336	9,25	2063	10,6	613	8	2,66	244,9
*550 x 270	550	400	31,5	19,0	487,0	344,5	187867	6832	23,4	7660	33628	1681	9,88	2564	10,9	952	8	2,66	270,5
*550 x 283	550	400	31,5	22,4	487,0	361,1	191139	6951	23,0	7861	33646	1682	9,65	2581	10,8	1028	8	2,66	283,5
*550 x 293	550	400	31,5	25,0	487,0	373,8	193642	7042	22,8	8015	33663	1683	9,49	2596	10,7	1104	8	2,65	293,4
*550 x 319	550	400	37,5	22,4	475,0	406,4	217349	7904	23,1	8951	40044	2002	9,93	3060	10,9	1598	8	2,66	319,0
*550 x 329	550	400	37,5	25,0	475,0	418.8	219671	7988	22,9	9098	40062	2003	9,78	3074	10,9	1673	8	2,65	328,7
**550x357	550	400	44,0	22,4	462,0	455,5	244287	8883	23,2	10101	46977	2349	10,2	3578	11,0	2461	10	2,66	357,6
**550x367	550	400	44,0	25,0	462,0	467,5	246424	8961	23,0	10240	46993	2350	10,0	3592	11,0	2535	10	2,65	367,0
600 x 156	600	400	16,0	12,5	568,0	199,0	128254	4275	25,4	4746	17076	854	9,26	1302	10,6	147	6	2,78	156,2
*600 x 190	600	400	19,0	16,0	562,0	241,9	151986	5066	25,1	5679	20286	1014	9,16	1556	10,6	262	6	2,77	189,9
*600 x 210	600	400	22,4	16,0	555,2	268,0	172356	5745	25,4	6408	23912	1196	9,45	1828	10,7	379	8	2,77	210,4
*600 x 226	600	400	25,0	16,0	550,0	288,0	187600	6253	25,5	6960	26685	1334	9.63	2035	10,7	495	8	2,77	226,1
*600 x 239	600	400	25,0	19,0	550,0	304,5	191759	6392	25,1	7187	26698	1335	9,36	2050	10,7	548	8	2,76	239,0
*600 x 278	600	400	31,5	19,0	537,0	354,0	228338	7611	25,4	8533	33631	1682	9,75	2568	10,8	963	8	2,76	277,9
*600 x 292	600	400	31,5	22,4	537,0	372,3	232726	7758	25,0	8778	33650	1683	9,51	2587	10 7	1046	8	2,76	292,2
*600 x 328	600	400	37,5	22,4	525,0	417,6	264668	8822	25,2	9981	40049	2002	9,79	3066	10,9	1617	8	2,76	327,8
*600 x 339	600	400	37,5	25,0	525,0	431,3	267803	8927	24,9	10160	40068	2003	9,64	3082	10,8	1699	8	2,75	338,5
**600 x 367	600	400	44,0	22,4	512,0	466,7	297662	9922	25,3	11254	46981	2349	10,0	3584	11,0	2480	10	2,76	366,4
*600 x 412	600	400	50,0	25,0	500,0	525,0	329375	10979	25,0	12563	53398	2670	10,1	4078	11,0	3620	10	2,75	412.1
*650 x 211	650	450	19,0	16,0	612,0	268,9	200828	6179	27,3	6893	28877	1283	10,4	1963	11,9	292	6	3,07	211,1
*650 x 234	650	450	22,4	16,0	605,2	298,4	228156	7020	27,6	7791	34041	1513	10,7	2307	12,1	423	8	3,07	234,3
*650 x 252	650	450	25,0	16,0	600,0	321,0	248644	7651	27,8	8471	37989	1688	10,9	2570	12,2	554	8	3,07	252,0
*650 x 266	650	450	25,0	19,0	600,0	339,0	254044	7817	27,4	8741	38003	1689	10,6	2585	12,0	612	8	3,06	266,1
*650 x 282	650	450	25,0	22,4	600,0	359,4	260164	8005	26.9	9047	38025	1690	10,3	2607	11,9	703	8	3,06	282,1
*650 x 310	650	450	31,5	19,0	587,0	395,0	303386	9335	27,7	10404	47874	2128	11,0	3242	12,2	1079	8	3,06	310,1
*650 x 326	650	450	31,5	22,4	587,0	415,0	309117	9511	27,3	10697	47896	2129	10,7	3263	12,1	1169	8	3,06	325,8
*650 x 351	650	450	37,5	19,0	575,0	446,8	347034	10678	27,9	11906	56986	2533	11,3	3849	12,3	1722	8	3,06	350,7
*650 x 366	650	450	37,5	22,4	575,0	466,3	352421	10844	27,5	12187	57007	2534	11,1	3869	12,2	1812	8	3,06	366,0
**650x410	650	450	44,0	22,4	562,0	521,9	397337	12226	27,6	13768	66878	2972	11,3	4525	12,4	2783	10	3,06	409,7
*650 x 461	650	450	50,0	25,0	550,0	587,5	440599	13557	27,4	15391	76009	3378	11,4	5148	12,4	4063	10	3,05	461,2
700 x 199	700	450	19,0	12,5	662,0	253,8	228530	6529	30,0	7192	28867	1283	10,7	1950	12,1	250	6	3,18	199,2
700 x 217	700	450	19,0	16,0	662,0	276,9	236992	6771	29,3	7576	28879	1284	10,2	1966	11,8	299	6	3,17	217,4
700 x 258	700	450	25,0	16,0	650,0	329,0	293023	8372	29,8	9284	37991	1688	10,7	2573	12,1	561	8	3,17	2S8,3
700 x 274	700	450	25,0	19,0	650,0	348,5	299889	8568	29,3	9601	38006	1689	10,4	2590	11,9	623	8	3,16	273,6
700 x 303	700	450	31,5	16,0	637,0	385,4	35,433	10041	30,2	11099	47862	2127	11,1	3230	12,3	1029	8	3,17	302,6
700 x 318	700	450	31,5	19,0	637,0	404,5	357894	10226	29,7	11403	47877	2128	10,9	3247	12,2	1091	8	3,16	317,6
750 x 284	750	500	25,0	16,0	700,0	362,0	374379	9983	32,2	11023	52107	2084	12,0	3170	13,5	620	8	3,47	284,2
750 x 301	750	500	25,0	19,0	700,0	383,0	382954	10212	31,6	11390	52123	2085	11,7	3188	13,3	687	8	3,46	300,7
750 x 334	750	500	31,5	16,0	687,0	424,9	450034	12001	32,5	13204	65648	2626	12,4	3981	13,7	1140	8	3,47	333,6
750 x 350	750	500	31,5	19,0	687,0	445,5	458140	12217	32,1	13558	65664	2627	12,1	4000	13,5	1206	8	3,46	349,6
800 x 271	800	500	22,4	16,0	755,2	344,8	396132	9903	33,9	10990	46692	1868	11,6	2848	13,3	481	8	3,57	270,7
800 x 290	800	500	25,0	16,0	750,0	370,0	431771	10794	34,2	11938	52109	2084	11,9	3173	13,4	627	8	3,57	290,5
800 x 308	800	500	25,0	19,0	750,0	392,5	442318	11058	33,6	12359	52126	208S	11,5	3193	13,2	698	8	3,56	308,1

282   Estruturas metálicas

Tabela F.2 — Perfis soldados - Série CVS (continuação)

PERFIL	Dimensões d mm	b_f mm	t_f mm	t_w mm	h mm	A cm²	Eixo X-X I_x cm⁴	W_x cm³	r_x cm	Z_x cm³	Eixo Y-Y I_y cm⁴	W_y cm³	r_y cm	Z_y cm³	rT cm	iT cm⁴	ec mm	U m²/m	P kg/m
800 x 340	800	500	31,5	16,0	737,0	432,9	518727	12968	34,6	14277	65650	2626	12,31	3985	13,6	1147	8	3,57	339,8
800 x 357	800	500	31,5	19,0	737,0	455,0	528735	13218	34,1	14684	65667	2627	12,0	4004	13,5	1218	8	3.56	357,2
850 x 297	850	500	25,0	16,0	800,0	378,0	493788	11619	36,1	12873	52111	2084	11,71	3176	13,3	634	8	3,67	296,7
850 x 316	850	500	25,0	19,0	800,0	402,0	506588	11920	35,5	13353	52129	2085	11,4	3197	13,2	710	8	3,66	315,6
850 x 346	850	500	31,5	16,0	787.0	440,9	592832	13949	36,7	15369	65652	2626	12,2	3988	13,6	1154	8	3,67	346,1
850 x 365	850	500	31,5	19,0	787,0	464,5	605019	14236	36,1	15833	65670	2627	11,9	4009	13,4	1229	8	3,66	364,7
900 x 323	900	550	25,0	16,0	850,0	41 l,0	608394	13520	38,5	14921	69352	2522	13,0	3836	14,7	692	8	3,97	322,6
900 x 343	900	550	25,0	19,0	850,0	436,5	623747	13861	37,8	l5463	69372	2523	12,6	3858	14,5	773	8	3,96	342,7
900 x 377	900	550	31,5	16,0	837,0	480,4	731876	16264	39,0	17849	87375	3177	13,5	4818	14,9	1265	8	3,97	377,1
900 x 397	900	550	31,5	19,0	837,0	505,5	746535	16590	38,4	18374	8739S	3178	13,1	4840	14,8	1345	8	3,96	396,8
950 x 329	950	550	25,0	16,0	900,0	419,0	689585	14433	40,5	15959	69354	2522	12,9	3839	14,7	699	8	4,07	328,9
950 x 350	950	550	25,0	19,0	900,0	446,0	703810	14817	39,7	16566	69374	2523	12,5	3862	14,5	784	8	4,06	350,1
950 x 383	950	550	31,5	16,0	887,0	488,4	824140	17350	41,1	19060	87377	3177	13,4	4821	14,9	1272	8	4,07	383,4
950 x 404	950	550	31,5	19,0	887,0	515,0	841987	17718	40,4	19650	87398	3178	13,0	4845	14,7	1356	8	4,06	404, 3
1000 x 355	1000	600	25,0	16,0	950,0	452,0	827442	16549	42,8	18235	90032	3001	14,1	4561	16,0	758	8	4,37	354,8
1000 x 377	1000	600	25,0	19,0	950,0	480,5	848876	16978	42,0	18912	90054	3002	13,7	4586	15,8	848	8	4,36	377,2
1000 x 414	1000	600	31,5	16,0	937,0	527,9	996403	19928	43,4	21817	113432	3781	14,7	5730	16,3	1383	8	4,37	414,4
1000 x 436	1000	600	31,5	19,0	937,0	556,0	1016969	20339	42,8	22475	113454	3782	14,3	5755	16,1	1472	8	4,36	436,5
1100 x 451	1100	600	31,5	19,0	1037	575,0	1255778	22832	46,7	25303	113459	3782	14,0	5764	16,0	1495	8	4,56	451,4
1100 x 479	1100	600	31,5	22,4	1037	610,3	1287374	23407	45,9	26217	113497	3783	13,6	5800	15,8	1651	8	4,56	479,1
1100 x 506	1100	600	37,5	19,0	1025	644,8	1441055	26201	47,3	28897	135059	4502	14,5	6843	16,2	2352	8	4,56	506,1
1100 x 533	1100	600	37,5	22,4	1025	679,6	1471566	26756	46,5	29790	135096	4503	14,1	6879	16,0	2507	8	4,56	533,5
1200 x 491	1200	650	31,5	19,0	1137	625,5	1630890	27181	51,1	30066	144243	4438	15,2	6757	17,3	1622	8	4,96	491,0
1200 x 521	1200	650	31,5	22,4	1137	664,2	1672536	27876	50,2	31165	144285	4440	14,7	6797	17,1	1792	8	4,96	521,4
1200 x 550	1200	650	37,5	19,0	1125	701,3	1873037	31217	51,7	34348	171705	5283	15,6	8023	17,5	2551	8	4,96	550,5
1200 x 581	1200	6S0	37,5	22,4	1125	739,5	1913379	31890	50,9	35423	171746	5284	15,2	8063	17,3	2721	8	4,96	580,5
1300 x 539	1300	650	31,5	22,4	1237	686,6	2000973	30784	54,0	34541	144294	4440	14,5	6810	17,0	1830	8	5,16	539,0
1300 x 564	1300	650	31,5	25,0	1237	718,8	2041984	31415	53,3	35536	144339	5441	14,2	6848	16,8	2015	8	5,15	564,2
1300 x 598	1300	650	37,5	22,4	1225	761,9	2286287	35174	54,8	39177	171753	5285	15,0	8076	17,2	2758	8	5,16	598,1
1300 x 623	1300	650	37,5	25,0	1225	793,8	2326117	35786	54,1	401S2	171800	5286	14,7	8113	17,1	2943	8	5,15	623,1
1400 x 581	1400	700	31,5	22,4	1337	740,5	2511248	35875	58,2	40186	180200	5149	15,6	7885	18,2	1971	8	5,56	581,3
1400 x 609	1400	700	31,5	25,0	1337	775,3	2563031	36625	57,5	41348	180249	5150	15,2	7926	18,1	2171	8	5,55	608,6
1400 x 645	1400	700	37,5	22,4	1325	821,8	2871373	41020	59,1	45597	214499	6129	16,2	9354	18,5	2971	8	5,56	645,1
1400 x 672	1400	700	37,5	25,0	1325	856,3	2921774	41740	58,4	46738	214548	6130	15,8	9395	18,4	3171	8	5,55	672,2
1500 x 599	1500	700	31,5	22,4	1437	762,9	2931805	39091	62,0	43944	180210	5149	15,4	7898	18,1	2009	8	5,76	598,9
1500 x 628	1500	700	31,5	25,0	1437	800.3	2996097	39948	61,2	45286	180262	5150	15,0	7942	17,9	2224	8	5,75	628,2
1500 x 663	1500	700	37,5	22,4	1425	844,2	3348076	44641	63,0	49762	214508	6129	15,9	9366	18,4	3009	8	5,76	662,7
1500 x 692	1500	700	37,5	25,0	1425	881,3	3410771	45477	62,2	51082	214561	6130	15,6	9410	18,3	3223	8	5,75	691,8

Tabela F.3 — Perfis soldados - Série CS

PERFIL	Dimensões					A	Eixo X-X				Eixo Y-Y				rT	iT	ec	U	P
	d mm	b_f mm	t_f mm	t_w mm	h mm	cm^2	I_x cm^4	W_x cm^3	r_x cm	Z_x cm^3	I_y cm^4	W_y cm^3	r_y cm	Z_y cm^3	cm	cm^4	mm	m^2/m	kg/m
*250 x 52	250	250	9,5	8,0	231,0	66,0	7694	616	10,8	678	2475	198	6,12	300,6	6,79	18,4	5	1,48	51,8
*250x63	250	250	12,5	8,0	225,0	80,5	9581	766	10,9	843	3256	260	6,36	394,2	6,89	36,6	5	1,48	63,2
*250 x 66	250	250	12,5	9,5	225,0	83,9	9723	778	10,8	862	3257	261	6,23	395,7	6,84	39,3	5	1,48	65,8
*250 x 76	250	250	16,0	8,0	218,0	97,4	11659	933	10,9	1031	4168	333	6,54	503,5	6,97	72,3	6	1,48	76,5
*250 x 79	250	250	16,0	9,5	218,0	100,7	11788	943	10,8	1049	4168	333	6,43	504,9	6,92	75,0	6	1,48	79,1
*250 x 84	250	250	16,0	12,5	218,0	107,3	12047	964	10,6	1085	4170	334	6,24	508,5	6,84	83,5	6	1,48	84,2
*250 x 90	250	250	19,0	9,5	212,0	115,1	13456	1076	10,8	1204	4949	396	6,56	598,5	6,48	121	6	1,48	90,4
*250 x 95	250	250	19,0	12,5	212,0	121,5	13694	1096	10,6	1238	4951	396	6,38	602,0	6,90	129	6	1,48	95,4
*250 x 108	250	250	22,4	12,5	205,2	137,7	15451	1236	10,6	1406	5837	467	6,51	708,0	6,96	202	8	1,48	108,1
*300 x 62	300	300	9,5	8,0	281,0	79,5	13509	901	13,0	986	4276	285	7,33	432,0	8,14	22,1	5	1,78	62,4
*300 x 76	300	300	12,5	8,0	275,0	97,0	16894	1126	13,2	1229	5626	375	7,62	566,9	8,27	44,0	5	1,48	76,1
*300 x 95	300	300	16,0	9,5	268,0	121,5	20902	1393	13,1	1534	7202	480	7,70	726,0	8,30	90,0	6	1,78	95,3
*300 x 102	300	300	16,0	12,5	268,0	129,5	21383	1426	12,8	1588	7204	480	7,46	730,5	8,20	100	6	1,78	101,7
*300 x 109	300	300	19,0	9,5	262,0	138,9	23962	1597	13,1	1765	8552	570	7,85	860,9	8,36	145	6	1,78	109,0
*300 x 115	300	300	19,0	12,5	262,0	146,8	24412	1627	12,9	1816	8554	570	7,63	865,2	8,27	155	6	1,78	115,2
*300 x 122	300	300	19,0	16,0	262,0	155,9	24936	1662	12,6	1876	8559	571	7,41	871,8	8,18	176	6	1,7	122,4
*300 x 131	300	300	22,4	12,5	255,2	166,3	27680	1845	12,9	2069	10084	672	7,79	1018	8,34	243	8	1,78	130,5
*300 x 138	300	300	22,4	16,0	255,2	175,2	28165	1878	12,7	2126	10089	673	7,59	1024	8,25	263	8	1,77	137,6
*300 x 149	300	300	25,0	16,0	250,0	140,0	30521	2035	12,7	2313	11259	751	7,70	1141	8,30	350	8	1,77	149,2
*350 x 93	350	350	12,5	9,5	325,0	118,4	27646	1580	15,3	1727	8935	511	8,69	773,0	9,56	55,2	5	2,08	92,9
*350 x 112	350	350	16,0	9,5	318,0	142,2	33805	1932	15,4	2111	11436	653	8,97	987,2	9,68	105	6	2,08	111,6
*350 x 119	350	350	16,0	12,5	318,0	151,8	34609	1978	15,1	2186	11439	654	8,68	992,4	9,55	117	6	2,08	119,1
*350 x 128	350	350	19,0	9,5	312,0	162,6	38873	2221	15,5	2432	13579	776	9,14	1171	9,75	170	6	2,08	127,7
*350 x 135	350	350	19,0	12,5	312,0	172,0	39633	2265	15,2	2505	13582	776	8,89	1176	9,64	182	6	2,08	135,0
*350 x 144	350	350	19,0	16,0	312,0	182,9	40519	2315	14,9	2591	13588	776	8,62	1184	9,53	205	6	2,07	143,6
*350 x 153	350	350	22,4	12,5	305,2	195,0	45097	2577	15,2	2859	16012	915	9,06	1384	9,72	284	3	2,08	153,0
*350 x 161	350	350	22,4	16,0	305,2	205,6	45926	2624	14,9	2941	16017	915	8,83	1392	9,62	307	8	2,07	161,4
*350 x 175	350	350	25,0	16,0	300,0	223,0	49902	2852	15,0	3204	17875	1021	8,95	1550	9,67	409	8	2,07	175,1
*350 x 182	350	350	25,0	19,0	300,0	232,0	50577	2890	14,8	3271	17882	1022	8,78	1558	9,60	439	8	2,06	182,1
*350 x 216	350	350	31,5	19,0	287,0	275,0	59845	3420	14,8	3903	22526	1287	9,05	1955	9,71	802	8	2,06	215,9
*400 x 106	400	400	12,5	9,5	375,0	135,6	41727	2086	17,5	2271	13336	667	9,92	1008	10,9	63,2	5	2,38	106,5
*400 x 128	400	400	16,0	9,5	368,0	163,0	51159	2558	17,7	2779	17069	853	10,2	1288	11,1	120	6	2,38	127,8
•400 x 137	400	400	16,0	12,5	368,0	174,0	52404	2620	17,4	2881	17073	854	9,91	1294	10,9	134	6	2,38	136,6
*400 x 146	400	400	19,0	9,5	362,0	186,4	58962	2948	17,8	3207	20269	1013	10,4	1528	11,1	194	6	2,38	146,3
*400 x 155	400	400	19,0	12,5	362,0	197,3	60148	3007	17,5	3305	20273	1014	10,1	1534	11,0	208	6	2,38	154,8
*400 x 165	400	400	19,0	16,0	362,0	209,9	61532	3077	17,1	3420	20279	1014	9,83	1543	10,9	235	6	2,37	164,8
*400 x 176	400	400	22,4	12,5	355,2	223,6	68620	3431	17,5	3778	23899	1195	10,3	1806	11,1	324	8	2,38	175,5
*400x 185	400	400	22,1	16,0	355,2	236,0	69927	3496	17,2	3888	23905	1195	10,1	1815	11,0	351	8	2,37	185,3
*400 x 201	400	400	25,0	16,0	350,0	256,0	76133	3807	17,2	4240	26679	1334	10,2	2022	11,0	468	8	2,37	201,0
*400 x 209	400	400	25,0	19,0	350,0	266,5	77205	3860	17,0	4332	26687	1334	10,0	2032	11,0	502	8	2,36	209,2
*400 x 248	400	400	31,5	19,0	337,0	316,0	91817	4591	17,0	5183	33619	1681	10,3	2550	11,1	918	8	2,36	248,1
*450 x 154	450	450	16,0	12,5	418,0	196,3	75447	3353	19,6	3671	24307	1080	11,1	1636	12,3	151	6	2,68	154,1
*450 x 175	450	450	19,0	12,5	412,0	222,5	86749	3856	19,7	4216	28863	1283	11,4	1940	12,4	234	6	2,68	174,7
*450 x 186	450	450	19,0	16,0	412,0	236,9	88789	3946	19,4	4364	28870	1283	11,0	1950	12,2	265	6	2,67	186,0
*450 x 198	450	450	22,4	12,5	405,2	252,3	99167	4407	19,8	4823	34027	1512	11,6	2284	12,5	365	8	2,68	198,0
*450 x 209	450	450	22,4	16,0	405,2	266,4	101107	4494	19,5	4967	34034	1513	11,3	2294	12,3	396	8	2,67	209,1
*450 x 227	450	450	25,0	16,0	400,0	289,0	110252	4900	19,5	5421	37982	1688	11,5	2557	12,4	527	8	2,67	226,0
*450 x 236	450	450	25,0	19,0	400,0	301,0	111852	4971	19,3	5541	37992	1689	11,2	2567	12,3	566	8	2,66	236,3
*450 x 280	450	450	31,5	19,0	387,0	357,0	133544	5935	19,3	6644	47863	2127	11,6	3224	12,5	1033	8	2,66	280,3
*450 x 291	450	450	31,5	22,4	387,0	370,2	135186	6008	19,1	6771	47877	2128	11,4	3238	12,4	1094	8	2,66	290,6
*450 x 321	450	450	37,5	19,0	375,0	408,8	152314	6770	19,3	7629	56975	2532	11,8	3831	12,6	1676	8	2,66	320,0

Tabela F.2 — Perfis soldados - Série CVS (continuação)

PERFIL	Dimensões d mm	b_f mm	t_f mm	t_w mm	h mm	A cm²	Eixo X-X I_x cm⁴	W_x cm³	r_x cm	Z_x cm³	Eixo Y-Y I_y cm⁴	W_y cm³	r_y cm	Z_y cm³	rT cm	iT cm⁴	ec mm	U m²/m	P kg/m
*450 x 331	450	450	37,5	22,4	375,0	421,5	153809	6836	19,1	7748	56988	2533	11,6	3844	12,5	1737	8	2,66	330,9
*500 x 172	500	500	16,0	12,5	468,0	218,5	104414	4177	21,9	4556	33341	1334	12,4	2018	13,6	168	6	2,36	171,5
*500 x 194	500	500	19,0	12,5	462,0	247,8	120226	4809	22,0	5237	39591	1584	12,6	2393	13,8	260	6	2,98	194,5
*500 x 207	500	500	19,0	16,0	462,0	263,9	123102	4924	21,6	5423	39599	1584	12,2	2405	13,6	294	6	2,37	207,2
*500 x 221	500	500	22,4	12,5	455,2	280,9	137656	5506	22,1	5997	46674	1867	12,9	2818	13,9	406	8	2,98	220,5
*500 x 233	500	500	22,4	16,0	455,2	296,8	140407	5616	21,7	6178	46682	1867	12,5	2829	13,7	440	8	2,97	233,0
*500 x 253	500	500	25,0	16,0	450,0	322,0	153296	6132	21,8	6748	52099	2084	12,7	3154	13,8	586	8	2,97	252,8
*500 x 263	500	500	25,0	19,0	450,0	335,5	155574	6223	21,5	6899	52109	2084	12,5	3166	13,7	629	8	2,96	263,4
*500 x 312	500	500	31,5	19,0	437,0	398,0	186324	7453	21,6	8286	65650	2626	12,8	3977	13,8	1149	8	2,96	312,5
*500 x 324	500	500	31,5	22,4	437,0	412,9	188689	7548	21,4	8448	65666	2627	12,6	3992	13,7	1217	8	2,96	324,1
*500 x 333	500	500	31,5	25,0	437,0	424,3	190497	7620	21,2	8572	65682	2627	12,4	4006	13,7	1286	8	2,95	333,0
*500 x 369	500	500	37,5	22,4	425,0	470,2	215306	8612	21,4	9683	78165	3127	12,9	4741	13,9	1931	8	2,96	369,1
*500 x 378	500	500	37,5	25,0	425,0	481,3	216969	8679	21,2	9801	78180	3127	12,7	4754	13,8	1999	8	2,95	377,8
*550 x 228	550	550	19,0	16,0	512,0	290,9	165283	6010	23,8	6598	52703	1916	13,5	2907	14,9	324	6	3,27	228,4
*550 x 257	550	550	22,4	16,0	505,2	327,2	188766	6864	24,0	7521	62131	2259	13,8	3420	15,1	484	8	3,27	256,9
*550 x 279	550	550	25,0	16,0	500,0	355,0	206302	7502	24,1	8219	69340	2521	14,0	3813	15,2	645	8	3,27	278,7
*550 x 290	550	550	25,0	19,0	500,0	370,0	209427	7616	23,8	8406	69351	2522	13,7	3826	15,0	693	8	3,26	290,5
*550 x 345	550	550	31,5	19,0	487,0	439,0	251459	9144	23,9	10110	87375	3177	14,1	4808	15,2	1265	8	3,26	344,6
*550 x 358	550	550	31,5	22,4	487,0	455,6	254731	9263	23,6	16311	87392	3178	13,9	4825	15,1	1340	8	3,26	357,6
*550 x 368	550	550	31,5	25,0	487,0	468,2	257234	9354	23,4	10465	87410	3179	13,7	4840	15,0	1416	8	3,25	367,6
*550 x 395	550	550	37,5	19,0	475,0	502,8	288317	10484	23,9	11642	104012	3782	14,4	5715	15,3	2051	8	3,26	394,7
*550 x 407	550	550	37,5	22,4	475,0	518,9	291353	10595	23,7	11834	104029	3783	14,2	5731	15,2	2126	8	3,26	407,3
*550 x 417	550	550	37,5	25,0	475,0	531,3	293675	10679	23,5	11980	104046	3783	14,0	5746	15,2	2201	8	3,25	417,0
*550 x 441	550	550	37,5	31,5	475,0	562,1	299480	10890	23,1	12347	104108	3786	33,6	5790	15,0	2468	8	3,24	441,3
**550 x 495	550	550	44,0	31,5	462,0	629,5	336470	12235	23,1	13926	122129	4441	13,9	6770	15,1	3651	10	3,24	494,2
*600 x 250	600	600	19,0	16,0	562,0	317,9	216146	4205	26,1	7887	68419	2281	14,7	3456	16,3	354	6	3,57	249,6
*600 x 281	600	600	22,4	16,0	555,2	357,6	247125	8237	26,3	8996	80659	2689	15,0	4068	16,4	528	8	3,57	280,7
*600 x 305	600	600	25,0	16,0	550,0	388,0	27030S	9010	26,4	9835	90019	3001	15,2	4535	16,5	704	8	3,57	304,6
*600 x 318	600	600	25,0	19,0	550,0	404,5	274468	9149	26,0	10062	90031	3001	14,9	4550	16,4	756	8	3,56	317,5
*600 x 377	600	600	31,5	19,0	537,0	480,0	330248	11008	26,2	12114	113431	3781	15,4	5718	16,6	1380	8	3,S6	376,8
*600 x 331	600	600	31,5	22,4	537,0	498,3	334635	11155	25,3	12360	113450	3782	15,1	5737	16,5	1463	8	3,56	391,2
*600 x 402	600	600	31,5	25,0	537,0	512,3	337991	11266	25,7	12547	113470	37S2	14,9	5754	16,4	1546	8	3,55	402,1
*600 x 432	600	600	37,5	19,0	525,0	549,8	379396	12647	26,3	13965	135030	4501	15,7	6797	16,7	2238	8	3,56	431,6
*600 x 446	600	600	37,5	22,4	525,0	567,6	383496	12783	26,0	14200	135049	4502	15,4	6816	16,6	2320	8	3,56	445,6
*600 x 456	600	600	37,5	25,0	525,0	581,3	386631	12888	25,8	14379	135068	4502	15,2	6832	16,5	2402	8	3,55	456,6
*600 x 4S3	600	600	37,5	31,5	525,0	6154	394469	13149	25,3	14827	135137	4505	14,8	6880	16,4	2695	8	3.54	483,1
**600 x 541	600	600	44,0	31,5	512,0	689,3	444144	14805	25,4	16743	158533	5284	15,2	8047	16,5	3987	10	3,54	541,1
*650 x305	650	650	22,4	16,0	605,2	388,0	316423	9736	28,6	10603	102547	3155	16,3	4771	17,8	573	8	387	304,6
*650 x 330	650	650	25,01	16,0	600,0	421,0	346352	10657	28,7	11596	114448	3521	16,5	5320	17,9	762	8	3,87	330,5
*650 x 345	650	650	25,0	19,0	600,0	439,0	351752	10823	28,3	11866	114461	3522	16,1	5335	17,8	820	8	3,86	344,6
*650 x 395	650	650	31,5	16,0	587,0	503,4	418935	12890	28,8	14042	144198	4437	16,9	6692	18,1	1439	8	3,87	395,2
*650 x 409	650	6S0	31,5	19,0	587,0	521,0	423991	13046	28,5	14300	144212	4437	16,6	6707	18,0	1496	8	3,86	409,0
*650 x 425	650	650	31,5	22,4	587,0	541,0	429722	13222	28,2	14593	144233	4438	16,3	6728	17,8	1586	8	3,86	424,7
*650 x 437	650	650	31,5	25,0	587,0	556,3	434104	13357	27,9	14817	144255	4439	16,1	6746	17,7	1677	8	3,85	436,7
*650 x 468	650	650	37,5	19,0	575,0	596,8	487894	15012	28,6	16500	171673	5282	17,0	7974	18,1	2425	8	3,86	468,4
*650 x 484	650	650	37,5	22,4	575,0	616,3	493280	15178	28,3	16781	171694	5283	16,7	7994	18,0	2515	8	3,86	483,8
*650 x 496	650	650	37,5	25,0	575,0	631,3	497399	15305	28,1	16996	171715	5284	16,5	8012	17,9	2604	8	3,85	495,5
*650 x 525	650	650	37,5	31,5	575,0	668,6	507097	15621	27,6	17533	171790	5286	16,0	8065	17,7	2923	8	3,84	524,9
**650 x 588	650	650	44,0	31,5	562,0	749,0	572665	17620	27,7	19819	201538	6201	16,4	9434	17,9	4323	10	3,84	588,0

Tabela F.3 — Perfis soldados - Série VSE

PERFIL	d mm	b_f mm	t_f mm	t_w mm	h mm	A cm²	I_x cm⁴	W_x cm³	r_x cm	Z_x cm³	I_y cm⁴	W_y cm³	r_y cm	Z_y cm³	rT cm	iT cm⁴	ec mm	U m²/m	P kg/m
H6"-1ª ALMA	152,4	150,8	12,70	7,95		47,3	1958	257	6,43		621	81,5	3,63						37,1
VSE153x38,0	153,0	151,0	12,50	8,00	128	48,0	2008	262	6,47	298	718	95,1	3,87	145	4,17	22.1	5	0,89	37,7
H6"-2ª ALMA	152,4	154,0	12,70	11,13		52,1	2050	269	6,27		664	87,1	3757						40,9
•VSE153x43,0	153.0	154,0	12,50	12,5	128	54,5	2123	278	6,24	322	763	99,1	3,74	153	4,17	29,2	6	0,90	42,8
I 8"-1ª ALMA	203,2	101,6	10,79	6,36		34,8	2400	236	8,30		155	30,5	2,11		2,47				27,3
VSE203x29,0	203,0	102,0	12,50	6,30	178	36,7	2613	257	8,44	293	221	43,4	2,46	66,8	2,75	14,9	5	0,80	28,8
I 8"-2ª ALMA	203,2	103,6	10,79	8,86		38,9	2540	250	8,08		266	32,0	2,07		2,48				30,50
VSE203x32,0	203,0	104,0	12,50	8,00	178	40,2	2738	270	8,25	311	235	45,2	2,42	70,4	2,76	16,8	5	0,81	31,6
I 8"-3ª ALMA	203,2	105.9	10,79	11,2		43,7	2700	266	7,86		179	33,9	2,03		2,50				34,3
VSE203x34,0	203,0	107,0	12,50	9,50	178	43,7	2877	283	8,12	330	256	47,9	2,42	75,6	2,81	19,4	5	0,82	34,3
I 8"-4ªALMA	203,2	108,3	10,79	13,5		48,3	2860	282	7,69		194	35,8	2,00		2,52				38,0
VSE203x39,0	203,0	108,0	12,50	12,5	178	49,3	3041	300	7,86	356	265	49,1	2,32	79,9	2,77	26,5	6	0,81	38,7
I t0"-1ª ALMA	254,0	118,4	12,47	7,90		48,1	5140	405	10,3		282	47,7	2,42		2,87				37,7
VSE254x38,0	254,0	119,0	12,50	8,00	229	48,1	5142	405	10,3	464	352	59,2	2,71	92,2	3,13	19,6	5	0,97	37,7
I 10"-2ª ALMA	254,0	121,8	12,47	11,4		56,9	5610	442	9,93		312	51,3	2,34		2,89				44,7
•VSE254x46,0	254,0	122,0	12,50	12,5	229	59,1	5702	449	9,82	532	382	62,6	2,54	102	3,08	31,6	6	0,97	46,4
I 10"-3ª ALMA	254,0	125,6	12,47	15,1		66,4	6120	482	9,60		348	55,4	2,29		2,92				52,1
•VSE254x54,0	254,0	126,0	12,50	16,0	229	68,1	6198	488	9,54	590	425	67,4	2,50	114	3,10	49,4	8	0,98	53,5
I 10"-4ª ALMA	254,0	129,3	12,47	18,8		75,9	6630	522	9,35		389	60,1	2,26		2,94				59,6
VSE254x60,0	254,0	130,0	12,50	19,0	229	76,0	6644	523	9,35	642	471	72,4	2,49	126	3,14	72,1	8	0,99	59,7
I 12"-1ª ALMA	304,8	133,4	16,74	11,7		77,3	11330	743	12,1		563	84,5	2,70		3,17				60,6
•VSE305 x62,0	305,0	138,0	16,00	12,5	273	78,3	11350	744	12,0	871	705	102	3,00	163	3,56	56,5	6	1,14	61,5
I 12"-2ª ALMA	304,8	136,0	16,74	14,4		85,4	11960	785	11,8		603	88,7	2,66		3,24				67,0
•VSE305x69,0	305,0	138,0	16,00	16,0	273	87,8	11943	783	11,7	936	710	103	2,84	170	3,46	77,1	8	1,13	69,0
I 12"-3³ ALMA	304,8	139,1	16,74	17,4		948	12690	833	11,6		654	94,0	2,63		3,32				74,4
•VSE305x76,0	305,0	141,0	16,00	19,0	273	97,0	12652	830	11,4	1006	763	108	2,81	184	3,47	105	8	1,14	76,1
I 12"-4ª ALMA	304,8	142,2	16,74	20,6		104,3	13430	881	11,3		709	99,7	2,61		3,34				81,9
•VSE305x84,0	305,0	143,0	16,00	22,4	273	106,9	13363	876	11,2	1079	805	113	2,74	198	3,45	147	10	1,14	83,9
I 15-1ª ALMA	381,0	139,7	15,80	10,4		80,6	18580	975	15,2		598	85,7	2,73		3,32				63,3
•VSE381x62,0	381,0	143,0	16,00	9,5	349	78,9	18616	977	15,4	1124	782	109	3,15	172	3,71	49,5	6	1,32	61,9
I 15"-2ª ALMA	381,0	140,8	15,80	11,5		84,7	19070	1001	15,0		614	87,3	2,70		3,32				66,5
•VSE381x70,0	381,0	141,0	16,00	12,5	349	88,7	19465	1022	14,8	1204	753	107	2,91	173	3,54	62,3	6	1,30	69,7
I 15"-3ª ALMA	381,0	143,3	15,80	14,0		94,2	20220	1061	14.7		653	91,2	2,63		3,34				73,9
•VSE381x80,0	381,0	143,0	16,00	16,0	349	101,6	20919	1098	14,3	1322	792	111	2,79	186	3,49	88,9	8	1,30	79,8
I 15"-4ª ALMA	381,0	145,7	15,80	16,5		103,6	21370	1122	14,4		696	95,5	2,59		3,34				81,4
•VSE381x89,0	381,0	146,0	16,00	19,0	349	113,0	22301	1171	14,0	1431	850	116	2,74	202	3,49	123	8	1,31	88,7
I 18"-1ª ALMA	457,2	152,4	17,55	11,7		103,7	33460	1464	18,0		867	114	2,89		3,58				81,4
•VSE457x77,0	457,0	152,0	19,00	9,5	419	97,6	33543	1468	18,5	1682	1115	147	3,38	229	3,96	82,0	6	1,5)	76,6
I 18"-2ª ALMA	457,2	154,6	17,55	13,9		113,8	35220	1541	17,6		912	118	2,83		3,58				89,3
•VSE457x87,0	457,0	155,0	19,00	12,5	419	111,3	35929	1572	18,0	1839	1186	153	3,26	245	3,93	99,4	6	1,51	87,4
I 18"-3ª ALMA	457,2	156,7	17,55	16,0		123,3	36880	1613	17,3		957	122	2,79		3,60				96,8
VSE 457x99,0	457,0	156	19,00	16,0	419	126,3	38257	1674	17,4	2000	1217	156	3,10	258	3,85	131	8	1,51	99,2
I 18"-4ª ALMA	457,2	158,8	17,55	18,1		132,8	38540	1686	17,0		1004	127	2,75		3,60				104,3
VSE457x110,0	457,0	158	19,00	19,0	419	139,7	40461	177	17,0	2149	1273	161	3,02	275	3,81	172	8	1,51	109,6
I 20"-1ª ALMA	508,0	177,8	23,30	15,2		174,4	61640	2430	20,0		1872	211	3,48		4,29				121,2
•VSE508x115,0	508,0	178	25,00	12,5	458	146,3	61961	2439	20,6	2805	2357	265	4,01	414	4,67	217	8	1,70	114,8
I 20"-2ª ALMA	508,0	179,1	23,30	16,6		161,3	63110	2480	19,8		1922	215	3,45		4,29				126,6
VSE508x128,0	508,0	179	25,00	16,0	458	162,8	65055	2561	20,0	3000	2405	269	3,84	430	4,58	252	8	1,70	127,8
I 20"-3ª ALMA	508,0	181	23,30	18,4		170,7	65140	2560	19,5		1993	220	3,42		4,31				134,0
VSE508x139,0	508,0	181	25,00	19,0	458	177,5	68040	2679	19,6	3182	2497	276	3,75	451	4,55	299	8	1,70	139,4
I 20"-4ª ALMA	508,0	182,9	23,30	20,3		180,3	67190	2650	19,3		2070	226	3,39		4,32				141,5
•VSE508x152,0	508,0	183	25,00	22,4	458	194,1	71346	2809	19,2	3384	259	284	3,66	476	4,52	372	10	1,70	152,4

ANEXO G — CÁLCULO DE CONTRAFLECHA DE TRELIÇAS

No caso de treliças com vãos teóricos de até 24,00 m, as especificações contidas no Manual da AISC (American Institute of Steel Constructions) dispensam a contraflecha.

A contraflecha deve compensar a flecha resultante na treliça oriunda da ação da carga permanente (Fig. G.1).

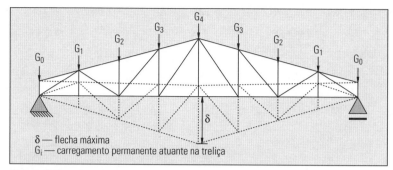

Figura G.1

G.1 — Cálculo da flecha resultante

Para determinação da flecha máxima resultante, deve-se utilizar a expressão:

$$\delta = \sum_{i=1}^{i=b} \frac{L_i}{A_i} \frac{N_i \bar{N}_i}{E} \tag{G.1}$$

onde:

L_i – comprimento da barra

A_i – área da seção transversal da barra

N_i – esforço normal na barra devido à carga permanente

$\bar{N}_i$ – esforço normal na barra devido à aplicação de uma carga unitária adimensional, aplicada no Nó e no sentido onde se deseja o deslocamento (Fig. G.2)

E – Módulo de elasticidade do aço

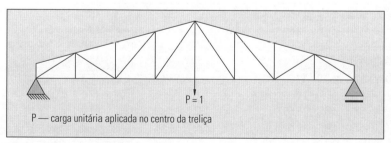

Figura G.2

Com os resultados dos dois carregamentos é montada a Tabela G.1, através da qual será obtida a flecha máxima.

Tabela G.1						
Barra	Comprimento L_i (m)	Área A_i (m²)	$\frac{L_i}{A_i}$ (m⁻¹)	Esforços		$\frac{L_i}{A_i} N_i \bar{N}_i \left(\frac{N}{m}\right)$
				N_i (N)	$\bar{N}_i$ (adimensional)	
1						
2						
b_n						
						$\sum \frac{L_i}{A_i} N_i \bar{N}_i$

Portanto:

$$\delta_{máx} = \frac{\sum \frac{L_i}{A_i} N_i \bar{N}_i}{E} (m) \qquad (G.1)$$

$$E = 205 \text{ GPa}$$

G.2 — Cálculo das ordenadas dos nós

Deve-se aplicar a contraflecha para compensar a flecha existente na treliça. Existem vários processos para prever contraflechas em treliças. Basicamente, consistem em levantar progressivamente cada montante apenas através da variação do comprimento das diagonais.

Portanto, a treliça é detalhada sem contraflecha, exceto as diagonais, que têm seus comprimentos e inclinações alterados para cada posição da contraflecha.

Um dos processos consiste em numerar os nós de extremidade das diagonais até a linha de centro e espelhá-las conforme a Fig. G.3.

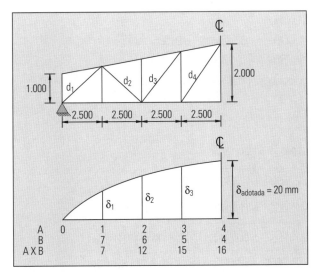

Figura G.3

As flechas são:

$$\delta_1 = \frac{7}{16}\delta_{adotada} = \frac{7}{16} \times 20 = 8,75 \text{ mm}$$

$$\delta_2 = \frac{12}{16}\delta_{adotada} = \frac{12}{16} \times 20 = 15 \text{ mm}$$

$$\delta_3 = \frac{15}{16}\delta_{adotada} = \frac{15}{16} \times 20 = 18,75 \text{ mm}$$

$$\delta_4 = \frac{16}{16}\delta_{adotada} = \frac{16}{16} \times 20 = 20 \text{ mm}$$

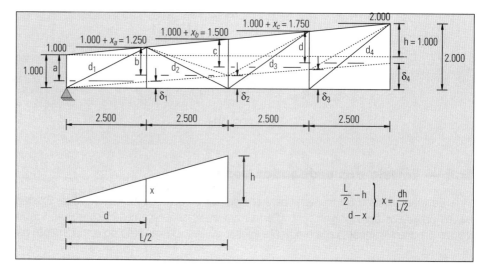

$$x_a = \frac{2.500}{10.000} \cdot 1.000 = 250 \text{ mm}$$

$$x_b = \frac{5.000}{10.000} \cdot 1.000 = 500 \text{ mm}$$

$$x_c = \frac{7.500}{10.000} \cdot 1.000 = 750 \text{ mm}$$

$a = 1.000 - 8,75 = 991,25 \text{ mm}$
$b = 1.250 - 15 = 1.235,00 \text{ mm}$
$c = 1.500 - 18.75 = 1.481,25 \text{ mm}$
$d = 1.750 - 20 = 1.730,00 \text{ mm}$

Comprimento das diagonais:

$$d_1 = \sqrt{2.500^2 + 1.250^2} = 2.795 \text{ mm}$$

$$d_2 = \sqrt{2.500^2 + (1.250-15)^2} = 2.788 \text{ mm}$$

$$d_3 = \sqrt{2.500^2 + (1.750-15)^2} = 3.043 \text{ mm}$$

$$d_4 = \sqrt{2.500^2 + (2.000-18,75)^2} = 3.189 \text{ mm}$$

Deve-se analisar a geometria de treliça, pois pode haver casos em que o comprimento da diagonal aumenta e outros em que diminui, para haver a contraflecha.

Pode-se, também, utilizar equações parabólicas para o cálculo da contraflecha:

$$\delta = \delta_{máx}\left[1 - \left(\frac{x}{L/2}\right)^2\right]$$ (G.2)

x - distância horizontal do centro da treliça ao ponto considerado
L - vão da treliça

Para o cálculo da contraflecha pode-se utilizar, também, a Tabela G.2.

$$\delta_i = (\text{Fator}) \times \delta_{máx}$$ (G.3)

Tabela G.2 — Fatores de multiplicação										
Número de painéis no vão	Fator									
	F_1	F_2	F_3	F_4	F_5	F_6	F_7	F_8	F_9	F_{10}
4	0,750	1,000								
5	0,640	0,960								
6	0,556	0,889	1,000							
7	0,490	0,816	0,980							
8	0,438	0,750	0,938	1,000						
9	0,345	0,691	0,889	0,988						
10	0,360	0,640	0,840	0,960	1,000					
11	0,331	0,595	0,793	0,936	0,992					
12	0,306	0,556	0,750	0,889	0,972	1,000				
13	0,284	0,521	0,710	0,852	0,947	0,994				
14	0,265	0,490	0,673	0,816	0,918	0,980	1,000			
15	0,249	0,482	0,640	0,782	0,889	0,960	0,996			
16	0,234	0,438	0,609	0,750	0,869	0,938	0,984	1,000		
17	0,221	0,415	0,582	0,720	0,830	0,913	0,969	0,996		
18	0,210	0,395	0,556	0,691	0,802	0,889	0,951	0,988	1,000	
19	0,199	0,377	0,532	0,665	0,776	0,864	0,931	0,975	0,997	
20	0,190	0,360	0,510	0,640	0,750	0,840	0,910	0,960	0,990	1,000

Como exemplo, no presente caso:

Tem-se 8 painéis

$$\delta_1 = 0,438 \times 20 = 8,76 \text{ mm}$$

$$\delta_2 = 0,750 \times 20 = 15 \text{ mm}$$

$$\delta_3 = 0,938 \times 20 = 18,76 \text{ mm}$$

$$\delta_4 = 1,000 \times 20 = 20 \text{ mm}$$

Como sugestão para contraflecha tem-se:

vão $\leq$ 20 m $\longrightarrow \delta = 1$ mm/metro de vão

vão > 20 m $\longrightarrow \delta = 1,5$ mm/metro de vão

Obs.: A contraflecha deve, no mínimo, vencer a flecha originária do carregamento de peso próprio.

APÊNDICES

Apêndice A — Características geométricas das seções planas transversais

Figura	Área	Centro de gravidade	Momento de inércia	Raio de giração	Momento resistente elástico
	$A = bh$	$x_{CG} = b/2$ $y_{CG} = h/2$	$I_x = \dfrac{bh^3}{12}$ $I_y = \dfrac{b^3 h}{12}$ $I_{x_1} = \dfrac{bh^3}{3}$	$r_x = \dfrac{h}{\sqrt{12}}$ $r_y = \dfrac{b}{\sqrt{12}}$ $r_{mín} = \dfrac{b}{\sqrt{12}}$ $r_{x_1} = \dfrac{h}{\sqrt{3}}$	$W_x = \dfrac{bh^2}{6}$ $W_y = \dfrac{b^2 h}{6}$
	$A = \pi r^2 = \dfrac{\pi d^2}{4}$	$x_{CG} = r$ $y_{CG} = r$	$I_x = \dfrac{\pi d^4}{64} = \dfrac{\pi r^4}{4}$ $I_y = \dfrac{\pi d^4}{64} = \dfrac{\pi r^4}{4}$	$r_x = d/4$ $r_y = d/4$	$W_x = \dfrac{\pi d^3}{32} = \dfrac{\pi r^3}{4}$ $W_y = \dfrac{\pi d^3}{32} = \dfrac{\pi r^3}{4}$
	$A = \dfrac{bh}{2}$	$x_{CG} = \dfrac{b}{2}$ $y_{CG} = \dfrac{h}{3}$	$I_x = \dfrac{bh^3}{36}$ $I_y = \dfrac{b^3 h}{36}$ $I_{x_1} = \dfrac{bh^3}{4}$ $I_{x_2} = \dfrac{bh^3}{12}$	$r_x = \dfrac{\sqrt{2}}{6} h$ $r_y = \dfrac{\sqrt{6}}{12} b$	$W_{x_{sup}} = \dfrac{bh^2}{24}$ $W_{x_{inf}} = \dfrac{bh^2}{12}$ $W_y = \dfrac{b^2 h}{24}$
	$A = 0{,}866 h^2$	$x_{CG} = \dfrac{a}{2}$ $y_{CG} = \dfrac{h}{2}$	$I_x = \dfrac{5\sqrt{3}}{144} h^4$ $I_y = \dfrac{5\sqrt{3}}{144} h^4$	$r_x = 0{,}262 h$ $r_y = 0{,}262 h$	$W_x = \dfrac{5\sqrt{3}}{72} h^3$ $W_y = \dfrac{5}{48} h^3$

Figura	Área	Centro de gravidade	Momento de inércia	Raio de giração	Momento resistente elástico
	$A = 0,828h^2$	$x_{CG} = a/2$ $y_{CG} = h/2$	$I_x = 0,05473h^4$ $I_y = 0,05473h^4$	$r_x = 0,257h$ $r_y = 0,257h$	$W_x = 0,1095h^3$ $W_y = 0,1011h^3$
	$A = H^2 - h^2$	$x_{CG} = H/2$ $y_{CG} = H/2$	$I_x = \dfrac{H^4 - h^4}{12}$ $I_y = \dfrac{H^4 - h^4}{12}$	$r_x = \sqrt{\dfrac{H^2 + h^2}{12}} =$ $= 0,298\sqrt{H^2 + h^2}$ $r_y = 0,298\sqrt{H^2 + h^2}$	$W_x = \dfrac{H^4 - h^4}{6H}$ $W_y = \dfrac{H^4 - h^4}{6H}$
	$A = \dfrac{\pi d^2}{8} = \dfrac{\pi r^2}{2}$	$x_{CG} = d/2 = r$ $y_{CG} = \dfrac{4r}{3\pi}$	$I_x = \left(\dfrac{\pi}{8} - \dfrac{8}{9\pi}\right)r^4$ $I_y = \dfrac{\pi}{8}r^4$	$r_x = 0,2643r$ $r_y = 0,5r$ $r_{mín} = 0,2643r$	$W_{x_{sup}} = 0,2587r^3$ $W_{x_{inf}} = 0,1908r^3$ $W_y = \dfrac{\pi}{8}r^3$
	$A = \dfrac{\alpha}{2}r^2$ α em radianos	$y_{CG} = \dfrac{2}{3}r\dfrac{\operatorname{sen}\alpha/2}{\alpha/2}$	$I_y = \dfrac{r^4}{8}(\alpha - \operatorname{sen}\alpha)$ $I_x = I_{y_1} - \dfrac{8r^4}{9\alpha}\operatorname{sen}^2\dfrac{\alpha}{2}$ $I_{x_1} = \dfrac{r^4}{8}(\alpha + \operatorname{sen}\alpha)$	—	—
	$A = \dfrac{\pi r^2}{4}$	$x_{CG} = \dfrac{4r}{3\pi}$ $y_{CG} = \dfrac{4r}{3\pi}$	$I_x = 0,055r^4$ $I_y = 0,055r^4$ $I_{x_1} = \dfrac{\pi}{16}r^4$	$r_x = 0,2646r$ $r_y = 0,2646r$	$W_{x_{sup}} = 0,0956r^3$ $W_{x_{inf}} = 0,1296r^3$
	$A = \dfrac{\pi}{4}(D^2 - d^2)$	$x_{CG} = D/2$ $y_{CG} = D/2$	$I_x = \dfrac{\pi}{64}(D^4 - d^4)$ $I_y = \dfrac{\pi}{64}(D^4 - d^4)$	$r_x = \dfrac{\sqrt{D^2 + d^2}}{4}$ $r_y = \dfrac{\sqrt{D^2 + d^2}}{4}$	$W_x = \dfrac{\pi(D^4 - d^4)}{32D}$ $W_y = \dfrac{\pi(D^4 - d^4)}{32D}$

Estruturas metálicas

Figura	Área	Centro de gravidade	Momento de inércia	Raio de giração	Momento resistente elástico
	$A = \dfrac{\pi}{8}(D^2 - d^2)$	$x_{CG} = R$ $y_{CG} = \dfrac{4}{3\pi}\dfrac{R^2 + Rr + r^2}{R+r}$	$I_x = 0{,}1098(R^4 - r^4) -$ $\quad - 0{,}283R^2 r^2\left(\dfrac{R-r}{R+r}\right)$ $I_y = \dfrac{\pi}{8}(R^4 - r^4)$ $I_1 = \dfrac{\pi}{8}(R^4 - r^4)$	—	—
	$A = \dfrac{r}{2}L \times$ $\times\, 0{,}008727 \times 2\emptyset R^2$	$x_{CG} = \dfrac{2r}{3L}C =$ $= 38{,}197\,\dfrac{R\,\text{sen}\emptyset}{\emptyset}$	$I_x = \dfrac{R^4}{8}(2\emptyset - \text{sen}\,2\emptyset)$ $I_y = \dfrac{R^4}{8}(2\emptyset + \text{sen}\,2\emptyset)$	—	—
	$A = HB - hb$	$x_{CG} = B/2$ $x_{CG} = H/2$	$I_x = \dfrac{BH^3 - bh^3}{12}$ $I_y = \dfrac{B^3 H - b^3 h}{12}$	$r_x = \sqrt{\dfrac{BH^3 - bh^3}{12(BH - bh)}} =$ $= 0{,}289\sqrt{\dfrac{BH^3 - bh^3}{BH - bh}}$ $r_y = 0{,}289\sqrt{\dfrac{B^3 H - b^3 h}{BH - bh}}$	$W_x = \dfrac{BH^3 - bh^3}{6H}$ $W_y = \dfrac{B^3 H - b^3 h}{6B}$
	$A = H^2 - h^2$	$x_{CG} = 0{,}707H$ $y_{CG} = \dfrac{H}{\sqrt{2}} = 0{,}707H$	$I_x = \dfrac{H^4 - h^4}{12}$ $I_y = \dfrac{H^4 - h^4}{12}$	$r_x = \sqrt{\dfrac{H^2 + h^2}{12}} =$ $= 0{,}289\sqrt{H^2 + h^2}$ $r_y = 0{,}289\sqrt{H^2 + h^2}$	$w_x = 0{,}11785\left(\dfrac{H^4 - h^4}{H}\right)$ $w_y = 0{,}11785\left(\dfrac{H^4 - h^4}{H}\right)$

| Apêndices | 293 |

Apêndice B — Tabela de determinação de flechas em vigas

Apoio	Carregamento	Flechas (y) e declividade (θ)
Barra em balanço	Carga concentrada	$(A \text{ para } B) \ y = -\dfrac{1}{6}\dfrac{P}{EI}(-a^3 + 3a^2L - 3a^2x)$ $(B \text{ para } C) \ y = -\dfrac{1}{6}\dfrac{P}{EI}[(x-b)^3 - 3a^2(x-b) + 2a^3]$ $y_{máx} = -\dfrac{1}{6}\dfrac{P}{EI}(3a^2L - a^3)$ $\theta = +\dfrac{1}{2}\dfrac{Pa^2}{EI}(A \text{ para } B)$
	Carga uniforme	$y = -\dfrac{1}{24}\dfrac{P}{EIL}(x^4 - 4L^3x + 3L^4)$ $y_{máx} = -\dfrac{1}{8}\dfrac{PL^3}{EI}$ $\theta = +\dfrac{1}{6}\dfrac{PL^2}{EI}$ em A
	Carga uniforme parcial	$(A \text{ para } B) \ y = -\dfrac{1}{24}\dfrac{P}{EI}[4(a^2 + ab + b^2)(L-x) - a^3 - ab^2 - a^2b - b^3]$ $(B \text{ para } C) \ y = -\dfrac{1}{24}\dfrac{P}{EI}\left[6(a+b)(L-x)^2 - 4(L-x)^3 + \dfrac{(L-x-a)^4}{b-a}\right]$ $(C \text{ para } D) \ y = -\dfrac{1}{12}\dfrac{P}{EI}[3(a+b)(L-x)^2 - 2(L-x)^3]$ $y_{máx} = -\dfrac{1}{24}\dfrac{P}{EI}[4(a^2 + ab + b^2)L - a^2 - ab^2 - a^2b - b^3]$ em A $\theta = +\dfrac{1}{6}\dfrac{P}{EI}[a^2 + ab + b^2](A \text{ para } B)$
Barra biapoiada com articulações	Carga concentrada	$(A \text{ para } B) \ y = -\dfrac{1}{48}\dfrac{P}{EI}(3L^2x - 4x^3)$ $y_{máx} = -\dfrac{1}{48}\dfrac{PL^3}{EI}$ em B $\theta = -\dfrac{1}{16}\dfrac{PL^2}{EI}$ em A, $\qquad \theta = +\dfrac{1}{16}\dfrac{PL^2}{EI}$ em C
	Carga concentrada	$(A \text{ para } B) \ y = -\dfrac{Pbx}{6EIL}[2L(L-x) - b^2 - (L-x)^2]$ $(B \text{ para } C) \ y = -\dfrac{Pa(L-x)}{6EIL}[2Lb - b^2 - (L-x)^2]$ $y_{máx} = -\dfrac{Pab}{27EIL}(a+2b)\sqrt{3a(a+2b)}$ em $x = \sqrt{\dfrac{1}{3}a(a+2b)}$ quando $a > b$ $\theta = -\dfrac{1}{6}\dfrac{P}{EI}\left(bL - \dfrac{b^2}{L}\right)$ em A; $\qquad \theta = +\dfrac{1}{6}\dfrac{P}{EI}\left(2bL + \dfrac{b^3}{L} - 3b^2\right)$ em C
	Carga uniforme	$y = -\dfrac{1}{24}\dfrac{Px}{EIL}(L^3 - 2Lx^2 + x^3)$ $y_{máx} = -\dfrac{5}{384}\dfrac{PL^3}{EI}$ em $= \dfrac{1}{2}L$ $\theta = -\dfrac{1}{24}\dfrac{PL^2}{EI}$ em A $\qquad \theta = +\dfrac{1}{24}\dfrac{PL^2}{EI}$ em B

Estruturas metálicas

Barra biapoiada com articulações

Carga uniforme parcial

$$R_A = P\frac{d}{L} \qquad R_D = \frac{P}{L}\left(a + \frac{1}{2}c\right)$$

$$(A \text{ para } B)\ y = \frac{1}{48EI}\left\{8R_A(x^3 - L^2x) + Px\left[\frac{8d^3}{L} - \frac{2bc^2}{L} + \frac{c^3}{L} + 2c^2\right]\right\}$$

$$(B \text{ para } C)\ y = \frac{1}{48EI}\left\{8R_A(x^3 - L^2x) + Px\left[\frac{8d^3}{L} - \frac{2bc^2}{L} + \frac{c^3}{L} + 2c^2\right] - 2P\frac{(x-a)^4}{c}\right\}$$

$$(C \text{ para } D)\ y = \frac{1}{48EI}\left\{8R_A(x^3 - L^2x) + Px\left[\frac{8d^3}{L} - \frac{2bc^2}{L} + \frac{c^3}{L}\right] - 8P\left(x - \frac{1}{2}a - \frac{1}{2}b\right)^3 + +P(2bc^2 - c^3)\right\}$$

$$\theta = \frac{1}{48EI}\left[-8R_AL^2 + P\left(\frac{8d^3}{L} - \frac{2bc^2}{L} + \frac{c^3}{L} + 2c^2\right)\right]\ em\ A;$$

$$\theta = \frac{1}{48EI}\left[16R_AL^2 + P\left(24d^2 - \frac{8d^3}{L} + \frac{2bc^2}{L} - \frac{c^3}{L}\right)\right]\ em\ D$$

Barra com apoio articulado e engastado

Carga uniforme

$$y = \frac{1}{48}\frac{P}{EIL}(3Lx^3 - 2x^4 - L^3x)$$

$$y_{máx} = -0,0054\frac{PL^3}{EI}\ em\ x = 0,4215L$$

$$\theta = -\frac{1}{48}\frac{PL^2}{EI}\ em\ A$$

Carga uniforme parcial

$$R_A = \frac{1}{8}\frac{P}{L^3}[4L(a^2 + ab + b^2) - a^3 - ab^2 - a^2b - b^3] \qquad R_D = P - R_1$$

$$(A \text{ para } B)\ y = \frac{1}{EI}\left[R_A\left(\frac{1}{6}x^3 - \frac{1}{2}L^2x\right) + Px\left(\frac{1}{2}a^2 + \frac{1}{2}ac + \frac{1}{6}c^2\right)\right]$$

$$(B \text{ para } C)\ y = \frac{1}{EI}\left[R_A\left(\frac{1}{6}x^3 - \frac{1}{2}L^2x\right) + Px\left(\frac{1}{2}a^2 + \frac{1}{2}ac + \frac{1}{6}c^2\right) - P\frac{(x-d)^4}{24c}\right]$$

$$(C \text{ para } D)\ y = \frac{1}{EI}\left\{R_A\left(\frac{1}{6}x^3 - \frac{1}{2}L^2x + \frac{1}{3}L^3\right) + P\left[\frac{1}{6}\left(a + \frac{1}{2}c\right)^3 - \frac{1}{2}\left(a + \frac{1}{2}c\right)^2 L - \frac{1}{6}\left(x - d - \frac{1}{2}c\right)^3 + \frac{1}{2}\left(a + \frac{1}{2}c\right)^2 x\right]\right\}$$

$$\theta = -\frac{1}{EI}\left[\frac{1}{2}R_AL^2 - P\left(\frac{1}{2}a^2 + \frac{1}{2}ac + \frac{1}{6}c^2\right)\right]\ em\ A$$

Barra com apoios engastados

Carga concentrada

$$(A \text{ para } B)\ y = \frac{1}{6}\frac{Pb^2x^2}{EIL^3}(3ax + bx - 3aL)$$

$$(B \text{ para } C)\ y = \frac{1}{6}\frac{Pa^2(L-x)^2}{EIL^3}[(3b+a)(L-x) - 3bL]$$

$$y_{máx} = -\frac{2}{3}\frac{P}{EI}\frac{a^3b^2}{(3a+b)^2}\ em\ x = \frac{2aL}{3a+b}\ se\ a > b$$

$$y_{máx} = -\frac{2}{3}\frac{P}{EI}\frac{a^2b^3}{(3b+a)^2}\ em\ x = L - \frac{2bL}{3b+a}\ se\ a < b$$

Carga uniforme

$$y = \frac{1}{24}\frac{Px^2}{EIL}(2Lx - L^2 - x^2)$$

$$y_{máx} = -\frac{1}{384}\frac{PL^3}{EI}\ em\ x = \frac{1}{2}L$$

Carga uniforme parcial

$$R_A = \frac{1}{4}\frac{P}{L^2}\left(12d^2 - 8\frac{d^3}{L} + 2\frac{bc^2}{L} - \frac{C^3}{L} - C^2\right) \qquad R_D = P - R_A$$

$$(A \text{ para } B)\ y = \frac{1}{6EI}(R_Ax^3 - 3M_1x^2)$$

$$(B \text{ para } C)\ y = \frac{1}{6EI}\left(R_Ax^3 - 3M_1x^2 - \frac{1}{4}\frac{P(x-a)^4}{c}\right)$$

$$(C \text{ para } D)\ y = \frac{1}{6EI}[R_2(L-x)^3 - 3M_2(L-x)^2]$$

$$M_1 = -\frac{1}{24}\frac{P}{L}\left(24\frac{d^3}{L} - 6\frac{bc^2}{L} + 3\frac{C^3}{L} + 4C^2 - 24d^2\right)$$

$$M_2 = \frac{1}{24}\frac{P}{L}\left(24\frac{d^3}{L} - 6\frac{bc^2}{L} + 3\frac{C^3}{L} + 2C^2 - 48d^2 + 24dL\right)$$

Apêndices **295**

Apêndice C — Dimensionamento de calhas e condutores de águas pluviais

C.1 — Introdução

A **intensidade pluviométrica** (**h**), para fins de projeto, é determinada em função da **duração da precipitação** (**t**) e do **período de retorno** (**T**), com base nos dados pluviométricos locais.

A Norma NB-611, fixa os períodos de retornos de acordo com as características da área a ser drenada:

T = 1 ano, para áreas pavimentadas, onde empoçamentos possam ser tolerados;

T = 5 anos, para coberturas e/ou terraços;

T = 25 anos, para coberturas e áreas onde empoçamentos ou extravasamentos não possam ser tolerados.

Sendo o período de retorno definido como sendo o número médio de anos em que, para a mesma duração de precipitação, uma determinada intensidade pluviométrica será igualada ou ultrapassada apenas uma vez.

Tabela C.1 — Chuvas intensas no Brasil				
Local	mm/5 min T = 5 anos	mm/h T = 5 anos	mm/h T = 1 ano	mm/h T = 25 anos
Aracajú	10	120	*	*
Bagé	*	204	126	234
Belém	13	156	138	185
Belo-Horizonte	19	228	132	230
S.Paulo (Congonhas)	11	132	*	*
Cuiabá	16	192	*	*
Curitiba	17	204	*	*
F. de Noronha	10	120	110	140
Florianópolis	10	120	114	144
Fortaleza	13	156	120	180
Goiânia	15	180	120	192
R. de Janeiro (J. Botânico)	14	168	122	227
João Pessoa	12	144	115	163
Maceió	10	120	102	174
Manaus	15	180	138	198
S.Paulo (Santana)	14	168	122	191
Natal	10	120	*	*
Niterói	*	183	130	250
Porto Alegre	12	144	118	167
Porto Velho	14	168	*	*
Rio Branco	10	120	*	*
Salvador	10	120	*	*
São Luis	11	132	*	*
Teresina	20	240	*	*
Vitória	13	156	*	*

Fonte: Chuvas Intensas no Brasil, Ministério do Interior, Departamento Nacional de Obras de Saneamento, Otto Pfafstetter, 1982, Instalações Hidráulicas e Sanitárias, Hélio Creder, p. 236-268.

A duração da precipitação deve ser fixada em t = 5 minutos.

Em construções até 100 m² de área em projeção horizontal, pode-se adotar h = 150 mm/h.

Obs.: Para serem obtidos os valores em mm/h tomamos como exemplo a cidade de Aracajú

$$\left.\begin{array}{r}10\ mm - 5\ min \\ x - 60\ min\end{array}\right| x = 12 \times 10\ mm = 120\ mm/h$$

C.1.1 – Telhados

A inclinação do telhado é função do tipo de telha a ser utilizada.

1. **Uma água** (Fig. C.1)

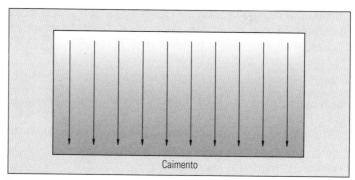

Figura C.1

2. **Duas águas** (Fig. C.2)

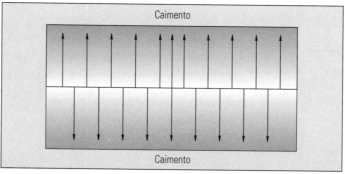

Figura C.2

3. **Quatro águas** (Fig. C.3)

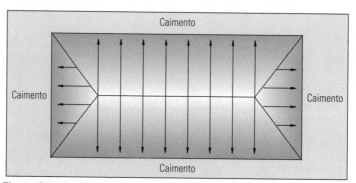

Figura C.3

4. **Múltiplas águas** (Fig. C.4)

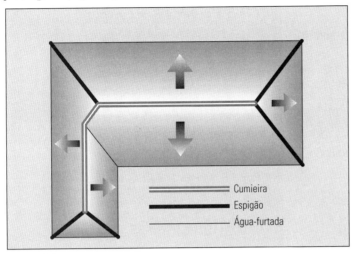

Figura C.4

C.2 – Dimensionamento de calhas

Será adotado para efeito de cálculo h = 150 mm/h m². Cada projeto deve ser adequado à intensidade pluviométrica local.

$$Q_{necessária} = 150 \times 10^{-3}/(60 \times 60) = 0{,}042 \times 10^{-3} \text{ m}^3/\text{s m}^2 = 0{,}042 \text{ l/s m}^2 \quad \textbf{(C.1)}$$

$$Q_{disponível} = A_{calha} \, V \quad \textbf{(C.2)}$$

$$A_{telhado} = Q_{disponível}/Q_{necessária} \quad \textbf{(C.3)}$$

Com (C.1) e (C.2) em (C.3):

$$A_{telhado} = A_{calha} \, V/0{,}042 \times 10^{-3} \quad \textbf{(C.4)}$$

C.2.1 – Formas da seção transversal de calhas

Pode-se ter diversos formatos de calhas. Serão feitas considerações para os tipos retangular, semi-circular e trapezoidal.

● **Calha retangular** (Fig. C.5)

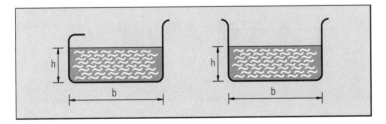

Figura C.5

Para este dimensionamento deve-se tratar como um problema de otimização:

tem-se uma calha de largura:

$$L = B + 2H \quad \textbf{(I)}$$

portanto:

$$B = L - 2H \quad \textbf{(II)}$$

então a área da seção transversal será:

$$A = BH = (L - 2H)H = LH - 2H^2 \quad \textbf{(III)}$$

o valor ótimo será:

$$dA/dH = L - 4H = 0 \rightarrow L = 4H \quad \text{(IV)}$$

então com (IV) em (I):

$$4H = B + 2H \rightarrow H = B/2 \quad \text{(V)}$$

Adotado então:
$$H = B/2 \quad \text{(C.5)}$$

Área molhada:

$$Am = A_{calha} = BH = B\,B/2 = B^2/2 \quad \text{(C.6)}$$

Perímetro molhado:

$$Pm = B + 2H = B + 2B/2 = 2B \quad \text{(C.7)}$$

Raio Hidráulico:

$$Rh = Am/Pm = (B^2/2)/2B = B/4 \quad \text{(C.8)}$$

- **Calha semi-circular** (Fig. C.6)

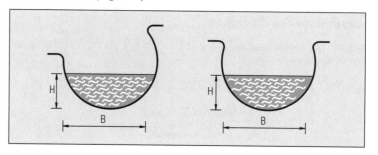

Figura C.6

$$Am = \pi R^2/2 \quad \text{(C.9)}$$
$$Pm = \pi R \quad \text{(C.10)}$$
$$Rh = Am/Pm = (\pi R^2/2)/\pi R = R/2 \quad \text{(C.11)}$$

- **Calha trapezoidal** (Fig. C.7)

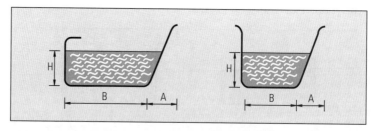

Figura C.7

Adotando:
$$H = B/2 \quad \text{(C.12)}$$
$$A = H \quad \text{(C.13)}$$

$$Am = A_{calha} = (BH) + (AH/2) = (BB/2) + (B/2\,B/2)/2 = B^2/2 + B^2/8$$
$$Am = (5/8)\,B^2 \quad \text{(C.14)}$$

$$Pm = H + B + \sqrt{A^2 + H^2} = B/2 + B + \sqrt{(B/2)^2 + (B/2)^2} = (3/2)B + (B/2)\sqrt{2}$$
$$Pm = 2{,}2\,B \quad \text{(C.15)}$$
$$Rh = Am/Pm = (5/8)\,B^2/(2{,}2\,B) = 0{,}284\,B \quad \text{(C.16)}$$

Apêndices | **299**

C.2.2 – Equações empíricas para cálculo da velocidade média do escoamento

Bazin:

$$V = \frac{87}{1+\dfrac{m}{\sqrt{Rh}}} \sqrt{Rh\ i}$$

(C.17)

Onde: Coeficiente que depende da natureza das paredes – $m = 0,16$
Declividade da calha – $i = 0,5\ \%$

Manning:

$$V = \frac{Rh^{\frac{2}{3}}\sqrt{i}}{n}$$

(C.18)

Onde: Coeficiente que depende da natureza das paredes – $n = 0,011$
Declividade da calha – $i = 0,5\ \%$

Chezy:

$$V = C\ \ Rh^{\frac{1}{2}}\sqrt{i}$$

(C.19)

Onde: Coeficiente que depende da natureza das paredes – $C = 0,80$
Declividade da calha – $i = 0,5\ \%$

Obs.: Para efeito de cálculo será adotada a expressão de Manning.

Calha retangular:

Com (C.6), (C.8) e (C.18) em (C.4):

$$A_{telhado} = \frac{\left(\dfrac{B^2}{2}\right) \times \left[\dfrac{\left(\dfrac{B}{4}\right)^{\frac{2}{3}}\sqrt{\dfrac{0,5}{100}}}{0,011}\right]}{0,042\times10^{-3}}$$

(C.20)

ou:

$$B = \left(A_{telhado} \times 0,03293\times10^{-3}\right)^{\frac{3}{8}}$$

(C.21)

Exemplo: $A_{telhado} = 900\ m^2 \rightarrow B = 0,26\ m \rightarrow B = 26\ cm;\ H = 13\ cm.$

Calha semi-circular:

Com (C.9), (C.11) e (C.18) em (C.4):

$$A_{telhado} = \frac{\left(\dfrac{\pi R^2}{2}\right) \times \left[\dfrac{\left(\dfrac{R}{2}\right)^{\frac{2}{3}}\sqrt{\dfrac{0,5}{100}}}{0,011}\right]}{0,042\times10^{-3}}$$

(C.22)

ou:

$$R = \left(A_{telhado} \times 6,6027\times10^{-6}\right)^{\frac{3}{8}}$$

(C.23)

Exemplo: $A_{telhado} = 150\ m^2 \rightarrow R = 0,075\ m \rightarrow R = 7,5\ cm.$

Calha trapezoidal:

Com (C.14), (C.16) e (C.18) em (C.4):

$$A_{telhado} = \frac{\left(\frac{5}{8}B^2\right) \times \left[\frac{(0,284B)^{2/3}\sqrt{\frac{0,5}{100}}}{0,011}\right]}{0,042 \times 10^{-3}} \quad \text{(C.24)}$$

ou:
$$B = (A_{telhado} \times 24,1985 \times 10^{-6})^{3/8} \quad \text{(C.25)}$$

Exemplo: $A_{telhado} = 264\ m^2 \rightarrow B = 0,15\ m \rightarrow B = 15\ cm;\ H = 7,5\ cm;\ A = 7,5\ cm.$

Área do telhado (Fig. C.8):

$$i = tg\ \alpha$$
$$A_{telhado} = A_{projeção\ horizontal}/\cos \alpha \quad \text{(C.26)}$$

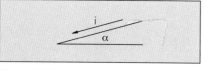

Figura C.8

		Tabela C.2 — Dimensionamento de calhas retangulares							
B(cm)	H(cm)	Am(m²)	Pm(m)	Rh(m)	i(cm/m)	h(mm)	Q_nec(l/s)	V(m/s)	At(m²)
10	5	0,0050	0,2	0,025	0,5	150	0,042	0,550	65
15	7,5	0,0113	0,3	0,038	0,5	150	0,042	0,720	193
20	10	0,0200	0,4	0,050	0,5	150	0,042	0,872	415
25	12,5	0,0313	0,5	0,063	0,5	150	0,042	1,012	753
30	15	0,0450	0,6	0,075	0,5	150	0,042	1,143	1225
35	17,5	0,0613	0,7	0,088	0,5	150	0,042	1,267	1848
40	20	0,0800	0,8	0,100	0,5	150	0,042	1,385	2638

	Tabela C.3 — Dimensionamento de calhas circulares							
R(cm)	Am(m₂)	Pm(m)	Rh(m)	i(cm/m)	h(mm)	Q_nec(l/s)	V(m/s)	At(m²)
5	0,0039	0,157	0,025	0,5	150	0,042	0,550	51
7,5	0,0088	0,236	0,038	0,5	150	0,042	0,720	152
10	0,0157	0,314	0,050	0,5	150	0,042	0,872	326
12,5	0,0245	0,393	0,063	0,5	150	0,042	1,012	592
15	0,0353	0,471	0,075	0,5	150	0,042	1,143	962
17,5	0,0481	0,55	0,088	0,5	150	0,042	1,267	1451
20	0,0628	0,628	0,100	0,5	150	0,042	1,385	2072

Tabela C.4 — Dimensionamento de calhas trapezoidais

B(cm)	A(cm)	H(cm)	Am(m²)	Pm(m)	Rh(m)	i(cm/m)	h(mm)	Q_{nec}(l/s)	V(m/s)	At(m²)
10	5	5	0,0063	0,2200	0,028	0,5	150	0,042	0,598	89
15	7,5	7,5	0,0141	0,3300	0,043	0,5	150	0,042	0,784	263
20	10	10	0,0250	0,4400	0,057	0,5	150	0,042	0,95	565
25	12,5	12,5	0,0391	0,5500	0,071	0,5	150	0,042	1,102	1025
30	15	15	0,0563	0,6600	0,085	0,5	150	0,042	1,245	1667
35	17,5	17,5	0,0766	0,7700	0,099	0,5	150	0,042	1,379	2514
40	20	20	0,1000	0,8800	0,114	0,5	150	0,042	1,508	3590

Tabela C.6 — Dimensionamento de condutores

Diâmetro		Área do telhado		
pol	mm	vertical	inclinado	
			0,50%	1,00%
2	50	46	13	18
3	75	130	42	58
4	100	288	90	128
5	125	501	167	388
6	150	780	275	850
8	200	1616	600	1550

Apêndice D — Múltiplos e submúltiplos decimais

Tabela D.1

Prefixo	Símbolo	Fatores de multiplicação	
exa	E	10^{18}	Múltiplos
peta	P	10^{15}	
tera	T	10^{12}	
giga	G	10^{9}	
mega	M	10^{6}	
kilo	k	10^{3}	
hecto	h	10^{2}	
deca	da	10^{1}	
deci	d	10^{-1}	submúltiplos
centi	c	10^{-2}	
mili	m	10^{-3}	
micro	μ	10^{-6}	
nano	n	10^{-9}	
pico	p	10^{-12}	
fento	f	10^{-15}	
acto	a	10^{-18}	